“十二五”国家重点出版物出版规划项目

可持续发展的城市与建筑

——人居环境可持续论

鲍家声　编著

中国建筑工业出版社

图书在版编目（CIP）数据

可持续发展的城市与建筑：人居环境可持续论 / 鲍家声编著 . —北京：中国建筑工业出版社，2020.11（2025.2 重印）
“十二五”国家重点出版物出版规划项目
ISBN 978-7-112-25415-6

Ⅰ . ①可… Ⅱ . ①鲍… Ⅲ . ①城市环境—居住环境—可持续性发展—研究 Ⅳ. ① X22

中国版本图书馆CIP数据核字（2020）第167495号

责任编辑：陈 桦 王 惠
责任校对：党 蕾

“十二五”国家重点出版物出版规划项目
可持续发展的城市与建筑——人居环境可持续论
鲍家声 编著
*
中国建筑工业出版社出版、发行（北京海淀三里河路 9 号）
各地新华书店、建筑书店经销
北京方舟正佳图文设计有限公司制版
建工社（河北）印刷有限公司印刷
*
开本：787 毫米 ×1092 毫米 1/16 印张：22 字数：574 千字
2021 年 10 月第一版 2025 年 2 月第二次印刷
定价：**89.00** 元
ISBN 978-7-112-25415-6
（36405）

前 言

1992 年，我正式开始关注可持续发展问题。因为这一年，“可持续发展思想”在全世界得到共识。自此，以“可持续发展”为对象的研究逐渐地受到各个领域有关部门与学者的关注与研究，分别从各自研究对象出发而提出相应领域的“可持续发展”的问题，如“可持续发展的农业”“可持续发展的林业”“可持续发展的经济”等。当时我自然想到可持续发展与建筑的关系。于时，我也就开始关注和学习有关可持续发展思想的理论及其由来和发展，以及相关领域研究情况等，并积极收集相关资料，开始联系我们这一行（建筑设计及建筑教育）思考一些问题，如建筑与环境问题，建筑与经济发展问题，城市化与可持续发展问题和建筑与可持续发展问题等，并逐渐意识到它一定会关系到城市和建筑未来的发展方向。因为，这是一个大的发展战略问题，关系到全球各国经济发展战略及社会发展战略，自然也关系着城市与建筑发展战略。建筑现处在十字路口，这可能就是建筑未来的一个大方向。建筑师的思维要走进一个新区，要重新认识我们的建筑观。过去我们都是微观建筑学，以单个建筑为考量主体，以使用者（个人、群体）为考量对象，而新的建筑观——宏观建筑观就是要确立人类整体建筑学观，即要以人类整体为考量主体、以人类整体利益为考量对象。现在，人类生存因环境的破坏而受到严重挑战，因此，必须用宏观建筑观来思考我们的建筑问题；同时，传统建筑观以单个建筑项目的场景为构思对象，力主“场所精神”，而新的宏观建筑学观则应以地球环境为构思大背景，力求全球生态可持续的“环境精神”。也感到作为一名建筑学教师，我们有责任把这种建筑发展战略性的问题让学生们，尤其是研究生们了解、关注和思考。因此，我决定创造条件，积极准备，为研究生开设一门选修课——“可持续发展的城市与建筑。”从那时起，我一面学习，一面编写教学大纲。经过三年多的学习、思考和准备，1996 年，我在东南大学正式为研究生开设了这门“可持续发展的城市与建筑”选修课，一个学分，16 节课，把我原来开设的研究生选修课“支撑体住宅”停讲，代之以这门新的选修课。在这门课的开场白中，我是这样写的：

——这是一门新课，是 21 世纪建筑关注的大问题；

——这指引了一个大方向：未来人造建筑环境的方向；

——这是一门提出问题、需要我们今后继续探索的功课；

——这也是表达我学术思想发展里程中所思所行、不断思考与探索的问题。

从此以后，我的建筑教学和建筑研究的重点就从开放建筑转向可持续发展建筑（即 Support System—Open Building—Sustainable Development）。研究生（博士生和硕士生）研究课题也开始转向这方向；从此，我已明确把可持续发展思想作为我们建筑规划和设计的指导思想，贯彻于我们的工程设计中。与此同时，我也把我的所思所想，结合自己的学习体会，写了一些文章，其中一篇题目为《可持续发展与建筑的未来——走进建筑思维的一个新区》，并于 1997 年发表于《建筑学报》第 10 期上。

这门课的开设讲授是我一边学习，一边研究，一边教学的一个过程。开始在东南大学时编写“讲课题纲”，20 世纪末，在研究生们的参与中，我把讲课题纲编写成“可持续发展的城市与建筑”讲义。到了南京大学后，我继续为研究生讲授这门课，同时也要求研究生共同研究，共同探讨，要求他们在课程结束后，每人做一个“案例研究（case study）”，或阅读翻译一篇国外的有关文献，并通过课堂交流，共同学习加深对可持续发展思想的认识和理解，了解国际上研究和实践的状况和动向。

这门“可持续发展的城市与建筑”讲义，几年前送到出版社，出版社的编辑看后，希望能把它整理正式出版。但我迟迟未动手，直到我已进入“80”后，耄耋之年，感到时间越来越少，就决心抓紧把它作完。整整花了一年多时间，总算把全书改写完成、交稿。从一开始写“讲课大纲”到“讲义”再到“书稿”完成出版，整整花了 20 余年，跨越了两个世纪，经历了两个工作阵地（东南大学和南京大学），总算把此事做完了，有了一个正式的交代。这是我 20 余年对建筑与可持续发展关系问题的一些“思”与“行”，也是反映我对建筑学学习、反思，不断认识的过程。因为个人认识有限，肯定有不妥或错误之处，本书内容仅作参考。

这本书原来编写的讲义题为“可持续发展的城市与建筑”，在重新整编这本书稿时我加了一个副标题“——人居环境可持续论”，并将原来的城市与建筑两个层次改为城市、社区和建筑三个层次。因为“社区”这一层级是我国社会最基本的单元层级，也是面广量大，且与城市和建筑是上下直接关联的层级。城市、社区、建筑，它们都需要我们不断学习、研究、探索和实践，我们要努力把它们规划好、设计好、建设好，为建设美丽的祖国、和谐的社区和幸福的家园作出我们建筑学人的贡献！

鲍家声

目 录

第1章 对时代的再认识

1.1 时代的特征

1.1.1 信息革命的时代

20 世纪是一个人类在科学技术上取得巨大进展的世纪，20 世纪末信息社会已初露端倪。我们尚不知道信息社会能在多大程度上取代工业社会，但可以看出这种变更所带来的影响一定非常深刻、非常广泛，一定会涉及人类社会生产和生活的方方面面，它一定是当前所有社会变革中最重大的一场革命性的变革。

现在人们越来越认识到：人类社会赖以生存和发展的三大要素是物质（或称材料，即 Material）、能量（或称电源，即 Energy）和信息（或称资料，即 Information）。科学技术的进步历史就是这三大要素技术不断变革和进步的发展史，科学世界观认为三大要素的关系是：

物质是第一性的，世界是由物质组成的，没有物质，世界就变成虚无；

能量是物质运动的动力，没有能量，物质就静止呆滞；

信息是客观事物与主观认识相结合的产物，没有信息，物质和能量就无从认知，毫无用处，由于这三者紧密结合而创造一个丰富多彩的大千世界。在此过程中，信息质量的优劣、传输的快慢、应用的合理与否，对于物质和能量的开发及运行机制具有重要作用，这就成了 20 世纪 50 年代开始的世界范围内第四次技术革命的开路先锋，信息技术成为新科技革命的突破口和核心。

信息技术的发展和应用，为现代社会提供强大的生产力，使信息和材料、能源一起成为现代社会经济发展的重要支柱，成为提高整个社会劳动生产率和工作效率的重要手段，成为推动当今社会经济发展的强大动力。

信息技术对现代社会经济的影响和冲击最集中表现为现代产业结构的变化，信息技术不仅孕育了一个新的产业——信息产业，而且为传统产业也注入了新的活力，加速了它们的自我改造和结构变革。

在信息社会来到之前，人类社会的产业结构基本上是由三类产业组成，即以农业为主的第一产业，包括畜牧业、狩猎、渔业、游牧业及林业等；以工业为主的第二产业，包括制造业、采掘业、电力业、煤炭业及我们从事的建筑业；以服务行业为主的第三产业，包括运输业、通信、商业、金融、公务、服务业以及科学、文化、教育、卫生及政府等事业单位。农业社会显然是以第一产业为主，工业社会则以第二产业为主，而到了信息社会无疑将是以第三产业为主。农业社会三者排序是一、二、三；工业社会三者排序则是二、一、三；而到了信息社会产业结构排序将是三、二、一。这是多大的变化、变革，现在我国正处在向三、二、一这个目标的变化过渡之中。

信息技术在对人类的社会生产方式产生重大影响的同时，也正在对人类社会生活方式造成强有力的冲击，使人们的生活方式发生革命性变化，将从工业社会大生产的那种极度社会化的生活，逐渐演变成为信息社会具有强烈个性色彩的个性化生活。生活的个性化是信息技术对人类生活的重大影响之一，人们借助于各种高度自动化、智能化的信息装置和系统，可以坐在家里办公、购物、参加会议和接受教育等，使个人生活越来越方便，给人带来更广泛的个人自由，但是信息技术也给人们带来了相互间的隔离或加剧了人们个性的差异。

1.1.2 世界经济走向一体化的时代

世界经济全球化是世界经济发展过程中不可避免的趋势。随着全球范围内生产力和科学技术的迅速发展，各种生产要素跨国界不断流动，使得世界各国经济联系越来越紧密，成为你中有我，我中有你相互依赖的统一整体。

世界经济一体化是指各国经济相互开放，形成相互联系、相互依赖的有机体。广义来讲它是指全球经济的一体化，狭义来讲它就是指地区经济一体化，即在这个地区的多国经济联盟的区域内，商品、资本和劳务能够自由流动，不存在任何贸易壁垒，并拥有一个统一的机构来监督条约的执行和共同政策及措施的实行，实行区域内互利互惠、协调发展和资源优化配置，最终形成一个高度统一的有机体，欧盟就是这样的。

经济全球化对世界经济的影响是深远而复杂的，既有正能量也不可避免地会产生负面影响，但是由于经济一体化是社会化大生产必然趋势，所以当代各国在经济交往中都一直在追求经济一体化，它标志着先进的生产方式，是未来社会的经济基础。

经济全球化具有双重性和双刃性，一方面它推动着新一轮科技革命的进程，为世界经济快速发展提供了物质技术基础；另一方面，在全球化的过程中，发展中国家生态环境和可持续发展的矛盾会日益尖锐。世界经济一体化就是一把双刃剑，人类有可能在全球化、全球性问题，全球利益和全球治理基础上，形成人类新的共同价值观念和新的人类文明，但也将给各国的传统文化带来巨大的冲击和挑战。

现在全球性问题已经成了推动世界经济一体化的重要因素，如环境污染越来越严重，已成为数国、地区乃至全球的问题；技术进步越来越快，作用在增大，各国要求保护知识产权的愿望越来越迫切；国际金融领域巨大的资金流动对各国经济可能产生的影响已远远超出各国单独的经济政策调控所能及的范围；可以说，世界经济已经步入了相互依存的时代，任何一种危机都可能迅速在全球范围内波及，使各国难以避免，要防止这类危机就需要全球合作[1]。

1.1.3 走向“知识经济”时代

1990 年联合国有关研究机构首次使用“知识经济”概念，1996 年，联合国世界经济合作与发展组织（OECD）发表了题为《以知识为基础的经济》的报告，对知识经济首次给予了明确的定义，即“**知识经济是建立在知识和信息的生产、分配和使用之上的经济**”。因此，可以认为知识经济（Knowledge Economy）是以知识为基础的经济，知识在生产中占主导地位的经济，知识产业成为龙头产业的经济形态，它完全是一种新型的富有生命力的经济形态，它是与传统的自然经济（农业经济）、工业经济相对应的一个概念。工业化、信息化和知识化是现代化发展的三个阶段，随着信息技术、计算机技术飞速发展，世界经济开始由传统经济向知识经济的转型。在农业经济时代，是以大量劳动力作为生产力的主体；在知识经济时代，则是以知识，特别是以高科技知识作为生产

---

1 龙腾鑫 . 正确认识经济全球化 . 光明日报 . 1998.12.

力的主体，即社会发展中原来的物质主导型的社会生产力逐渐转变为智力主导型的社会生产力。20世纪 60 ~ 70 年代，在发达国家的经济增长中，其比例已达 60% ~ 70%，许多发达国家纷纷建立了面向知识经济的国家创新体系，加强了知识创新和技术创新，加大了科技和知识的投入。在未来 20 ~ 30 年，科学技术将会有重大突破，从而导致一场新的产业革命，以信息技术、信息产业为主体的“知识经济”已经成为经济增长的重要源泉和新的增长点。人类社会的发展将更依赖自己的知识和智能，知识经济将逐步取代工业经济而成为时代的主流，即人类在不久的将来将步入新的知识经济时代。

新的知识经济时代是智力支撑型经济时代，也是充分体现科学技术为第一生产力的时代，智力将成为社会经济发展最紧缺、最珍贵的资源。谁拥有智力资源，谁就将拥有财富，智力资源的基础是人才，具有信息能力、创新能力和应变能力的高素质人才是未来社会竞争的焦点。

知识经济也是一种可持续发展的经济，在工业经济时代，社会经济的增长依赖于对自然资源的掠夺，人们创造物质财富，促进了人类文明的发达与繁荣，但它是一把双刃剑，也导致了自然资源的急剧枯竭和自然环境的严重污染，破坏了自然界的生态平衡。知识经济则是促进人与自然协调的可持续发展的经济，因为它是以知识作为生产力的主体，是建立在科技生产力高度发展基础上的以科技、以文化生产力为核心，以品牌为特征的经济活动。

知识经济时代将使传统经济发生根本变化，它将改变经济增长方式，改变分配方式，改变传统经济结构，以及劳动者的就业结构，使得体力劳动型职业减少，技术型、脑力劳动型职业增多；制造业人员减少，经营管理人员增多；办公室工作人员减少，计算机、信息系统人员增多；全日制就业减少，非全日制就业机会增多。

知识经济基本特征是知识经济化、经济知识化和知识产业化，归根结底就是知识、经济一体化，是两者相互渗透、相互交融、相互包含的过程。

1.1.4 走向城市化时代

有人说当今世界两大事件影响着世界社会经济的发展，一是信息革命，二是中国的城市化。

城市化从广义来讲，是社会经济变化的过程，包括农业人口非农业化，城市人口不断扩张，城市用地不断向郊区扩展，城市数量不断增加以及城市社会、经济、技术变革不断进入农村的过程。从狭义来讲，城市化就是农业人口不断变为非农业人口的过程，即由乡村农民变为城市居民的过程。

早在原始社会向奴隶社会转变时期，就出现了城市，但是，在相当长的历史时期中，城市的发展和城市人口的增加是极其缓慢的。直到 1800 年，全世界的城市人口只占地球上人口总数的 3%。只是到了近代，随着产业革命的兴起，机器大工业和社会化大生产的出现，资本主义生产方式的产生和发展，才涌现出许多新兴的工业城市和商业城市，使得城市人口迅速增加，城市人口的比例不断上升。1800 年时，西方世界没有一个城市超过 100 万人口，伦敦最大，也只有 959310 人。到 1850 年时，伦敦人口为 200 多万，巴黎人口为 100 多万。但到 1900 年时，超过百万人口的大都市就有 11 个，其中包括柏林、芝加哥、纽约、费城、莫斯科等。1950 年时世界总人口的 13.1% 居住在 10 万人以上的城市内，而在 1800 年时，全球人口只有 1.7% 居住在 10 万人口以上的城市内。[1]

城市化程度是一个国家经济发展，特别是工业生产发展的一个重要标志。经济发达的工业化国家其城市化程度远远高于经济不发达的农业国家。1980 年，发达地区国家城市人口比例平均为 70.9%，其中美国为 77%，日本为 78.3%，德国为 84.7%，英国为 90.8%，加拿大为 75.5%，而发展中国家的城市人口比例平均仅为 30.1%，其中不少国家低于 20%。2003 年美国的城市化水平平均为 78%，法国为 76%，加拿大为 79%，日本为 79%，英国则达到 90%，相比之下，当年中国城市化水平只有 40.5%。[2]

城市是人类文明的标志，是人们经济、社会和社会生活的中心。城市化的程度是衡量一个国家和地区经济、社会、文化、科技水平的重要标志，也是衡量其社会组织程度和管理水平的重要标志，城市化是人类进步必然要经过的过程，是人类社会结构变革中的一个重要方面。

西方发达国家普遍于 19 世纪末、20 世纪初进入了城市化调整发展阶段，而发展中国家直到 20 世纪 50 年代以后，城市化进程才明显加快。根据联合国的估测，世界发达国家的城市化率在 2050 年将达到 86%，我国的城市化率在 2050 年将达到 72.9%。1992 年开始，我国城市化进入快速发展阶段，2012 年 8 月 17 日国家统计局发布报告显示，2011 年我国城镇化率达到 51.27%，从 2002 年至 2011 年，我国城市化率每年平均增长 1.35%，城镇人口每年增长 2096 万人，城镇人口达 69079 万人。人是城市的主体，是城市化的出发点和归宿。2011 年是我国城镇化发展史上具有里程碑意义的一年。从这一年开始，我国城镇人口总数首次超过农村人口，它标志着中国进入了一个新的发展阶段，城市化成为继工业化之后推进经济社会发展的新引擎。

现代化国际城市是世界经济一体化产物，也是城市发展的总趋势。

此外，世界城市化，不仅在广度上发展，同时也在深度上发展。科学技术的进步与世界经济的一体化使技术的扩散在时间上和空间上都在发生着变化。纽约、伦敦、东京和巴黎是国际公认的四大世界级城市，其形成和发展不仅展现了世界级国际大城市的普遍规律，而且每个城市又表现出自身的发展属性。例如：

纽约——港口贸易业的发展，使其成为连接欧美贸易市场的桥头堡，成为美国东北部地区最发达的城市。第二次世界大战后，它完成了产业结构的调整，第三产业尤其是金融、娱乐业成为世界城市产业结构调整的先导。至 20 世纪 90 年代，民族的多样性和文化的包容性发挥了巨大的作用，使纽约成为全球先进生产要素的集聚地、技术的创新中心，并逐渐由“文化之都”向“世界城市”转变，世界多元文化成为缔造世界纽约的核心要求。

伦敦——凭借其优越的地理位置，集聚了对发展有价值的资源，于 20 世纪 60、70 年代率先完成了工业化，进入了后工业时代，实现了“帝国之都”向“金融之都”的转型。在转型过程中，伦敦集聚了大量高端人才与企业总部，构建了诸多世界著名大学，使伦敦成为世界创意业的集聚地，刺激了伦敦产业再调整，成为由“名牌城市”向“世界城市”成功升级的典型城市。

这些“世界级城市”的发展都贯穿着一个永恒的主题，那就是创新、创新、不断地创新，在创新过程中，文化则是其驱动的持续力量。可以说，突出的文化主题是城市发展，实现城市现代化、国际化，

1 [美] 刘易斯 • 芒福德 . 城市发展史——起源、演变和前景 [M]. 宋俊岭，倪文彦译 . 北京：中国建筑工业出版社，2005.
2 俞金尧 . 20 世纪发展中国家城市化历史反思——以拉丁美洲和印度为主要对象的分析 [J]. 世界历史，2011（03）.

迈向世界城市的保障，是城市发展的灵魂，诸多世界名牌城市均具有其自身突击的文化主题，如：

威尼斯——水上之都

鹿特丹——港口之都

夏威夷——旅游之都

罗马——建筑之都

洛杉矶——电影之都

巴黎——时尚之都

随着世界城市深度的发展，各国开始关注宜居城市环境的建设，如东京，早在 20 世纪末便将环境建设与维护作为战略性产业，包括废弃物处理业、再生利用产业、环境修复业等，包括新产业和环境关联的服务业。伦敦迫于城市环境压力，20 世纪末也提出了构建“世界可持续发展的示范性城市”的目标，旨在实现“持续高速地、多样化地经济发展”“社会内涵的提升”和“环境和基础设施的改善”三大主题的平衡。

1.1.5 一个脆弱的充满生态环境危机的时代

20 世纪是人类物质文明最发达的时期，但同时也是地球生态环境（Ecological Environment）和自然资源遭到过度开发，破坏最严重的时期，畸形增长的生产模式和消费模式使生态与发展面临严峻挑战。这一时期，全球发生了三大影响深远的变化。

——社会生产力的极大提高和经济规模的空间扩大，创造了前所未有的物质文明，从而迅猛地推进了人类文明的进程；

——世界人口爆炸性地增长，20 世纪人口翻了两番，全球人口接近 60 亿，世界移民潮不可阻挡；

——由于自然资源的过度开发与消耗，污染物质的大量排放，导致全球性资源短缺，环境污染和生态破坏。

由于上述三大变化，产生了生态环境问题。生态环境问题是指由于生态平衡遭到破坏，导致生态系统的结构和功能严重失调，从而威胁到人类的生存和发展的现象。

其实，生态环境问题早已存在，但是长期以来人们未予以充分的重视，直到“冷战”结束，人们才意识到该问题的严重性：全球的生态环境已陷于严重危机之中，已构成对人类生存和发展的现实威胁。具体表现在：酸雨、温室效应和全球变暖，同温层臭氧消耗和紫外线辐射、森林资源的严重破坏，生物多样性的日益丧失、土地退化和沙漠化，水资源匮乏和雾霾等。生态环境问题发展到今天，已不再是小范围和局部性的问题，而是具有国际性和全球性的大问题，它对人类构成了严重的威胁和全方位的挑战。人口爆炸，资源短缺，环境恶化和生态失衡已成为当代困扰全球的四大显性危机，成为当今时代议论的焦点。四者的恶性循环为传统工业生产方式掘下了坟墓，首次在人类发展史上敲响了警钟，我们必须认真思考和对待这些问题。

仅以人口增长为例，1750 年全世界人口大约 7.6 亿，20 世纪初也就是 16 亿左右，而到 1999 年 9 月 23 日联合国人口基金会宣布“1999 年 10 月 12 日为世界 60 亿人口日”，而在全球 60 亿人口中，仍有 10 亿人连维护人的尊严的基本需求都无法得到满足，即连清洁的饮水、足够的粮食、基本的教育和医疗条件都得不到满足。

1.2 人类生存面临的矛盾和问题

今天我们所处的时代是信息革命的时代，是知识经济的时代，是世界经济走向一体化的时代，也是以中国为首的发展中国家推进城市化的时代。但是必须清醒地看到我们今天所处的时代，也是人类有史以来一个最充满生态危机的时代。处在这样的时代，人类社会经济发展面临着两大现实问题：一是生存与发展的矛盾，二是发展与环境的矛盾。人类必须从这两个基本问题进行认真思考并作出正确的选择。

1.2.1 人类生存与发展的矛盾

我们人类生存与发展中最具有决定性意义要素是物质、能量和信息，组成我们的世界是物质、能量是人类生存、生活和发展的主要基础。从原始社会火的使用、18 世纪蒸汽机的发明和利用、19 世纪电能的使用，到欧洲的工业革命，极大地促进了社会经济发展，改变了人类生活的面貌；未来的人类社会依然要依赖于能源，只有不断地开发新的能源利用技术，人类的生存才可以得到永久的维持，因为现有的能源不是取之不尽的，人类目前技术可开发的能源已将面临严重不足的危机，当今煤、石油和天然气等矿石燃料资源日益枯竭，甚至不能再维持几十年。

今天世界人口已突破 60 亿，比 19 世纪末增加了 2 倍多，而能源消耗据统计却增加了 16 倍多，能源的供应始终跟不上人类对能源的需求。当前世界能源消费以石化资源为主，按目前的消耗量，专家预测石油天然气最多只能维持不到半个世纪，煤炭也只能维持一二百年。所以人类面临的能源危机确实在日趋严重，而且，目前使用的传统能源还造成了大量的环境污染问题，也严重影响了人类的生存。

安全是人类生存和发展一个永恒的主题，按照美国心理学家马斯诺创立的人的“需求层次论”的理论，人类的安全需求是仅次于人的生理需求的需求：安全对于每个人来讲，是生命的保障，对于家庭来讲，是幸福美满“天伦之乐”的追求；对于企业（单位）来讲是生存、发展的需求；对于社会来讲它是人类社会质量的反映。生态失衡，环境污染，对人的安全构成了严重的威胁。

健康是人类生存和发展的一个基本要素，没有健康就一事无成。健康既属于个人，也属于社会。随着社会生活水平的提高、思想观念的转变，人们越来越关注生活和生命的质量，健康成为人们生存和生活最起码的目标，它是高质量生活的根本保障和基本内涵。在现代文明的生活方式中，健康倍受人的关注，而生态失衡、环境污染，对人类的健康造成了巨大的威胁。

食品是人类存在和发展的最基本的物质。人类在对食品永不满足的同时，不断地促进食品工业的发展，对于食品而言，安全是最基本的要求，安全是消费者选择食品的首要标准，而食品安全事件在国内外近几年不断发生，使得我国乃至全球的食品安全形势十分严峻，这与日益加剧的环境污染是分不开的，这些环境污染和频繁发生的食品安全事件给人类生命和健康带来了巨大的威胁。

自然资源对人类生存和发展有着决定性的意义。人类是直接从自然环境中获得物质和能量，并用于生产和生活的，而在 20 世纪，随着工业文明的发展，自然资源过度开发，导致生态失衡、环境污染、资源匮乏，直接威胁着人类的生存与发展，不仅是能源缺乏，土地资源、水资源、生物资源及气候资源也都全面告急，就以土地资源来讲，水土流失严重，土地荒漠化面积不断扩大；水资源也受到污染，天上下酸雨，地下水日益减少，江河污染，缺水城市越来越多；生物资源方面由于过度放牧而导致草原退化，森林资源减少；气候方面也表现出异常天气变多，沙尘暴越演越烈，雾霾天气有越来越多的趋势……自然资源是维持人类生存和发展的必要条件，是整个经济和社会发展的物质基础。然而发展是硬道理，随着人口快速增长和社会进步，它必然要求日益扩大开发利用自然资源。资源是自然界能为人类所利用的物质和能量的基础。从总体上说，自然资源并非取之不尽，用之不竭。所以因为过度开发而造成的资源匮乏，加剧了人类生存与发展的矛盾。

1.2.2 发展与环境的矛盾

人类为了生存和发展，在发展自身的过程中，通过生产和生活等活动，不断地影响和改变着环境，与此同时，环境也总是将这些影响和变化反作用于人类，二者自然形成一对矛盾。

人类社会发展，不可能脱离周围环境而孤立地进行。环境是社会发展必要的基础条件之一，环境是人类生存发展的基础，也是被人类开发和利用的对象，环境是人类从事生产所需要的物质和能源的源泉，也是各种生物生存的基本的重要的条件。人类从自然地理环境中开采煤、石油、天然气等，利用土地资源从事农作物生产，从而产生一系列的经济活动。因而，自然资源的多寡、优劣决定着经济活动的规模和社会发展的水平。

我国是发展中国家，要消除贫困、落后，提高人民生活水平，必须毫不动摇地坚持把发展放在各项工作的首位。只有坚持发展，才能提高社会生产力，增强国家综合实力；只有坚持发展，才能不断提高人民的生活水平，实现奔小康社会目标；只有坚持发展，才能使中华民族立于世界不败之地，才能完成复兴中华民族的梦想。但是经济发展不能以牺牲环境为代价，在这方面，我们得到的教训极为深刻。改革开放以来，我国经济持续、快速发展，尽管国家把环境与资源保护作为基本国策之一，但环境污染问题仍然十分严重，工业污染还未有效解决，城市生活污染和农村污染又接踵而来，我们仍然面临着生态环境恶化的严峻挑战。我们再不能走先污染后治理的路子，在这方面，我们已有深刻的教训，我们必须正确处理好发展与环境的关系。

20 世纪工业革命以来，尤其是第二次世界大战以后，西方国家竞相追求经济高速发展，通过大量消耗不可再生资源，促进经济的快速超前发展和维持较高消费水平的需要。工业生产虽然增长了几十倍，但却出现人口膨胀、资源匮乏、生态破坏、贫困加剧、社会矛盾激化等问题。可见，经济要发展，社会要和谐，保护好环境还是最基本的，它关系着人类未来的前途和命运。发展必须考虑自然的承受能力，否则，以大量消耗乃至过度开发自然资源来促进经济发展，必然造成人与自然环境的不协调，人类必然会遭受自然的报复。工业社会是人类社会迄今为止发展最迅速、社会变革最强烈的时期，同时也是对环境造成危害最严重的时期，形成了人类社会历史上第一次人与环境系统间的本质性冲突。所以说，经济发展与环境关系，归根到底是人与自然的关系，确保人与自然的和谐是经济能够得到进一步可持续发展的前提，也是人类文明得以延续的保证。

1.3 时代发展的大趋势

纵观今日时代的发展，可以认为现今的世界正处在一个大发展、大变革和大调整的时期，世界政治趋于多极化、经济趋于全球化，文化趋于多元化和多样化，社会生产和生活方式趋于变革、转型、过渡和回归的时代。工业化社会正向信息社会、知识经济社会变革与过渡，人类社会正向文明的可持续发展的和谐社会变革与过渡，也可以说是可持续发展的世界战略走向实践的时代。如果是这样，那么也应该是由人与自然分离向人类回归自然的变革与过渡时代。用一句话概括，就是工业文明走向生态文明、和谐文明的新时代，也就是由工业社会的黑色文明走向绿色文明的新时代。对于这个时代，作为中华儿女是应当感到高兴和自豪的，这个时代一定是中国走向繁荣昌盛的复兴强国的时代。这些时代的特征及发展趋势将引起社会什么样的变化呢？这是摆在我们面前必须思考的问题，它是挑战，也是机遇，我们必须积极面对挑战，抓住时代契机，创造适应时代属性需要的新的社会生产和生活方式。

1.4 建筑的再认识

人们一般都认为“建筑”指的就是“房子”，其实不然。我从 20 世纪 50 年代初开始涉足于建筑的学习，半个多世纪以来，我对建筑的认知一直在广度和深度上不断地发展和深化，直到现在这种认知还在“进行时”中，在这个认识过程中，经历了从微观、中观到宏观认知建筑的过程，经历了从“房屋”的建筑观、“环境”的建筑观到“大自然”的建筑观的认识过程，经历了从建筑的“双重性”到建筑的“双刃性”的认知过程。它是一个不断学习、不断深化的认识过程，也是一个与时俱进的认识过程，今天我们处在一个新时代的变革节点，在了解了世界发展的大趋势后，必须认真思考几个问题，它与我们建筑的关系是什么，将对建筑造成什么影响；建筑处在十字路口，何去何从？……因此，首先需要对建筑再认识，从理论上和实践中跟着时代不断加深对建筑的认知。

1.4.1 微观——房屋建筑的认知

我们对建筑的认识都是从微观开始的，它是最直白的，“建筑就是房子”，学建筑就是盖房子，这可称之为“房屋建筑观”。盖房子就是建起一幢幢的建筑物，在英语词中它就叫“Building”。但是，我们通常在这里讨论的建筑，在英语中是另一个词，即“Achitecture”，它译为“建筑”也译作“建筑学”，了解这个词就有助于我们进一步认识“建筑”是什么了。

从“Architecture”来解析，它是一个集合词，包括两个词根组成的，即“Archi”和“Tecture”组成的，前者意即“艺术”（Art），后者意为“技术”（Technology）；由此可知，建筑（或建筑学），它是艺术和技术的综合，建筑学是一门横跨人文艺术和工程技术的学科。

因此，我们可进一步认识到建筑具有双重性，即它有工程性，也有艺术性；它是物质文明的载体，也是精神文明的象征；它既要满足人类的物质生活需要，也要满足人类精神生活的需求；它是自然科学和社会科学的综合，是理工学科和人文学科的综合。因此，对于学建筑的人讲，他既要具有逻辑思维能力，也要具有形象思维的能力，作为一个建筑师，他既是一位理性主义者，也是一位浪漫主义者，还应该是一位现实主义者，因为建筑是工程性的，需要资金、材料、技术建造起来，并建在特定的地点。

此外，建筑具有社会性，建筑学的服务对象不仅是自然的人，而且也是社会的人，要满足他们物质上的要求，也要满足他们精神上的要求。因此，社会生产力和生产关系的变化，政治、文化、经济、宗教及生活习惯等的变化，都密切影响着建筑技术和建筑艺术的生成和发展。

长期以来，人们都把建筑学作为一门艺术——“空间艺术”来认识，因为建筑是创造空间并通过空间为人使用服务的，满足人的物质生活需要，建筑艺术也主要是通过空间及视觉给人以美的感受，满足人的精神生活需求。这是和其他视觉艺术不同之处。建筑被称为“凝固的音乐”，可以像音乐那样唤起人们某种情感。例如创造出庄严、宏伟、幽暗或明朗的气氛，使人产生崇敬、自豪或压抑或欢迎等情绪。因此，建筑学有很强的艺术性质和艺术的表现力，它是反映一定时代人们的审美观念和社会艺术思潮的建筑艺术品，在这一点上和其他工程技术学科又不相同，这也就是“Building”和“Architecture”的区别。

1.4.2 中观——环境建筑观的认知

1981 年，第 14 届国际建协华沙宣言提出“建筑学是为人类创造生活环境的综合科学和艺术”。它揭示了建筑学新的、更明确的建筑内涵，完全超越了仅停滞于“房子”的微观建筑内涵，如“凝固的音乐”“住人的机器”等价值观，明确提出建筑学是一门创造人的生活环境的科学与艺术，我称它为环境建筑科学，它的关键词不是“房子”，而是“生活”和“环境”。房子仅是人居生活环境的一种物质载体，影响生活环境的因素还很多，就“生活”而言，它包括人的物质生活和精神生活。同样，“环境”也包括自然环境与人造环境，人造环境包括人工环境和人文环境。这种建筑观，它把人们看建筑的视野扩大了，也更深入到建筑的本质，从此观点出发，就可以认识到：人类的建造活动，不只是建造房子，而是要为人创造优美、健康、舒适的生活和工作的环境。

1.4.3 宏观——自然的大建筑观的认知

按照现代宇宙新论：宇宙是一切空间、物质、能量的总称。它处于不断运动和进化中，人类就是宇宙不断进化的结果之一。人类要在宇宙中自然界生存，就需要利用自然建造人造物，如农田、水利、建筑、聚落、道路及桥梁等人造物——人造环境，这些人造环境占用了大宇宙中天地之间的空间，即在天和地之间的大宇宙空间中划出一些供人类生存的空间。这些人造环境的建设都利用了宇宙的空间、物质和能量，它们都是在自然环境的基础上，通过人类长期有计划的劳动所创造的物质和人文世界环境，建筑就是这些人造环境之一。这些人造环境的建设必然关联并影响着大自然的各类要素及自然环境中各要素的平衡，它们对大自然既有正面的积极影响，也有负面的消极影响（图 1-1）。这取决于在人造环境的建设过程中对自然的空间、物质和能量触动的规模和程度，就可称为自然的大建筑观。远古时期人类基本上是依赖自然生存，由于用火不慎，会导致草地、森林火灾，但这种影响只是局部的；农业社会时期，由于不合理开发土地，刀耕火种，过度砍伐森林，往往造成地区性的风沙灾害和水土流失；到了工业革命时期，人类社会生产力空前，人口数量迅速增加，生产和生活排出的废弃物逐步污染环境，使环境污染越来越严重，致使生态系统破坏。正因为人造环境建设中对自然环境的影响，所以人造环境的建设就关系到一个根本问题，即人与自然的关系。从宏观大建筑观念出发，就可更深一步认识到建筑不仅具有双重性，而且具有双刃性。它在建设人居环境、创造建筑文明的同时，也可能对自然环境和人文环境造成破坏。

人类在20世纪创造工业文明的同时，由于采取了过度开发和征服自然的方式造成了环境污染、能源危机、资源匮乏、生态失衡，破坏了人类生存的生态环境，使建筑活动起了主要的破坏作用。环境污染总体的三分之一左右是在建筑建设和使用过程中造成的；全球几乎一半左右的能源消耗在建筑建设和运营中；地球的物质资源也几乎一半消耗于建筑建设、使用过程中，近三分之一的CO_2也源于建筑生产和运行之中，建筑行业也是生产固体垃圾的大户。

前已所述，城市化在世界范围内以前所未有的速度和规模发展，城市生态系统是高度开放的发散结构，其运行过程需从外界环境输入大量的物质流、能源流、信息流及人力资金等，同时又要向外输出大量的产品和废物，造成人类生态的破坏：温室效应、大气污染、酸雨、臭氧层破坏等，破坏大气圈原有的动态平衡。马克思说："人类不能陶醉于对自然的胜利，因为对于每一次这样的胜利，自然界都报复了我们。"建筑的双刃性表明，房子建得越多，对环境的破坏就越严重，实际上就是

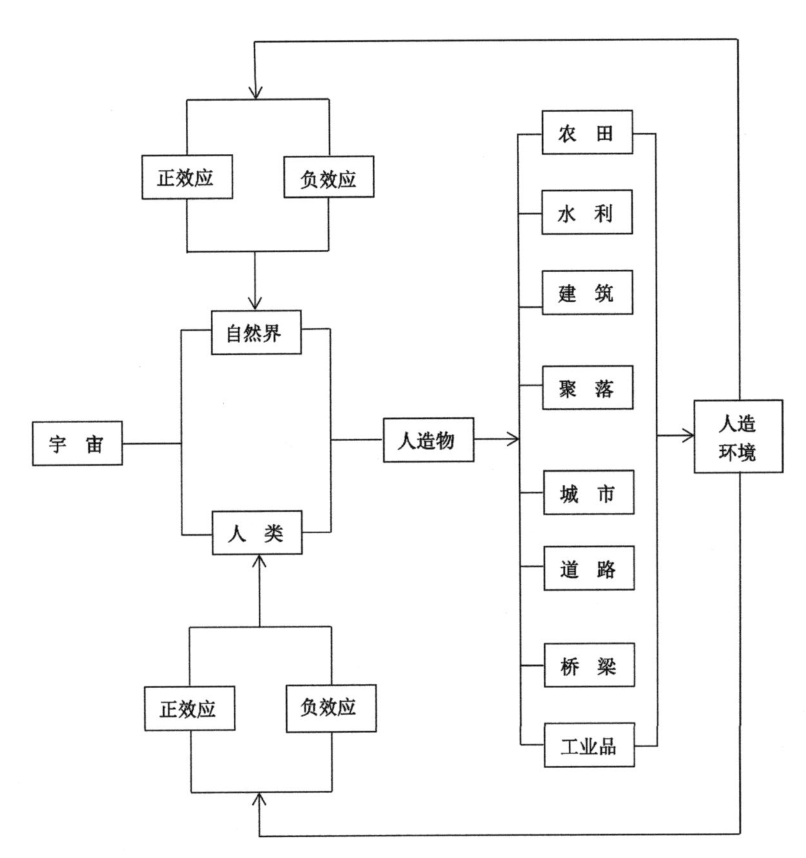

图1–1 人造环境建设及影响

人类自身在创造物质文明的道路上自掘坟墓。因为今日的建设模式所采用的材料都是高能耗的、不可再生的建筑材料，如水泥、黏土砖等，建成后的运行方式大多也是依赖人工照明、机械通风、中央空调等，有的还将整幢建筑建成密封的恒温恒湿的所谓“舒适环境”，这些也都是高能耗、高污染、高排放和低效益的运行方式。可以说这种建造和运行方式都是反自然的建设方式，是与可持续发展的原则是背道而驰的。

因此，现今人类面临严重的生存危机，正在促使大家认真反思曾经走过的工业文明的道路，建筑的发展，寻求一条人与自然共生共存、和谐共处的新建筑发展道路。建筑这一行历来是粗放型的，也必须对之进行深刻的反思，并寻找建筑新的发展道路。

第2章 可持续发展思想的由来和内涵

2.1 20 世纪世界经济发展的回顾

2.1.1 工业化进程

20 世纪是人类社会有史以来经济发展最为迅速的一个世纪，世界经济取得巨大成就。以世界经济最发达的美国为例，20 世纪之初，美国人均国民生产总值不到 300 美元，而世纪之末已达到 3 万美元。有的国家甚至超过 4 万美元。两次世界大战后的 50 年，世界经济年平均增长率接近 4.0%[1]。国际贸易也迅速发展，跨国公司大量涌现，它成了资本全面国际化的主要载体，导致金融全球化加速发展，把世界各国的经济越来越紧密地连接在一起，大大地推动了世界经济一体化的进程，带动了世界经济的全面增长。

20 世纪世界经济的巨大发展，促使人类社会的生产方式发生巨大变化。电力的迅速发展和远距离传输问题的解决，为工业生产的自动化创造了条件，从而极大地提高了劳动生产率，越来越多的国家完成了现代工业化的进程，开始向信息社会转型。

2.1.2 城市化进程

同样，20 世纪世界经济的长足发展，也大大促进了人类社会生活方式的改变，最明显、最突出的表现就是世界城市化的迅速发展，村镇向城镇发展，小城市向中大城市发展，造成人口大规模迁移。由于社会生产力的发展，越来越多的人口集中生活在城市之中，过去田园式的生活方式被集中的城市化的生活方式所代替。城市人口迅速增加，1900—1950 年，世界大城市人口增加率达到 254%。据《1989 世界发展报告》显示，世界发达国家的城市化水平均在 80% 以上，其中英国达到 92%，比利时为 97%，荷兰为 88%，丹麦为 86%，在欧洲共同体内有 78% 的人口生活在城市里[2]。因此也可以说 20 世纪是世界城市化发展最快的一个世纪，它是 20 世纪人类生活方式变化最显著的一个世纪。

2.1.3 经济快速发展的变化

20 世纪世界经济的快速发展主要是在第二次世界大战以后的历史时期。20 世纪前半叶，虽然一些先进国家完成了产业革命，但是它们经历了两次世界大战和一次严重的世界性的经济危机，经济遭到巨大的破坏，许多国家的经济倒退到 20 世纪初期的水平。第二次世界大战后，由于世界大战的推动，军事科学技术有了长足的进步与发展，大量的军事技术在战后被应用于民用品生产，从而大大推动了经济的增长，经济的增长又反过来促进科学技术的创新和发展，使社会生产力得到迅速而巨大的提高。

1 王怀宁 . 20 世纪世界经济发展的进程 [J]. 新华文摘，2000（4）.
2 世界银行 . 1989 年世界发展报告 [M]. 北京：中国财政经济出版社，1989.

在20世纪世界经济迅速发展中，除了上半叶遭遇到两次世界大战和一次经济危机冲击破坏外，第二次世界大战结束后的下半叶世界经济发展也经历了不少困难和曲折，表现出明显的经济发展变缓的阶段性，大致可以划分为三个阶段，即1950 ~ 1970年代，1970 ~ 1990年代和1990年代以后三个阶段，它们各自表现出了自身的特点。

1）1950 ~ 1970年代

1950 ~ 1970年代是世界经济高速增长的时代，当时世界经济的平均年增长率为5.5%，后起的美国经济实力已超过英国和其他欧洲国家，成为世界第一经济大国，使英国失去了世界第一经济大国的地位；在亚洲，日本经过战后几十年的高速发展，已成为世界第二大经济体，并取代美国成为世界上最大的债权国；同时，经济高速发展也创造了韩国、新加坡及中国台湾、中国香港"亚洲四小龙"。

2）1970 ~ 1990年代

进入1970年代后，由于发展中国家中的产油国展开了石油斗争，引发了世界石油危机，作为世界主要能源的石油价格猛涨，甚至涨价10倍以上，引起了国际市场的价格革命，加上发达国家出现了严重的通货膨胀，国民经济下行，世界经济的平均年增长率下降到3.5%。1980年代，世界经济的平均年增长率进一步下降到3.0%左右，这个时期是世界经济由高速发展走向下滑的时期。

3）1990年代之后

进入1990年代，由于苏联的解体，世界政治和经济格局发生了重大变化，许多国家由于经济体制的变化造成了经济的严重滑坡；另一方面，世界经济的信息化和全球化的趋势则发展迅速，但却没有推动世界经济的一体化，缺乏必要的国际经济规则、制度和秩序，使世界经济的发展受到严重的阻碍，许多国家发生了严重的金融危机和经济危机。1950~1970年代一度快速经济发展的日本，进入1990年代也经历了10年的经济困难，它们都给世界经济的发展带来了不利的影响。因此，1990年代世界经济的平均年增长率又进一步下降，仅略高于2.0%，1990年代成了第二次世界大战后世界经济增长速度最慢的10年。

2.2 环境意识的觉醒

1950年代开始，伴随着世界经济的调整发展，一些西方知识界人士开始了对人类生存环境的关注和研究，地球环境的变化也越来越多地被世人所感知，环境意识开始觉醒，具体表现的最著名的事例可举例一二：

2.2.1 一本书——一个里程碑的铸造

1962年美国海洋生物学家蕾切尔·卡逊（Rachel Carson）女士的著作——《寂静的春天》（*The Silent Spring*）在美国问世，刚出版时是一本很有争议的书，很多人批判她、抨击她、诽谤她，使她病弱的身体受到极大的精神压力，但是她坚强、坚定地坚持了下来，最终这本著作成为标志着人类首次关注生存环境问题的著作。这本被称为唤醒人类环境意识的里程碑式的警世之作，开启了世人对高速经济发展的反思，开启了人类的环保事业，激发了新的产业革命，包括建筑业的革命。在这本书里，她向我们描述了一个美丽的村庄的突变，并从陆地到海洋，从海洋到天空，全方位地揭示了化学农药的危害，并分析美国官方和民间使用的DDT等农药在迁移、转化过程中对空气、土壤、海水、动植物和人类产生的影响。春天，原本是鲜花盛开、百鸟齐鸣的季节，春天里尤其是在春天的田野里，为什么看不到鲜花盛开？为什么听不到鸟儿鸣叫？蕾切尔·卡逊这部著作所回答的问题是，春天的鸟儿都到哪里去了？由此，她向人类发出了警告：正是人类自己不顾环境后果、乱用有害农药的行为，引起了毒物在土壤、河流、空气和食物链中的转移而导致鸟儿的死亡！这种情况如果再继续下去，将导致一个没有鸟儿鸣叫的寂静的春天。她第一个揭示了人类自身活动（如发明农药、生产农药和使用农药等）所导致的严重后果！并从环境污染的角度重新唤起人类对自然价值的尊重。该书是开启世界环保运动的奠基之作，也是1950年代以来全球最具影响力的著作之一。因此，她也于1990年被曾经挖苦过她的美国《生活》杂志选为20世纪100名最重要的美国人之一[1]（图2-1、图2-2）。这本书既贯穿着严谨求实的科学理性精神，又充溢着敬畏生命的人文情怀，她用自己切身的感受、全面的研究和雄辩的论点改变了历史的进程。

图2-1 一本书——《寂静的春天》

图2-2 《寂静的春天》作者：蕾切尔·卡逊

2.2.2 一场运动——“世界地球日”的诞生

1969年，美国威斯康星州民主党参议员盖洛德·纳尔森在美国各大学举行演讲会，筹划在次年（1970年）4月22日组织以反对越战为主题的校园运动，但是在1969年西雅图召开的筹备会议上，活动的组织者之一，哈佛大学法学院学生，25岁的丹尼斯·海斯（Dennis Hayes）提出将运动定位为在全美国，以环境保护为主题的草根运动，建议在剑桥市（美国哈佛大学和麻省理工学

1 余凤高.一封信，一本书，一场运动[J].书屋，2007（9）.

院所在地）举办一次环保的演讲会。于是，他前往首都华盛顿去会见了纳尔森。年轻的海斯谈了自己的设想，纳尔森喜出望外，同意并支持他的构想，并鼓励他暂时停止学业，专心从事环保运动。于是海斯毅然办理了停学手续。不久，他就把构想扩大，办起了一个在美国各地展开的大规模的社区环境保护活动。

图 2-3 高举“受污染的地球模式”

1970 年 4 月 22 日，全美有 2000 多万人，约 10000 所中、小学，2000 多所高等院校和全国各大团体参加了这次活动。他们举行大规模游行、集会、讲演，高举着受污染的地球模型（图 2-3）、巨幅画和图表，呼吁创造一个清洁、简单、和平的生活环境。美国国会被迫休会，议员回到各自的代表区参加演讲会，这就是首次“地球日”活动。

首次“地球日”活动是人类有史以来第一次规模巨大的群众环境保护运动，被誉为第二次世界大战以来美国规模最大的一次社会公共活动。它标志着美国环保运动的崛起，促使美国政府采取了一些治理环境污染的措施，并有力推动了世界范围内资源和环境保护事业的发展。1972 年联合国人类环境会议在斯德哥尔摩召开；1973 年联合国环境规划署成立；国际性的环境组织——绿色和平组织创建，以及保护环境的政府机构和组织在世界范围内不断增加，在这些事件中首届地球日活动都起了重要的作用。

1988 年，丹尼斯 · 海斯和朋友一起讨论筹办纪念“地球日”20 周年的活动，他们决定使 1990 年的地球日成为第一个国际性的地球日，以促进全球亿万民众都来积极参与环境保护。为此，他们致函中国、美国和英国三国领导人和联合国秘书长，呼吁各国采取积极步骤，以阻止和扭转全球环境恶化的趋势，得到联合国和很多国家的认同和积极的响应。

1990 年 4 月 22 日，141 个国家，2 亿多民众，身穿蓝、绿两色服装，参加了“世界地球日”的活动。我国也于这一年第一次参加了世界地球日活动。它如星火燎原，从美国走向世界。

2009 年第 63 届联合国大会决议将此后每年的 4 月 22 日定为“世界地球日”（World Earth Day，图 2-4）。

世界地球日的活动旨在唤起人类爱护地球、保护家园的意识，促进资源开发和环境保护的协调发展，进而改进地球的整体环境。鉴于他的贡献，地球日活动的发起者、组织者丹尼斯·海斯也被誉为“地球日之父”（图 2-5）。

图 2-4“世界地球日”标志

图 2-5 4 月 22 日地球日之父 丹尼斯 · 海斯

2.3 文明的反思

通过上述经济发展的回顾，环境意识的觉醒，人们进一步对工业文明演进过程及其结果进行多维度的反思，从而寻求人类发展的新的目标和途径。这些反思包括以下几个方面，即发展与环境、人与自然、发展模式及消费模式的反思等，以下分述之。

2.3.1 反思之一——发展与环境关系的反思

伴随着 20 世纪世界经济的高速发展，工业文明取得的巨大成就的同时，其所带来的经济主义、物质主义和消费主义崇拜，已经给当下文明发展带来严重困扰。资源的日益枯竭，生态环境的恶化，“一本书”“一场运动”所开启的“环境意识”的觉醒，迫使人们不得不对工业文明的价值观和发展观进行深度的反思。

工业革命以来，生态环境的日益恶化便是人类糟蹋环境、滥用技术、过度开发大自然的结果，也是这一时期经济增长决定论带来的后果。因为，工业化运动以来，首先出现并形成了经济增长决定论的发展观念，这种发展观念就是把国内生产总值 GDP（Gross Domestic Product）的增长视为发展的主要指标，甚至是唯一的指标，认为经济增长是社会发展的决定性标志，社会发展是经济发展的自然结果。“有了经济就有了一切”是这种思潮发展的代名词。经济增长论的主要代表是英国凯恩斯主义经济学派。

1929—1933 年西方国家发生了经济大萧条，出现了一场震撼西方世界的生产过剩经济危机，整个资本主义世界经济全面倒退，为摆脱经济大萧条，当时新上任的美国总统富兰克林 · 罗斯福，提出了对国家经济进行全面干预的“罗斯福新政”：扩大财政支出，实行新政赤字政策；增加货币和信贷，实行通货膨胀政策；大兴公共工程，创造就业机会。自此，国家干预经济就成为一种惯例，成为各主要国家长期的经济政策。有学者说这是“看得见的手”一定程度上代替了“看不见的手”，对其合理性还需要进行论证和解释。英国经济学家约翰 · 梅纳德 . 凯恩斯创作的《就业、利息和货币通论》一书就在这一背景下诞生，并一举成为“新政”经济学家的《圣经》。他认为经济萧条是因为消费不足和生产需求不足导致的周期性的生产过剩。因此，消费得越多，生产力就增长越快，就业就越充分。怎样增加消费？凯恩斯主张要尽可能地增加消费，能增加多少就增加多少，且不用考虑怎样消费，即使有些消费看起来好像没有什么好处，其实也很必要。这就把增长看作是经济发展的唯一标准。从第二次世界大战结束到 20 世纪 60 年代，美国和西欧国家经济一片繁荣，与这一时期西方世界采用的这一政策不是没有关系的。在这一理论的影响下，又正值第二次世界大战后，恢复经济的迫切需要与这一理论一拍即合，促使 1950—1960 年代世界经济出现了前所未有的高峰期。但是，世界经济的高速发展是以牺牲环境为代价的，为了追求 GDP 的增长，采取了过度开发的方式，带来了资源走向枯竭、生态环境日益恶化的后果，也产生了威胁人类延续生存的生态危机。人类还来不及享受物质丰富带来的巨大利益，便遭到了自然界以及全球环境问题的威胁，如土地的沙化、植被的破坏、水土流失、酸雨、雾霾、化学污染等等。在严峻的现实面前，人们对盲目追求唯经济增长的发展观开始了深刻反思，经济增长不能独自成为发展的唯一指标，人们认识到“增长≠发展”，

图 2-6 发展与环境关系原理

发展虽然是硬道理，发展虽然是各国和各地区的第一要务，但发展决不能以牺牲环境为代价，必须彻底改变唯经济增长的发展观，代之以发展与环境相协调的发展观。保护环境就是保护生产力，改善环境是发展生产力。我们不要把环境保护与经济发展对立起来，不要偏见地认为环境保护就会加重经济发展的负担，当二者有矛盾时，就首先考虑牺牲环境，或者认为，对于发展中国家来讲，环境质量是第二位的，可以走“先发展”“后治理”污染的路子。实践证明，这条路子最后是两败俱伤，环境毁了，付出的经济代价更大。中国作为一个发展中国家，民众的富裕有赖于经济的进一步发展，而解决环境问题归根到底还是要看发展。但是，如果一味地只追求经济增长，那么所带来的环境问题最终也是回避不了的。发展经济必须保护好环境是人类生存的战略需要；也是自然规律的要求，否则将受到自然的惩罚。

长期以来，把 GDP 作为经济发展的主要甚至是唯一的评价指标，甚至牺牲环境来达到 GDP 的指标，这种落后的发展观必须转变。现代经济活动越来越多依靠和要求良好的环境质量、良好的居住和生活空间，这就需要有良好环境的支撑。环境是经济发展的基础，经济发展依赖于环境，环境污染和生态危机破坏了这一物质基础，便使社会生产活动和生活活动都无法正常进行，环境保护和经济发展两者应是互相促进，互相制约的，二者完全可以协调。

通过反思我们应该明确认识到：发展不等于经济增长；发展也不能先发展后治理；发展应该是经济发展、社会发展和环境保护全面的发展（图 2-6）。

在经济发展的过程中，造成环境破坏和污染的原因很多，其中危害大的还是工业污染。因此，在处理发展与环境关系时，既要使工业生产创造财富、造福人民，又要控制工业污染，减少工业企业的“三废”排入，甚至积极利用新的工业技术，实现变害为利，变利为宝，通过控制工业污染使人类的生存环境得到一定程度的改善。但是，这种工业污染的控制要花费巨大投资，同时，这种控制本身也要消耗大量能源，它们也都是建立在对自然资源大量消耗的基础之上，在控制工业污染的同时，依然存在着大量的环境问题。

城市化也是带来环境恶化的重要原因，随着经济发展，更多的人口进入城市，而城市作为人类最主要的社区，在发展的同时，也带来诸多环境问题。例如，城市人口集中，造成城市交通拥挤；大量机动车的使用，致使汽车尾气的排放造成大气污染日益严重。城市生活中大量使用电冰箱和空调电器，大量的清洁剂、工业制剂和化学雾剂都是对人类健康有害的化学物质，一旦进入大气层，就能破坏地球上空的臭氧层，当臭氧层出现空洞以后，就会导致过多的紫外线直射地球表面，引起人和动物晶体产生白内障，并诱发皮肤癌。联合国有关组织曾发表一项报告，如果臭氧层从总体上减少 10%，全球的皮肤癌发病率将上升 26%。此外，城市化发展，驱使大量农村人口流入城市，造成城市工业人口激增，城市垃圾激剧增加进一步恶化自然环境。

种种恶化环境的事例表明，仅仅靠控制工业污染和发展经济来实现人类的可持续发展是远远不够的，必须从观念上、从经济发展模式上和城市化的模式上，即从根本上反思环境和发展问题。对发展的理解要逾越传统的认识，去关注地球生态系统的保护、社会生活的健康和社会的稳定、甚至精神价值的充实与完善。

2.3.2 反思之二——人与自然关系的反思

发展与环境的关系，说到底是人与自然的关系，因为发展是为了人的生存的发展。因此在反思发展与环境关系之后，我们必须对传统的人与自然的关系重新进行深入思考。我们知道，人与自然的关系不仅是人类生存的一个基本问题，也是建构和谐社会的一个基本前提。20 世纪 60 年代前，即《寂静的春天》著作出版之前，我们在报刊书籍中几乎找不到“环境保护”这个词，在此之前，常常听到、看到的是“向自然进军”“向地球开战”，以及“征服大自然”一类的声音，反映了在传统的人与自然关系的观念中“人定胜天”的观念是无人质疑的。人对生产力的认识就是利用自然、改造自然、战胜自然，以获取物质生活资料来不断满足人的需求。在这里，不难看出，大自然仅仅是被人类征服与控制的对象，并非是保护并与之和谐相处的对象。这种意识大概源始于洪荒的原始年月，一直持续到 20 世纪。在这么长的历史时期，从来没有人怀疑它，因为在历史上，人类文明的许多成就是基于此意识而得来的。现在必须转变这种传统的观念，更客观更正确地认识人与自然的关系。

在人类生存的历史长河中，人类经历了从等待自然的恩赐，适应大自然生活到向大自然索取和探索的三个历史阶段。人类从求生存到求发展的不同历史阶段表现了不同的人与自然关系的形态，如图 2-7 所示。今天人类正站在十字路口，遭受自然界的挑战，正确地确立人与自然的关系是人类可持续生存与发展必须先解决的问题。

人与自然的关系按照唯物辩证法来看，是矛盾的统一体，是人类社会和自然界双方组成的矛盾统一体的关系。人与自然是相互联系、相互作用的，另一方面人类对自然有影响与有作用；反过来，自然对人类也有影响。工业化以来，在人与自然的关系中，人类已处于主动地位，正是因为这一点，使人类自己形成了错误的观念，产生了“人类中心论”，即认为人类是宇宙生物圈处于中心地位的观点，认为一切都以人为尺度，人在生物圈中处于支配和统治地位，自然物处于被支配和被统治地位，即人可以征服和统治自然界；人类发展科学技术是为了了解自然的奥秘，从而寻找能征服自然、统治自然的途径和手段；人类发展经济的唯一目标就是开发、利用自然，取得经济增长，让人过上富裕的生活。这种以人为中心的价值观就会不断推动人类与自然斗争，让人类不断取得“胜利”。但是，这种价值观却忽视了自然是人类生存的依托，没有清洁的水，没有新鲜的空气，没有土地……人类如何生存、生活?

其实，人类是自然的产物，是自然界的一部分，人与自然共处在地球生物圈中。人类的繁衍和发展离不开大自然，必须以大自然为依托。19 世纪中叶，恩格斯就说过，“我们连同我们的肉、血和头脑都是属于自然界和存在于自然界之中”[1]。人不是处于自然界的外部，而是自然的产物并

人→求生存→求发展→大建人造环境→破坏自然

图 2-7 人与自然关系的演变

1 中共中央马克思恩格斯列宁斯大林著作编译局．马克思恩格斯选集．第 4 卷 [M]. 北京：人民出版社，1995: 384.

成为自然的一部分。人与自然具有一体性，人类本身就是长期自然进化的结果，是由自然而来的；而且人类始终与自然的物质、能量和信息保持并发生着千丝万缕的联系和交流，人类只有在一定的自然环境中才能生存、生活，人类始终依存于自然。因此，人不能把自己凌驾于自然之上，在人与自然的关系中，人是主体，也是客体，但归根到底还是客体。人在某些局部情况下可能可以处于主动地位，取得暂时的“胜利”，但人类的主动地位是有底线限定的，那就是人的行为绝不能违背自然规律，资源消耗不能超过自然承载力，污染排放不能超过环境的可容量，否则将导致人与自然关系的失衡，引发生态危机，遭受自然的报复，危及人类自己的生存。因此，必须强调确立生态化的人与自然观，即将人类看成是大自然的一部分。人类不但有对自然界开发、索取、改造的权力和能力，更有对自然界的根本依赖和与自然界和谐相处的根本必要性，我们从上述反思中应当确立以下观点：

1）人是主体，又是客体

人类的生存和发展离不开对自然界的改造，但这并不总会损坏自然界。大自然有很大的“气度”，人类的改造活动只要不超过一定的阈限，大自然都会予以宽容，因为在这种情况下，自然界遭损害了的平衡是可以恢复的。生态平衡本身就是动态平衡，人类可以在不断改善自己的生存环境的同时，又保持大自然的生命活力，从而达到人类与自然界的和谐相处。人类在把自然界当作改造对象的同时，要不忘自己是自然界的一员，不忘大自然始终是培育自己的母亲。显然，有了这种认识，人类才能从原来对自然的主宰意识中摆脱出来，从恣意掠夺、糟蹋自然的任性中摆脱出来，使自己的行为表现出应有的明智和适度。

2）确立生态化的科学价值观——不仅考虑人类发展，更要考虑区域的生态环境

迄今为止，人们总是把是否有利于发展经济、增长物质财富，以满足人类自身的需要当作判断科学的是与非、合理和背理、进步与落后的价值标准。这是十分狭隘、短视的人类利己主义。因为它漠视自然，漠视对我们生存的地球的关心和爱护，最终将危害到自己，因此应建立新的生态科学观。看待任何科学技术的价值观，包括城乡规划与建筑设计，不仅看它是否能促进经济发展，而且更要看它是否有利于生态平衡。例如，人类在城市建设中，其排污系统不仅要考虑对本地环境的污染，而且要考虑对下游城市的取水系统的影响及对整个区域环境的影响，也可说，生态化的科学观就要求技术创新生态化。

3）确立生态化的经济观——由消耗自然资源向珍惜自然资源转变

传统的经济发展都依赖于自然资源的开发利用，并且常常都是粗放型的开发和生产，造成资源的巨大浪费以及高消耗、高排放、高污染和低效率的状况。衡量经济增长的就是国内生产总值（GDP），其实这是不尽科学的。因为它根本漠视了因不当开发而对环境造成的各种负面影响及为之而付出的代价。为此，联合国统计办公室提出了一种同时将环境质量和资源因素考虑进去的，反映国民经济水平的国际标准体系。它在计算时，要求将自然资源消耗和环境退化等造成的经济损失从正常的国民生产总值中扣除，从而得出生态校正的净国民生产总值（GNP——Gross Natural Product）。据世界资源研究所和印度尼西亚政府合作进行的研究结果，印尼原来计算的国民生产总值每年增长7.1%，而考虑了自然资源消耗后，这一数字下降到4%。如果将天然气、煤和矿物也包括进去，这个数字还要更低。因此，经济发展不能只看经济增长，还要看生态化的经济发展，既要使经济增长又不对生态环境造成负面的影响。

4）确立生态化的绿色价值观——由征服自然向尊重自然转变

在我们这个世界，一切生命活动所需要的能量和物质其最初来源都是绿色植物。因此，保护绿色植物，其实就是保护生命之源泉。然而随着人类对自然的不断开发、征服，世界上的绿色正在迅速消退。许多人总认为为了发展经济而牺牲绿色植物、牺牲环境是合乎人类利益的，是无可非议的。正是这种认识，导致了许多似智实愚的行为。例如，为了取得建筑、工业原料用木材而滥伐林木；为了扩大城市、拓宽道路而侵占绿地；为了发展农业而毁坏森林、草原、湿地等，其中影响最大的当推毁林、毁牧（草）开荒和以“经济开发”的名义侵占耕地。在发展中国家，这些行为已成为一些地区致富的“法宝”。在我们城市化建设过程中，有奇怪的“二多”现象：一是今日活着的“愚公”太多；二是现代化的推土机太多。逢山就开，遇水就填，不顾原有的地形、地貌和自然环境，进行大量破坏。我们必须改变这种状况，转变为尊重自然、顺应自然、与自然相协调、与自然共生共存。在建设过程中顺应当地的地形地貌，因地制宜进行城市规划和建筑设计，保护好自然环境，使人造环境与自然环境共存共生。

2009 年 4 月 22 日，在通过《世界地球日》的联合国决议书中写道：“地球及其生态系统是人类的家园，人类未来要在经济、社会和环境三方面之需求之间实现平衡，必须与自然界与地球和平共处。”决议通过后，文件起草国——玻利维亚国总统莫拉莱斯激动地说：“地球母亲的权利终于得到了承认。”（这一年正是世界人权宣言通过的 60 周年）。当年的联大主席布罗克曼说：“人类不是拥有地球，而是属于地球。”这样就摆正了人与自然的关系。

2.3.3 反思之三——发展模式的反思

发展（Development）是事物从出生开始的一个进步变化的过程，这个词最初源于胚胎学，代表一种自然而然的演变过程，世界经济的发展初始阶段也是“顺其自然”的。19 世纪一些经济学家如伯恩施坦等宣扬经济决定论，认为社会的发展只是经济发展的自然结果。中国自给自足的小农经济也是“自然而然”发展的。

最早人们把发展视为经济增长的代名词，第二次世界大战后，随着经济规模的扩大、竞争的加剧和科学技术的迅速发展，国家和企业都越来越重视长远的有目标的发展。最典型的如我国的国民经济发展五年计划，从自发性走向有目标的自觉性的战略管控性的发展，在从传统的自发发展到“战略发展”的历史演变中，出现了不同的发展观。

1）单一经济增长，把发展等同于经济增长，即：发展 = 经济增长

这种发展就是唯经济发展模式，即把 GDP 的增长作为唯一的发展目标。在联合国制定的“第一个发展十年（1960—1970）”计划中，要求发展中国家 GDP 年增长率达到 50%。1960 年代前的世界各国的发展基本上都是遵循这样的发展模式，甚至当工业污染严重时，也要坚持先发展后治理。1960 年代后，经济是发展了，但带来的社会环境问题也不少，大量的伴随单一经济增长的负面影响，让人们逐渐认识到“单一的经济增长≠发展”，不能把发展等同于经济增长。

2）二维综合发展

针对“有增长而无发展”或“无发展的增长”，人们提出：衡量一个国家的发展程度除经济指标之外，还应包括各项社会指标，即反映生活质量的“非经济尺度”。

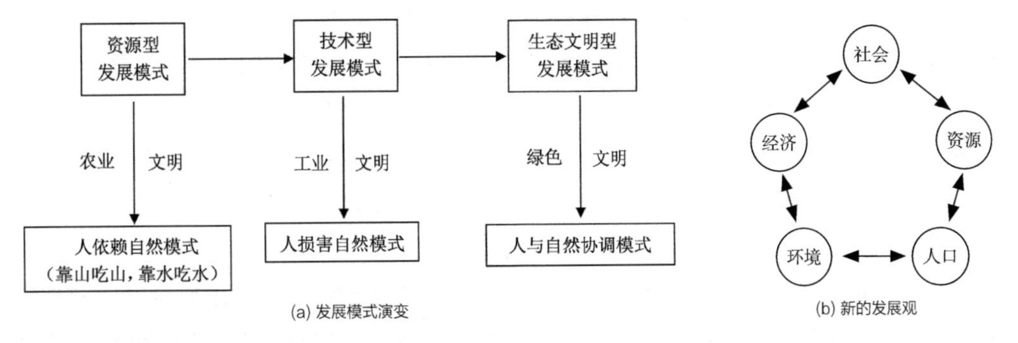

图 2-8 发展模式演变及新的发展观

在联合国制定的“第一个发展十年”计划实施时，当时的联合国秘书长吴丹就提出，“发展 = 经济增长 + 社会变革”，意味着发展内涵由单一的经济发展转变为经济、社会二维综合发展。

3）多元全面发展观

多元全面发展也就是经济、社会、环境全面协调发展，它涵盖自然、经济、社会复杂系统，也就是我国政府在 2003 年提出的“坚持以人为本，树立全面、协调、可持续的发展观，促进经济、社会和人的全面发展”的科学发展观，其基本内容就是：

· 以人为本的发展观

· 全面发展观

· 协调发展观

· 可持续发展观

这个科学发展观是立足于我国国情、总结我国发展实践、借鉴国外发展经验、适应新的发展要求提出的重大战略思想。发展是第一要务，坚持以经济建设为中心，努力积极谋发展，不断解放和发展社会生产力；坚持以人为本，做到发展为了人民，发展依赖人民，发展成果由人民共享；坚持全面协调可持续发展，全面推进经济建设，促进经济、社会、环境生态全面协调发展，达到生产发展、生活富裕、生态良好的发展目标。

为了达到全面可持续发展的目标，必须改变我们的生产方式，改变传统的资源型的生产方式，发展技术型的生产方式，实现生态型的生产方式，使我们的生产由粗放型走向集约型，由高消耗、高污染走向节约资源、能源，走向清洁生产、文明生产，走向高质量发展。

2.3.4 反思之四——消费模式的反思

消费模式随着生产方式变化和经济发展而改变。农业文明时代，消费模式概括地说就是“靠山吃山，靠水吃水”，它对自然资源的消耗是有限的，人类的生产力与大自然的生产能力大体能达到平衡。消耗的食物和牲畜都是动植物，属于可再生资源，只要不使大自然遭到破坏，它们就可以得到再生和补充。但是农业文明还是造成了对自然的破坏，其最明显的影响，就是对森林的破坏。随着人类住区人口的增加，人类需要建造房子，做家具、工具，对木材的需要增加，促使森林被砍伐；人口增加就需要更多的可耕地和草地，于是人们就开始烧毁、砍伐周围的树木；人们饲养的牛、羊、猪、马等畜牧也对森林草场造成了破坏，大量的树苗、种子、果实、灌木、牧草都被吃啃。两千多年前的秦始皇为了建宫殿，砍伐了大量树木，“蜀山兀，阿房出”（《阿房宫赋》）。在西方，两千多年前希腊的阿提卡山脉森林茂密，但由于建房被大量砍伐，植被丰满的绿色山脉逐渐演化为褐色的枯山。中国的黄土高原，在历史上也曾是“草丰林茂，沃野千里”的绿洲，由于历代屯垦，放牧毁草，毁林从耕，植被遭到严重破坏，造成水土流失，生态失调，这正是农业社会消耗资源的生产方式和消费方式带来的后果。

随着蒸汽机的发明，人类社会进入了工业时代，人类为了最大限度地满足自身的欲望，运用新的技术手段，更大规模地开发资源发展生产，企业家、商人通过广告刺激和左右大众的消费，反过来又用消费刺激生产。就这样循环，加速了自然资源的枯竭。加之城市化的生活方式，飞机和汽车排放大量废气，生活垃圾剧增，这些消费方式又进一步加重了生态危机。这种在有限的环境中追求无限的增长的行为，只能导致挥霍性浪费的增加。因此，通过反思，人类就应该放弃传统的资源型生产和消费模式。

中国是一个发展中国家，人口多，资源短缺，不应以资源的高消耗、环境的重污染来换取高消费的生活方式，我们应当根据自己的国情，建立一种适度消费的生活体系，使人民的生活以一种积极、合理的消费模式步入小康社会。勤俭节约、反对浪费始终是我们中华民族的美德，始终应得到提倡和发扬。

首先，我们应提倡适度消费观念，抑制超前消费，同时也反对浪费型的消费。浪费型消费是指超过自己的需要而产生剩余物，最后变为垃圾的消费，它造成资源的浪费；此外，更要反对奢侈的消费，这种消费大多是追求过度享受和显示自己富有的表现。采用这种消费的多半为先富起来的人群，消费水平较高，热衷于豪华、舒适，讲体面，讲排场的消费。这种消费更是会加速造成资源消耗和环境的恶化。有人说，如果全世界都追求美国的生活方式、消费模式而超前消费，每两个人拥有一辆汽车，那么整个世界的耕地都要变成公路和停车场了！在我国 30 多年来的城市化快速发展中，贪大、奢侈的消费观念表现得非常突出，追求大城市、大场馆、大马路的现象几乎到处可见，它们都是不符合可持续发展的消费观的。

我们应该建立生态型的消费模式；那就是在生产、生活等各个方面按照 3R 的原则来执行，即：

· Reduce——减量化的原则；

· Reuse——再利用的原则；

· Recycle——再循环原则。

减量化原则就是要求以较少的资源消耗达到既定的生活目的和生产目的。

再利用原则要求各类产品能被多次使用和反复使用，不提倡“用完就扔”的浪费模式。

再循环原则就是物品完成其使用功能后重新变成可利用的资源而不是不可再利用的垃圾。

最后，确立健康的生活方式，培养良好的生活习惯，追求精神价值以充实和完善自己。在我国近 30 多年的经济快速发展中，一些人生活富裕后，腐化、堕落，甚至走上犯罪的道路，把精力和时间用于获取消费品和寻求感官刺激，这是对人本身价值的否定。

只有建设高度的社会主义精神文明，建立起一种与人类生态安全、社会责任和精神价值相适应的健康的生活方式，人们才能自觉地确立生态化的生活方式和消费模式。

21 世纪，世界进入低碳时代，发展低碳经济、实行低碳生活，成为全球应对气候变化的共识和行动。我们要推行低碳生活，必须理念先行，爱护地球，匹夫有责。我们要把低碳生活、低碳消费置于我们日常生活的衣、食、住、行中。

2.4 可持续发展思想的共识

2.4.1 概述

20 世纪是人类文明发展史上最辉煌的时代，但也是人类发展史上最矛盾的时代。从 1960 年代开始，正如前一章节所述，人类的环境意识开始觉醒，拯救地球的活动开始兴起，人们对创造人类辉煌文明的发展模式开始了反思，逐渐觉醒—理论探索—发表宣言—制定法制、公约，从个人、组织到政府，开始研究如何重建人类与地球自然环境的新关系、新秩序，探讨人类发展与环境共生共荣的新理论、新法制；从 1960 年代开始经过 30 年左右的探索，到 1990 年代终于使这个“可持续发展”的理念得到世界的共识。在这个觉醒—探索—达成共识的过程中，可以看出并认识到可持续发展思想形成和发展的脉络。

2.4.2 理论与探索

1）罗马俱乐部（Club of Rome）成立

1968 年 4 月由意大利著名实业家和经济学家奥莱里欧 · 佩切依博士召集，来自西方 10 个国家的科学家、教育家、经济学家、人类学家和实业家共约 30 人，在罗马山猫学院开会，共同探讨关于全人类前途的一系列的根本问题，如人口问题、自然资源问题、粮食问题与工业化和生态环境等问题，并对当时的经济发展模式提出了质疑。此次会后，1968 年 4 月由佩切依和英国科学家亚历山大发起，在罗马成立了一个专门研究世界未来的由专家组成的学术机构，世人称为“罗马俱乐部”，它成为环境保护运动的先驱组织。

2）《增长的极限》报告

1972 年罗马俱乐部给世界发表了他们研究的第一个报告，即震撼世界的著名的《增长的极限》的报告，提出了“零增长”的对策，也被认为是“零增长理论”。这份研究报告把全世界看作是一个整体，提出了全球性的五个根本问题，即人口爆炸、粮食生产的限制、不可再生能源的消耗、工业化及环境污染。这份报告提出了全球性问题相互影响、相互作用的全球系统观点，因而极力提倡从全球入手解决人类重大问题的思想方法。这些新观点、新思想和新方法表明了人类主流开始站在新的、全球的高度来认识人、社会和自然的相互关系。

罗马俱乐部这个自发性的学术研究组织是在 1960 年代，正当发达工业国家陶醉于战后经济快速增长和随之而来的“高消费”的黄金时代这个历史背景下产生的，《增长的极限》这份报告也就是针对“黄金时代”隐现出来的问题，从现象着手深度揭示影响地球人类未来生存的根本性的问题，并提出问题的对策——“零增长”。这本经典之作曾因该论点“冒天下之大不韪”，引起了激烈的争论，甚至持续到现在。但是几十年过去了，随着时间的推移、现实的教育，人们也逐渐认识到这份报告的价值，它的正面价值体现在：

（1）把全球全世界看作一个整体，提倡用全球系统观点研究解决人类继续生存的重大问题的新观念、新思想和新方法；

（2）对工业文明走过来的“传统发展模式”，第一个提出更新和挑战，促使人类思考地球资源的有限性以及现在高速度开发资源的不可持续性。他们认为，人类受到各方面因素的影响和制约，全球人口和经济的发展将面临一个极限。这个极限将很快到来。新世纪已证明，他们的预见正在变为现实。低碳经济、生态足迹等正在走入人们的生活。[1]

发展是绝对的，无论是发达国家或发展中国家都是如此，正因为如此，“零增长观点”是不被接受的。但是，“有限制”的观点是有道理的，应被采纳。

3）相关报告

在 1970 年代相继发表的重要探索性文章、著作还有：

（1）哥尔德史密斯（Coldsmith）《生存的蓝图》；

（2）加博：《跨越浪费的时代》；

（3）沃德 · R · 杜博斯：《只有一个地球》；

（4）美国外交委员会主编：《60 亿人——人口困境与世界对策》

1972 年，联合国教科文组织（UNESCD）发起了《人与生物图》（Man and the Biosphere Program——MAP）计划。MAP 是一项政府间跨学科的大型综合性研究计划，对生物圈不同区域的结构和功能进行系统研究，并预测人类活动引起的生物圈及其资源的变化以及这种变化对人类本身的影响。

这些研究报告都呼吁各国人民和政府要重视人类赖以生存的地球环境，对人口、资源、工业化污染、环境保护及经济发展模式等世界根本性、共同性的问题进行系统研究，并提出相应的对策，对推动各国环境保护工作、促进可持续发展战略的形成奠定了思想、理论基础。同时它们也对推动各行各业可持续发展事业有着广泛深远的影响。“只有一个地球”就成为 1972 年在瑞典首都斯德哥尔摩召开的人类环境会议提出的一个响亮口号。沃德 · R · 杜博斯的《只有一个地球》这篇文章也被编入中国中学教材中。

2.4.3 会议宣言

1）人类环境宣言（Declaration On The Human Environment）

1972 年联合国在瑞典首都斯德哥尔摩召开人类环境会议，邀世界各国政府共同探讨当代世界环境问题，并研究对策。这是讨论环境问题的第一次国际会议。113 个国家和超过 400 个环保组织均派代表参加了这次盛大的会议。会中发表了著名的《人类环境宣言》，对当时人类面临的环境问

1 （美）德内拉 · 梅多斯，乔根 · 兰德斯，丹尼斯 · 梅多斯 . 增长的极限 [M]. 北京：机械工业出版社，2013.

题以及自然资源保护问题进行阐述并提出规范要求。《宣言》不仅是维护和改善人类生存环境的纲领性文件，对各国都有指导意义，而且代表了世界各国保护环境和改善环境的共同愿望和强烈的主张，通过它呼吁各国为维护人类环境、造福全体人民及后代而共同努力。本次会议是在 1972 年 6 月 5 日开幕的，这一天就被定为“世界环境日”。

2）《世界自然宪章》（World Charter For Nature）

1982 年 10 月 28 日，联合国大会通过了《世界自然宪章》，它是由国际自然资源保育联盟（IUCN）起草的。宪章表达了各国政府支持生物多样性原则，认同人类为自然的一部分、生命各种形式的独特性应受到尊重的观点。宪章规范了人与自然的伦理关系以及人类应对它承担的义务。

3）世界保护策略

1984 年世界自然保护联盟（International Union For Conservation of Nature and Natural Resources，简称 IUCN）开始帮助 50 多个国家政府和其他机构制定了对自然的保护策略，作为决策和制定规划的综合途径。该组织于 1948 年在瑞士格兰德成立，现总部也设在格兰德。该组织提出世界保护策略，其中包含可持续发展的生命资源保护问题。这是最早提出“可持续发展”的概念性文件之一。

4）《我们共同的未来》（Our Common Future）

对可持续发展概念的形成和推动起到关键作用的是 1982 年在内毕华召开的联合国环境管理理事会上提议成立的“世界环境与发展委员会（WCED）”。1983 年第 38 届联合国大会通过成立这个独立机构，由联合国秘书长提名，由挪威前首相工党当时的领袖布伦特兰夫人（Brundtland）任委员会主席，苏丹前外交部部长卡利德（Knalid）任副主席，共由 22 名世界著名学者及政治活动家组成，1984 年 5 月正式成立。该委员会通称联合国环境特别委员会或布伦特兰委员会（Brundtland Commission）。

世界环境与发展委员会（WCED）自 1984 年正式成立后，在挪威前首相布伦特兰夫人的领导下，集中了世界上最优秀的环境问题专家和学者，用了 900 天的时间，到世界各地进行实地考察，在此基础上通过共同研究，于 1987 年向联合国提出了一份题为《我们共同未来》的报告。该报告对可持续发展的内涵作了界定和评价的理论阐述，强调今天大大恶化了的自然环境对人类持续发展的威胁。报告指出，在过去，我们关心的是经济发展给生态环境带来的影响，而现在，我们则迫切地感到生态的压力给经济发展带来的重大影响。因此，在未来，我们应致力于探索出一条资源、环境保护与经济、社会发展并顾的可持续发展之路。从一般的保护环境到把环境保护与人类发展结合起来思考是人类有关环境与发展思想的飞跃。

此报告在各国、各行业发展引起了巨大的反响。之后，各国政府、组织、企业、研究机构等都在研究如何可持续发展的问题，例如：

——1988 年，国际粮农组织（FAO）发表了《可持续发展的农业》的报告；

——1989 年，非洲财长会议发表了《没有破坏的发展战略》；

——联合国教科文组织（UNESCO）发表了《多元发展战略》和《以人为核心的发展战略》。

5）《21 世纪议程》（Agenda 21）

《21 世纪议程》是 1992 年 6 月 3 日至 14 日联合国在巴西里约热内卢召开的联合国环境与发展大会（UN Conference On the Environment and Development, UNCED）通过的重要文件之一，是“世界范围内可持续发展行动计划”，它是21世纪全球范围内各国政府、联合国组织、发展机构、非政府组织和独立团体在人类活动对环境产生影响的各个方面的综合的行动蓝图，它是一份没有法律约束力、旨在鼓励发展的同时要保护好环境、促使可持续发展的文件。《21世纪议程》的一个关键目标，是逐步减轻和最终消除贫困，此次会议又称地球高峰会议（Earth Summit）。

6）世界社会发展首脑会议

1995年，联合国社会发展委员会在丹麦哥本哈根召开联合国社会发展问题世界首脑会议，中国派团积极参与了这次会议，并为推动会议的成功召开作出了贡献。

这次大会是人类有史以来讨论环境与发展的第一个里程碑，有183个国家和地区的代表出席了大会，其中有102位国家元首和政府首脑。会议通过了《里约环境与发展宣言》。会议提出了“人类要生存，地球要拯救，环境与发展必须协调”的口号。这次会议以可持续发展为指导思想，不仅加深了人们对环境问题的认识，而且把环境问题与经济、社会发展结合起来，确立了环境与发展相互协调的观点，找到了一条在发展中解决环境问题的思路。《里约》公约为人类举起了可持续发展的旗帜，为可持续发展之路作了有力的动员，也充分表明了可持续发展思想在世界范围得到了普遍的共识。

为了推动可持续发展战略的实施，1993年2月联合国成立了高级别的“可持续发展委员会”，旨在追踪联合国系统实施《21世纪议程》进程，作为里约会议的后续行动，委员会每年举行会议，交流世界各国推动《21世纪议程》的执行情况。1994年在开罗召开了世界人口和发展大会，主题为“人口、持续的经济增长与可持续发展”，会议明确提出“可持续发展问题的中心是人”；1995年在丹麦哥本哈根召开了世界社会发展首脑会议，同年又在我国首都北京召开了联合国第四届世界妇女大会，再次强调了可持续发展对于人类的重要性，并制定了该领域可持续发展的全球战略和行动计划；1996年又在可持续发展战略的框架下，在土耳其伊斯坦布尔召开了世界人居环境会议，在意大利罗马召开了世界粮食会议，审议里约会议以来各国贯彻实施可持续发展战略的情况和存在的问题，提出了今后的发展目标和举措。

上述表明，从1992年里约会议以后，可持续发展思想不仅得到认同，而且开始真正走向实施，可以说可持续发展时代从这次会后迈出了实质性的步伐。

1992年里约会议上，我国政府作出了庄严承诺，并于当年七月由中国国务院环境委员会率先组成了352个部门、300余名专家参加的工作小组，编制了《中国21世纪议程——中国21世纪人口、环境与发展的白皮书》，以此作为中国可持续发展总体战略、计划和对策，并于1994年3月在国务院常委会议上通过。中国是世界上第一个编制出本国21世纪议程行动方案的国家。1995年和1996年，党的十四届五中全会和八届四次人大会议庄重地将可持续发展战略纳入我国人民经济和社会发展第九个五年计划和2010年的目标纲要，明确提出了在中国的第二步发展战略中要实现经济社会和生态的可持续发展。

2.5 可持续发展概念与内涵

2.5.1 可持续发展概念

2.5.1.1 可持续发展的定义

可持续发展是 1980 年代提出的一个新的概念。这个概念最早可追溯到 1980 年由世界自然保护联盟（IUCN）、联合国环境规划署（UNEP）和野生动物基金会（WWF）共同发表的《世界自然保护大纲》中首次提出的可持续发展的概念。这篇报告写道：“必须研究自然的、社会的、生态的、经济的及利用自然资源过程中的基本关系，以确保全球的**可持续发展**。”1981 年美国学者布朗(Lester R.Brown）出版的《建设一个可持续发展的社会》书中也提出了以控制人口增加、保护资源基础和开发再生能源来实现**可持续发展**。这个概念从环境生态出发涉及经济、社会、政治、文化等各个领域，是一个庞大的系统复合体，内涵丰富。它是一种注重长远发展，立足于全球整体性思维的一种新的发展观，一种新的经济发展模式。由于涉及领域广泛，可用“可持续发展 +……”来表示它的广泛性和普遍性，如可持续发展农业（可持续发展 + 农业）、可持续发展建筑（可持续发展 + 建筑）。由于不同学科有不同的视角，对可持续发展概念的认识和理解自然各异，至今已不下百种不同的表述。它确是一个复杂的交叉学科，在历史上从来还没有一个概念像可持续发展概念这样，在全球范围内有如此广泛的探讨和如此多的不同的理解和定义。目前，尽管在理论上，政治家、经济学家、生态学家和环境学家都还没有一个公认的表述，但比较多的专家还是倾向于 1987 年以布伦兰特首相为首的世界环境与发展委员会（WCED）发表的《我们共同的未来》报告中所阐述的定义。这份报告正式使用了可持续发展的概念，并对此概念作了比较系统的阐述。报告中将可持续发展概念定义为：“**可持续发展是在满足当代人的需要，又不对后代人满足其需要的能力构成危害的发展。**它包括两个重要的概念：需要的概念，尤其是世界各国人民的基本需要，应将它放在特别优先的地位来考虑；限制的概念，技术状况和社会组织对环境满足眼前和将来需要的能力施加的限制。”它明确提出了可持续发展战略，明确保护环境的根本目的在于确保人类的持续存在和技术发展。1992 年，联合国环境与发展大会通过了以可持续发展为核心的《里约环境与发展宣言》和《21 世纪议程》，正式将可持续发展概念推向世界，推向实践[1]。促使人类在追求共同目标时，既要达到发展经济的目的，又要保持人类赖以生存的大气、淡水、海洋、土地和森林矿产等自然资源和环境，使子孙后代能够永续发展和安居乐业。

2.5.1.2 不同属性学科对可持续发展概念的理解

作为一个具有广泛综合性和交叉性的新的学科领域，它涉及众多的学科，如自然学科、社会学科、经济学科、技术学科和环境科学，它们对可持续发展概念的理解是不相同的，以下分述之：

1）自然学科的理解

持续性这一词最早是由生态学家提出来的，即所谓生态持续性（Ecological Sustainability）。

1 中国科学院可持续发展战略研究组 .2003 中国可持续发展战略报告 [M]. 北京：科学出版社，2003.
申玉铭，方创琳，毛汉英 . 区域可持续发展的理论与实践 [M]. 北京：中国环境科学出版社，2007.

意在说明自然资源保护与开发利用的平衡。1991 年国际生态学联合会（INTECOL）和国际生物科学联合会（IUBS）联合举办了关于可持续发展问题的专题研讨会，此次研讨深化和发展了可持续发展概念的自然属性，即将可持续发展定义为：**“保护和加强环境系统的生产和更新能力。”**其含意为可持续发展是不超越环境和系统更新能力的发展。

这个定义也可以理解为：人类要把自己的生成和发展建立在资源可持续利用和地球的可持续居住的基础上。具体说就是要保持生命支持系统和生态系统的完整性，保持生物物种的多样性等，即保持人类与自然、人类生存与自然“生存”、经济活动与生活“活动”的良性循环。

人类与自然之间的良性循环要求人类的活动不超出自然的承载力和自我修复能力，因为它们都是有限的。因此，可持续发展也需要节制，没有节制的发展必然导致不可持续的后果。

世界自然保护联盟（IUCN）曾制定《世界保护策略》，这份文件中确定了三项原则，即：

（1）遗传多样性的保护；

（2）物种和资源的可持续利用；

（3）基本生态过程和生命系统的维持。

这三项原则也涉及可持续概念的理解，但这三项原则实际上意义上真正提出的是生态可持续的问题，而不是可持续发展概念的全部涵义。

2）社会科学者的理解

1991 年，由世界自然保护同盟（INCN）、联合国环境规划处（UNEP）和世界野生生物基金会（WWF）共同编写发表了《保护地球——可持续生存战略》（Caring For The Earth——A Strategy For Sustainable Living）报告，其中提出的可持续发展定义为**“在生存于不超出维持生态系统涵容能力之情况下，改善人类的生活品质”**，并且提出了人类可持续生存的九条基本原则。如尊重和保护生活社区、改善人类生活品质、保护地球活力和多样性、最大限度地减少非再生资源的耗竭、使发展规模保持在地球的承载能力之内，改变个人的态度和行为以及使社区关心自己的环境等。报告明确提出，如果我们不改变今天的生活方式和生产方式，如果我们不能持久和节俭地使用地球上的资源，我们将毁灭人类的未来。报告提出的九条原则中，既强调了人类的生产模式和生活方式要与地球承载能力保持平衡，要保护地球的生命力和生物多样性，同时，也提出了人类可持续发展的价值观，在“发展”的内涵中要有普遍改善人类生活质量，提高人类健康水平，创造一个保证人们平等、自由、有教育、人权和免受暴力的地球环境。

3）经济学科的理解

爱德华 · B · 巴比尔（Edivard B. Barbier）在其著作《经济、自然资源：不足与发展》中，把可持续发展定义为：**“在保持自然资源的质量及其所提供的前提下，使经济发展的净利益增加到最大限度。”**也有学者，如 D- 皮尔斯（D-Pearce）认为，“可持续发展是今天的使用不应减少未来的实际收入”，“当发展能够保持当代人的福利增加时，也不会使后代的福利减少”。这些定义所提出的发展自然不是传统的以牺牲自然资源和环境为代价的经济发展，而是要无害发展。

4）科学技术的理解

科学技术是实施可持续发展的技术支撑，可持续发展为科学技术发展开辟了新的天地。从科学技术角度理解可持续发展概念又有新的见地，学者认为，**“可持续发展就是转向更清洁、更有效的技术——尽可能接近‘零排放’或‘密闭式’工艺方法——尽可能减少能源和其他自然资源的消耗”**，还有的学者提出“可持续发展就是建立极少产生废料和污染物的工艺或技术系统”[1]。

20 世纪是科学技术在开发和改造自然的征途上凯歌高奏、所向无敌的时代，但也是科学技术给人类带来严重忧患和巨大灾难的危机时代。科学技术空前放大了人类征服和改造自然的力量。中国科学院院士何祚庥写道：“试问这是不是由于科学发生了‘异变化’，因而科学竟然开始危害人类本身？不！这是因为人类所面临的问题本来就不限于科学技术问题，因此……自然科学必须学会与社会科学合作。”重视运用科学技术的力量调节人与自然的紧张关系，发挥科学技术保护社会生产力和人类福利增长的生态基础的职能。

综上所述，对可持续发展概念应该综合来理解，多数还是以《我们共同的未来》中所阐述的定义为准，**“既满足当代人的需要，又不对后代人满足其自身需要的能力构成危害的发展”**。也就是通常我们理解的那样：所谓可持续发展，就是既要考虑当前发展的需要，又要考虑未来发展的需要，但不要以牺牲后代人的利益为代价来满足当代人的利益。

1989 年，联合国环境会议（UNEP）发表了《关于可持续发展的声明》，进一步明确地认为可持续发展包括四方面含义：①走向国家和国际平等；②要有一种支援性的国际经济环境；③维护、合理使用并提高自然资源基础；④在发展计划和政策中纳入对环境的关注和考虑。

2.5.2 可持续发展的内涵

WCED 对“可持续发展”一词所作的阐释，基本上得到人们的普遍认可，被认为是迄今为止最能被接受的解释。但与此同时，还有不少学者提出，对于进一步学术研究而言这样的解释仍然不够清晰。

目前，学术界有人提出“可持续发展”包括两个基本组成，即“可持续性”（Sustainability）和“发展”（Development），应分别对它们进行研究和解释，从而可进一步明确可持续发展的内涵。综合来看，可持续发展内涵为以下几点：

1）发展是可持续发展的主题

“可持续发展”概念强调，“人类需求和欲望的满足是发展的主要目标”首先是要发展，不论是发达国家或发展中国家都要发展。同时也指出，发展的主要目标“包含着经济和社会秩序渐进的变革”，这就是说，发展不等于经济增长，而同时要包含社会的变革与发展，使社会变得更加均衡、更加和谐。

2）发展的可持续性

发展不能超越自然资源和环境的承载能力，可持续发展就包括两个基本的要素，即“需要”和“限制”。需求性是人的三大基本属性之一，但它也一定要有一定的“限制”，特别是人类赖以生存的物质基础——自然资源和地球环境是有“限度”的，满足人类需求的同时，要最大限度地减少非再生资源的耗竭，使发展规模保持在地球的承载能力之内。因此，只有保持生态的可持续，才能做到经济的可持续发展。

1 刘培哲．“可持续发展”理念与《中国 21 世纪议程》[M]. 北京：气象出版社，2001.

3）人与人公平发展

可持续发展强调人与人的公平、均等地发展，当今一代在发展和消费时应努力做到使后代有同样的发展机会，不要以牺牲后代的利益为代价来满足当代人的利益。

4）人与自然的和谐共生

人与自然要由对立走向和谐统一，人要学会尊重自然、师法自然、保护自然、并与之和平相处，促进人与自然和谐，从而实现经济发展与人口、资源、环境相协调发展，从而走上生产发展、生活富强、生态良好的永续发展之路，走上一条文明的发展之路。

2.5.3 可持续发展的原则

实施可持续发展战略必须遵循一些基本原则，主要有以下三项原则：

1）公平性原则（Fairness）

可持续发展概念提出的公平性的原则，体现在以下几个层面：

（1）当代人的公平性

可持续发展要满足全体人民的基本需求，要给全体人民均等的机会，以满足他们要求较好的生活的愿望，当代人的公平性表现在对自然资源或公共资源的占有上应是公平的，给全体人民以公平的发展权。当今世界贫富差别越来越大，两极分化越来越严重，这样的状况是不可能实现可持续发展的，要把消除贫困作为推行可持续发展的核心要求。

（2）代际公平性

可持续发展应该是一代一代的发展，代与代之间要做到公平，地球资源有限，要让世世代代有公平利用自然资源的权利和公平的发展机遇，不能占用子孙后代的资源而只谋当代的发展。

（3）分配的公平性

地球自然资源是有限的，实施可持续发展战略就要求自然资源分配和利用的公平性，联合国环境与发展大会通过的《关于环境与发展里约热内卢宣言》，已把这一公平原则上升为国家间的主权原则，明确提出："各国拥有按着其本国的环境与发展政策开发本国自然资源的主权，并负有确保在其管辖范围内或在其控制下的活动不致损害其他国家或在各国管辖范围以外的地区的环境的责任。"当今世界这种不公平性是非常突出的，发达国家占全球人口26%，而其消耗的能源、资源却占全球的80%。

（4）人与自然的公平性

可持续发展的基本要求，不仅涉及人与人之间的关系，也更涉及人与自然的关系，实施可持续发展不仅要实行人与人之间的公平性，同时也意味着人与其赖以生存的自然环境之间也存在着公平性问题，人要尊重自然，善待自然，实现人与自然共生共存。

2）持续性原则（Sustainability）

可持续发展的概念与传统发展概念的不同在于，可持续发展 = 可持续性 + 发展，这种发展一定要是可持续的，这是发展的前提，也是发展的要求，因此，持续性的原则是必须坚持和遵循的。

持续性原则的核心思想是指人类的经济发展和社会发展不能超越自然资源与生态环境的承载能力。实际上，这就将可持续性的发展从人与人之间的关系，扩展到人与自然界的关系上来。人类任何发展的基础都是建立在保护地球自然资源及生态环境的前提条件之上的。人类对自然资源的消耗应考虑自然资源的临界性，一定要在发展的同时，不忘“限制”的要求，没有限制的发展一定是不能持续的，一旦破坏了人类生存的物质基础，“发展”本身也就衰退了。

3）共同性原则（Common）

可持续发展的概念是着眼于全球整体性的新的思维方法而产生的新思想、新观点。世界只有一个地球，地球是人类共同的家园，可持续发展是全球人类共同的发展目标，为实现共同的目标，必须实行全球共同的联合行动——人与人之间、人与自然之间都是相互作用、相互依存的，尤其是当今世界经济逐渐走向一体化，更需要进一步发展共同的认识和共同的责任感。联合国发表的《里约宣言》中也要求各国“致力于达成既尊重所有各方的利益，又保护全球环境与发展体系的国际协定，认识到我们的家园——地球的整体性和相互依存性”，因此，共同性原则是客观所要求的。

2.5.4 可持续发展的基本内容

从前述内容中我们可以认为可持续发展既不是单指经济或社会发展，也不单纯指环境保护、生态建设，而是以人类能持续存在和发展为目标的自然—社会—经济的一个复合体可持续发展。因此，可持续发展基本内容可概括为以下三个方面：发展是必须遵循经济规律的科学发展，必须遵循自然规律的持续发展，必须遵循社会规律的和谐发展。

（1）可持续的生态发展——遵循自然规律的发展；

（2）可持续的经济发展——遵循经济规律的发展；

（3）可持续的社会发展——遵循社会规律的发展。

这三个方面的基本内容就是可持续发展战略的全部内容，以下简述之。

1）可持续生态发展

可持续生态发展也就是如何在谋发展的过程中确保生态的可持续性。人类的生存与发展是以自然资源的永续利用和良好的生态环境为基础的，生态的可持续性就是要保护生态系统的良性循环。

何谓生态系统？生态系统简称“ECO”，它是 Ecosystem 的缩写。1935 年，英国生态学家亚瑟·乔治·坦斯利爵士（Sir Arthee George Tansley）提出生态系统的概念，他认为：生态系统是一个系统的整体，即在自然界的一定空间内，生物和环境构成的统一整体。在这个统一整体中，生物与环境之间相互影响、相互制约，并在一定时期内处于相对稳定的动态平衡状态，这种相互进行物质与能量交换的生物与非生物因子构成一个相对稳定的系统就是生态系统。

尽管地球上存在各种不同的生态系统，但它们都具有一些共同的特性，这些特性不但有利于人们更深入、更全面地理解生态系统，而且，对其他学科也具有意义。它们的共同特征有以下几点：

（1）开放性——它们都是一个开放系统

各种生态系统都不断地同外界进行着物质与能量的交换，呈现出开放系统的状态，而非封闭系统。此外，生态系统内部及不同生态系统之间也都存在着信息的交换与流动，这些流动在人与生态系统中表现得尤为明显，开放性是其明显而重要的特征。

（2）动态性——它们都处于不断运动的动态之中

各种生态系统与所有的事物一样，都不是一成不变的，都处于不断的运动之中。虽然生态系统中的能量运动、物质循环能较长时间地保持平衡状态，但这种平衡是相对稳定的，其内部仍在不断进行着能量的流动和物质的循环，只不过这时的运动对生态性质不产生重大的影响。与此同时，随着时间的推移和条件的变化，生态系统本身也在不断地改变与演进着。对生态系统而言，运动是永恒的，静止则是相对的、短暂的。

（3）适应性——它们都具有一定的自我恢复的能力

一个处于平衡状态的生态系统，当它受到外力干扰时，自身有一种自我恢复、调节的适应能力，能够从不平衡走向新的平衡状态，能够调节自己并适应改变了的条件，实行生态系统的反馈。这种调节和恢复能力常取决于生态系统组成成分的多样性，以及能量流动和物质自我表现的复杂性。但是这种调节和恢复能力都有一定的阈值，超过这一阈值，就会导致整个平衡的破坏，引起生态系统的崩溃。适应性也是它们一个明显而重要的特征，但这种适应性是有一定度的。

（4）整体性——它们都有着整体性的特征

生态系统内部各组成部分之间都有着很强的整体性关系，即使在不同的系统之间也存在着相互间的整体关系。人们很难划分不同生态系统之间的界限，不同生态系统之间进行着大量的能量、物质和信息的流动。地球上各类型的生态系统都不是孤立存在的，每一部分都是生物圈的一个组成部分，也可以说是扩大了的一个整体的一部分。

综上所述，可持续发展的生态性，主要是要求人类不能再肆无忌惮地消耗环境资源，要妥善地处理人类的废弃物，并以此保护生态系统的平衡。可持续发展的生态性，其核心内容就是保持生态平衡的可持续性，也就是生态环境的生存和持续，那就是不可再生资源的应用要维持在它的“阈值”范围内，不应滥采、滥用现有的不可再生资源，而应该节约使用不可再生资源，并尽量少用不可再生资源。同时，人类也应将生物的多样性看作为不可再生资源，要像保护不可再生资源一样保护生物的多样性。

除了保护不可再生资源以外，对生态的可持续性具有影响的就是人类生产和消费过程中产生的废弃物（图 2-9）。大自然在为人类的生存提供各类资源的同时，又得容纳和承受人类的各种废弃物，其中有相当数量的废弃物是不能被分解和再利用的。它们给自然增添了沉重的负担。垃圾围城现象在我国越来越多，即使部分废弃物可以被分解或被利用，但也不能超过自己能回收的能力，否则就会受到自然的惩罚。因此，要保护生态的可持续，人类就要尽量减少废弃物的产生，以减少对自然的污染。

2）可持续的经济发展

在前章节中已述，“经济增长≠发展”，唯经济的发展是不可行的，所以要提出可持续的经济发展。如何做到经济可持续发展呢？关

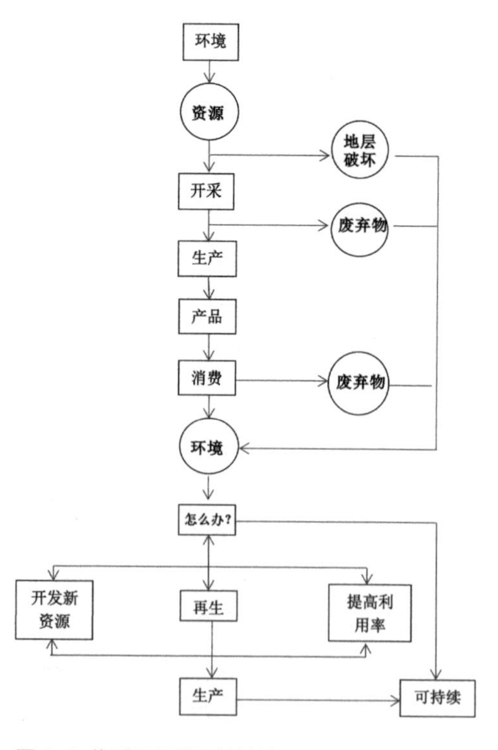

图 2-9 物质运用的可持续性

键在于谋求经济发展的过程，不要以牺牲生态环境为代价；在经济发展的过程中要尽量减少对不可再生自然资源的消耗，开发强度不超越自然生态环境的承载能力；生产和消费中排出的污染物不超越自然界所能接纳和循环的能力；使自然环境保持和发挥它的自我修补能力，从而保护生态环境的持续生存，保证自然资源代际有效的配置和利用，也就是要确保当代的经济发展以不损害下一代经济发展为前提条件。因此，可持续发展就要保持自然资源的持续力，只有这样才能真正做到可持续的经济发展。此外，除了保护生态环境和自然资源外，还要积极探索新的生产模式和消费模式，做到清洁生产、文明消费，走向低碳经济，从粗放型走向集约型发展生产，从资源消耗型走向技术型生产模式。

经济可持续发展是实现人类可持续发展的基础。中国作为人均资源拥有量极端匮乏的发展中国家，最迫切的问题在于，怎样努力提高经济效益，也就是说用尽可能少的物质能源消耗，来创造尽可能多的物质财富和产品。唯一有效的办法是依靠科学技术的广泛应用，提高科学技术对经济发展的贡献率，加大产品的科技含量。《中国 21 世纪议程》明确指出："科学技术是综合国力的重要体现，是可持续发展的主要基础之一。没有较高的科学技术支持，可持续发展的目标就不可能实现。"

可持续发展鼓励经济增长而不是以环境保护为名取消经济增长，应当确认经济发展优先的原则，因为经济发展是国家综合实力和社会财富的体现，只有经济发展了，才能掌握、推进社会发展的物质手段。在现实中，还没有经济不发展而社会发展的先例。

3）可持续社会的发展

可持续发展既不是单纯的经济发展，也不是单指生态保护。在人类持续发展的系统中，在追求物质文明的同时，应极大地提高人类社会的精神文明，提高社会和人的整体素质。鉴于地球上自然资源分配和环境价值分配的不公平，两极分化严重，因此，可持续发展应关注和改善人类社会生活质量，控制人口的增长，改善人们的居住条件，提高人类健康水平，创造一个消除贫困，保障人们平等、自由、教育、人权、免受暴力，增加防灾意识的地球社会环境。

要实现可持续发展的最终目标，提高人类的可生活性和生活质量，就必须从社会各领域着手，要把控制人口数量、提高人口素质作为实现可持续发展的关键；要把消除贫困作为社会可持续发展最优先解决的问题；要重视人类的消费和无效的消费方式，实现人口、消费和地球承载力相平衡的可持续的消费政策；要保护和提高人们的卫生健康水平。总之，社会的可持续发展就是要在人口及其质量、摆脱贫困、改变消费方式、保证卫生健康等方面提高人民的生活质量。

综上所述，可持续发展是以人为本的发展观。它以经济、社会、生态协调发展为手段，以持续地提高人的生活质量为目的。可持续的经济、可持续的生态和可持续的社会三者之间互相关联不可分割。生态可持续是可持续发展的基础，经济可持续是可持续发展的条件，社会可持续是可持续发展的目的。人类共同追求的应该是自然—经济—社会复合系统的持续、稳定和健康的发展。

第3章 可持续发展与人居环境

3.1 人居环境的概念

3.1.1 简介

从工业革命带来了严重的环境问题以来，人类对其生活住区发展的关注日益重视。当人们开始觉醒并重新审视自己生活的住区时，“Human Settlements”一词也就被越来越频繁地引用和讨论。根据联合国 1972 年在瑞典斯德哥尔摩召开的《人类环境会议》的建议，1976 年在加拿大温哥华召开了第一次人类居住大会，一致通过了《温哥华人居宣言》，首次提出全球范围的“人居环境（Human Settlements）”概念。1977 年联合国决定将住房、造房和规划委员会改为人类住区委员会（U.N. Commission On Human Settlements——UNCHS），1978 年第 32 届联合国大会决议正式成立联合国人类住区委员会，并设常设机构——人类住区（环境）中心（Habitat），简称“人居中心”。

3.1.2 定义

“人类住区”或“人居”（Human Settlements）一词本身并不复杂，但却难给它下一个十分全面且清晰的定义。人们虽然能大致理解这一词汇的含义，但较难将其简明扼要地阐述清楚。Human 在英语中可以被理解为人的、人类的，甚至是通人情的，它的含义从根本上显示了人类自身因素的存在，而 Settlements 则具有定居、安居之所的含义。所以将两词联在一起就可将“Human Settlements”理解为“人类自身的定居之处”，一般就简称为“人类住区”或“人居”或“人居环境”。但是，这种理解不能太狭义，它不只是人类生活定居所需要的住房或聚落、村镇等物质层面的含义。1987 年联合国人居中心发表的《全球人类住区报告（Global Report On Human Settlements）》中提出“人类住区是发生有组织的人类活动的地方”。20 世纪的 1954 年，希腊学者，建筑规划学家道萨迪亚斯（C.A. Doxiadias）提出了“人类聚居学”理论，在他的理论中，强调把包括乡村、城镇等在内的所有人类住区作为一个整体，以求全面、综合、系统地认识人类住区。因此，这个“有组织的人类活动的地方”就涉及全球范围内的五大洲、不同的国度，包括城市和乡村等不同的人类住区类型，涵盖人类衣、食、住、行等各个方面，它是人类社会、经济、政治、文化发展水平的重要表现。因此，我们可以认识到，人类住区就是一个庞大而复杂的系统，可以大到全球范围，小到一块很小的聚居地。另外，在理解和研究人类住区时，特别要注意，不能把人类住区等同于居住区，也不能把它简单等同于城镇或乡村的实体结构（Physical Structure）。目前，比较共同的认识是：人类住区指的是人类有组织的各种活动过程的综合体，它包括人类的居住、工作、教育、健康、文化、休闲等活动，以及支撑这些活动的实体结构，即人类的各种有组织的活动与支撑这些活动的所有实体结构的有机结合体。依此而言，人类住区是一个既有形又无形的庞大系统，是具有人类生存与发展过程中在物质和精神方面的各种需求的复杂综合体。

3.2 人居环境的组成

尽管人类住区是一个相当宽泛的概念，它所涉及的内容也相当多，有人类学、地球学、社会学、生态学及技术学科等。根据希腊建筑师、规划师 C.A. 道萨斯在他的著作《城市与区域规划》（EKISTICS）中指出，人类住区是由 5 个要素构成的一个有机体，即人、社会、自然、建筑物和网络（基础设施），这五种要素互相结合，互相作用，共同构成了人类住区的整体。

1）人——人类住区的主体

人是人类住区的主体，人类住区建设，一切都是为人着想，以人为本，并希望它能满足人们的基本需求，使人们有良好的生活质量。人是住区的主人，也是住区的建设者、享受者和占有者。离开了人，再好的住区环境也将变成“空巢”或“死城”。

2）社会

人类住区是发生人类有组织活动的地方。人的生活、活动都不是孤立的，人与人在生活中互相作用、影响。因此，人不单只是自然的人，也是社会的人，人类住区涉及的人不是单个的人，而是社会化了的人。人在活动中形成了各种经济关系、文化关系、血缘关系及社会关系等，不同人的价值观、道德准则以及生活方式、所有制、生产模式、管理制度、规划等都会对人类住区的形成和发展产生很大的影响。

3）自然

人类是依赖自然而生存与发展的。人类住区“自然”是其最基本的前提要素，人类住区的形成和发展首先是根据自然条件选定的，它是人类选择定居的基本条件。自然地理主要要素有：气候、地貌、水文、土壤、植被及动物六大类，以水而论，它是人生存和生活必不可少的条件，因此，人类定居最早都选定在江、河等有自然水系的地域。世界五大文明也都发源于丰盛的水系地域。如中华文明发源于黄河流域，古埃及的文明发源于北非尼罗河流域，古印度文明发源于南亚的印度河流域，古希腊文明发源于欧洲的爱琴海诸岛，古巴比伦文明发源于西亚的两河流域。此外，人类住区的建设过程，事实上，也就是将自然环境转变为人造环境的过程。在人造环境的建设中，如果我们大量消耗自然界的不可再生资源，同时还向自然投弃大量废弃物的话，这将最终破坏自然环境和生态环境。

4）建筑物

人类住区要满足人类生活、工作、教育、健康、休闲、交往等各种物质生活和精神生活的要求，就需要提供各种各样的供人活动的空间，建筑就成为人类住区中必不可少的物质要素，从原始的遮风避雨的穴洞到今天的高楼大厦构成了人类住区实体环境中的重要组成部分。

5）基础设施

人类的活动不是孤立的、静止的，需要交往、交通、交换、交流。因此，要建设与之相应的交通设施、服务设施，如车站、码头、道路网络、给排水设施及通信设施等。它们对于维护人类住区的正常运作都具有重要的作用，成为人类住区中重要的构成要素，其建设水平的高低也成为衡量住区质量的重要标准。

3.3 人居环境系统的构成

3.3.1 一个复合有机体

人类住区是一个复杂的有机结合体，影响它形成和发展的有对人类聚居地产生影响的外来因素，也有人类聚居地内在的方方面面的诸多因素，可以说它是纵横交错的、彼此相互作用、相互影响的共生的复合有机体。人类住区最突出的两大特征，即：人类住区的系统性和人类住区的层次性，它们充分地说明了人类住区作为一个复合有机体的复杂性，见图 3-1。

人类住区系统性包括以下几个子系统，它们是：

自然系统；

人类系统；

社会系统；

支撑系统。

这些系统相互作用、相互影响，它们共同构建了人类住区系统。以下分述之。

1）人类住区的自然系统

不论人类住区的尺度多大，属于哪一层级，自然系统都是构成它们必需的前提要素，只有适合于人类生成和发展的自然环境条件，人类才可能安顿定居下来，并不断发展。自然系统的优与劣直接关系着某一区域、某一地方的人类住区的质量和发展水平，历史上总有穷人和富人之别，与其同时存在的也有贫困地区和富裕地区之差别。如我国西北的秦巴山区，只有几个小盆地，耕地少、质量差、交通不便，历史上一直是贫困地区。反之，四川盆地土地肥沃、气候宜人、资源丰富、区位优越、交通方便，历来有“天府之国”之美称。当今，有关学者研究也表明地区贫困与脆弱生态环境具有一定的关联性，表现在地区贫困与脆弱生态区的分布上，二者间的相互联系、相互影响而产生的地理空间分布上的一致性，即地区贫困与脆弱生态区的分布存在一种地理意义上的耦合。我国的贫困地区，按地区的自然环境特征分别为：西北干旱绿色边缘区、青藏高原区、秦岭大巴山区、

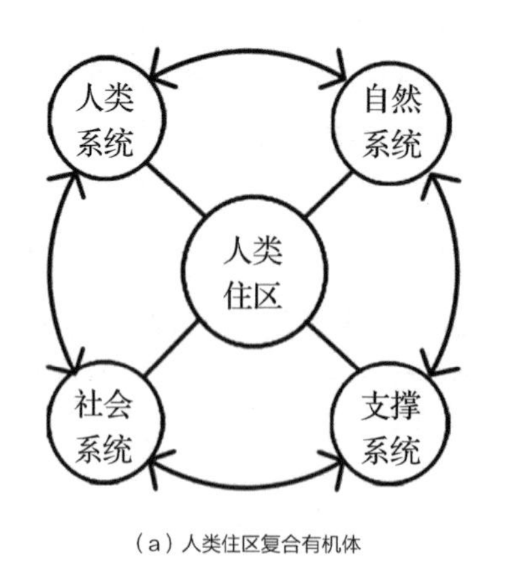

（a）人类住区复合有机体

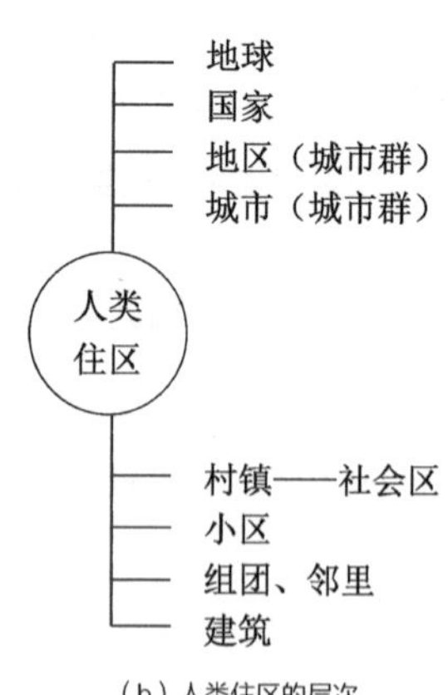

（b）人类住区的层次

图 3-1 人类住区

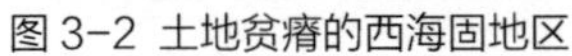
图 3-2 土地贫瘠的西海固地区

图 3-3 迁移后散落的废弃房屋

大别山区等，主要集中在我国西部地区 [1]。

因此，在人类住区的选址上就必须考虑当地的自然系统，即当地的生态环境，它包括水、土壤、大气、生物为核心的地球陆地表层环境，因为它们与人类活动的联系最为密切，切勿选址在最不适宜人居住的地区。我国宁夏回族自治区海原县徐套乡，属于土地贫瘠的西海固地区，因自然环境恶劣，曾被联合国粮食开发署认定为“最不适宜人类居住的地区之一”，迫于生计，从 1980 年代开始，当地居民只好移民，至今已有 66 万余人陆续迁出，见图 3-2、图 3-3[2]。

同理，在自然生态系统较好的富裕住区，也要关注住区自然系统的维护，如对于住区内的河流等原生和次生的生态系统元素、住区的开放空间系统、住区衰败地区和住区废弃地的生态系统等的维护，以确保良好的人居环境。否则，自然系统被破坏，必将导致人类住区的衰败。

2）人类住区的人类系统

人类住区中核心是人，人类社区的发生、形成和发展都是因为有了人，是人类为了自身的生存与发展而聚居的产物。远古人类诞生后，在历史的长河中，由人组成家庭，然后数个家庭结成村落或部落，接着一群部落组成一个民族，再由一定数量的民族构成国家或联邦（Union Station），很多国家就构成今天的大千世界。从家庭到国家乃至全球大千世界都可谓不同规模、不同层级的人类住区或住区单元，它们都是因人的增长而发展形成的。

人是人类住区的主体，一切不论层级和大小的人类住区，其规划、设计和建设都应是以人为本，为了服务人、适应人的物质生活需要和精神生活的需要，可持续地提高人类的生活品质。一切为了人而不是其他，这是最根本的，应当明确无疑。

人类学（Anthropology）是研究人的科学，作为人类住区的建设者，规划者和设计者要学习人类学家（Antaropologist）研究的成果，了解人类的生物性和文化性（人类学家研究的两个主要方面之一），必须了解在人类的不同群体中，存在很多异变和差异，它们的生活方式、社会组织和文化都有其自身的特性。一方水土养一方人，就明确地道出了这个道理。据人类学研究成果，世界上有四大人种，他们是亚洲人种（黄种人）、高加索人种（白种人）、非洲人种（黑种人）和大洋洲人种（棕种人）。这些地区的不同人种，出自不同的水土，必然形成不同特色的人居环境。今天，

---

1 刘燕华，李秀彬 . 脆弱生态环境与可持续发展 [M]. 北京：商务印书馆，2007.
2 www.ifeng.com 凤凰网 .

全球经济走向一体化，城市又在发展中，国家迅速发展，人口的移动迁移不可避免，它将对各地的人类住区产生广泛的影响。

人是有人性的，人性是人类天然具备的基本精神属性。人类社会的一切现象，包括人类住区的形成和发展，都是基本人性的映射。人性化是一切人类住区建设、规划设计的基本要素。

3）人类住区的社会系统

人，不是孤立的，在生存和发展中必然发生各种人与人的关系，马克思主义认为，“人不是抽象的，而是现实的”“人是社会关系的总和”“人就是人的世界，就是国家、社会……”。

人类住区中的人都是社会的人。人与人之间在生存与发展的过程中，发生着千丝万缕的联系，形成了各种各样的关系，男女结婚形成了婚姻关系、有了血缘关系，构成了家庭、宗族；雇佣关系、股东关系等构成公司；师生关系，教职工关系就构成了学校……。构成社会系统的要素就是这些人、人群和组织。他们相互联系形成了各种不同的经济关系、社会关系和文化关系。社会系统是由这些关系构成的系统。家庭、社会、公司、部门都是一个社会系统，是不同层次的社会系统。家庭、公司是城市的子系统，城市是国家的子系统。

不同规模的人类住区都具有相同或相应的社会系统，只是层次和规模大小不同而已，社会系统健全、发达，就促使人类住区的昌盛、繁荣，它为人类住区注入了活力。反之，则会导致人类住区的衰败和没落。

人类社会是最大的社会系统，住区也是一个庞大而复杂的社会系统。人类社会这个巨系统中又有国家、地区、城市、公司、家庭等各个层次的子系统，人类社区按其层级也有相应的这些系统。它们虽然属于不同的层级，是不同类型、不同规模的，但都有相似的功能和共同的目标，即为居住者创造一个公平、健康、和谐的住区环境，从而提高居住者的生活质量。提高居民的生活质量在很大程度上取决于人类住区的条件，为了满足就业、住房、卫生服务、教育、休闲和文体娱乐等基本要求，必须改善住区的条件，把住区的各种社会系统健全和建设好、管理好。

4）人类住区的物质支撑系统

建设好一个人类住区，不管是哪一层级的，大如一个国家、城市，小如一个住宅小区或一个村镇，除了具备上述自然系统、人类系统和社会系统的条件外，一个实实在在的物质支撑系统是必不可少的，这个支撑系统主要包括以下三个要素，即住房、土地和基础设施，以下简述之。

（1）住房

住房是人类住区中最基本的物质要素。1976 年，温哥华人类住区会议发表的《温哥华人类住区宣言》中指出：“拥有合适的住房及服务设施是基本人权之一。”面对人类住区的种种挑战，为了唤起各国政府和全社会对解决人居问题的重视，1985 年 12 月 17 日，第四十届联合国大会一致通过决议，确定每年 10 月的第一个星期一为世界住房日（World Habitat Day 世界人居日），旨在反思人类居住的状况和人人享有适当住房的权利。

当前，世界上无论是发达国家还是发展中国家，在人居领域都面临着一个共同而突出的问题，那就是缺少适当的住房。根据联合国人类住区规划处发表的《世界人居年度报告：2003》指出，全球现有 10 亿人居住在条件恶劣的贫民窟，占世界人口的 32%。整个人类住区（城镇和乡村）有 10 亿多人缺少住房或居住条件十分恶劣，至少有 1 亿人无家可归，有 6 亿人生活在各种危害健康和生命的境况中。当今，在世界历史上，迁移人口的绝对数字从来没有增长得如此迅猛，城市化的速度从来没有如此之快，迅猛和不可逆转是当今世界发展的一个趋势。迁移人口都是为了追求城市的繁华生活，为了生活在更好的环境中。根据联合国发表的 2005 世界住房报告，2005 年国家移民达到 1.91 亿人口，其中 1.15 亿在发达国家，0.75 亿在发展中国家，城市人口迅速增加，住房问题也就越来越突出。大幅度改善城市贫民的住房条件仍然任重而道远，需要各国政府付出更大的努力。

（2）土地

土地是人类生存的基本资料和劳动对象。土地资源是最宝贵的资源，它具有自然属性，也具有社会属性，被称为“财富之母”。

土地资源经过人类几千年的开发利用，造就了今日无数的人造物，如农田、水渠、水库、道路、工厂、盐场和城市、乡村等。它是任何层级的人类住区必有的物质支撑体，根据建设部 1991 年颁发的《城市用地分类与规划建设用地标准》规定，城市人均用地标准是 60 ~ 120m^2。然而，城市化的迅速发展导致城市不断扩大，对土地资源的需求也就越来越多，这必然导致城市向郊区迁移，造成新的移民拆迁户，进一步加大了城市住房和城市土地供给的压力，从而形成了恶性循环。

中国虽然是个大国，拥有 960 万平方公里的陆上领地，中国耕地面积居世界第 4 位，但人均占有量很低，世界人均耕地 0.37 公顷（1 公顷＝ 15 亩），中国人均耕地仅 0.1 公顷；发达国家 1 公顷耕地负担 1.8 人，发展中国家负担 4 人，中国则需负担 8 人，其压力之大可见一斑。

土地资源是自然的产物，是不可再生的资源，其总量是有限的，随着城市化的发展，土地资源越来越具有稀缺性；此外，土地资源也存在差异性，有的适用于植林，有的宜于农耕，有的适于人类居住，有的不适宜人类居住……因此，人类住区的规划与建设应该根据土地的特征，合理地利用，在人居环境建设中一定要节约用地，尽量不占农田。

（3）基础设施

人类住区的巨大系统中，基础设施是其物质支撑体系中重要的必不可缺的设施。因为它是为社会生产和居民生活提供公共服务的物质工程设施，是人类住区中保持其社会、经济、生活各项活动正常进行的公共服务系统，它是人类住区赖以生存和发展的必备的物质条件。

基础设施包括供水、排水、供电、道路交通、电信金融、商业服务、文化教育、卫生保健、园林绿化、开放空间等市政公用工程设施和公共生活服务设施，它们是良好的人居环境和生活条件的核心，尤其是供水、卫生、排水和垃圾无害化处理是保持健康身体的关键，也是实现经济繁荣的关键。一个国家或地区的基础设施是否完善，是其经济是否可以走向长期持续稳定发展的重要基础。

在任何一层级的人类住区建设中，基础设施建设一般都需先行，而且要设施配套齐全，若缺少这些公共服务，必将难以运行。作为一个城市的基础设施，它们就是为城市直接生产部门和居民生活提供条件和公共服务的工程设施，是城市生存和发展、顺利进行各种经济活动和其他社会活动所必备的。一般来讲，城市基础设施项目主要包括以下几大系统。

交通系统：铁路、公路、航空、水运、道路、桥梁、港口码头等；

给水排水系统：水库、水坝、供水、排水、污水处理等；

邮电通讯系统：电信、通信、信息、网络等；

能源供应系统：石油、煤炭、天然气、电力等项目；

环保环卫系统：垃圾收集与处理、园林绿化及污染治理等；

防卫防灾安全系统：消防、防风、防震、防空等。

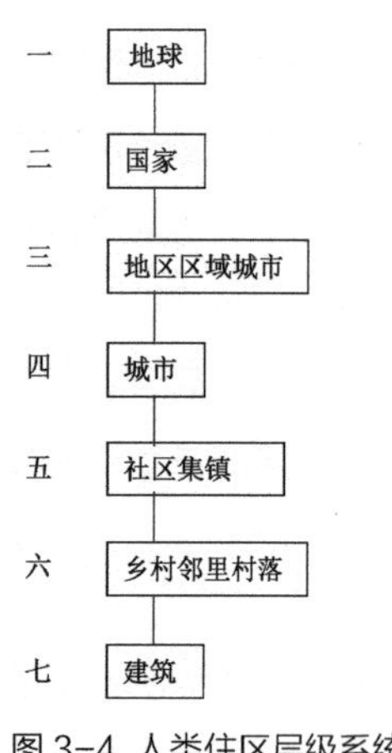

图 3-4 人类住区层级系统图

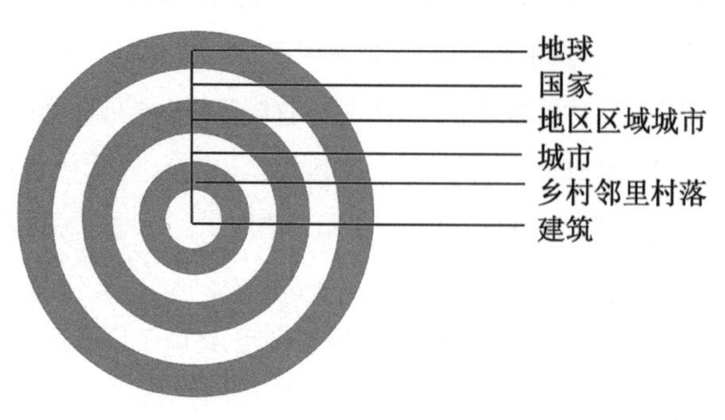

图 3-5 不同规模人类住区层级圈

3.3.2 竖向的层级性

人类住区（人居环境）的构成除了上节所述横向上的系统性之外，另一个重要特征就是它竖向上的层级性。从宏观来讲，地球就是最大的人类住区，地球就是人类的家园，从微观来讲，一个居室也是人的居住环境。20 世纪 50 年代，希腊建筑师 C.A. 杜克塞迪斯创立了“人类聚居学”（英文名为 Ekistics）理论，杜克塞迪斯按规模大小把人类聚居分成 15 级层次单位，它们分别是：个人、居室、住宅、住宅组团、小型邻里、邻里、集镇、城市、大城市、大都会、城市组团、大城市群区、城市地区、城市州以及全球城市。这 15 个级层单元上下互相联系，构成整体的人类住区系统。根据我国的国情及习惯的用词和我们建筑师、规划师的角度来分层级，我想可以简化为：地球家园—国家—地区区域城市—城市—社区集镇—乡村邻里村落—建筑（住宅）。毫无疑问，城市是人类住区的基本阵地，在其上下分别是规模大小不一的人类住区（图 3-4、图 3-5）。

在这个不同层级、不同规模的人类住区中，建筑师、规划师们能直接参加工作的大多数都集中在城市级人类住区及城市级以下的人类住区中。

3.4 变迁中的人居环境

3.4.1 我们的家园：地球

全球环境问题在世界各国越来越成为热门话题，因为环境问题成了严重影响人类社会生存和发展的重大问题。

1）土地

全球性环境问题的产生源于多种因素。长期以来，尤其是工业革命以来，人类热衷于开发自然环境，改造自然环境，从而导致环境问题呈现出地域上扩张和程度上恶化的趋势，环境问题已逐渐由区域性问题扩展为全球范围的问题，以地球这一最大的人类住区而言，人类赖以生存的生物圈已遭到很大破坏，土地、森林、水源、生物、气候等各个方面都发生了严重的问题：

地球上的自然资源一般包括以下几种类型：

（1）土地资源：土地包括已被人类利用和可预见的未来能被人类利用的土地，土地是人类的生产资料和劳动对象；

（2）气候资源：包括空气、热量、光线、风、降水等；

（3）水资源：包括地表水（江、河、湖、海）与地下水两部分；

（4）矿物资源：金、银、铜、铁等各种金属矿物、各类宝石及各种可做建筑材料的岩石；

（5）能源：包括太阳能、煤、石油、天然气及核能等；

（6）生物资源：包括动物、植物和微生物，它是有生命的自然资源，它是一种可再生的自然资源，如果进行合理开发，能够长期予以利用。

土地是自然界中动、植物赖以生存的基本，是生活和生产不可缺少的自然资源。土地资源是三大地质资源（矿产资源、水资源和土地资源）之一，不仅是人类生活的基本资源也是人类劳动的对象。土地是我们粮食生产的主要源泉，也是衣、食、住、行的原料来源。没有土地，无立足之地，人类就无法生存。

人类对土地的利用形成了人地关系，人地关系反映着人类文明发展的进程。前农业社会人类基本采用渔猎采集、游牧四方或短时定居一地的生活方式，尽管当时生产力水平低下，但那些有组织的人类活动已经对自然环境产生了一定影响，对自然生态系统开始起了破坏作用，只不过这种破坏后果与影响在不同时代有所不同而已。农业社会，生产力得到很大发展，人类住区亦得到很大发展，不但出现了许多至今令人向往的村庄，而且出现了大量的城市。然而，农业社会这种更大规模的有组织的人类活动，对自然生态环境造成了一定的破坏。人类进入工业社会，工业新技术对环境的破坏更大，在短短的两百多年内，工业社会创造的财富已远远超过前农业社会和农业社会。各种形式和规模的人类住区也都得到了很大发展。然而，就在人类取得进步的同时，生态环境危机也一步步地向人类袭来。至今，人类所经营的人造环境的活动，已对自然生态的破坏达到了空前的程度，对土地资源造成了直接的破坏，导致耕地减少、水土流失、土地沙漠化及土地污染。目前，全球沙漠化正以每年 $1.182\times10^8\text{hm}^2$ 和年均增长 3.5% 的速度在持续扩展。[1]

耕地减少是土地资源危机的突出表现。以我国为例，1996 年我国耕地面积为 19.51 亿亩，到 2003 年减少到 18.51 亿亩，7 年间减少了 1 亿亩。2003 年，全国耕地净减少量为 3806 万亩，这意味着我国耕地面积由 2002 年末的 18.89 亿亩下降到 2003 年末的 18.51 亿亩，人均耕地由 1.47 亩降为 1.43 亩。[2]

2）森林、草地

森林是指由乔木和灌木为主体组成的绿色植物群体，是自然生态系统中的天然资源库，是调节气候的重要因素。它具有调节生态平衡、保持水土、防风、固沙、净化空气的作用。森林和森林中的动物、微生物及所处空间的土壤、水分、空气、阳光相互依存，共同构成了森林生态系统。无数

1 教育部高等教育司组编 . 叶文虎 . 可持续发展引论 [M]. 北京：高等教育出版社 . 2001.
2 连红方 . 我国土地资源面临的危机与对策 [J]. 广东化工，2010（1）.

事例证明：森林植被的破坏必然会破坏整个生态系统中各个因素间的平衡关系，致使自然生态失调。当前，全球森林面积锐减，1950 年代，全球森林覆盖率约为 25%，但到 1980 年代降至 20%，到 2000 年则降到 16%，若按此速度，全球森林的前景将不堪设想。

我国森林面积居世界第五位，人均森林面积屈居世界第 119 位，人均森林面积仅 1.45 公顷，仅相当于世界人均水平的 1/4，人均森林覆盖只是世界人均占量的 1/7 [1]。据国务院新闻办于 2009 年 11 月 17 日召开的新闻发布会介绍，2008 年完成的第七次全国森林资源清查结果显示全国森林面积 1.95 亿公顷，森林覆盖率 20.36%。

草地资源：我国是草地资源大国，1990 年我国草地（Grass Land）面积 2.22 亿公顷，占田地总面积的 23.1%，在我国自然资源中名列第一，居世界各国前列，但人均草地仅 5 亩，为世界平均数的 1/2。

近年来，由于对草地的掠夺式开发，乱开滥垦，过度樵采和长期超载放牧，草地面积逐年减少，草地质量逐渐下降。由于草地植被覆盖度降低，涵养水源、保持水土的能力下降。目前，我国 90% 的草地仍然没有脱离退化的轨迹。

3）水源

水是生命的起源，也是一切生物产生、生存和发展的必要条件。没有水就没有生命。为了维护生命活动，每人每天至少需要 2 ~ 3L 水，水是地球上分布最广的物质，是自然循环系统必不可少的组成要素之一，当然也是人类社会赖以生存和发展的基本自然资源。地球上的水资源是丰富的，可循环补给，全球总储水量约为 $14 \times 10^8 km^3$，但淡水仅占总储量的 2%，其中约 2/3 是以冰川、冰帽的形式存在于南北极地。因此，与人类生活、生产活动关系密切，可直接利用的淡水仅占全球水的总储量的 0.3%，主要是河水、湖水和地下水 [2]。由于自然环境的加速恶化，土地干涸、缺水已是世界普遍的现象。据统计，全世界有 100 多个国家存在着不同程度的缺水，世界上有 28 个国家被列为缺水国或严重缺水国。再过 30 年，缺水国将达到 40 ~ 52 个，缺水人口将增加 8 倍多，达 28 亿至 33 亿。早在 1977 年联合国就向全世界发出过警告：“水，不久将成为一项严重的社会危机。”目前，发展中国家至少 3/4 的农村人口和 1/5 的城市人口常年不能获得安全卫生饮用水。德国从瑞士买水，美国从加拿大买水……。阿拉伯联合酋长国从 1984 年起，每年从日本进口雨水 2000 万 m^3，1 吨石油换 100 多吨水，真是水要比油贵了！有人说，20 世纪人类为油而战，21 世纪水将可能成为战争的导火线。

我国是一个缺水的国家，全国人均淡水资源占有量，每人每年只有 $2580m^3$，相当于世界平均水平的 1/4，居世界第 110 位。

更为严重的是，水污染现象越来越普遍，原有的淡水丧失了作为水资源的价值，从而更加剧了水资源的匮乏。当今，全世界绝大部分淡水水源已遭到不同程度的污染，全世界患病人口的 1/4 是由水污染造成的；发展中国家的 80% 的疾病和 30% 以上的死亡是由饮水污染造成的。

我国淡水污染的问题也十分严重。我国主要河流（水系）长江、黄河、松花江、珠江、辽海、海河、淮河七大水系 500 多条河流中的 80% 已受到不同程度污染。目前，我国 1/3 的水体已不适于鱼类生存，

---

1 中国网 . www.china.com.cn.
2 教育部高等教育司组编 . 叶文虎 . 可持续发展引论 [M]. 北京：高等教育出版社，2001.

1/4 的水体不适于灌溉，1/2 以上的城镇水源不符合饮用水标准，可想情况何等严重。

4）生物物种

地球生物中除了人类的存在之外，还生活着大量多种多样的其他生物。保护生物多样性是生物科学最紧迫的任务之一，也是全球生物界共同关心的焦点问题之一。很多生物在没有被人类认识前就消亡了，据国际自然和自然资源保护同盟组织的调查：在 3500 万年到 100 万年前，平均每 50 年有一种鸟类灭绝；最近 300 年间，平均每 2 年就有一种鸟类灭绝；进入 20 世纪后，每年就有一种鸟类灭绝。该组织的《红皮书》还指出：目前，全球濒临灭绝的动物达 1000 多种，包括鱼类 193 种，鸟类 400 多种，哺乳动物 305 种。

由于自然资源的合理利用和生态环境的保护是人类实现可持续发展的基础，因此，生物多样性的研究和保护已经成为世界各国普遍重视的一个问题。1992 年，联合国环境与发展大会在巴西的里约热内卢举行的盛会上，通过了《生物多样化公约》，标志着世界范围内的自然保护工作进入到了一个新的阶段，即从以往的对珍稀濒危物种的保护转入到对生物多样性的保护。但是，从 20 世纪 80 年代以后，人们在开展自然保护的实践中逐渐认识到，自然界中各个物种之间、生物与周围环境之间都存在着十分密切的联系，因此，自然保护不仅要对所涉及的物种的野生种群进行重点保护，而且还要保护好它们的栖息地，即需要对物种所在地的整个生态系统进行有效的保护。

我国是地球上生物多样性最丰富的国家之一。我国有高等植物 3 万多种，脊椎动物 6347 种，分别约占世界动植物种类总数的 10% 和 14%。但是由于森林资源稀少和野生动植物栖息地被破坏，我国很多珍稀动物都处于濒危状态。据初步统计显示，我国处于濒危状态的动植物物种分别占动植物总数的 15% 和 20%[1]。

5）气候

气候资源是一种宝贵的自然资源，可以为人类的物质财富生产过程提供原材料和能源。它包括能为人类经济活动所利用的光能、热能、水分与风能等，是可再生资源，也是我国十大自然资源之一。

随着工业化过程的加快，由于人类焚烧化石燃料，如石油、煤炭等，砍伐森林并将其焚烧，都会产生大量的 CO_2 等温室气体，导致地球温度上升，产生温室效应，而当温室效应不断积累就会造成全球气候变暖这一现象。全球变暖会导致全球降水量重新分配、冰川和冻土消融、海平面上升等后果，不仅危害自然生态系统的平衡，还威胁人类的生存。1981—1990 年，全球平均气温比 100 年前上升了 0.48℃，在 20 世纪，全世界平均温度约上升 0.6℃。《美国科学院院报（PNAS）》曾发表文章称，随着海平面上升，至 2000 年，全球气候变暖会导致海平面上升 127mm，届时，美国约 1400 个城镇将面临被淹没的威胁，佛罗里达州 150 个城镇的 270 万人，路易斯安那州 114 个城镇中的 120 万人都将处于极大的威胁中[2]。

大气被污染后，天然雨水也同样受到污染，雨水不再那么清澈纯净，而变成危害很大的酸雨，酸雨的污染范围已经几乎遍于欧洲、美国东部和加拿大南部以及日本等国。除此之外，酸雨的范围正在向发展中国家蔓延。在酸雨污染的范围不断扩大之时，欧洲酸雨的酸度每年增加 10%，不少发

---

1 赵永亮 . 中国生物多样性状况与保护 [J]. 南阳理工学院学报，2016-06.
2 俄罗斯独立报 . 2013 年 7 月 31 日报道 .

达国家的酸雨 pH 值已达 3.5，这对人体及金属物体、建筑物等均有很大危害。

地球的上空也正遭受着人类的破坏。当今世界人类普遍使用电冰箱、空调，还有大量的清洗剂、工业溶剂和化学雾剂等，它们中很多含有大量氯氟烃，这些化学物一旦进入大气，就能破坏地球上空的臭氧层。当臭氧层出现空洞之后，就会导致过多的紫外线直射地球表面，引起人类和动物的眼球晶体产生白内障，并诱发皮肤癌。联合国有关组织曾发表一项报告，如果臭氧层从总体上减少 10%，全球皮肤癌的发病率将上升 26%，过量的紫外线还会破坏人体免疫系统，降低抵抗各种细菌和病毒的功能，也会造成基本农作物的减产。除此之外，还会打破气候变化的原有规律，使气温结构发生变化，从而影响整个气候形势。

气候的变异，也会加剧自然灾害频繁发生，给人类住区生产和生活带来不同程度的损害，世界范围内重大的突发性自然灾害包括：旱灾、洪涝、台风、风暴潮、冻害、雹灾、海啸、地震、火山、滑坡、泥石流和森林火灾等。我国国土空间上常见的自然灾害种类繁多，主要包括洪涝、干旱、台风、冰雹、暴雪、沙尘暴等气象灾害，火山、地震灾害、山体滑坡、崩塌、泥石流等地质灾害，风暴潮、海啸等海洋灾害及森林草原火灾及重大生物灾害等。1998 年，我国相继发生了 3 次大的自然灾害：长江、松花江和嫩江流域的洪水，近海海域的赤潮和内蒙古、新疆的沙尘暴；1998 年，全国共发生较大规模的突发性的地质灾害 400 起，直接经济损失上百亿元。近 30 年来，地球气候发生了异常的变化，北美出现了历史上少有的热浪，非洲长达 7 年的干旱，欧洲的严寒与早冬等，它们都是温室效应引起全球气候变暖而发生的。另外，气温的升高，还会使内陆的大片湿润地带变成沙漠，使全球异常气候变多，这种在地质历史上，原本需要上百万年时间才会发生的气候变化，如今只在几十年的时间内就发生了。

综上所述，可以看出：我们的家园——人类生存唯一的地球——其生态环境在 200 多年的工业文明进化中，付出了多么大的“环境代价”，给人类的生存和发展带来了巨大的危机。因此与人类活动的联系最为密切的生态环境，即以水、土地、大气和生物为核心组成的地球陆地表面环境，是一个多么脆弱的生态环境！

3.4.2 变迁中的城市

地球是最大的人类住区，而城市则是人类最主要的住区。随着城市化的进程，更多的人口聚居于城市，然而，在城市这一层级的人类住区中，随着地球——最大的人类住区生态环境脆弱化的发展，作为人类住区的城市其生态环境也自然面临着许多危机和挑战。

1）城市土地

随着工业化的推进，人口过于向城市集聚，引起城市生活一系列的社会问题，其中之一就是城市建设规模不断扩大，不断向周边延伸，吞噬大量近郊耕地，使人地矛盾更尖锐。由于城市人口众多而且密集分布，地面几乎都被水泥道路和建筑物所覆盖，使原来的自然环境发生了很大的变化。尚存的绿色植物已经改变了其原先的生态作用，而变为主要起美化环境、消除污染和净化空气等作用。人口增长，其直接影响是人均资源占有量的减少，尤其是土地资源。人口增长使生态环境更趋脆弱，土地被占用扩张，就进一步加剧生态系统的破坏。土地开发除了它具有发展的积极意义外，也打破了生物与环境长期相互作用所建立起来的自然生态平衡。

当前，很多城市都在建设开发区，“据不完全统计，到 2016 年 5 月，县及县以上的新城新区数量总共超过 3500 多个，其中国家级新区 17 个，各类国家级经济技术开发区、高新区、综保区、边境经济合作区、出口加工区、旅游度假区等约 500 个，各类省级产业园区 1600 多个，较大规模的市产业园 1000 个，县以下的各类产业园上万计”。[1] 这些开发区都使用了大量土地。

2）城市空气

人类在城市的生产和生活中，向自然界排放了各种空气污染物，超过了自然环境的自生能力，给人类的身体、生产和生活带来了危害。

空气污染是影响城市人居环境的一大因素。城市的空气污染主要是由烟尘、二氧化硫、一氧化碳、光化学烟雾、含氟、含氯废气等引起的，工厂锅炉每燃烧 1t 煤约产生 11kg 烟尘，居民家用炉灶每燃烧 1t 煤约产生 35kg 烟尘，所以，那些以煤为主要燃料的城市中，烟尘对大气的污染程度就可想而知了。如果燃烧含硫的煤和石油，则会产生二氧化硫，它是一种污染性相当大的物质，它和水汽结合就可能形成酸雨或酸雾，对人体和生物的危害很大，对建筑物和金属器物的表面也会有强烈的腐蚀作用。

燃料的不完全燃烧还会产生一氧化碳，加上城市大量的汽车运行，汽车排放出大量的一氧化碳，大气中约 80% 的一氧化碳是由汽车排放的，一氧化碳是城市大气污染中数量最大的污染气体。

大气中的颗粒物（Particulate matter），简称 PM2.5，即指大气中直径小于或等于 2.5μm 的颗粒物，也称为可入肺的颗粒物，它的直径不到人的头发丝粗细的 1/20，它对空气质量的能见度等有重要影响。全国 600 多个城市，大部分被烟雾笼罩，有的甚至成为“卫星图片上看不见的”城市，符合联合国世界卫生组织（WHO）标准的很少。

根据联合国人居中心发布的《全球人类住区报告 1996》，疾病和死亡率随着空气的污染程度的提高而增加。一项对于世界上 20 个最大城市（这些城市总共拥有超过 2 亿的人口）空气污染状况的研究显示：在其中的 12 个城市里，二氧化硫并不是主要的问题（表 3-1）。问题严重的 3 个城市分别是北京、墨西哥城和首尔，在这些城市中，二氧化硫的年平均含量是世界卫生组织推荐指标的 3 倍，而且同样也存在着严重的有害悬浮物问题。

世界 20 个主要城市的空气质量（引自：《全球人类住区报告 1996》表 3-3）　　表 3-1

城市	二氧化硫含量	悬浮微粒	空气中的铅含量	一氧化碳含量	二氧化氮含量	臭氧含量
曼谷	低	严重	高于推荐指标	低	低	低
北京	严重	严重	低	无数据	低	高于推荐指标
孟买	低	严重	低	低	低	无数据
布宜诺斯艾利斯	无数据	高于推荐指标	低	无数据	无数据	无数据

1 冯奎 主编．闫学东，郑明媚 副主编．中国新城新区发展报告：2016[M]．北京：企业管理出版社，2016.

续表

城市	二氧化硫含量	悬浮微粒	空气中的铅含量	一氧化碳含量	二氧化氮含量	臭氧含量
开罗	无数据	严重	严重	高于推荐指标	无数据	无数据
加尔各答	低	严重	低	无数据	低	无数据
德里	低	严重	低	低	低	无数据
雅加达	低	严重	高于推荐指标	高于推荐指标	低	高于推荐指标
卡拉奇	低	严重	严重	无数据	无数据	无数据
马尼拉	低	严重	高于推荐指标	无数据	无数据	无数据
墨西哥城	严重	严重	高于推荐指标	严重	高于推荐指标	严重
里约热内卢	高于推荐指标	高于推荐指标	低	低	无数据	无数据
圣保罗	低	高于推荐指标	低	高于推荐指标	高于推荐指标	严重
首尔	严重	严重	低	低	低	低
上海	高于推荐指标	严重	无数据	无数据	无数据	无数据
莫斯科	无数据	高于推荐指标	低	高于推荐指标	高于推荐指标	无数据
伦敦	低	低	低	高于推荐指标	低	低
洛杉矶	低	高于推荐指标	低	高于推荐指标	高于推荐指标	严重
纽约	低	低	低	高于推荐指标	低	高于推荐指标
东京	低	低	无数据	低	低	严重

资料来源：联合国环境组织 / 世界卫生组织编写的《世界巨型城市空气污染问题》。请注意上述结果是根据对监测数据及污染排放记录进行分类分析得到的。

注释：

严重——污染物含量超过世界卫生组织推荐数据的 2 倍；

高于推荐指标——污染物含量超出世界卫生组织推荐指标 2 倍以内（在特定区域内，短期指标在一定范围内浮动）；

低——一般状况下，污染物含量低于世界卫生组织推荐指标（短期内允许其指标偶尔少量超出推荐指标）；

无数据——不能获得数据或没有充分的数据用以分析。

3）城市固体废弃物

城市是自然资源的重要消费者，同时也是污染和废弃物的主要生产者。

城市作为主要的人类住区，每天都产生大量的各种废弃物，主要是城市生活垃圾、工业废渣和城市建设废弃物。

固体废弃物与废水、废气相比，它具有极大的稳定性，不易为环境消解、吸纳，难以重新进入地球系统的物质循环。固体废弃物的最初来源都是自然资源，固体废弃物产生越多，意味着自然资源消耗就越大；固体废弃物产生速度越快，自然资源消耗也就越快。

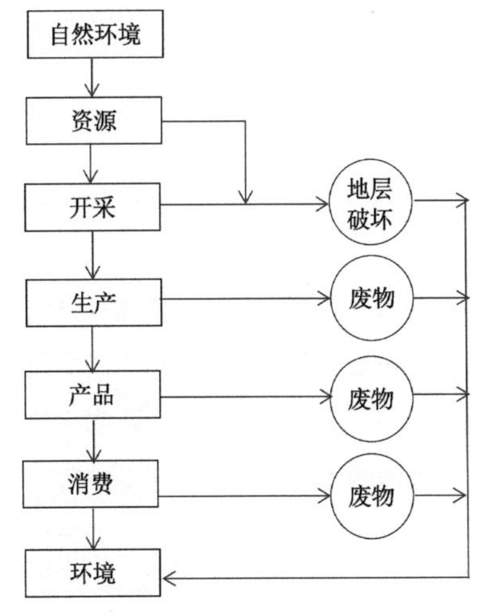

图 3-6 物质生产中废弃物的产生

由于我国粗放型的生产，使用自然资源生产的最终产品仅占 20% ~ 30%，70% ~ 80% 资源在生产和消费中变为废弃物，如图 3-6 所示。

近 10 年，我国城市垃圾产生量大幅度增加，据中国城市环境卫生协会提供的数据显示，目前，我国人均生活垃圾年产生量为 440kg，全国城市垃圾的年产生量达 1.5 亿吨，且每年以 8%~10% 的速度增长，全国历年垃圾存量已超过 60 亿吨，约有 2/3 的城市（400 余座）陷入垃圾围城的困境。按现在的垃圾增长速度，有关部门预测，到 2030 年，我国城市生活垃圾年产生量将达到 4.09 亿吨，2050 年将为 5.28 亿吨[1]。城市垃圾问题已成为我国城市化中越来越紧迫的问题。

城市生活垃圾不仅浪费大量资源，也严重污染环境和危害人体健康，城市生活垃圾若不能及时从市区清运，或简单地堆放在市郊，它能随雨水而进入地面水体，对水体产生污染；垃圾、废渣中的渗漏水能通过土地进入地下水体；细颗粒的垃圾、废渣还能随风飘扬落入地面水体。

城市固体垃圾对大气也有污染。废弃物中的某些有机物在被微生物分解的过程中也会散发恶臭，污水横流，蚊蝇孳生，散发臭味；在运输和处理废弃物过程中产生的粉尘和有害物，也会飘散到大气中而造成空气污染。

城市固体废弃物中的有害物质如果进入土地，便会污染土地，如果在被污染的土壤上种植作物，将会导致作物中含有一些有害物质，继而影响人体健康。

此外，固体垃圾造成垃圾围城。垃圾堆放和处置需要占用大量土地，一般堆放 1 万吨城市生活垃圾，就要占用 0.1067hm^2 地面。

4）城市的噪声

随着我国城市化的发展，城市交通负担越来越重，城市噪声污染也日益成为城市病的一大症状，也是影响城市——人类住区的一个突出问题。虽然噪声几乎存在于各种人类住区，然而，现代城市中的噪声污染尤为突出，已经成为环境污染的重要因素之一。

城市中的噪声主要来自于城市交通运输、工业生产和人类活动，其中因交通运输而造成的噪声占有很大比例，一般在 70% 左右。

噪声具有很大的危害，它会干扰睡眠、妨碍休息，并影响人们交谈，不利于学习、工作。严重时能引起听力减退和噪声性耳聋，甚至还能导致心血管系统、神经系统和消化系统等方面的疾病。此外，对儿童和胎儿也有不良影响，强噪声甚至会引发建筑物墙体开裂、抹灰层开裂脱落以及门窗损坏等后患。

随着城市人口密度的增加，城市噪声越来越严重。根据我国城市噪声调查，多数城市的这类噪

1《中国城市垃圾的状况及处理分析》. 百度文库 .

声的户外平均 A 声级大约是 55~60dB。我国有 30% 的职工在噪声污染的环境下工作，40% 左右的城市居民生活在噪声污染的环境中。

5）城市的光污染

现代城市化的发展中又出现了“光污染”，可能还未引起人们重视与关注，而这一新的污染正对人类住区环境产生不良影响。

光污染的产生与城市建设密不可分。现代城市的建筑物都追求高大，建筑物的外墙面大量开设大玻璃窗、大橱窗，甚至全部为玻璃幕墙；实体墙面又铺贴发亮的大理石、花岗石或反射强的面砖或涂料，以致产生了大面积的反射面，在阳光的照射下产生了强烈的乃至刺眼的反射光，直射人的眼睛；其次，现代城市都追求“亮化”，造就“不夜城”；城市室外照明光亮后，会使天空发亮，会对夜晚天文观测产生负面影响，这在国际上称之为“干扰光”，在日本则称为“光窗”；另外就是大量广告灯光、霓虹灯等所形成的光的干扰。

全国科学技术名词审定委员会审定公布光污染的定义是：

过亮的光辐射对人类生活和生产环境造成不良影响的现象。包括可见光、红外线和紫外线造成的污染；

过亮的光辐射是影响光学望远镜所能检测到的最暗天体极限的因素之一。通常指天文台上空的大气辉光、黄道光和银河系背景光，城市夜天光使星空背景变亮的效应。

光污染泛指影响自然环境，对人类正常生活、工作、休息和娱乐带来不利，损害人们观察物体的能力，引起人体不舒适感和损害人体健康的各种光。

2009 年，澳大利亚《宇宙》杂志报道：据美国一份调查研究显示，全球 70% 的人口生活在光污染中，夜晚的华灯造成的光污染已使世界上 20% 的人无法用肉眼看到银河系的美景。这份调查报告的作者之一埃尔维奇说：“许多人已经失去了夜空，而正是我们的灯火使夜空失色！”他认为，现在世界上约有 2/3 的人生活在光污染里。在远离城市的郊外夜空，可以看到 2000 多颗星星，而在大城市只能看到几十颗。因此，光污染应引起我们充分的重视与关注，还一个自然的夜空予城市，让人类住区在夜晚能回归自然的视空生活。

6）城市的交通

随着经济快速发展，私人小汽车拥有量迅速增加，居民出行总量逐步增加，出行距离快速增加。2009 年到 2010 年，上海市调查数据表明，全市一日出行总量达 4540 万人次，较 2004 年增长 11%。我国是一个人口众多的国家，高速度的经济增长、人民生活水平的迅速提高，造成车辆需求的高速增长，表现在我国机动车和自行车（包括电动自行车）高速度增长。一方面，刺激了汽车工业的大发展，从 1978 年到 1993 年，我国汽车产量由 14.9 万辆增加到 128 万辆，1993 年就比 1990 年增长 151%。由于国民收入水平提高和国家的汽车产业政策，小汽车逐渐成为我国城市居民的日常交通工具，截至 2005 年，北京仅私人小汽车就有 150 万辆，而且使用率高，北京每辆机动车的年平均行驶里程是东京的 4 倍。这些车辆的日常使用给道路交通带来巨大压力，造成小汽车道路面积占用率为 77%（图 3-7）。

最近几十年来，世界各地小汽车的增长远远超过城市人口的增长，例如：1950 年，全世界的道路上跑着大约 5300 万辆小汽车，其中 3/4 在美国；而到 1990 年，全世界小汽车总量已经超过 4 亿辆；另外还有 1 亿辆卡车、公共汽车和商用机动车。表 3-2 是一些国家每千人拥有小汽车的数量。

图 3-7 城市道路成了停车场

从表中可看出：1985 年在世界最穷的国家，每千人只有 1~2 辆小汽车，而在那些最富裕的国家，每千人都拥有 400 多辆。1985 年在美国，每 2 个人就至少有 1 辆小轿车。到 1991 年，意大利、瑞士、加拿大、澳大利亚和新西兰这样一些国家也已经接近达到这一水平（表 3-2）[1]。

一些国家和地区每千人小轿车拥有量 表 3-2

	1975 年	1980 年	1985 年或更近年份	注释
		非洲		
博茨瓦纳	5	7	13	1975—1985 年，人均数量增加了 3 倍
布基纳法索	2	2	1	1975—1985 年，人均数量整体下降
喀麦隆		24	39	
刚果	15	15	15	
科特迪瓦	11	14	18	1975—1985 年，人均数量翻一番以上
埃塞俄比亚	1	1	1	
加蓬		15	16	
马拉维	2	2	2	
尼日利亚	4	4	9（1991）	
南非	84	74	93	
突尼斯	17	23	40（1991）	1975—1991 年，数量翻一番以上
赞比亚	19	10	10	1975—1987 年，数量显著下降
津巴布韦		26	31	1991 年（18.5）的数据表明，数量急剧下降
		北美洲		
加拿大	382	404	476（1991）	
美国	491	495	588（1991）	

1 联合国人居中心编写 .《全球人类住区报告 1996》.

续表

	1975 年	1980 年	1985 年或更近年份	注释
中美洲和加勒比海地区				
哥斯达黎加	30	33		
古巴	15	16	21	
多米尼加共和国	14	15	16	
海地	4	4		
墨西哥	39	53	83（1991）	1975—1991 年，人均数量翻一番以上
特立尼达和多巴哥	100	133	204	1975—1985 年，人均数量翻一番以上
南美洲				
阿根廷	89	99	126	该区域人均汽车数量最高
玻利维亚	6	5	5	
巴西		45	83（1991）	
智利	25	37	52	1975—1985 年，人均数量增加 144%
哥伦比亚	16	18	28	1975—1985 年，人均数量翻一番以上
厄瓜多尔	7	7	15	1975—1985 年，总数量翻一番以上
秘鲁	17	16	19	
乌拉圭		73	102	
委内瑞拉	75	87	92	
亚洲				
孟加拉	3 年均低于 1.0			
香港	27	33	29	
印度	1	1	1	
印度尼西亚	3	4	6	
日本	155	196	303（1991）	1975—1991 年，人均数量几乎翻一番
科威特	202	233	244	
马来西亚	39	56	90	1975—1987 年，人均数量增加了 3 倍
巴基斯坦	3	3	4	
菲律宾	9	8	7	1975—1985 年，人均数量下降
新加坡	66	64	93	

续表

	1975 年	1980 年	1985 年或更近年份	注释
泰国	6	8	14	1975—1985 年，人均数量几乎增到 3 倍
欧洲				
奥地利	229	300	337	
丹麦	257	273	295	
法国	290	334	382	
德国	289	380	424	
希腊	48	87	127	1975—1987 年，人均数量增到 3 倍以上
匈牙利	55	95	135	1975—1987 年，人均数量几乎增到 3 倍
意大利	272	310	394	
荷兰	249	314	338	
波兰	32	64	99	1975—1987 年，总数量几乎增加 4 倍
西班牙	135	196	240	1975—1987 年，总数量翻一番以上
瑞士	280	347	404	
英国	254	276	313	
大洋洲				
澳大利亚	357	368	434	
新西兰	369	401	460	
巴布亚新几内亚	7	5	5	

德国：为西德的统计数据

汽车的增加是导致矿物燃料消耗和温室气体排放增加的一个主要原因。1990 年代初，全球交通消耗矿业燃料，美国占 37%，日本占 27%，荷兰占 22%，它们当时都是世界最富裕的国家。

当今，由于城市腹地扩大，就业、零售和服务设施分散，很多大城市很大一部分人居住在人口相对稀少的地区，出行距离加大，对小汽车的依赖越来越强，导致能耗的增加和全球污染的加剧。

城市交通中机动车辆也带来了城市噪声污染。

由于城市交通系统和空间结构越来越以小汽车为主导，所以对于不会驾驶或无力购买机动车的人，其出行就会越来越不方便，尤其对那些贫困的人群，不会驾驶的儿童和青少年或不能再驾驶的老年人产生影响。因此，以小汽车为城市交通的主导方式带来了一系列的环境问题和社会问题，它是影响人类住区环境质量的一个大问题。

7）城市的居住环境

发展中国家的城市一般人口都较稠密，但随着经济的发展，外来人口越来越多，农村人流大量

图 3-8 墨西哥贫民窟

进入城市，追求比农村更好的城市生活。即使收入低，生活艰难，也要千方百计地留在城市。开始是个人来，慢慢就把家属带来；开始是暂居，家属来了，有了孩子就逐渐变为定居。这样，城市空间就越来越拥挤，居住环境质量也就越来越下降。新的“棚户区”不断扩大、蔓延，随之产生一系列的社会问题，如环境卫生问题、火灾、疾病隐患、文盲、辍学增加，甚至带来社会治安情况恶化……从而加大城市人口素质的差距，加重城市负担。据《全球人类住区报告 1996》称，在全世界总人口中，有 1/5~1/4 的人生活赤贫，他们根本得不到适当的食物、衣服和住区。在 1980 年代，城市赤贫居民人数确实大大增多了，到 1990 年，在拉美、亚洲和非洲的城市地区，至少有 6 亿人口的住房质量很差，并且得不到适当的供水、卫生设施和排污系统，从而使他们的生命和健康一直受到威胁，如图 3-8 所示。

中国改革开放以来，经济发展迅速，城市人口也急剧增加，随着城市变迁，产业转移，使城市中不少聚居地成了城市的棚户区，尤其是在我国发展较滞后的西北地区，棚户区的情况更为突出。如内蒙古自治区包头市的北梁区，拥有 300 多年历史，曾经繁盛一时，但如今随着城市变迁，它却成了内蒙古自治区最大的城市棚户区。北梁区 13km^2 范围内，90% 以上住房是超过 50 年的土木结构危旧房屋，人均住宅面积不足 15 m^2，环卫、供水、排污等基础设施严重滞后。

棚户区的人居环境问题是世界性的大难题。联合国人居署报告显示，2010 年世界低收入居住区贫民人口已达 8.276 亿人，接近全世界城市人口的 1/4。

中国棚户区与国外的“贫民窟”的形成还有些不同，国外不少城市贫民窟是由于城市外来人口流入，聚集成群，缺乏管理而形成。中国最初形成的棚户区中大多数居住的是产业工人，他们是按照国家建设需要从外地而来，集居于此，参加国家社会主义建设，他们为国家作出了历史性贡献。1950 年代初，中国开始实行第一个五年计划，156 个建设项目大都是在东北和西北地区，全国大量的建设人才就流向这些地区。他们集聚之地，由于资源枯竭和体制转轨等因素，大量职工下岗失业，不少人成为低保户，住房条件无法改善，这些住区就变成了棚户区。如作为老工业基地的东北辽宁省，棚户区最多也最集中，2005 年前，这里有 70 多万户，210 多万棚户居民，他们大多是老产业工人和他们的后代，80% 以上为低保户和低保边缘户。

中国城市人类住区中，除了上述历史上形成的“棚户区”外，还有一个中国特色的贫民窟——“城中村”。中国“城中村”的产生正是中国步入人类历史上最大规模的城市化加速过程中，大量农村人口涌入城市，向城市转移，城市空间就不断扩大外延，造成了城市包围农村，使原来的“村”变为“城中村”。这一现象在发展快的城市中尤为突出，如深圳罗湖是深圳特区最老的建成区，罗湖的自然村最早完成了农村转城市，由村民转居民的“两个转变”，深圳著名的地标建筑，如地王大厦、深交所、深圳书城等商厦和现代化社区，就是在罗湖拆除了 16 个自然村后建设而成，但由于城市发展太快，城域扩展太大，全区现在仍有 24 个大小不一的“城中村”，在深圳就出现了“握手楼”“接吻楼”。在深南大道两旁高楼的背后，仍然有部分低矮的“城中村”，它们制约着城市发展的步伐，见图3-9。

目前，全国各大中城市的城中村规模依然巨大，北京就有“城中村”近300个，温州建成区就有138个城中村。上海、武汉、成都、重庆、昆明、合肥、郑州、贵阳、呼和浩特及银川等全国很多城市也同样出现了城中村现象。

图3-9 深圳市中的城中村

“城中村”是城市的一块“夹缝地”，这种独特的地位和现象，必然带来一系列的社会问题。人口杂乱，“城中村”由村民、市民和流动人口混合构成；城市规划滞后，违章违法建筑集中；“一线天”房屋密集，采光通风差，居民居住环境恶劣；基础设施不完善，卫生条件差，各种管线杂乱无章，排水排污不畅，街巷狭窄，存在严重消防隐患……“城中村”不仅影响城市的美观，也阻碍城市化的进程，制约着城市的发展，已成为困扰许多城市发展的“痼疾”。

棚户区、城中村与现代化进程形成强烈的反差，其存在反映了我国经济、社会发展的不平衡，说明城市内部存在着“城”与“乡”两元结构，它是当前城市不可持续的表现，它是推进城市化、实现全面建设小康社会进程中必须花大力气努力解决的重大问题。老百姓说“小康不小康，基础在住房”。因此，对“棚户区”“城中村”进行大规模的改造是势在必行的民生任务。

3.4.3 变迁中的村镇

1）概述

村镇是人类住区中聚集人类最早也是最多的一种人类住区单元，最直接的与农民、农林和农业紧密联系。目前，我国城市达到800个，建制镇达到20000个。2000年，我国城市化速度为36%，2003年达到38%，2007年则为40%，我们用20余年走完了发达国家经历近百年实现城市化从20%增到40%的过程。伴随着城市化实施了大规模的城乡建设，这些都迅速改变着我国广大城市和村镇的面貌。城市的变迁已于上节陈述，本节就村镇的变迁作简要陈述[1]。

2）传统聚落面临的挑战

随着城市化的发展，我国村镇——人类住区最底层的聚集居住地的变化也是正负两方面的，一方面现代化的道路交通、电力、通信等现代技术和设施走向农村，大大提高了村镇现代化的水平，改善了村镇的人居环境，但是另一方面，也带来了生态恶化、环境污染和资源浪费。随着有田园风光的乡村特色的丧失，一些地方强制并村，使好多有特色的自然村从地球上消失，而取代村庄的建设都全是盲目套用城市住宅区的建设方式，笔直的道路，整齐划一的高大的住宅楼，甚至还有高层住宅楼，原生的乡土风貌一扫而光，原来特质鲜明的人与自然融合的乡村气息也荡然无存。这些变

1 刘辰．中国城市化速度之感[N]．中国房地产报，2008-4-29.

化使人们的生活方式发生了改变，但村镇原有的村镇聚落的居住形态和文化都衰败了，土生土长的良好的社会生活网络也遭破坏。

我国是一个原以乡村为主体的社会，乡村、村镇传统的人类住区聚落已经成为代表各地人类住区文化和特质的主体，特别是全国各地的古村镇更是全国各地区地域文化的代表和经典。它们的建设和发展也代表着我国村镇——这一层级人类住区的发展和建设水平，也代表了我国广大农村的人居环境水平和质量。

从 2003 年起至今，我国已公布的国家历史文化名镇名村共 350 个，省级的名镇、名村也达到 520 多处。

古村镇作为一个人造的人类住区，它是先人将地区生活扎根于自然和周边环境的真实生动过程和存续方式，每一个村镇聚落都是先人适应自然、利用自然、改造自然、发挥自身创造力和想象力的产物，从而造就了特殊的历史岁月、空间的肌理和建筑的形态。同时，它也是人类生活方式、信仰、民俗乃至家规的积累、延续和传承。因此，作为人类住区的村镇不仅仅是人类生活的物质环境，而且也是一种文化的综合体，并且与周围环境构成一个完整的微型“文化生态系统”。在这个系统中，自然环境是村镇人类住区的发展基础，村镇周边的山水环境是村镇形成与发展的基本因子。不同的村镇聚落都是因地制宜，因地理、气候、区位、资源等自然环境因素，经过长期适应、发展而形成了各自的特色。因此，拆村并村建设新村镇，抛开了原来的山水田园自然环境，就再也不是有深厚历史、文化、内涵的原村镇了。

3)“空巢”现象

中国村镇的变迁，也伴随着农村大量人口流入城市，农村中“空巢老人”的现象十分突出。据中国老年科学研究中心的一项调查表明，2006 年我国独居老人约 1004 万，伴随“空巢老人”现象又同时衍生了“留守儿童”及其教育等社会问题。据统计，不能与父母外出同行的农村儿童比例高达 56.11%，6~16 岁的农村留守儿童人数已达到 2000 万。这种现象的产生，主要是我国工业化、城镇化快速发展，农村传统作业的快速转型，农村富余的年轻劳动力大量向城市迁移造成了“空巢老人”和“留守儿童”问题，使传统的村镇人类住区常住的人口结构发生了极大的变化，形成了“七零”“六一”“三八”为主体的人群结构，使传统的村镇丢失了活力，这样的人类住区环境肯定是不幸福的，这是我国村镇这一级人类住区建设和发展面对的严重挑战。

4）古村落保护

在经济快速发展的过程中，由于盲目开发建设、保护意识淡薄，给农村聚落，尤其是古村镇造成了不可逆转的破坏。古村镇是中华文化的重要载体，聚落是人类历史的缩影，它是不可再生的资源，也是不可移植的资源。近些年，为了“发展”经济，有些开发者不顾历史，不顾环境，建造假古董，抄袭模仿，甚至仿欧、崇洋，这些往往造成村镇人类住区开发性的破坏、建设性破坏、旅游破坏和保护性破坏。可持续发展的人类住区的建设和发展必须非常谨慎地对待这些朴实、自然、生动、鲜活、极富文化内涵的、各具特色的村镇，特别是已被公布的历史文化名村、名镇。

此外，我们在调查我国各地传统的农村聚落和古村、古镇时，在它们的选址、材料的应用、建造方式和形态的形成都是充分考虑如何被动地顺应自然条件的约束，发挥对气候的巧妙应对和对地形、地貌创造性的利用，取自然之利，避自然之害，巧妙地遵循生态规律，因地制宜、因势利导、就地取材地营建自己的住所，他们完全从当地自然环境和资源状况出发，也充分体现了当时当地的社会、经济和文化的特征，而且在营建过程中，对自然环境破坏有限，以低能耗的方式建造。然而，当今的农村房屋的建设，也效仿大城市的建设模式，搬用“高技术、高能耗、高污染”和“低效率”的粗放型的营建模式，完全抛弃了乡村聚落与自然的良性和谐机制，导致广大乡村生态环境的恶化，与我国人类住区可持续发展的目标背道而驰。

3.5 可持续发展的人居环境目标

可持续发展的人居环境有着广泛的含义，它涉及人类经济、社会生活的各个方面，联合国和我国政府都制定了相应的文件，明确地阐明了人居环境可持续发展的目标。

3.5.1 温哥华人居环境会议阐述的目标

1976年联合国在温哥华召开了人居环境会议，发表了《温哥华人类住区环境宣言》，这份文件中，就人居环境发展目标提出如下要求：

（1）人类居住条件很大程度上决定了人们的生活质量，改善这些条件就是要全面满足就业、住房、卫生服务、教育和娱乐等基本需要；

（2）人类住区政策必须努力把人口增长和分布、就业、住房、土地利用、基础和服务设施等多种因素有机地结合起来，或者加以协调；

（3）努力缩小城市与乡村之间的差别，缩小区域之间和城市本身内部的差别，以实现人类住区的协调发展；

（4）拥有合适的住房及服务设施是一项基本人权，包括卫生健康的设施；

（5）人民有权以个人或集体的形式直接参与制订影响他们生活的政策和方案，以确保人的基本尊严；

（6）土地是开发城市和农村住区的一个必要因素，要管好土地的利用；

（7）为了实现人居环境发展的社会经济以及环境目标，应把重点放在实际的设计和规划工作上。

3.5.2《21世纪议程》

1992年联合国在巴西里约热内卢召开联合国环境与发展大会，发布了《21世纪议程》，把人居环境的发展目标归纳为改善人居环境的社会、经济和环境质量，以及所有人的生活和居住质量，并提出了八个方面的内容：

（1）为所有人提供足够的住房；

（2）改善人居环境的管理；

（3）促进可持续土地使用的规划和管理；

（4）促进供水、下水、排水和固体废弃物管理等环境基础设施的统一建设；

（5）在人居环境中推广可循环的能源和交通系统；

（6）加强多灾地区人居环境的规划管理；

（7）促进可持续的建筑工业活动行动；

（8）鼓励开发人力资源和增强人居环境开发的能力。

3.5.3《中国 21 世纪议程》

《中国 21 世纪议程》是继 1992 年联合国环境与发展大会通过了《21 世纪议程》后，作为履行该文件的庄严承诺而发布的。1994 年 3 月 25 日，《中国 21 世纪议程》经国务院审议通过，中国成为世界第一个完成国家级“21 世纪议程”的国家。

在这个战略性的纲领文件中，将人居环境的经济、社会、资源和环境视为不可分割的整体，正视中国发展的四大因素和潜在危机。在这个议程中，建构可综合的、长期的、逐渐的可持续发展的模式以及相应的对策，倡导一条新的发展道路和一个新的体制。

《中国 21 世纪议程》将我国人居环境发展的总目标，严密而完整地阐述为：“人类住区发展的目标是通过政府部门和立法机构制定能实施促进人类住区可持续发展的政策法规、发展战略、规划和行动计划，动员所有的社会团体和全体民众积极参与，建设成规划布局合理、配套设施齐全、有利工作、方便生活、住区环境清洁、优美、安静、居住条件舒适的人类住区。”在此总目标下，提出了六大方面的要求：

（1）城市化与人类住区管理；

（2）基础设施建设与完善人类住区功能；

（3）改善人类住区环境；

（4）向所有人提供适当住房；

（5）促进建筑业可持续发展；

（6）建筑节能和提高人类住区能源利用效率。

3.6 我国人居环境发展状况

3.6.1 我国人居环境发展建设的有利优势

我国作为一个发展中大国，深知在保护地球生态环境方面自己的责任和可以发挥的重要作用，中国发布的《中国 21 世纪议程》是世界第一个承诺联合国《21 世纪议程》而制定的国家“议程”。“议程”提出了促进中国环境与发展的“十大对策”。因此，可以相信我国人居环境的建设和发展具有自己独特的优势，在不久的将来将会取得长足的发展和进步，这些优势是：

1）人居环境可持续发展战略目标的实现，取决于国家的经济与社会发展规划、行动计划的制定与实施。

近20年来，在《中国21世纪议程》战略文件指导下，我国已制定了从国家、部门到地方一系列的实施可持续发展的规划和计划。我国还制定了国民经济和社会发展计划，对国土资源保护和开发、环境和生态保护、城镇化建设，文化、卫生和体育等方面都提出了明确的要求；《环境保护与生态环境建设规划与行动计划》，推进中国跨世纪绿色工程规划、全国主要污染物排放总体控制规划、全国生态环境建设规划等国家级的规划和计划；此外，各部门也制定了部门级的可持续发展计划，如中国环境保护21世纪议程、中国林业21世纪议程、中国海洋21世纪议程等，以及中国21世纪议程优先项目计划，计有128个项目，涉及9个优先领域，它们是：综合能力建设、可持续农业、清洁生产与环保产业、清洁能源与交通发展、自然资源保护与利用、环境污染控制、消除贫困与区域开发整治、人口、健康与人居环境、全球变化与生物多样性保护等。

自从1992年党中央国务院提出中国环境与发展十大对策和国务院批准公布《中国21世纪议程——中国21世纪人口、环境与发展白皮书》以来，可持续发展观念得到地方各级政府的重视，地方各级政府纷纷编制了各类经济、社会发展规划和计划，认真贯彻可持续发展原则，重视合理利用自然资源，注意保护生态环境等等。这些国家级、部门级及各地方政府制定的这些规划和计划，对推动和实施我国人居环境的可持续发展都将起到极为重要的作用。

近年来，我国政府也十分重视生态建设，为落实科学发展观和实施可持续发展战略，除了制定规划和计划外，还颁布了一系列生态环境保护的法律、法规，先后启动了保护天然林、退耕还林、还湖、防火、治沙、建立自然保护区等一系列植物植树造林、治理土壤侵蚀、控制沙漠化、防止土壤盐碱化、保护生物多样性等重大生态建设工程。它对促进我国退化生态系统的恢复，增强生态系统的服务功能和保障国家生态安全将发挥重要作用。

2）世界第二大经济体，为实现人居环境目标奠定了扎实的物质基础。

改革开放30多年来，我国经济体制经历了一系列变革，取得了举世瞩目的伟大成就，一跃成为世界第二大经济体，国民生产总值和国民收入的年平均增长率仍然保持以7.0%以上的中高速增长，钢、铁、水泥、肉类和粮食等主要工农业产品的产量均已位居世界第一，国家的综合经济实力有了显著的增强。

经济是实现可持续发展的基础和前提，也是实现可持续发展事业的物质条件。经济发展作为一个国家或地区内部经济和社会制度进步、变化的必经过程，它以所有人的利益增进为首要目标，以追求社会全面进步为最终目标。因此，发展经济是第一要务，只有经济发展了，才有可能不断消除贫困，建设好适合人类生活的居住环境，提供更多的住房，建设更完善的公共服务设施，人民生活才会逐渐提高；只有经济发展了，才有可能提供必要的能力和条件，改善环境污染，保护好生态环境，支持可持续发展。我国成为第二大经济体后，就为可持续发展创造了极为有利的条件，这是我国人民自力更生、长期奋斗的结果。我们有信心、有能力在我国建设和发展好各类人居环境，把我们城市、乡镇建设得更好，让人民生活得更好。

3）积累了丰富的建设经验和教训

经过半个多世纪的社会主义建设，我国从农村到城市各级人居环境的建设取得了令世人震惊的成就，正快速稳步地全面实现小康生活。在此过程中，我国在经济、社会、环境建设方面都取得了丰富的经验和可吸取的教训，无论是积极的经验还是负面的教训，对我们进一步深入发展和建设可持续的各层级的人居环境都有着巨大的直接的指导作用，是我们从事人居环境建设一笔极有价值的财富。

改革开放以来，我国城镇化快速发展，城市作为人居环境的主要阵地，已经成为国民经济社会发展的核心载体。2008 年底，我国城镇人口 6.07 亿人，城镇化水平为 45.65%，比新中国成立初期的 10.64% 提高了 35%，比 1982 年的 21.1% 提高了 25.6%，年均增长 0.95%。目前我国已初步形成以大城市为中心，中心城市为骨干，小城镇为基础的多层次的大中小城市和小城镇协调发展的城镇体系。在城镇化过程中，城乡规划工作不断改进、完善并得到大大的加强。我国 1989 年颁布了《城市规划法》，城乡规划编制方法不断改进，规划的前瞻性、可操作性和宏观调控作用都得到不断加强，法规也日益完善，实施保障机制日益健全，它在我国城镇化和城镇发展中发挥了引导作用。目前已逐步形成了从全国到省、市、镇、乡、村等各级完整的规划体系，包括城镇体系规划，城市和镇总体规划，详细规划，风景名胜区规划及历史文化名城保护规划等，可适应不同需要的多种规划类型，并且在实践中也认识到要逐步改变就城市论城市、就乡村论乡村的城乡二元规划管理办法，城乡规划需要统筹规划建设，优化城乡结构和布局，引导城镇化健康有序发展……这些经验对我们进一步建设好可持续发展的各层级的“人类住区”有着直接的指导意义。

4）科学技术新发展为可持续发展的人类住区建设提供了有力的支撑。

科学技术是第一生产力，它提示了科学技术在现代社会中的主要作用。当今，科学技术已成为推动社会发展的革命力量，科学技术的实际应用能够推动生产力的巨大发展，从而能推动整个社会的变革。

人类已进入高速发展的时代，但也面临很多全球性的问题，如人口问题、资源问题、环境污染、能源问题、生态问题以及战争与和平问题，这些都关系着人类的生存与发展，关系着各级人居环境可持续发展和建设。要解决这些全球性问题，只能靠发展科技来解决，科学技术的发展不仅为人类协调人与自然的关系创造了条件，而且能提供巨大的力量，为人类解决上述生存与发展的问题提供新的途径和新的方法。

自 1990 年代初期至今，我国研究者对生态城市在理论和建设等方面进行了广泛的研究和探索，将生态城市建设作为城市发展的战略目标加以重视。据不完全统计，到 2005 年底，全国已有 150 个左右的地级市提出了生态市建设目标，近 40 个城市编制完成了《生态市建设规划》。

北京作为首都，率先提出了要将北京建设成为生态城市的目标，在制定的《北京城市总体规划（2004-2020 年）》中，确定北京市生态环境建设应先从治理环境污染、合理布局生态用地着手，以期尽快实现环境优美、生态健康的城市发展目标[1]。

此外，为了科学地建设人居环境，我国从 20 世纪 80 年代中期就进行了“城镇社会发展综合试点示范（1986-1987 年）”，经过 10 年的努力探索，于 1997 年决定将“社会发展综合实验区”更名为“可持续发展实验区”在全国全面推进，制定了《国家可持续发展实验区管理办法》和《国家可持续发展实验区管理验收办法》，并建立了导向性和验收考核指标体系，确定了包括人口、生态、资源、环境、社会、经济及科技教育七大类 30 个指标，截至 2006 年底，全国范围内共设立了 58 个国家级可持续发展实验区，分布在全国 24 个省、自治区和直辖市，同时，各省陆续建立了省级实

1 路甬祥 . 中国可持续发展总纲（国家卷）第 11 卷 [M]. 北京：科学出版社，2007.
欧阳志云 . 中国生态建设与可持续发展 [M]. 北京：科学出版社，2007.P280.

验区 90 多个，形成了国家和地方两个层面共同推进可持续发展战略的格局[1]。

从 1995 年开始，国家环境保护局还在全国组织开展生态示范区建设，到 2005 年底，全国有 528 个地区和单位开展了生态示范区建设工作，其中 166 个已通过考核验收，被正式命名为国家级生态示范区。在县级行政单位层面上，全国已有数百个县开展生态县创建工作。

与此同时，全国各地也开展了各类“示范工程”的建设，以探讨如何在人类住区的建设中，建造能够节能减排、节约资源、循环利用、环境控制的示范建筑。如中国建筑科学研究院低能耗建筑示范工程，集成展示了 28 项世界前沿的建筑节能和环境控制技术，示范建筑可以达到“冬季不使用传统能源供热，夏季供冷，能耗降低 50%，建筑照明能耗降低 75%”的控制指标。它不仅树立了中国零能耗建筑探索的新坐标，也为中国下一阶段提升节能水平探索了一条有益的发展途径。

3.6.2 我国人居环境发展建设的弱势

尽管我国近二三十年来在人类住区可持续问题上进行了大量有成效的工作，但也存在一定的问题和不足，主要的有：

1）观念差距

观念上对可持续发展的人居环境建设的理解认识还需大大提升和加强，要加强生态环境保护的观念，加强区域整体化的观念。在环境保护与经济发展相矛盾时，应优先考虑环境保护；在局部地区与大区域利益发生矛盾时，应从整体出发协调解决，不能再重复开发性的破坏。目前，片面追求经济利益，不注意生态环境保护与环境污染的治理，在风景名胜区内大兴土木、超强开发，导致景区自然生态和景观资源遭到严重破坏，此类事件仍屡见不鲜，它必然影响地区的可持续发展。

此外，由于观念的滞后，造成城市之间不正常的竞争，在区域一体化的发展趋势面前，某些主管者、投资者和开发者们他们忽视都市集群的现实，各自画地为牢，造成城市彼此产业结构雷同，城市定位相似；造成重复的建设或产品过剩，不利于城市和区域的可持续发展，也严重妨碍地区总体实力的增强，降低了自身的竞争力。

2）土地利用与保护欠佳

土地资源的合理利用与保护仍存在不少问题，其中最突出的是“圈地运动”。占据城市近郊的农民土地资源，圈而不用，农耕荒废，造成土地资源严重浪费，同时也导致农民失去土地，造成非农化问题比较突出，形成新的失业人群，更有各地各类繁多的开发区的创建。开发区如雨后春笋，迅猛发展，几乎每个地级市、县级市，甚至乡镇都大搞开发区，有的城市甚至有好几个开发区，促使“圈地运动”一浪高一浪，加之有的土地被违规操作，没有规划，土地闲置，名为开发区，圈了土地，常有开而不发。据统计，仅 2002 年 1~8 月全国购置土地面积为 13680 万 m^2，比 2001 年同期增长 42%，造成巨大的浪费。

3）文化意识薄弱，历史文物遭到破坏

在过去二三十年的各级人居环境（城市到乡镇）建设和改造工作中，由于文化意识薄弱，各地

1 路甬祥. 中国可持续发展总纲（国家卷）第 11 卷 [M]. 北京：科学出版社，2007.
欧阳志云. 中国生态建设与可持续发展 [M]. 北京：科学出版社，2007.

历史文化的遗产遭到破坏的事例也屡见不鲜。造成这类文明破坏的原因，除了文化意识薄弱外，也有追求政绩的利益驱动。在追求“一年一小变，三年一大变”的城市改造中，它们被无情拆除。

4）粗放型的建设模式

在当前我国各级各类的人类住区建设中，仍然是采用高能耗、高污染、低效益的粗放型的生产和建设方式，几乎从策划—规划—设计—施工建设，或从原料—生产—消费，都是粗放型的。前已提及，我国某些产品生产中，从原料开采到加工制造成产品，再到消费品，其原料的有效率仅为20%~30%，其余 70%~80% 则在生产过程中和消费过程中变为垃圾，回到环境中，我们每生产一吨钢和生产一吨水泥所消耗的能量也是大大高于世界发达国家生产同类产品的水平的。

5）公众参与缺失

在我国各类各级人居环境的建设中，公众参与度不高，甚至公众参与缺失，最多也只处于初始的告知性的参与阶段，公众没有机会参与规划决策，即使有听证会、论证会，有时也只是过场，最终有的还是依“长官意志”来定夺。

3.6.3 我国人居环境发展建设面临的挑战

3.6.3.1 人口、社会及经济方面的挑战

1）人口的挑战

我国是人口大国，到 21 世纪中叶，我国人口总数将达到 15 亿~16 亿（《中国 21 世纪议程》），人口增多给社会和经济发展带来巨大的压力和挑战，人口增长意味着要增加粮食生产，增加农业用地。为此，许多宜林、宜牧的林地、草地就被开辟为农田，从而导致生态环境的恶化；人口增长、劳动力增多导致就业压力大，目前我国失业问题还相当严重。

2）经济发展面临的挑战

我国经济虽然取得了让世人惊叹的成就，但是，由于我国人口多，底子薄，经济发展仍受到多方面制约，体制改革有待深入，产业结构尚不合理，可持续发展的能力不强。

农业是国民经济基础，面临的问题也依然严峻，表现在：耕地少，自然资源短缺；农村人口增速快，文化水平不高，农业剩余劳动力多；农村经济欠发达，农业经济结构不合理，综合生产能力低；环境污染日益严重，受污染的耕地约占耕总面积的 1/5。

3）社会发展面临的挑战

社会发展方面面临的挑战首先是消除贫困的问题。我国西部地区偏远，生态失衡，自然条件差，粮食产量低，就业少，贫困农户多，加之水源缺乏，干旱严重，导致经济发展不平衡，形成了贫困地区。

其次是教育和科技支持能力不足，国家对教育的投资偏低，教育经费占 GDP 的比例低于发达国家和一些发展中国家；教育设施落后，尤其是农村中、小学教师待遇偏低，人员流失多，基础科学研究相对落后。

此外，卫生保健事业发展也不平衡，卫生资源分配不均匀。

4）城乡建设方面的挑战

就人居环境的建设来讲，城市化过快，城市数量增加迅猛，到 1995 年城市数量就增加到 640 个，随之而来的城市人口也迅速增多。近年来，农村向城市流动的人口至少在 6000 万以上，这么多人

口流入城市，给城市的居住条件和服务设施带来巨大压力。目前缺水城市有 300 多个，严重缺水城市有 100 多个；城市绿地少，居民供需矛盾突出，人均居住面积 $2m^2$ 以下的特困户有 40 多万户……加之人口老年化趋势加剧，这些都给经济和社会发展带来极大的压力。

3.6.3.2 自然资源方面面临的挑战

我国是一个特产丰富的资源大国，在世界名列前茅。国土领地面积居世界第 3 位，仅次于俄罗斯、加拿大；水能资源居世界第 1 位，河川径流量居世界第 6 位……但是，也存在明显的弱势，一些主要资源的可持续利用和保护都面临着严重的挑战。

1）自然资源的人均占有水平低

虽然我国是资源大国，但由于人口多，自然资源的人均占有量都低于世界先进平均水平，例如：

人均土地面积仅为世界平均水平的三分之一，排列世界 110 位，平均耕地面积排到世界第 126 位；

人均水资源为世界平均水平的四分之一，人均占水资源世界排名为 88 位；

人均森林为世界平均水平的六分之一，世界排名为 107 位；

人均草地资源为世界平均水平的三分之一，世界排名为 76 位。

2）资源分布不平衡

煤炭资源主要集中在山西、内蒙古、陕西等地区，石油主要集中在黑龙江、山东、辽宁、河北、新疆等省区，水能资源多集中在西南地区，而生产力发达的地区都在东南沿海地区，都严重缺乏这些资源。

水资源也分布不平衡，大部分雨水在夏季，而需水的季节没有雨水，而水资源在夏季都白白流走了。

3）能源短缺

能源人均拥有量少，人均能源矿产资源占有量仅为世界平均水平的 51%；而且分布不均匀，80% 的能源资源分布在北方；结构也不合理，新能源和可再生能源开发利用不够；而且开发利用情况也不平衡，供需矛盾突出。

4）土地沙漠化，水土流失严重，耕地面积减少

我国北方沙漠面积有 140 多万 km^2，以每年 2460 km^2 的速度扩大；全国水土流失面积，据全国遥感普查结果表明，约为 179×10^4 km^2，比 1950 年代增加 19%，每年流失土壤总量 50 亿 t，约占世界流失总量的 1/5，我国为世界上水土流失最为严重的国家之一。土地沙漠化、水土流失，必然造成耕地面积减小。

5）森林资源短缺

我国森林覆盖率远远低于世界的平均值（22%），只有 13.4%，过量采伐，消耗量大于生长量；毁林开荒，生态环境遭到破坏；森林火灾，毁林严重，1987 年大兴安岭特大火灾损失林木 3960×10 万 m^3，需要 10 年左右的时间才能恢复。

3.6.3.3 我国环境方面面临的挑战

1）大气环境污染严重。几乎所有城市都存在烟尘污染问题，北方城市的冬季尤为严重；

2）南方酸雨污染日益严重。我国两广及云贵川地区已形成大面积的酸雨区，对森林、土壤、农作物和建筑均造成危害；

3）城市汽车尾气污染日益严重。有的城市还有光化学烟雾污染，危害大气环境和人民健康；

4）温室气体排放有 CO_2，排放总量居世界第二，还有甲烷、氧化亚氨等温室气体的排放；

5）耗损臭氧层物质排放，电冰箱、气溶胶、泡沫塑料等生产行业多使用和排放耗损臭氧的物质；

6）水环境污染严重。80% 的污水未经处理直接流入水体，造成全国 1/3 以上河段受到污染，90% 以上城市水污染严重，近 50% 的重点城镇水源地不符合饮用水标准，许多城市地下水被污染。在全国有监测的 1200 余河流中，有 850 条已被污染，致使水生态系统受到破坏；全国鱼虾绝迹的河长约 2400 km；1 km^2 以上的湖泊数量在 30 年减少了 543 个；由于水环境受到污染，许多淡水资源失去或降低了使用功能，使原本就紧张的水资源短缺现象形势更加严峻[1]。

综上所述，我国环境问题面临的挑战主要来自四个方面：一是人口基数大、净增人口多，每年净增 1300 万人，相当于澳大利亚的人口；二是城市化进程快，城市化进程使汽车使用量、城市污水量和垃圾量也大大增加；三是经济增长快，而产业结构中重化工型产业比重大，能源需求多，污染排放量大，能源结构中对煤的依赖程度又高，这些结构性污染要花很大力气才能逐步克服；四是综合决策的机制尚未建立完善。

3.6.4 我国人居环境建设和发展的对策

根据国民经济和社会发展的总目标，各级人居环境的建设，应以保护和改善生态环境、实现资源的合理开发和永续利用为重点，通过统一规划，有组织、有步骤地开发开展建设，使人居环境建设走上生产发展、生态改善、生活水平提高的可持续发展道路，其基本原则可遵循以下几点：

3.6.4.1 确立区域或区位整体系统观念

不论任何一级人居环境的建设，都必须从整体性出发，进行规划和建设。

任何级层的人居环境，不论是地区、城市群、城市、乡镇式住宅区，都是由社会系统、经济系统和自然系统三个子系统构成的一个复合的人类聚居系统（图 3-10）。在规划建设之前，必须对这三个子系统进行认真的调查与研究，科学决策它们的建设目标，合理地确定其规模、结构、形态、功能定位及建设的序等。

其中，自然生态系统是建设各级人居环境复合系统的基础，它包括下列要素：

地理条件——地形、地貌、土壤类型及水文及矿产资源等；

气候条件——阳光、气温、雨水条件及气候特征；

生物等自然环境——植物、动物、原生态系统、景观生态的时空分布特征；

人工环境——现有的道路交通、基础设施网络及城、镇、村等建设情况（即支撑系统）。

上述地理条件及气候条件是天然的基本条件，也是人居环境建设和发展的基础，它们影响着住区社会经济的发展；道路、交通网络条件及城乡状况是人居环境建设发展和改造的基础。在规划建设各层级人居环境时一定要重视保护整个生命支撑完整性，保护生物多样性，保护自然资源，保护森林植被生态系统及资源的可持续供应，努力改善现有的人居环境。

---

1 叶文虎 . 可持续发展引论 [M]. 北京：高等教育出版社，2001.

社会生态系统是人居环境可持续发展建设的目标性的系统，它要在尊重和保护自然生态系统的前提下，在注重经济生态系统可持续发展的同时，注重谋求社会生态系统的可持续发展。为此，要控制人口数量、提高人口素质、改善人口结构，在城市化的过程中，科学地确定城镇规模；发扬社会主义制度的优越性，不断改善政治和社会环境，大力发展文化和教育事业，发展城镇建设，完善公共服务设施，改善城乡居民居住环境，提高社会综合服务及医疗卫生水平，要让革命成果和改革红利真正落到基本百姓身上，真正做到“居者有其屋”“病者有其医”“老者有其养”和“学子有其学”，这样社会一定会安定，广大人民群众的积极性真正能被调动起来，积极参与可持续发展的各层级人居环境的建设。

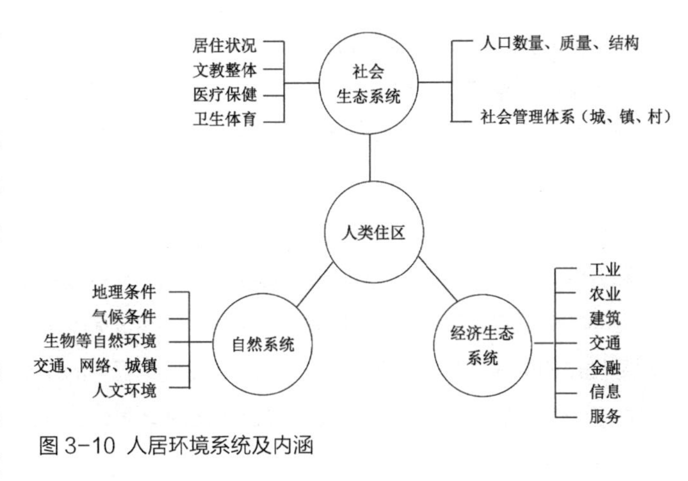

图 3-10 人居环境系统及内涵

3.6.4.2 城镇化要坚持城乡协调发展

城市化是社会进步的一个标志，一个国家或地区要实现工业化和现代化，城市化是不可逾越的发展过程。在城市化过程中，一定要加强宏观调控，实现城市化过程的持续、健康和有序发展，这是一个与环境问题、土地问题、粮食问题、水资源问题具有同等重要意义的战略性问题。

城镇化发展战略的制定，应该根据国情、地情和当前城镇化所处的发展阶段，与国民经济发展水平相适应，从区域整体和其他城镇的发展出发（合理安排中心城市），变单个城市的集聚为城镇群体的集聚，以加强区域城镇化的进程，开展区域规划工作，加强区域之间、城市之间、城乡之间、城乡建设和区域基础设施之间、建设布局及资源环境之间的空间协调；建立健全空间规划体系，理顺国土规划、区域规划、土地利用规划等各种空间规划的关系；强化对空间规划管理及规划管理的法制建设；提高对城乡的统一规划与管理，并努力提高规划、检测、调控和管理的专业水平。

我国人居环境发展的实践表明，人类城市住区和乡村住区截然分开的二元发展模式给我国国民经济的发展带来了阻碍，影响了工业化和农业现代化的进程。人居环境的可持续发展从区域整体观念出发，应该遵循城乡协调，城乡一体化的原则，把城镇和乡村纳入到统一的社会经济发展大系统，建立新的城乡协调关系，以达到改善城乡功能结构、实现城市生产要素合理配置、协调城乡利益结构和利益再分配的目的，从而加快我国工业化、城镇化、农业现代化进程，逐步消除城乡二元结构，缩小城乡差别，创造城乡等值的生活条件。

为此，要落实城乡协调发展战略，在城乡建设上，要把城乡规划和建设协调起来，把城乡居民点，工业布局，基础设施网络作为整体，进行统一规划和建设，要做好城乡土地利用和保护，尤其是对河湖水源要特别加以保护和治理，协调好上、中、下游的关系。

此外，在城乡协调发展战略中，要重点加强小城镇的发展建设，发挥小城镇联系城市和乡村的承上启下的作用。同时，也有利于实现农民“离土不离乡”的理想，从而解决“空巢”问题，也有利于减轻农民大量流入大城市的移民现象，减轻大城市因人口剧增而带来的就业、居住、交通等压力。

3.6.4.3 坚定可持续发展的目标

一个科学、合理和富有创新性的城市规划和建设对城市的可持续发展具有重要的作用，科学地制定城市的合理发展目标，包括城市规模和城市功能定位、主要产业导向等，合理地配置各种城市资源，包括自然资源和社会资源，使之公平、合理与高效地被利用，并采取控制城市土地使用和空间利用的模式，保护好、治理好区域内的自然环境和生态系统，对城市发展的时空程序做出合理的规划和调控，确立可持续发展的城市建设目标，使城市建设逐步由粗放型向集约化发展和进步。

当前，城市规划和建设应树立资源短缺型城市规划的新思路，保证公平地占有和使用城市的资源，尤其是城市的空间资源。今天，城市规划不仅是土地配置的规划，还应当是对城市各种资源进行科学、合理、有效益的配置，将经济效益、社会效益和环境效益进行协调的综合安排，并力求达到公平、合理和高效益。

1）正视脆弱的生态困境

积极、认真贯彻可持续发展的战略，做到社会、经济、环境、文化和人口的整体协调，区域、城乡发展的整体协调，积极推进区域战略研究，建立区域空间协调发展的规划机制，确立生态城市的建设目标，按照生态学的原理，进行规划建设，使城市不仅经济发展、社会稳定、人民生活质量提高，而且生态进入良性循环，这样的人居环境将是和谐的、高质量的人类栖息地。

2）认真正视城市品质的建设

城市发展进入转型期，高品质的生活环境是未来城市的核心竞争力，提高城市品质应成为城市规划的建设的新方向、新目标。

提高城市的品质从国内外城市建设的实践研究看出可以提高城市品质核心，提高居民的满意度和幸福感，要让居民为自己的住区充满自豪感，而要达到这一点，关键在于：

（1）城市规划和建设是否尊重和保护好自然环境，是否治理好早先被破坏的自然环境，使居民能呼吸到新鲜的空气，喝到清洁的水，吃到放心的食品……

（2）城市规划和建设是否重视地域历史文化遗产的保护，传承和挖掘历史文化，创新、发展历史文化，使居民有历史感、归属感，保护和促进文化价值的提升。

（3）城市规划和建设是否重视和做到社会资源、环境资源的公平配置，做到社会的公平，让改革红利真正落到广大居民身上，使每个居民过上有尊严的生活。

（4）城市规划和建设是否重视和做好住区公共服务设施的建设，使居民出行方便，设施齐全，生活舒适方便，成为一个真正受居民喜爱的宜居的城市。

总之，一个高品质的人居环境，不管是大城市或是小城镇，即使是一个村或一个居住区，都要为居民创造高水平的经济生活品质、文化生活品质、社会生活品质、环境生活品质和政治生活品质，从而达到“幸福住区”的品质，而其中关键的关键是重视教育，努力提高居住者的素质。

3）创建自己的特色必须认真地规划和建设有自己特色和风貌的城、镇住区

当今很多城市千城一面，建筑缺失自己的特色、个性，趋同性已成现实。这是 30 多年来城市化过程中让人痛心的弊端。其实，城市特色和风貌是城市的最佳名片，是城市竞争力不可缺少的条件和标志，没有自己特色和风貌的城市就缺乏吸引力、凝聚力和竞争力，也就丧失了城市的活力。

4）积极推进住房及其产业化

第一次联合国人类居住大会提出了“人人享有适当的住房”，这个主题是人居环境可持续发展

的重要内容。它既是满足人的最基本的生活需求，也是人权的基本要求。我国社会主义市场经济体制的建立和完善，推动了住房的商品化，给住房建设发展带来了良好的契机，调动了社会资金解决住房问题，住宅建设改善了居民的居住条件，提高了居住水平，而且对社会经济发展起着巨大的推动作用，它已成为居民的消费热点和国民经济的新的增长点。但是，住宅的建设部分还是粗放式的生产和建设方式，高耗能、高污染和低效益的生产模式，要改变这种状况，必须走住宅产业化的道路，提倡低碳被动式的建筑。

什么是住宅产业化？住宅产业化就是采用社会化大生产的方式，进行住宅生产和经营的组织形式。具体讲，它就是以住宅市场需求为导向，住宅生产和建设走向设计标准化、部件模数化、生产工厂化、建设施工现场装配化，并将住宅生产全过程的设计、部分生产、加工、施工建造、销售和售后服务等诸生产链接成为一个完整的产业链，从而实现住宅产、供、销一体化的生产经营组织形式，也可称之为房屋制造产业，住宅生产就如同生产飞机、汽车一样，在工厂制造构件，运到现场装配，从而使住宅产业走向预制装配化的道路。

住宅产业化顾名思义，其产品就是住宅，视住宅为居住的机器，也像制造机器一样进行设计制造，以住宅为最终产品目标，采用一体化的经营方式，可以减少中间环节，优化资源配置。通过工厂化生产可以提高构配件的质量和生产能力，实现建筑装修一体化，降低成本；同时可减少现场湿作业，简化现场操作，改善施工条件，提高住宅质量和性能，降低劳动强度，提高劳动生产力，有望使住宅生产建造走向清洁生产和文明生产。

住宅产业化就意味着住宅建筑设计标准化、住宅建筑工业化、住宅生产经营一体化和协作服务社会。

住宅建筑标准化、工业化的同时，也要能实现多样化；要满足居民参与自己家建设的愿望和积极性，最理想的是像宜家家居那样，可以自己动手，发挥住户自己的积极性和创造性。

住宅产业化是一个复杂的综合系统工程，它应该是一个多类型、多系列、多标准、多种结构和多种材料的多种生产方式的产品系列，企图研究一种单一的、通用的体系是不可能的。

5）走低碳建筑之路

人居环境的建筑必须走低碳建筑之路，在环境危机和经济危机双重冲击下的今日，促使人类反思自己曾经走过的工业文明时代的道路，尤其是近 100 多年来经济发展的道路，促使人类寻求一条与自然共生共存，和谐共处的新道路。历史的经验提醒人类：经济危机预示着一次新的科技革命和发展机遇，催生一个新时代的诞生，这个新时代就是低碳经济时代。

低碳经济是以低能源、低污染和低排放为基础和经济发展模式。低碳经济的实质是高效利用能源，开发清洁能源，追求绿色 GDP。它直接影响着建筑的发展。我们知道，自然环境因素是建筑形成和发展的基本的影响因素，在自然环境因素中，对建筑来讲最重要的是气候因素，也可以说是气候造就了建筑，不同的气候条件造就了不同的建筑形态。

但是今天，建筑都成为造成气候变化的一个重要因素。因为，今日的建设模式所采用的都是高耗能的、不可再生的建筑材料——钢铁、水泥和黏土砖等，建成后的运行方式也都是依赖人工照明、人工空调、机械通风……这些都是高耗能、高污染和高排放的。不难看出，建筑业是导致气候变暖、自然环境恶化的一个大户。几乎 50% 左右从自然资源中获取的物质原料，50% 左右的能源都用于建筑业，而全球 50% 左右的固体垃圾也源于建筑，尤其是混凝土森林建筑，建筑破坏后 95% 变为垃圾！可以说，这种建筑方式都是反自然的建筑方式，与节能减排是背道而驰的。为了建设可持续发展的人居环境，建筑必须走低碳建筑之路。

建筑正处在十字路口，建筑的革命首先要从建筑材料上有所突破，要尽量减少高能耗、高污染和高排放的建筑材料的应用，要尽量采用可再生的天然的材料、可循环利用的材料以及工业、农业及林业的废弃物等作建筑原料或作为建筑制品的基本材料；以减少能源的消耗和自然的不可再生资源的浪费。同时，建筑要尽量采用新能源，如太阳能、风能等。

减少建筑业二氧化碳的排放、要从建筑的全过程中加以控制，包括建筑的建设过程和建成后的运行过程两方面，即要从建筑全生命过程考虑设计、建造和运行的方式，以达到建筑可持续的目标。

6）推行公众参与

人居环境规划建设的最终目的是为百姓建设一个理想的工作、居住环境，因此，应提倡人居环境规划建设中的公众参与，促使人居环境实现真正的可持续发展。1976 年，第一次联合国人类居住大会就提出：“规划过程中必须容许公众最大限度地进行参与。”

在我国传统的“自上而下”的城市规划过程中，公众参与几乎完全被排斥在外，目前这种现象已开始有所变化，但是，我国对于如何有效的开展规划的公众参与，仍缺乏足够的经验。

在可持续发展的人居环境规划建设中，公众参与应广泛渗透到规划决策的全过程中，这是我国人居环境规划观念和规划方法的一种转变。按照公众参与的要求，公众参与应贯彻到规划过程中的各个阶段——从目标的确定到各种选择的分析，这种规划方法也将促使规划部门有责任去征求公众的意见，规划部门有权组织公众参与活动，它对决策过程将发挥积极的影响。

第4章 可持续发展人居环境规划与设计

4.1 规划新理念

纵观国际和国内人类住区的发展，尤其是 20 世纪末以来，人类住区不论在哪一层级，城市—社区—建筑，都面临新的危机和挑战。现代两个高速网络—高速交通运输网络和高速通信信息网络的发达，世界经济一体化的快速发展导致世界移民潮流风涌不息，城市拥挤，交通堵塞、城市无止境的扩展蔓延，城市病日益严重，以及全球气候的挑战……这些都促使人们思考：人类住区将如何建设和发展，以满足今日“可持续发展”的目标要求？在反思中人们认识到，作为建设的龙头——规划设计工作必须适应形势，规划设计工作必须从观念、体制和方法等方面进行一系列的变革。1976 年，《温哥华人类住区宣言》中指出：“人类居住条件在很大程度上决定了人们的生活质量，改善这种条件是全面满足就业、住房、卫生服务、教育和娱乐等基本需求的先决条件。”并同时指出：“为了实现人类住区发展的社会、经济及环境目标，应把重点放在实际的设计和规划工作上。”因此，建筑师和规划师负有重大的历史责任，规划师和建筑师的规划设计理念与方法，需要与时俱进，要能动地认识时代，能动地认识变化中的世界、城市、建筑，重新审视规划设计的价值观，增强社会责任感、关心整体利益，关心时代的根本问题，把“可持续发展”的思想扎根于规划设计工作中去，以适应可持续发展的时代要求。为此，规划设计新思维就应运而生，它们包括：

4.1.1 整体性观念——加强整体的、多维度的思维

任何研究可持续发展的人士，不论是哪一学科的学者，或哪一行业的企业家，哪一行政部门的领导者，在自己的工作领域都必须确立“整体的观念、多维向的思维”。因为可持续发展的人类住区体现在从整体利益出发的环境、社会和经济综合利益的高度统一。我们要站得高一点，看得远一点，视野宽一点，想得深一点，要摆脱我们传统的“就事论事”的限于单一化、纯微观思维的局限，要学习从全局角度着眼去思考问题。这里有一个例子值得学习，最初写于 1972 年的《增长的极限》这篇经典之作，当时曾引起激烈的争端，几十年过去了，人们逐渐认识到它的价值，低碳经济、生态足迹被人知晓，进入人们生活。该文作者之一德内拉 · 梅多斯（Donella Meadows），是系统思想大师，“学习型组织文学之父”，1996 年创立了可持续发展协会。这篇经典之作就是这些著名的罗马俱乐部的精英们把全球看作一个整体，提出全球的各种问题都是相互影响、相互作用的，并极力提倡从全球入手解决人类重大问题的思路，表明了他们是站在新的全球的高度来认识人、社会和自然的相互关系。我们可以从中得到启发，研究人类住区问题也必须树立全球的整体观，从全球的视角来研究人类住区——城市、社区、建筑的可持续发展问题，要超越纯微观视野，站在“人类整体”的角度来认识、研究人类住区建设如何可持续的问题。现在的世界已经是“城市化的世界”[1]（An Urbanizing World）。在人类历史上，将第一次出现各国绝大多数人口居住在城市之中的现象。各国迅速的城市发展，确实改变了我们这个星球的面貌。“人类住区的发展和城市化的管理已成为国

---

1 联合国人居中心编著 . 城市化的世界 [M]. 沈建国，于立，董冬译 . 北京：中国建筑工业出版社，1999.

际社会和联合国系统所面临的最重要的挑战”[1]。因此，从事人类住区——城市的规划工作，就不只是一个单个城市的问题，它一定与一定的地域（国家、地区）相联系。因此，规划工作必须从“顶层设计”着手，由整体规划到局部规划，由大系统规划到子系统规划，所以要推行“国土规划—区域规划—城市规划”，其中，尤其要加强“区域规划”。其实这个问题已提到议事日程，京津冀城市圈的规划就是其例。只有这样，从区域整体出发进行群体规划，才能使区域内各个城市协调发展，否则就会产生“小而全”的效能低的基础设施建设，盲目同构、同业竞争生产，争市场，高耗损；争抢资源，导致城市环境恶化；城市无止扩展，交通堵塞，生活质量下降，这些都是各自为政，不协调发展的结果。

地球是一个复杂的巨系统，每个国家和地区都是地球这个总系统中不可分割的一部分。整体性必然包含着巨大而复杂的系统性，包含着各种不同的子系统。人类住区不管是哪一层级，作为整体自然也存在着自身的系统性。因此，整体性观念必然也是系统性观念。我们要从整体性出发，进行系统性的纵横多维的思维与研究，即要树立“层级”思维的观念，重视“关系”的研究。“关系”的研究就是为了谋求各种事物内部，以及外部上下左右相互之间良性循环的实现，使其有一个自我调节的能力。

规划设计都是相互联系的复杂的系统工程，可持续人类住区的规划设计更是涉及社会、经济和生态层面的问题。尊重上行规划，做好本职规划，又不为下行规划设计带来危害或困难，不仅能满足当代的需要，又不为下一代使用带来危害。这就是我们面临的挑战，但也是千载难逢的机遇。

4.1.2 综合性规划思维

人类住区是一个复杂的多系统的综合体，其内部构成五要素之间相互影响、相互作用。人类住区建设与发展，不仅关系着人与人的关系，而且也关系着人与自然的关系，而且这两大关系当今都面临着严重的挑战。人类住区的发展不仅要做到经济发展、社会发展，而且要维护生态环境的可持续发展，即要保持资源的持续供应和生态环境的承受力不受减弱；人类住区的发展不仅是空间物质形态的扩展，而且要求空间形态量与质的共同发展，正如马丘比丘宪章指出：“在今天，不应当把城市当作系列的组成部分拼在一起来考虑，而必须努力去创造一个综合的、多功能的环境。”必须将空间规划、经济规划和社会发展规划以及人口、生态环境维护规划结合在一起，共同协调发展。为了实现城市的可持续发展，我国政府通过总结国内城市发展经验，在《中国21世纪议程》中，从我国国情出发，提出了城市人口、经济、社会、资源、环境相互协调的可持续发展总体战略。

1960年代，从总体观念出发，重视了区域经济发展的研究，这项研究对城市规划的影响很大，促使人们把重点从形态建设、经济建设转向了社会关系和社会发展策略；1970年代后，进一步促使空间的规划从一元化走向多元化，从单纯的经济增长观点走向公平发展的观点，求得社会发展和环境生态的保护；在功能上，也要综合考虑，不仅要满足人们对物质生活的需要和对精神生活的需求，还要满足人的生态环境生活的需求；从综合观出发，传统的四大功能分区是否还要那样彼此分开成

---

1 联合国人居中心编著．沈建国，于立，董冬译．城市化的世界[M]. 北京：中国建筑工业出版社，1999.

一个个单一的功能区，还是转为“混合功能区”？不同功能的建筑是否彼此分工一幢幢地建设，还是不同功能的用房混合一起建设成大的综合体？城市是小而全的独立发展，还是“抱团取暖”组建成一个综合城市群？全球化的过程中，随着空间经济结构的重组，全球整体的城市体系结构也发生了变化，原来城市与城市之间都是相对独立的，现在要转变为彼此紧密联系的、相互依赖的、共同构建一个巨大的综合城市群。种种迹象表明，世界单一体走向多元化，我们也要与时俱进，加强综合性观念。

要使城市协调和可持续发展，必须将城市当作一个系统，在空间上和时间上加以综合。在空间上，所有不同层级上的空间规划要同时进行，不同层级规划紧密配合，既是国家的规划、区域规划、城市规划之间的结合，也是城市与乡村规划的结合。我国是一个农民占绝大多数的国家，城市化问题说到底是农民问题，不仅有占用耕地与城市开发间的矛盾，还有如何解决农村剩余劳动力的问题。城市与乡村原本是一个有机体，消灭城乡差别，实现城乡共同繁荣是合理利用资源、合理分配空间的最佳途径，按照综合的观念，城乡一体正是城市同乡村所构成的区域经济系统，在内外开放的条件下，城乡之间协作作用日益加强，促进空间融合。

在时间上，规划要综合处理好长期利益和短期利益之间的关系，规划分为短期、长期和远期三个阶段，不同层次、不同阶段的规划深度不同，但必须同时综合同步开展，随时相互交换信息和相互调整。

在功能上，要将空间规划与经济规划结合起来，综合一起研究，不能像传统规划那样，城市空间规划与经济规划彼此成为两个独立的不相关的方案。没有研究空间发展可能性的经济规划是不现实的，尤其要处理好经济效益和环境保护的关系，加大对环境治理的投入，应避免先污染后治理，只有综合研究的规划，才有可能使城市发展达到经济、社会和环境的综合效益的目标。

4.1.3 动态的弹性规划思维

人类住区（城市—社区—建筑）传统的规划设计观念都是把规划设计当作未来的“理想王国”，达到一成不变的“最完美的境界”，都是“终极性产品”。然而，历史反复证明这都是“乌托邦式”的一些空想主义或理想主义，与现实差异大，经常是徒劳的，往往只能是“墙上挂挂”。

随着全球人口、资源、资本和信息流越来越频繁地流动，速度也越来越快，世界变得越来越复杂，不确定性越来越多，加上地球生态环境的变化，能源、气候已由局部地区性问题逐渐演变成全球性的危机，因此，可以说我们是处在一个动态的世界中。作为人类住区的复杂结合体，在其发展过程中也自然体现了这种多重的（社会发展、经济发展和生态环境发展）时空尺度下的动态变化。人类住区如何能适应这个动态社会发展变化的新形势，保障城市可持续发展，就向我们提出了新的挑战。可持续发展的城市就意味着城市在不断变动的环境中如何保持存在和延续；也意味着对传统的人类住区发展方式要进行反思和变革；意味着要探求适应动态社会中城市可持续的长效的发展模式。为此，我们提出住区“开放性规划”的理念，期望这种理念有益于促进人类住区——城市、社区可持续发展。

“开放性规划”（Open Planning）是从“开放建筑”（Open Building）理念中引申而构想提出的，因为建筑与城市都是人类住区的一部分，属于人类住区的两个层级，但两者目标是一致的。

“开放建筑”或“开放规划”都基于把它们看作是一个“有机的生命体”，从生物学中得到启示。因为自然界中，任何有机的生命体在其面临环境变化时，都保持着开放性的特征，这种特征是一切有机体在生物圈中与环境协调、交流的基础，是有机体适应环境变化，保持可持续的生机和活力的保障。

在信息社会时代，“变”是这个时代的主旋律，一切都在变，经济、社会、自然环境在变，科学技术、生产方式、生活方式在变；物质世界、精神世界及价值观也都在变。“变”是绝对的，“不变”才是相对的。这些“变”也就必然要反映到人类住区的建设和发展，反映到城市和建筑的规划与设计。“开放建筑”或“开放规划”就是为适应动态社会的“变”而提出来的，可以说，它们是信息时代催生出来的，是动态社会呼唤出来的。

“开放规划”与传统的规划质的区别在于：它是由传统的封闭性规划转变为“开放性规划”；由“蓝图式”“终极产品式”的规划模式转变为一个开放型的有机的空间体系规划，转变为一个开放型的过程式的规划；由唯一性的刚性规划转变为多元性的“弹性”规划；由传统的“自上而下”强制性的规划转变为“自上而下”与“自下而上”相结合的共同参与讨论协商式的规划。按照这样的理念规划建设的城市，是一个真正开放性建设和发展的城市，它是一个活的有生命的城市，是一个可变、可改和可生长的城市；这样的城市也是一个真正属于公民的城市、民主的城市，每一个环节都强调公众的参与；这样的规划的城市其功能和空间都是开放性的，提供了最大的空间灵活性、包容性和弹性，“以不变应万变”，适应动态发展的新需要。

可持续发展思想包含三项基本原则，即公平性、持续性和共同性，“开放规划”完全可实现这三条基本原则，因为：

（1）“开放规划”提倡公众参与，实现决策权力开放，规划过程开放，为实现公平性的原则构建了一个公开、公平、公正的规划交流、协商、讨论和决策的平台；

（2）“开放规划”实行“层级”思维规划，每一层级都分为公共领域和非公共领域，保证两者都能在公共参与条件下得到合理安排，这为实现共同性原则提供了切实的保障；

（3）“开放规划”采取动态设计方法，为城市空间发展创造了最大的弹性空间体系，为城市功能和空间布局提供了最大的灵活性、包容性和适应性，并为城市空间的再增长提供了可增长的途径。这就保障了城市发展的“可持续性”。

“开放规划”理念的核心是“4 For”，即规划设计以人为本，“For People”；规划设计要着眼于未来，“For Future”；规划设计要适应动态社会的“变”，“For Change”；最后是规划设计的住区要能可持续发展，即“For Sustainability”。正是这个“核心”思想，可以说实行“开放规划”是最适合于今日“可持续发展的人类住区建设和发展”的新的规划理念，也可称之为“弹性规划”，这种开放性弹性规划模式与西方一些学者提倡的“弹性城市”理念有相同之点也有不同之处。相同之点是都为了一个共同的目标，寻找适合动态世界变化万千的城市可持续发展之路，共同都想到通过“弹性”规划来适应“变”的不确定性。但不同的是，前者把它看作是一种崭新的“城市模式”理论，甚至认为它可代替“可持续发展城市”的理论，后者认为“开放的弹性规划”的理念是个“策略性”的方法论范畴，它是为了适应动态社会多变的时代特征而构想的一种新的规划理念、规划策略和方法，是为了实现“可持续发展城市”的规划手段而不是代替可持续发展的理论。

4.1.4 多样化的规划思维

1）人类住区多样化是客观存在的

人类住区是由多种体系构成的一个复杂的、多元的有机综合体。不论是哪一层级的人类住区——城市、社区或建筑，都离不开“人”，人是人类住区的主体，城市或社区都是由不同的人群聚居在一起的，建筑也是供不同的人使用的，住区人口的多样性是客观存在的基本事实，这是其一；其二，这些人群，来自不同的地域、国家、民族，自然就有不同的文化背景和生活习俗、爱好和诉求，这些人又有不同的经济、文化、社会背景，必然导致他们的生活方式也是多样性的，这也是客观存在的基本事实。随着经济全球化的加速，人员流动，移民更加频繁，住区人口的多样性及住区人群生活方式的多样性必然越来越突出，这就要求人类住区的“功用”一定要有多样性，这样才能适应和满足不同人和不同人群的物质生活需要和人文精神的需求，适应不同人的不同选择。正如《美国大城市生与死》（The Death and Life of Great American Cities,1961）作者雅各布斯所说“多样化是城市的天性”，这足以说明多样性是一条普遍存在的重要原则。

2）不确定性加剧了对多样化的要求

上节我们论述了今天我们所处的动态社会是一个复杂的、多元的、不确定的社会，在这个时代，“变”的频率和速度越来越快，对社会、经济、文化和政治环境产生着巨大的影响，会直接改变人类世界的思维方式和价值观念。对于复杂的事物，不存在简单的或单一的认识论和方法论，而需要从更宽泛的、不同的视角来认识它，用多样的思路和方法去认识它和解决它。因此，不确定性就提出了多样化规划思维的要求。

3）规划需要有多样的理论和方法

人类住区规划是涉及多层级、多系统的一项复杂的系统工程，它需要确立目标、内容及实现目标的对策和手段，这些也都充满着不确定性。对付这样的挑战，首先要认识到，世界上任何复杂的变化、不定的事物是没有简单单一的解释和答案的。我们只有根据当前状况和未来的趋势，提出多个可能性的解决方案，赋予它能够灵活选择或调整的余地。因此，我们就不能仅追求一种特定的“理论”或特定的“方法”，因为世界上没有哪一种理论或方法能解决所有的问题。

以上我们讲述了“整体”—“综合”—“弹性”—“多样”4 条 8 个字的规划新理念，乍看起来，它们都是“老生常谈”，其实，这 8 个字 4 个词都有着自己的新意。譬如说：“城市多样性”这一命题，20 世纪 60 年代就已经提出，但人们通常说的多样性更多时候是谈其现象，而不是其真正的内涵。人类住区多样性的本质是满足各种人群的各种需求的能力，它不仅包含城市“功用”的多样性，以满足人的物质生活的需求，城市功能及其物质要素在同一地块要多样复合，从而具有更多的让人选择的余地；此外，也要满足城市“形象”的多样性要求。目前，我国城市大多千城一面，就是因为缺乏多样性、缺乏活力和生机。采取按照整体—综合—弹性—多样的理念，实行开放规划，就有利于解决已确定的“功用”的多样性，而且也能解决动态中的新的“功用”及其多样性。

实行整体、综合、弹性、多样的“开放规划”，有助于打破传统规划中确定性与静态的思维方式，打破传统规划中追求空间平衡、稳定的观念，因为“四词八字”开放规划理念认为“变”是常态，规划设计以“时间”维度为前提，充分将“时间”这个第四维度空间要素，求得动态的平衡稳定，而不是以静态、稳定为前提来解决“变”的问题。主张以多种可能的方式来预见城市的未来，通过预测、控制提高应对未来“变”的适应力和“转型”能力。

此外，“四词八字”的开放规划理念是与社会经济和生态系统紧密联系的，通过开放规划可以使它成为整合生态系统、社会系统和经济系统的媒介和平台，可以促进跨学科的规划与合作，通过交流、协商、讨论，共同解决住区规划建设中遇到的各类复杂的社会、经济和生态矛盾。

4.2 可持续发展人居环境规划设计原则

可持续发展人类住区，不论它是哪一级的住区——城市、社区或建筑，下列规划设计原则对它们都是适用的。

4.2.1 尊重自然、重视生态、遵循自然规律

尊重自然、重视生态、遵循自然规律的原则是在反思工业文明在给人类带来进步繁荣的同时，也给人类赖以生存的地球以无形的压力和灾难，在反思这个沉重历史教训后，我们认识到城市的发展是如何使得自然环境恶化的。要想把可持续发展理论真正变为人类住区建设的实际行动，重新认识到在人类住区的建设中，就不能再像过去那样，对自然采取漠视、对立、征服、“人定胜天”的态度，而是要采取尊重自然、重视生态、遵循自然规律及与自然和谐共存的态度。对于自然，人类不能再简单地索取，而是要对自然承担相应的义务和责任。人类住区的规划建设既要有利于人类的生存和发展，也要有利于生态环境的动态平衡，这就要首先从尊重自然、遵循自然规律做起，在整个规划设计建设过程中，重视环境生态问题，提高规划设计的自然性、生态性，注意对环境更亲和，对资源更珍惜，对环境负面影响最少等，具体要求包括：

1）因地制宜——尊重基地原有的自然环境

尊重当地的地形、地貌、气候条件，充分利用和发挥自然的能动作用。因为，任何一块场地，都隐藏着如何持续发展而设计的契机。基地环境中的地形地貌、植被、水体等自然因素都是一种资源，其中蕴含着经济、文化和环境质量的价值。关键是规划师们、建筑师们如何认识自然条件，“因顺”和“整理”自然，“利用”和“改善”自然，使人造住区环境与自然环境相得益彰。基地环境是造就住区特色的客体因素，规划设计都要重视环境的构思，住区的规划结构主要应依场地环境的自然条件来决定。例如住区的道路网络应顺应地形地貌自然化地规划设计，而不应依靠“愚公”和推土机，强制性地采取横平竖直方格网平原式规划。

2）尊重和保护土地自然演进规律

人类住区规划建设必须以自然演进和自然的发展规律作为规划设计的出发点，住区建设不能破坏土地自然生态系统的循环链条，不能阻断自然演进过程。在自然演化的客观规律上，住区规划建设的人造环境应与自然界环境相统一。老子曰：“人法地，地法天，天法道，道法自然。”

所以，任何土地的规划设计，都应从研究土地及其自然过程开始，符合土地自然演进规律的工程规划设计才是有利于土地利用和自然发展的可持续设计。例如，基地上的水资源（包括地表面的和地下的），我们要研究它的形成、发展和演变，要保护好它的水系统，在保护的前提下，利用和改善它为人造环境服务，而不能把它填平，让水系断流。当然，完全按照自然演进的规律进行规划建设，有时是不大现实的，但必须充分认识和尊重自然演进的内在过程，尽可能按照有利于自然演进的发展方向进行规划建设。违反自然演进规律的土地规划，必然要带来严重的后果。过去我们“围湖造田”和“毁林务农”已被实践证明是错误的，那么在人类住区的规划建设中，削平山头，填平水系，抢占湿地，作为城市开发用地，也已为不少城市带来了后患，造成城市防洪能力减弱，城市内涝频繁。

3）尊重自然资源的价值

自然界资源丰富且包含多重的宝贵价值。首先是其“厚生价值”（土地乃生生之所，始终意味着生长和繁衍）。管仲曰：“地者，万物之本源，诸先之根蒂也。”即自然为人类提供了广泛的物质生活资料。

其次是“发展价值”。自然环境、地域条件对一个国家、地区的政治、经济、文化等发展具有重要意义。

再者是“比德价值”。孔子曰：“智者乐水，仁者乐山”，即自然景色与人的精神生活、道德观念关系，自然具有某种伦理的道德意义。

此外，还有审美价值。中国古代儒家都注重自然的审美功能，天地之美是自然之美、朴素之美，是真美、至美，自然景观已成为某一地域之名片和品牌，成为旅游的不可再生和复制的宝贵资源。

4）发挥自然因素的能动作用

自然界具有自我组织和自我设计的能力，因为自然系统具有丰富性、复杂性、多样性和开放性，它具有不断生长和发展的能力及自我修复能力，人类住区的规划设计一定要充分利用自然的能动性，应为整个生态系统以及各自然因子的自然生长留有余地，做到与生物共生共存。

当然，片面强调“纯自然”的规划设计也是不可取的，在尊重自然的前提下，如何利用原生的能动性，还是要靠规划设计者的主观能动性，即自觉的而不是被动的行为。马克思曾说过：“文明如果是自然地发展，而不是自觉地发展，那么留给人类自己的将只能是荒漠。”

4.2.2 经济高效的原则——“3R”原则

可持续发展思想核心原则之一就是高效性的原则，所以人类住区的规划建设要实现“可持续发展”的目标，也必须坚持高效的原则，要让高效的原则落实于规划、设计和建设的全过程，“3R”原则就是：

1）减少使用（Reduce）

减少使用就是要在规划、设计和建设中切实落实“节材”“节能”“节地”和“节水”的要求，减少资源的消耗，减少能源的消耗，减少土地的开发，实行集约化的土地规划，提倡“精明增长”的城市规划思想，减少水的消耗，以及减少污染物质的排放，包括固体废弃物的排放。

2）再利用（Reuse）

再利用，或称更新使用，在规划层面就意味着对棕色地块（简称“棕地”）（Brownfields）

的再利用，“棕地”的使用因为现实的或潜在的有害和危险物的污染而受到影响，如废弃地和工业用地等，重新更新利用，即进行“棕地更新”，以整治棕色地块为契机推动城市及区域在经济、社会及环境诸方面协调可持续发展；对场地内原有的旧建筑、旧道路、旧设备及旧的建筑材料等尽可能重新再利用，对现场的植被、树木尽可能保留利用，对废水经处理进行“中水利用”。

3）循环利用（Recycle）

生态系统中物质与能量流动具有循环特征，可持续发展的人类住区建设，也要努力效仿自然的特征，实行回收利用和循环利用。循环——包括土地循环利用、能源循环利用，对未使用能源回收利用，对排出的热能回收利用，即余热利用；实行水循环利用以及建筑材料的循环利用，如循环使用铝材比重新制造它要少消耗能源 90%，同时减少 95% 的空气污染；循环使用玻璃可减少 30% 的能耗，减少 20% 的空气污染，减少 50% 的水污染。在结构选材方面，从可持续发展思想角度思考，宁可选择型钢结构，也不要采用钢筋混凝土结构，因为型钢是可以循环使用的，钢筋混凝土结构拆毁后 95% 是垃圾。

4.2.3 生态补偿的原则

生态补偿（Eco-compensation）是以保护和可持续利用生态系统服务为目的，即以保护生态环境、促进人与自然和谐发展为目的，在人类住区的建设中，对场地自然原始条件带来了改变时，应对它进行补偿性的规划和设计，具体要求是：

1）土地利用的生态恢复

在人类住区建设中，对废弃的土地进行生态恢复，即给予修复或复原（Restoration），或进行整治、填筑（Reclamation）或进行复兴（Rehabilitation）。

2）“取之于地，还之于地”

在人类住区建设中，有的建造“地下建筑”“覆土建筑”及“生土建筑”等，它们都是“取之于地，还之于地”。其优点是节约土地，有利于小气候的稳定，有利于安全、多防（防震、防火、防风、防尘和防辐射），最终是有利于人的健康，让人生活都能“接地”。

4.2.4 持续发展原则

人类住区建设一定要坚持可持续发展的原则，即建设活动不要超过自然资源的持续供应力和生态环境的承受能力；住区建设应采取动态的规划与建设方式，使其能适应不断的发展和变化，只有这样，才能使人类住区达到可持续发展的目标，具体要求为：

保持“生态基区（Ecological Footprint，也可以译成生态足迹，生态立足点）”和住区环境承载能力。

生态基区通常是指为了维持某一地区人口能够生存和发展所需要的一定面积的可生产的土地和水域，即要保证能有维持该区域人口生存和发展的自然资源的供给力和生态环境的承载力，也即该地域的土地、植被、野生动物、湿地、水源等对人类活动的承载能力，同时，也要考虑经济承载能力和区域基础服务设施承载力。

4.2.5 社会公平的原则

可持续发展的社会就是要解决人与人的关系，这应当是一个公平平等的关系，它是人类社会“合理化”的基本表现，让每个市民都享有“城市权”，即使所有市民都有平等参与城市生活的权利，在城市空间分配和创造中，要做到均好性。当今，我国大中城市空间布局模式都是热衷于建设中央商务区（CBD），并将它们都集中建在城市中心，四周高楼林立，在大拆、大迁中，将原居民都安置在远郊外的混凝土森林式的“鸟笼中”。普通住宅普通人都搬迁到远郊，城市中心集中了优越的公共服务设施，但这些都多为富人所用，市中心异化为“绅士化”了。普通市民远住郊外，来回一趟要 2~3 小时，市中心的公共服务设施他们很难享用，而他们的住地又缺乏这些公共服务设施，这在我国已很普遍，也充分表现了社会的不公平性。

4.3 可持续发展的人居环境规划设计策略

自然界有五大要素，我国称为“五行”论，即金、木、水、火、土五个基本要素，而且五要素“相克”又“相生”。这是我国古代汉族人民朴素的辩证唯物的哲学思想，它是汉族文化的重要组成部分，古代汉族人民认为，天下万物皆由这五类元素组成，古代汉族思想家用“五行”理论来说明世界万物的形成及其相互关系，见图 4-1。我国中医则用“五行”论来解疑人类生理、病理上的种种现象。今天，我们讨论人类住区建设如何走向可持续发展目标时，不妨鉴用“五行”论思想，探索人类住区建设走向可持续发展的途径，即从自然界的元素出发思考我们的规划设计策略。

图 4-1 五行论图

4.3.1 结合土地的规划

人类环境建设规划应以节约土地、集约用地、合理布局为原则。节约用地，不占或少占耕地；提高投入产出强度和土地利用集约化程度；合理安排建设项目用地结构和布局，挖掘用地潜力，提高土地配置和利用效率。

结合土地进行规划首先要对规划范围内的土地资源进行科学评价和合理的组织、利用和开发，将它们分为不同的使用类型和区域，如不适建设区—严格限制区—有限开发区—适度开发区—高密度开发区。

其次要尊重地形、地貌，因地制宜进行规划设计，要综合考虑场地的阳光（方位—朝向）、地形、水系、土地、植被等自然因素，进行规划设计，减少对场地原有的自然形态和生物群落的生存环境的负面影响，减少对地形地貌资源的剥夺，力求对生态环境最少的破坏，也就是要“轻轻地碰地球”“轻触场地”。

再者就是规划设计要高效率地利用土地，采取土地混合功能使用，土地立体多层次使用，以及采用多功能综合体的规划设计方式等，以达到集约化用地。

土地按功能分区是欧美现代主义城市思想的核心内容，中国也效仿他们，城市也严格遵循功能分区原则，土地功能使用都是单一化的，如居住区、工业区、商业区、文教区等，实践证明它已为城市发展带来很多弊端，已不适应可持续发展城市的要求。因此，新的规划必须将土地单一功能使用转变为混合多功能使用，将“功能分区”转变为“混合功能”，将单一的住宅区转变为“综合社区”，这样的土地使用原则将有利于城市多样性、集约化和可持续发展。

此外，在建筑形式上，可以采用覆土建筑、地下建筑或生土建筑等建筑类型，以节约用地，达到“占地还地”的目的。

结合土地进行规划设计，也意味着不仅要因地制宜，而且要尽量“就地取材”，以减少运输过程中的能耗及费用，地域建筑尽可能利用当地环境资源作为营建材料，利用当地的适宜技术作为相应的营建技术。这些地方材料是自然的馈赠，地方适宜技术是地域文化的奉献，就地取材、取料，这是自然的选择，它对人类住区走向可持续发展的目标以及地域建筑的形成和发展都具有至关重要的意义。

4.3.2 结合气候规划设计

人类住区的建设，从古至今都与地域气候密切相关，气候不仅是人类住区规划设计的限制因素，也为规划设计的创作提供了智慧的源泉和依据。在工业革命之前，由于人类驾驭自然的能力较弱，对自然气候缺少应变能力，只能被动地顺应自然气候条件的限定，为躲避恶劣的自然因素，搭建一个能“遮风避雨”的简陋房舍，并通过聚落的选址和聚落的空间形态来防避和削弱不利自然气候因素的影响，并且通过建筑自身形态、构造与细部气候调节效应去反馈气候的限度，并由此形成了地域建筑中一些低能耗、适应性的营建原则。

结合气候规划设计，首先要关注不同地域的气候特征，并将它作为规划和设计的一个基本出发点。

我国建筑气候划分为7个气候区，见图4-2，因我国幅员辽阔，地形复杂，又设有20个子气候区。它们气候特征不一，其中如寒冷气候区，其气候特征为严寒、暴风雪，月平均气温低于15℃；干热气候区，气温高，日照强烈，空气干燥，降水少，空气湿度低，且多风沙；温和气候区，气候特征是冬寒夏热，最冷月温度低于 -15℃；最湿热气候区，气温高，年降水量大，空气湿度大于80%，阳光暴晒、眩光，我们从事规划设计就要将这些地区气候特征作为依据，进行规划设计。

首先在选址上，我国传统的选址原则是“枕山，面屏，环水”，现在仍然适用。因为它有利于营建良好的生态循环的微环境气候，对太阳辐射、温湿度及风等气候因素能进行合理有效的调控，“背山”以屏挡住冬季北向寒风，向阳获得良好的日照；“环水”可利用日夜的水陆风效应；传统的乡土聚落大多也是依山缓坡建造，以利于排水，以避涝灾。总之，大部分住区都是寻找具有良好日照与风向

Ⅰ－严寒地区
Ⅱ－寒冷地区
Ⅲ－夏热冬冷地区
Ⅳ－夏热冬暖地区
Ⅴ－温和地区
Ⅵ－严寒地区
Ⅶ－寒冷地区

图4-2 我国建筑气候区划

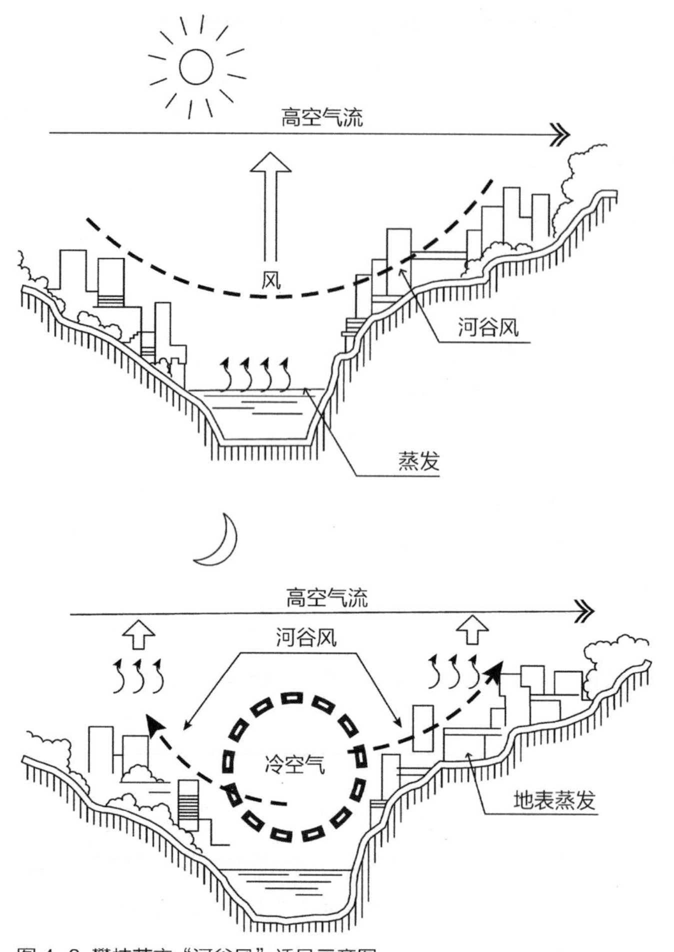

图 4-3 攀枝花市“河谷风”诱导示意图

的气候场所，避免不利的气候条件而选址营建的。

其次，住区的道路网络，空间布局结构、空间形态的规划和设计与气候条件也密切相关。城市路网的结构与方位对城市通风、日照有直接影响，对营建适宜的小气候环境的形成具有重要意义。在北方寒冷地区要避开北向的主导风向，以防风、防寒、防尘；在湿热地带就应顺应夏季主导风向，创建良好的通风条件。我国西南地区处于高海拔带，昼夜温差大，为避免高强日照，在规划设计中创造“阴影空间”就显得特别重要。因此，该地域建筑布局宜相对集中、紧凑，建筑密度可大，街道要窄（街道旁建筑高度与街道宽度比要小），以利创造“阴影”和阴影空间，让街道处在阴影的笼罩之下。开放空间不宜尺度太大，又无遮蔽，宜大面积种植植被和大树，以减少辐射，并生成树的阴影。我国四川省攀枝花市，在城市规划设计中，有意开发了滨水区，利用山区的“河谷风”，加强它并诱导风吹向住区，以调节城市热岛，从整体上营建了一个城市自然通风系统，如图 4-3[1] 所示。

其实，城市空间形态，包括建筑形态，都是与生态气候环境密不可分的，它们是地域生态和环境气候因素合乎逻辑的表现。

宜人的住区所涉及的气候因子包括：日照、温度、湿度、降水、气流、气压及风向等，除了规划层面需考虑这些因子外，建筑选址、建筑布局、建筑形态及建筑构造等也要应对地域的这些气候因子，采取适当的对策和设计策略。

太阳辐射是首先要考虑的因素。不同地区气候特征决定了建筑设计的不同对策，直接影响着建筑选址、布局、朝向、建筑间距以及门窗的开启方位和大小。

温度是人非常敏感的气候因子，也是建筑最关注的因素。为了达到建筑的保温和隔热要求，通常要通过建筑布局，进行围护结构设计及选用合适的保温隔热材料。

1 毛刚段，敬阳 . 结合气候的设计思路 [J]. 世界建筑，1998（1）.

图 4-4 我国不同气候地区不同的民居形式

风向气流与住区环境的舒适度也关系密切，通常也通过规划和设计手段对气流进行引导和阻碍，如在夏热冬冷地区，建筑要面向夏季主导风向，要避开冬季的主导风向，以创建一个人体对气温和湿度感受舒适的居住环境。

建筑历史也告诉我们，在建筑的形成和发展中，自然环境因素是建筑构成的最必要的基础条件，也是重要的制约因素，但在自然环境因素中，对建筑来讲最重要的是气候因素，也可以说是气候造就了建筑，不同的气候条件形成了不同的建筑形态（图 4-4）。

不幸的是，今天建筑都成为造就气候变迁的一个重要因素，因为今日的建筑模式所采用的建筑材料都是高能耗的，不可再生的建筑材料——钢铁、水泥、黏土砖等，建成后的运行方式也都依赖人工照明、集中空调、机械通风……，这些都是高能耗、高污染和高排放的。不难看出，建筑业是导致气候变暖、环境恶化的一个大户。因此，结合气候进行规划设计，也就同时需要促使建设模式的变革，这样，才可能真正实现可持续发展的人类住区的建设。

4.3.3 结合能源利用的规划设计

规划设计与能源的关系不仅表现在建筑设计上的节能关系，如节能建筑、被动式房屋等，而且与规划也密切相关，结合能源规划设计就必须从规划开始，因为土地的利用、空间形态的组织等都直接关系着能源的消耗。

目前，提倡以高效的热、电、冷联产系统或可再生能源发电技术为主的“分布式能源”，它是小型、模块式、靠近用户（负荷）端的能源系统，能显著提高能源利用率，具有节能、低碳、能显著减少 CO_2 和污染物的排放等优点[1]，采用这种“分布式能源”，我们在规划时就要为它创造条件，那就是土地规划实行混合开发，土地实行混合功能，使土地“功用”多样化，不仅仅是单一功能建筑布局，要实行多种建筑类型的混合布局，以创造负荷耦合；要求建筑紧凑布局，采用高密度、高容积率的建筑布局；在可能条件下，在规划设计中，将分布式能源作为建筑第二能源。因为采用“分布式能源”关键是要有稳定、匹配的负荷。因此，工程需要具备一定规模，达到一定复杂度，才能维持相对稳定，要有较大的用能密度。建筑容积率达到相当大值，单位面积内所需要能量较大，才能有效减少能源输送环节的损耗。所以，如果规划时，土地利用相对单一的使用功能便限制了建筑类型的多样化，不利于分布式能源的推广使用，建筑类型影响建筑负荷的特征，建筑规模则影响负荷的大小。

目前，我国住宅区的开发规划，都以住宅为主，配以适当的住区内的公共服务设施，但面积均较小，基本上还是单一化的土地使用。为了采用“分布式电源”，就需将一些其他类型的公共建筑，尤其是规模大的这类建筑与住宅混合布局在同一块场地上，如将商业、办公楼、宾馆等多种类型建筑引入住宅区，进行土地混合利用和规模化开发，变单一的住宅区为“综合社区”，这就为采用“分布式能源”创造了有利条件，从而在规划层面为节能创造了有利条件。

此外，在当前能源供应紧张、环保压力加大等发展趋势下，在城市发展中增加对可再生能源和新能源的开发利用具有显著的意义，是实现人类住区可持续发展的重要途径。

可再生能源有太阳能、风能、潮汐能及地热能等。

我国现有的城市规划体系涉及能源的有三种，即城市供电、供气和供热，而且是各自孤立进行规划的。在一些大规模区域开发项目中，区域建筑能源规划往往是被忽视的。因此，从整体性、综合性理念出发，今后要提倡并推行“区域能源规划”，不论是在新区开发，还是旧城生态化改造中，都应充分利用该地域自然资源中的能源系统作为规划的主要内容，并将供电、供气和供热综合进行规划。建筑能源规划是建筑节能的基础，在规划阶段就应该将节能的理念作为规划构思的出发点之一，从规划层面为建筑节能创造有利的条件。所以建筑节能应从规划做起，同时也要为节能的规划创造条件，使不同层级——规划和设计的节能理念融合在一起。为此，建筑师在“区域建筑能源规划”的条件下，在进行具体的建筑群的规划设计时，就应结合地区的气候及地形条件，从节能理念出发，建筑平面布局紧凑布置，注意节约用地，尽量利用冬季日照，建筑争取南北朝向，并避免冬季主导风向，诱导夏季主导风向，创造有利于夏季自然通风的条件，以降温、冷却，达到节能目的。

此外，从结合能源利用的规划设计上看，还要注意可再生能源利用。可再生能源利用已被很多国家重视，它在世界能源供应中将发挥越来越大的作用。到 2020 年，可再生能源发电比例可达 10% 以上，到 2050 年可达 40% 或更高的水平。

目前，我国太阳能热水器应用较为普遍，太阳能采暖建筑的节能效率达 60%~70%，太阳能利

1 吴正旺，梁德祥 . 设计结合分布式能源 [J]. 建筑学报，2011.

用与建筑一体化已基本实现，可以同步设计、施工和验收。

光伏发电是 21 世纪最重要的新能源之一，它是应用半导体器件，将太阳能转化为电能，其优点是与建筑结合简易方便，故障少，维护方便，在规划设计中，要为其利用创造有利的空间条件，可以充分利用屋顶和墙面（含幕墙）采集太阳能。它应成为建筑与规划设计的重要工作。

除了光能，还有地热能、风能及生物质能等，各地可根据地域特点进行规划设计，地热能是来自地球深处的可再生能源。我国地热资源十分丰富，已在生活用热水及供暖方面得到广泛应用，在我国北方应用较多，夏热冬暖的南方地区采用地源热泵技术供暖，其成本及现实条件要求都较低，是较佳的能源利用方式。

风能是由太阳辐射能转化而来的，是一种清洁、可再生、蕴藏量巨大，分布广泛和运行成本低廉的高效绿色能源，特别适用于边远山区、草原和海疆等主电网难以到达之处，其缺点是不稳定性，但可通过技术手段解决。目前，我国已划分为 4 类风能资源区，并确定其风电标杆电价水平，每千瓦时电价分别为 0.51 元、0.54 元、0.58 元和 0.61 元。

4.3.4 结合水体的规划设计

自 1970 年以来，世界人口增加了 18 亿多，世界人均水供量减少了 1/3，中国人均水资源占有量居世界第 110 位，被联合国计入 43 个贫水国之一。因此，在人类住区规划设计中，要审慎地对待地表水、雨水、地下水及中水等收集、处置和利用问题。

我国很多城市都临海、湖、江、河等水域，水域孕育了该城及其城市文化，成为城市形成和发展的重要因素，城市滨水区成为城市公共开放空间的重要构成部分。因此，从事规划时，对水域及其滨水地区要突出和强化其特征，以有别于其他地域的城市规划和环境设计。结合水体规划要特别重视它的整体性、开敞性和渗透性，在最大化的保护水体（水系）的基础上，最大化地利用好发挥好它的自然价值。为此，规划设计时更要特别注重它的亲水性和多样性。

城市中的水域，过去都是工业区和仓储区，导致滨水区土地使用功用单一。今日建设可持续发展城市，提倡土地综合利用，实行混合功能，并强调要把最具自然美的地域留给人共享，因此，应转变其功能为集商业、休闲、旅游、办公、居住等多功能为一体的综合性的住区。

其次，结合水体规划要重视水域对城市生态基础设施的作用，利用它的生态优势，将它们规划为生态走廊或生态圈，并做好护岸规划，提升生态环境，使其成为人与自然之间情结的纽带，也使其成为高品质的游憩、旅游资源，提高城市的宜居性，为各种社会活动提供舞台，以取得良好的生态效应、经济效应和社会效应。

海绵城市是新一代城市雨洪管理概念，它是为适应环境变化和应对雨水带来的自然灾害等而提出的一种“弹性”的规划策略，有人把它称为“水弹性城市”，即提倡“低影响开发雨水系统建构”，通俗地讲，就是下雨时，能吸水、蓄水、渗水、净水和释水，需要时将蓄存的水释放并加以利用。将城市建设成具有吸水、蓄水、净水和释水功能的海绵体，提高城市防洪排涝减灾能力，通过海绵城市规划建设，要使 70% 的降雨就地消纳或利用，统筹自然降水、地表水和地下水，协调排水、供水等水循环利用各环节，并考虑其复杂性和持续性。为此，要改变传统的“增加径流，减少下渗”规划设计理念，即改变传统的依靠“管”“渠”和“泵”排水方式，而代之以“减少径流，增加下渗”

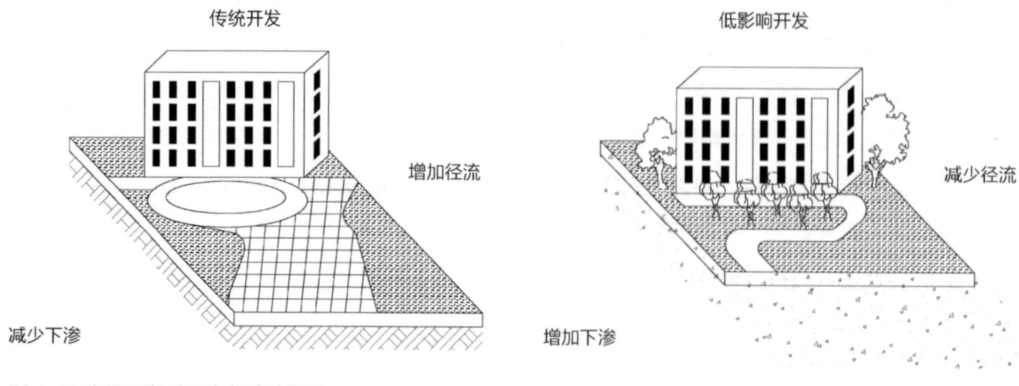

图 4-5 降低开发对雨水径流的影响

优先利用植草沟、雨水花园、下沉式绿地等“绿色”措施来组织排水，以“慢排缓释”和“源头分散”控制为主要规划设计理念。因此，规划应按海绵城市理念，应最大限度地保护好原有的河湖、湿地、坑塘、沟渠等海绵体，使其不受开发活动的影响，并降低开发对雨水径流的影响，如图 4-5。受到破坏的“海绵体”，在规划中应纳入“生态补偿”，逐步修复，并维持一定比例的生态空间，将“海绵体”理念贯穿于城市住宅区、建筑、道路、绿地与广场等规划设计中，以它们为载体，采用“绿色屋顶”“透水铺地”及“下沉绿地”等设施，为实施“海绵城市”创造有利条件。

4.3.5 结合山体植被规划设计

人类住区规划设计中，植被绿化是一项重要的不可缺失的规划内容，因为它对改善住区小气候，净化空气、降温、遮阳、防风滞尘、杀菌防病、消声减噪、美化环境等都具有积极的作用，甚至对塑造城市景观特色都有着独特的意义。

结合山体植被规划设计对山区地域的人类住区规划更显得尤为重要，它涉及一个如何对待“山体”的问题，本节也就着重介绍规划设计时如何对待“山体”问题。

4.3.5.1 城市中“山体”的普遍性

我国是一个多山的国家，山地占了国土面积的三分之二以上，它包括山地、丘陵和崎岖不平的高原，平原只占 10%。山地城镇人居环境约占全国城镇住区人口总数的 50% 以上。四川省是我国人口大户，全省人口 8107 万人（2013 年末常住人口），其山地面积竟占 97.46%，而平原面积仅占 2.54%；贵州省地处云贵高原东部，山地居多，素有“八山一水一分田”之说。孩提时就听说：贵州“天无三日晴，地无三尺平”。山地国家，不仅是中国，就全球而言，山地面积也约占全球陆地面积的 30%。世界 70% 以上的人居住在山地环境的住区中，如亚洲的日本、印度、尼泊尔及欧洲等地区的很多国家，都有很多山地，这些国家都很重视山地资源的开发。日本的山区面积占国土面积的 80% 以上，北欧的瑞士，高山地带也占国土面积的 2/3。因此，可以说，城市中的“山体”是普遍性的、它是全球性的现实。

4.3.5.2 重视“山体”，尊重“山体”

山体是城市中不可再生的自然资源，它不仅是自然的景观资源，更是人类生存依赖的自然的生态环境，它不仅具有自然属性，更有文化上的意义，它受到万物有灵的山水自然崇拜世界观的深刻影响。孔子曰：“智者乐水，仁者乐山”，“比德山水”更成为中国古代文化中具有鲜明特色和深远历史的山水文化。人们对山水的崇拜来自于山水的生态意义，山水被视为生气萌发之所，“山”被视为“生气之源”，水为“血脉”，山水与人的发展息息相关，故有“一方水土一方人”及“地灵人杰”之说。

“山体”对一个城市讲是自然对人的奉献，我们应该倍加珍惜它。可是今天，在城市化的进程中，山地的开发和利用的范围逐日扩大，山地城镇建设的数量也与日俱增，遗憾的是我们对“山体”大多采取了“不重视”“不尊重”的态度，任意开挖，甚至炸平山体，造成“山体”千疮百孔，导致山体裸露，生态系统破坏，对建设可持续发展的人类住区来讲，它是与“可持续发展”的目标背道而驰的！对住区中的“山体”，我们在规划中必须予以高度的重视，给予最充分的尊重和珍惜。

4.3.5.3 保护“山体”

在可持续发展的人类住区建设中，对“山体”一定要保护，在保护的前提下，实行开发和利用。

在开发新区时，对开发区地域内的山体要进行认真的勘察和调查研究，对不同的山体要进行甄别，确定其价值，取得认同，以决定对“山体”的对策。根据其自身的经济价值、景观价值、建设价值等分别确定其在城市区域中的功用，有的作为可开发的建设用地（如缓坡山地），有的作为景观旅游用地；有的作为城市交通用地，开设隧道；有的作为经济种植……不能任意地开挖、破坏。个别的“山体”，不得已时，在勘察研究基础上，实用功能不大，地质有利于开挖，且开挖削平后对小气候不产生负面影响时，才可以确定给予削平。对保留的山体，不仅要保护好其生态环境，而且要通过规划，将它引导、融入城市生活中，让城市人生活在“山体”自然环境中。因此，城市建设要“显山”“露水”，不让混凝土森林遮挡了它，而建筑遮挡山体的现象，在有山体的城市中，比比皆是。

4.3.5.4 认识山体，分析山体

山地人类住区（城市—社区—建筑）是以人为主体的社会系统、经济系统和以山地地域空间所含的自然生态系统和各种基础设施支撑系统共同构成的一个有机生态系统，它比单一的自然生态系统要复杂得多。在结合山体进行规划设计时，要充分地认识山体、了解山体，在仔细亲临其境踏勘的基础上，应用生态因子分析法，对山地地域的各种自然生态因素与社会生态因素进行分析研究和评价，并在此基础上，对该地域的规划进行构想，不论是区域规划、土地利用规划，总体布局规划、社区规划或建筑空间规划与景观规划，乃至建筑设计都要通过这样的分析，加深对山体的认识和理解，对自然生态因子的分析与研究，应成为结合山体规划设计的一个重要研究方法。

山地地域自然生态系统各因子，有以下几方面，它们对该地域的人类住区规划设计和建设都有直接的影响：

1）地形、地貌及其植被；

2）地质：基岩状况、承载力等；

3）土地：土地类型、表土厚度等；

4）水文：地表水、地下水状况及水质等；

5）气候：降水量、温度、日照时间、湿度、主导风向及小气候特点等；

6）生物：种类、数量及分布等。

通过分析，得出综合结论，作为规划设计的依据，以此为出发点进行规划，从而有助于贯彻生态环境优先的规划原则，从环境保护、控制的角度出发，确保该地域合理的开发，以达到环境与经济、社会可持续发展的人类住区的目标。

4.3.5.5 结合山体规划设计

1）城市空间布局结构

由于山区地形条件复杂多变，与一马平川的平原地域的地形地貌截然不同。因此，结合山体规划设计的城市或社区，就不能像平原地区那样的规划自由自在，而是要结合山体自然，因地制宜，顺应自然，进行规划布局，不宜采取大集中、大连片的“一圈圈”、“摊大饼”式的布局方式，而宜采取分片、有机分散的规划布局形式，如组团式布局方式，带状布局方式等。山城中心布局方式与一般平原地区大城市市中心的布局结构也是很不相同的，它不是集中连片式的，而是有机松散的。重庆是我国有名的山城，其分块、有机的中心城区布局就是一例，如图 4-6[1] 所示，为重庆山城中心城区布局示意。

2）道路交通系统

在有山体的区域规划住区时，道路交通系统规划不能照搬或模仿平原地区道路系统规划方式，即不能盲目采取横平竖直的“棋盘式”方格网的布置方式，不能用见山就开，见水就填的主观臆造、闭门造车的规划方法，应该结合地形、顺应山势，自由灵活地布局，万不得已必须通过山体时，也绝不要大开挖，把山体挖平，而可以选择在适合的位置开隧道的方式，这样工程代价是大一些，但保护了山体，保护了生态环境，体现了环境优先的原则。这是符合可持续发展思想原则的，况且，它换取了不可再生的自然山体景观，对住区环境是有百利而无一害的。

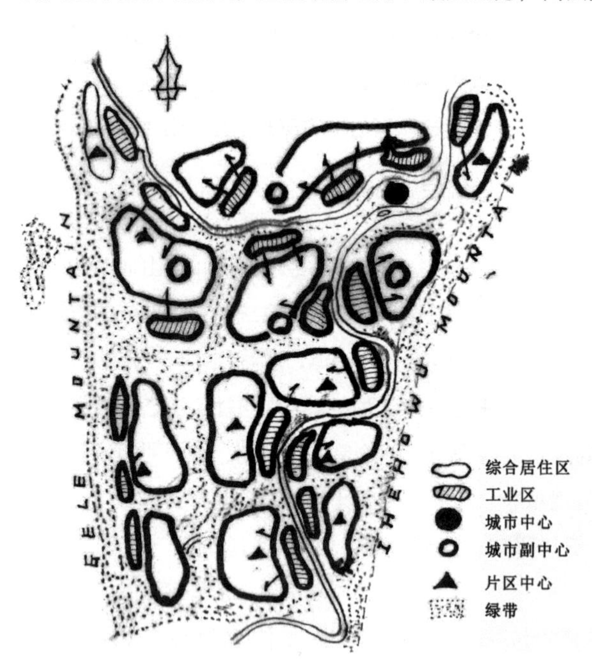

图 4-6 重庆山城中心城区布局示意

3）建筑空间规划

在有山体的地域，一般都是山水相伴，有山就有水，“山体”和“水体”共同构建了美丽的自然景观。在这种优美的，甚至是山清水秀的大自然环境中，建筑空间规划要特别谨慎小心，把保护环境、尊重自然放在首位，绝不能因规划不当而造成建设性的破坏。

1 黄光宇 . 山地城市学原理 [M]. 北京：中国建筑工业出版社，2006.

首先在选址上，要有效地利用山地、坡地和荒地、“棕地”，建设城镇和村庄，以保护珍贵的农田，节约土地；同时，建筑选址既要能显山露水，又要使建筑的布置让人能看得见山，望得见水；此外人们都喜欢“背山面水”的布局，就是因为他看得见山，望得见水。此时建筑朝向就不能过于刻板地一定要南北向了。因为，此时此地，景向比朝向更重要了，特别是对那些休闲、旅游类建筑，就更重要了。

其次，在建筑布局上要结合地形地貌采取与自然相协调的灵活自由的布局，而不宜照搬平原地域城市型的“街坊式”的方正、规矩的，甚至对称的方式，宜探索建立一种聚落感强的建筑空间形态。它应是一种自然生长的状态，与地基能有机结合，充满生活气息，可用简单的形式，结合地形地貌灵活自由反复组合而形成，有着自身特点的聚集体，形成一种独特的建筑空间形态，如图 4-7 为长沙岳麓山腰的麓山寺，它结合山地地形，灵活布局，高低错落，寺周群山环抱，古树参天、幽深，景色另成境界[1]。

此外，在建筑空间布局时，要充分发挥“山体”的自然景观效益和生态效益，要留出观景通廊和开放空间，最大限度地将“山体”融入城市生活中，创造人与自然相融的宜居的住区环境。

4）景观规划

我国南方一般山体植被都较好，自然景观也就自然成为城市中的宝贵资源。不论它位于城中，还是位于城郊，在规划中都会将它作为城市的“绿肺”或“中央公园”，将其融入城市中。通常将其规划为“山体公园”，一方面可借此达到护山、养山的目的，而且可利用山体自然的景观形态及其具备的独特的山体特征，为公园的设计增加想象空间，开敞供人们休闲、游憩、娱乐的重要场所，提高其旅游价值。采取低成本的景观设计，遵循生态化的原则，让山体公园景观呈原生态形象，减少人工雕琢，突出自然生态的山地风貌，设计尽力保留自然的痕迹，减少人工雕琢的痕迹，将生态和野趣纳入山体公园景观中。

在北方或黄土高原地区，很多城市也都依山傍河而建，但由于区域干旱少雨、土壤贫瘠、山体植被很少，多为杂草或灌木，甚至黄土裸露，斑驳的现象严重。对待这样的山体，仍然要重视它、尊重它，也不要轻易大开挖，甚至来个“愚公移山”。仍然要着力发挥它的“潜力”，首先让它“绿”起来，结合地形地貌特点，遵循生态造林的技术体系，充分考虑地域的实际情况，通过科学设计和实施更新造林、补植改造等营建措施，培育它潜在的自然景观，并在此基础上，努力提升它作为自然旅游资源景观，营造良好的山林生态环境，以发挥山林多重效益为最终目标。

---

1 杨慎初 . 湖南传统建筑 [M]. 长沙：湖南教育出版社，1993.

（a）麓山寺外观

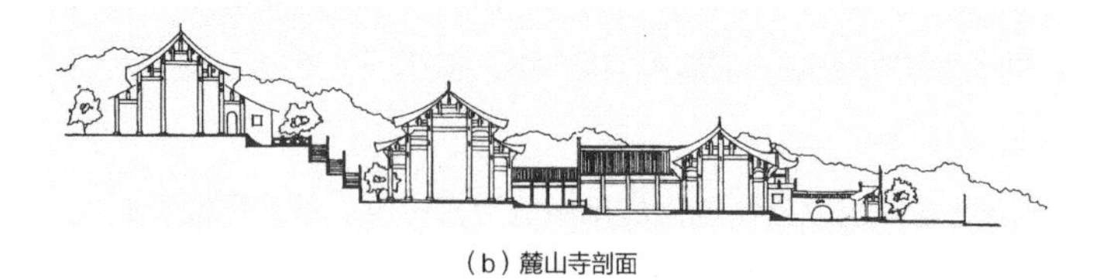

（b）麓山寺剖面

（c）麓山寺平面

图 4-7 长沙岳麓山中的麓山寺

第5章 可持续发展的人居环境——城市

5.1 城市的形成和发展

5.1.1 城市的概念

何谓城市? 在中国“城，郭也。都邑之地，筑此以资保障也”。“市，日中为市，致天下之名，聚天下之货，交易而退，各得其所”；从英文的字意看，城市 Urban，源自拉丁文 Urbs，意为城市的生活；City 含义为市民可以享受公民权利，过着一种公共生活的地方。城市，作为一门科学，各种不同学科对其理解也不一样。

经济学界认为，城市是“各种经济市场—住房—劳动力—土地—运输等等相互交织在一起的网状系统”，也有学者认为：“城市是具有相对面积和经济活动，住户集中，以致在私人企业和公共部门产生规模经济的连片的地理区域。”

社会学家认为：城市是个密集的聚区，城市人口多，居住密集，从事非农业生产，有交易市场，有权力管治的，有超越家庭和家族之外的人与人的关系，即有社会联系关系等。

地理学界认为，地理学上的城市是指地处交通方便，覆盖有一定面积的人群和房屋的密集结合体。

综上综述，城市内涵复杂而又丰富，它是在一定的地域内，聚居着很多人，他们从事着非农业生产，有市场交易，进行经济活动，享受公共生活的，人与人之间发生社会联系并有社会管理组织的结合体。

从人居环境的角度看，它就是一个复合系统的综合体，即：由人类系统、环境系统、社会系统和支撑系统构成的一个复合体。城市是一个层级的人居环境，自然也是一个由四个子系统共同构成的一个系统复合体，它是人类社会、经济、文化发展的产物，也就是人居环境不断演变和发展的产物。从人居环境系统的角度理解，城市就是以大量的、从事非农业生产的人为主体，在一定的地域环境中，为了生活得更好，共同生活、工作，进行社会和经济等交往活动的中心聚居地，是一定地区范围内的一个社会大系统，成为该地区的政治中心、经济中心、文化教育中心或军事中心等。

5.1.2 城市的形成

城市的起源其原因、时间及作用，至今学术界尚无定论，一般认为，城市的出现是由于社会生产力发展，不仅能满足聚居地人群的基本生存需求，而且有了多余的产品，能够养育更多的人。多余产品需要对外交易，自然就慢慢有了市场，开始了经济交易活动，逐渐形成了吸引力、聚合力，引发人气，交易地点的聚落就慢慢发展、扩大，由聚落地演变为村、寨、屯、乡、镇、城。因此，经济的发展是城市形成的动力。这是城市形成最基本的条件。原始社会，自然的狩猎，采集经济生活，无固定居住地，自 1 万 ~ 1.2 万年以前，人类社会第一次大分工，农业、渔业和牧业分开，形成了以农业为主的固定居民点。前农业社会，人类生存以游动为主，以移动换来安全。人类像许多动物物种一样，期盼有一种既安全而又能提供丰富食物的宜居之地。定居，以求安定，也是人类作为动物的一种本性要求，像许多生物一样，都是群居群生，以便繁衍、养育后代，定居之地就成了人类生息、繁衍基地，就形成了“人类最早的永久性聚落的雏形，亦即小村庄或原始村庄的雏形”[1]。所以，远在城市产生之前，就有了小聚落、小村庄，甚至村镇。但是，并不是任何一个村庄都能发展成为城市的，它必须有能超越农业生产范畴，出现新兴手工业和现代工业的产业，从而产生规模效应，形成经济发展活力，使经济能长足发展，这是形成城市的基本条件。农耕时代，虽出现了城镇，但都是为了防御或举行祭祀仪式，规模小，并不具备生产功能。真正意义上的城市是随着工商业发展而逐渐形成的。如中世纪欧洲，地中海沿岸，米兰、威尼斯和巴黎等城市都是因商业和贸易发达而发展起来的。

当然，有了新的经济发展产业，这是城市形成的内在要素，还需要合适的外部条件。外部条件包括两个方面，一是区域的自然环境条件，包括自然地理条件和自然资源，它是城市形成发展的物质基础，自然也就是建设人居环境的物质基础；在自然条件方面，自然地理条件如地质、地貌、气候、水文、土壤、植被等，它们是人类的生存环境要素。大多数城市的分布都要求气候适中，又要求有适度的降水，特别重要的是水资源。我国和世界上最早出现的城市多数诞生在河流中下游的平原或坝地上，主要是有水灌溉，土地肥沃。二是城市的形成和发展除了自然要素外，还要受地域区位的人为环境影响，如区位的交通条件及政治、文化、教育、军事及宗教等各种社会因素的影响，城市的形成可由以下简图表示之，如图5-1所示。

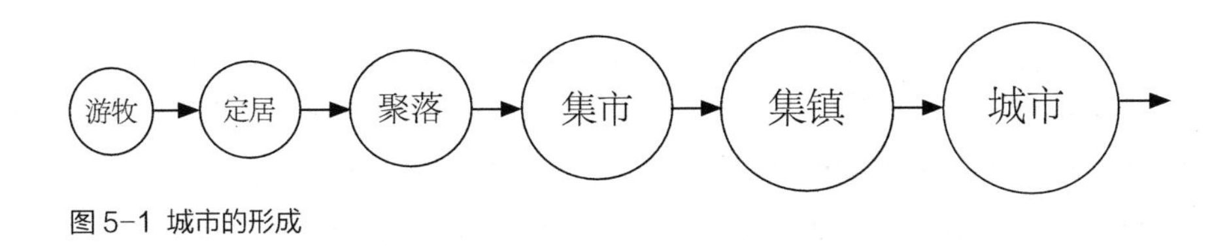

图5-1 城市的形成

5.1.3 城市的发展

城市，是人类文明的主要组成部分，它是伴随着人类文明的进步发展起来的。它经历了从无到有，从小到大，从低级到高级的发展过程。如前所述，城市有两种含义，“城”是行政地域的概念，它是非农业人口的聚集地；“市”为交易商业的概念，是商品交易的场所。城镇就是因商品交易，集聚人群，逐渐形成并随商品交易的发展而发展的。

城市发展表象有两个特征，一是量的发展，二是质的提升。量的发展最初是伴随着商品交易的发展，商品交易种类增多，规模的扩大而发展扩大，导致人口不断流向城市，聚集人口增加，城市规模扩大，在地域中的地位也随之提升，形成良性循环的发展。二是质的提升，即在城市规模发展的同时，提升了城市的内涵，包括城市功能增强，城市产业结构不断优化，城市基础设施逐步完善，城市公共服务事业（文化、教育、卫生、娱乐、接待、休闲等）进一步扩充、发展与完善，城市经济活动增强，城市辐射带动功能显著提高。

城市发展的基本驱动力是经济增长。中世纪封建社会时代，城市扩张的动力主要来自手工业技

1［美］刘易斯·芒福德.城市发展史——起源、演变和前景[M].宋俊岭，倪文彦译.北京：中国建筑工业出版社，2005.

术的发展，来自于商人、财政金融贸易，到了19世纪，资本主义兴起，人们发明了机器，开始了大规模的工业生产，城市的扩张才大大增强。因此，城市不应该只是一个消费型的城市，而且也要是一个生产型的城市，经济增长就要发展二、三产业，即工业和服务业。所以在西方工业革命开始后，城市就发展迅速。初期，城市都很小，四周有城墙，以行政管理和防卫为主要职能；工业革命后，城市发展突破城墙，向城外发展，城与乡的界线越来越模糊，城市不只是消费中心，也是生产中心，城市数目也逐渐增多，城市人口迅猛增加，城市用地规模也迅速扩大。我国的城市发展也遵循这一规律，改革开放以来，城市化进展迅猛，每年以接近1%的速度提高城市化率，目前城市化率已超过50%，2011年已达到51.3%[1]。

但是，城市的发展也不能只依赖单纯的经济增长，而必须同时协调好环境发展和社会发展，使构成城市的环境、经济和社会三个系统能同时协调发展。如果城市发展只追求单纯的经济增长，那么这个城市最终是不可持续的。美国Jane Jacobs（简·雅各布斯）在她著的《美国大城市的死与生》一书中，提出："摧毁城市中心住区的经济原理是一个骗局，成千上万的小商贩被毁，业主消失，整个社会被撕裂。"这样，就意味着城市街道和城市社会生活的消失，住区邻里关系的消失，这就涉及一个根本的问题，即城市究竟是为了什么人的问题。著名的美国规划师、理论家刘易斯·芒福德在他的巨著《城市发展史——起源、演变和前景》中就写道："城市乃是人类之爱的一个器官，因而最优化的城市经济模式应是关怀人、陶冶人。"[2]简·雅各布斯也说："城市是充满奇异活力的地方，而其最为成功的地方在于为数以千计的人们实现他们的计划提供了肥沃的土壤。"但是，看看今日的城市，城市是越来越大了，市民可享用的城市公共空间却越来越小了；城市是越来越繁华了，但是，平民们都离它越来越远了，越来越不方便了；城市现代化设施是越来越多了，但是，城市生活环境都越来越不安宁，越来越不宜居了……。现在，能步行的街道越来越少，都被机动车、快速道、高架路占满了，过街都要冒着生命的危险，提心吊胆；人行道也形同虚设，难以行人，休闲的散步道——绿道更变为稀缺产品，商业中心都是巨型的购物中心，并逐渐远离城市，即使在市中心的购物中心，也都是封闭的，采取一种迷宫式的购物路线，强制顾客按其规定的线路行进……。城市这样的发展建设，体现的不一定是以人为本，而是以车为主，以"钱"为主了，它不是宜人生活的城市，而是宜于车行的城市，它不是普通公民为主的城市，而且以绅士为主的城市了！这样的城市社会可持续性就隐藏着隐患。

5.1.4 城市规模

1）规模分级标准

城市规模的大小是个数量的概念，它包括城市人口规模和城市地域规模两种，通常是把人口规模作为确定城市规模的决定性指标。地域规模是依人口规模变化而改变的，按前述我国目前城市用地标准，平均每人用地是60～120m^2。根据人口规模的大小可以测算出所需地域的大小。各国城市规模分级标准不完全一样。2014年，我国国务院发布的《关于调整城市规模划分标准的通知》，

---

1 李浩．城镇化率首次超过50%的国际现象观察——兼论中国城镇化发展现状及思考[J]．城市规划学刊，2013（1）．
2 [美]刘易斯·芒福德．城市发展史——起源、演变和前景[M]．宋俊岭，倪文彦译．北京：中国建筑工业出版社，2005.

明确了我国新的城市规模划分标准，它以城区常住人口为统计口径，将城市划分为五类七档。即：

小城市	Ⅰ型小城市	20 万 ~ 50 万	城区常住人口
	Ⅱ型小城市	20 万以下城区常住人口	
中等城市	50 万 ~ 100 万城区常住人口		
大城市	100 万 ~ 500 万城区常住人口		
	Ⅰ型大城市	300 万 ~ 500 万城区常住人口	
	Ⅱ型大城市	100 万 ~ 300 万城区常住人口	
特大城市		500 万 ~ 1000 万城区常住人口	
超大城市		1000 万以上城区常住人口	

2）合理规模

城市发展都是从无到有，从小到大，不断增长，就像有机体人一样。在我国城市发展中，自 1949 年中华人民共和国成立以来，尤其是改革开放以来，城市规模在不断地迅速扩大，仅 1980—1990 年 10 年间，中小城市数量都在成倍增加，见图 5-2。

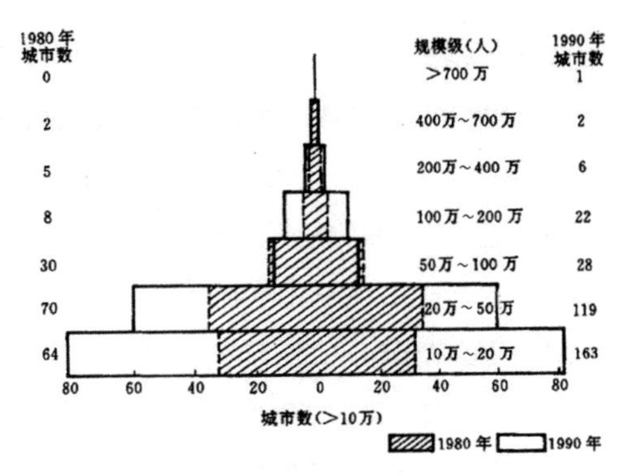

1980–1990 年的城市金字塔

图 5-2 我国城市规模发展（1949-2008 年）

当前，我国正处在新的城镇化快速发展阶段，按照目前城市化率接近年 1% 的增长趋势，到 2005 年，将有大约 10 亿人居住在城市，城市总体规模和单个城市规模都将进入一个新水平。按照麦肯锡全球研究院（Mckingsey Global Instilute），2008 年 3 月发表的《迎接中国十亿城市大军》中，提出了《2005-2025 年中国城市规模数量和分布发展预测》（图 5-3[1]）。

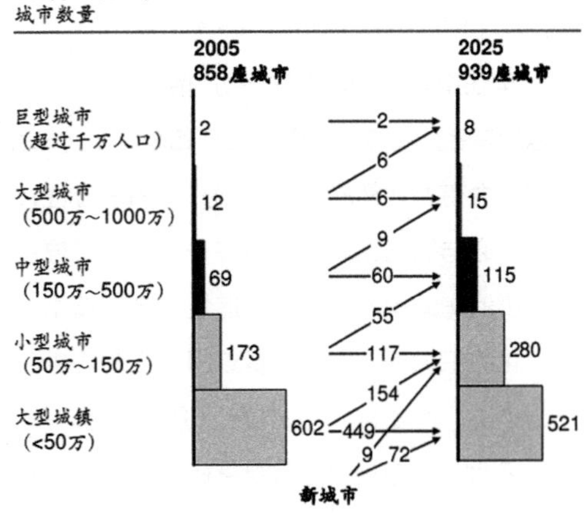

图 5-3 2005—2025 年中国城市规模分布与数量发展预测

2005 年我国有 858 座城市，到 2025 年，将有 939 座城市，其中超大型城市（巨型城市）有 8 个，它们分别是北京、上海、广州、深圳、天津、武汉、重庆及成都。麦肯锡全球研究院还指出，中国农村人口向城市转移的规模和速度分别是英国第一次迁徙的 100 倍和 10 倍。

近年来，一些学者认为城市规模越大越好，这样可以取得更好的经济效益和更佳的人均劳动生产率，极力主张发展大城市，但是，大城市的扩张对城市本身是不利的。大城市扩张就意味着

1 麦肯锡全球研究院 Mckinsey Global Institute. 迎接中国十亿城市大军 . www.mckinsey.com（2008.03）.

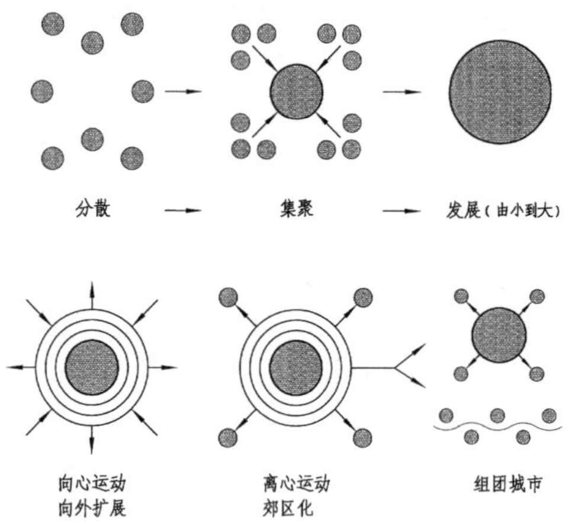

图 5-4 城市运动轨迹

城住人口的增加，意味着城市交通会变得更加拥挤，人们就会更加难以到市中心区的一些公共服务机构来，大多数居民也就难于从城市的许多文化设施中得到好处，好像这些设施不属于他们的活动范围。要发展大城市，一定要有一个“度”，城市过度扩展，就会引起城市功能的丧失，引起经济因素、社会因素及环境因素的失控，这些因素都是城市可持续发展必不可少的。历史的经验值得借鉴，刘易斯 · 芒福德说：“罗马的解体是城市过渡发展的最终结果。[1]”我们不能否定合理规模的存在，其实，合理规模对某一城市来讲是客观存在的，就像人的有机体能长多大，会长多大一样，任何有机体或组织的生长发展都有其天然的限制，盲目追求不断扩大城市规模是不利于城市生产和城市生活的安排的，必然带来城市拥挤、贫民窟、工业污染、上下班路程远等。城市运动是由分散走到集聚（图 5-4），对中小城市来讲，应该遵循的仍然是这一规律，但是任何事物发展都会物极必反。因此，对于大城市，尤其是特大城市来讲，应该到了反其道而行的时候了，应该由不断分散到集聚转向为有序地由集聚转为适度分散的路径。特别是今天，我们城市化的背景与一二百年前西方城市化的历史背景完全不同，那时是工业革命时期，发明了机器，有了火车、汽车，又有了电报、电话，但都是初始时期，并不太发达。因此，为了集中生产并提高效率，需要人力集中，不断扩大生产规模，促进人口集聚，现在是双高速的信息社会时代，高速铁路、高速公路及航空事业等高速交通体系和高速通讯和信息网络体系，极大改变了人类的时空观念，人在千里之外可视可听，一台计算机就可在家里办公，就可同全球互联，两个高速网络正在大大地改变着人们的生活方式、工作方式、学习方式，乃至整个社会生活方式、生产方式。这个高速网络为大城市适度走向分散提供了有利可行的条件，为大城市走出困境提供了可能，它将有利于人们的生产和生活，有利于城市可持续发展。

早在 19 世纪末 20 世纪初，俄国地理学家彼得 · 克鲁泡特金（Peter Keopotkin）（1842–1921），在他的有名的著作《田野、工厂和车间》（Fields, Factories, and Workshops）中就提出：电气交通和电力有着非常的灵活性和广泛的适应性，可为城市向分散的小的城镇发展奠定基础，并说，工业也不必与铁路和大城市连在一起，大单位生产不一定效率高，技术越是精细，越需要小的车间，因为小的车间使人们具有创造性和熟练技术。分散的专门化工厂，采用高效率的交通运输和良好的信息化组织管理，比把许多专门化生产集中在一起的大工厂要优越许多，因此，对于大城市、特大城市来说，适度的“逆城市化”是识时务之举。

合理的城市规模是客观存在，也是城市科学发展观的要求。从城市建设的经济角度，从人的行为、心理和社会学因素考虑，一般认为中小城市最佳的人口规模是 5 万 ~ 7 万和 10 万 ~ 20 万。世界各

1 [美] 刘易斯 · 芒福德 . 城市发展史——起源、演变和前景 [M]. 宗俊岭，倪文彦译 . 北京：中国建筑工业出版社，2005.

国提出的城市规模分级标准不一，联合国以2万人作为定义城市的人口下限，10万人作为划定大城市的下限，100万人作为划定特大城市的下限，这种分类反映了部分国家的惯例。世界主要国家提出的城市合理规模的人口指标是：

美国	25万～35万人
英国	25万人左右
法国	30万～50万人
俄国	20万～30万人
日本	15万～30万人

从我国具体国情考虑，我国政府确定的大力发展中小城市，控制或限制大城市、特大城市（巨型城市）的发展是完全合理、完全正确的。《小就是美》（*Small is Beautiful*）作者的论述也证明我们的决策是正确的。《小就是美》的作者修马克（E.F.Schumacher）在其开篇第一页就说："自我设限、自我节制、知所局限——这是赋予生命、保护生命的动力。"并说，"新的经济学基于认知是经济发展只能'到某种程度'；追求效率或生产力只能'到某种程度'；使用无法再利用的资源只能'到某种程度'……"这些只能"到某种程度"，完全适应今天可持续发展战略思想的要求，要持续发展，一定要有"限制"。因此，城市，尤其是大城市，特大城市，一定要"适可而止"，"到某种程度"就该考虑走向"分散"的新路了。

当今，我国高速交通网络和高速通讯信息网络手段的出现，加之地区并网发电，而不是单靠一条电路发电，它们会使小城市、小社区在主要技术设施和便利方面与过分拥挤的大城市相媲美。同样能享受到过去被大城市垄断的科技情报，组织团体，进行富有生气的活动，这样也利于城乡一体化，产业工人与农业工人之间的区别也就被打破，有利于解决我国的农村、农业和农民这个"三农"问题。

5.1.5 城市发展模式

城市发展模式基本上应该是集中式发展模式，国内外的大小城市都是这样走过来的，麦肯锡国际研究院对中国城市发展研究结论是"集中式的城市化是最优方式"。但是，"集中式"的程度和"集中式"的方式都是可以有区别的，集中与分散是相对的，分散是相对于集中而言。按集中的程度和集中的方式可分为以下几种发展模式，如图5-5所示。

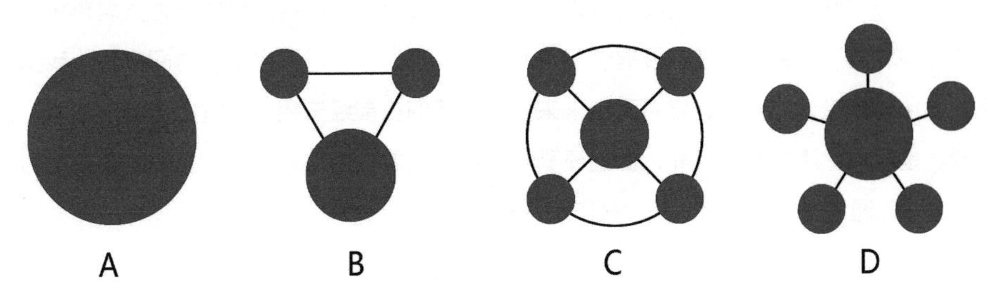

图5-5 城市发展模式

1）大集中模式——“摊大饼”的发展模式

实践表明，这种大集中模式是要有一定限度的。在我国人口众多，城市规模分级标准提升，100 万人口是大城市“门槛”，500 万～ 1000 万人口为特大城市，这种大集中城市比较合适于中、小城市，即 500 万人口以下的城市。

2）大集中 + 小分散的模式

这种城市发展模式即有一个大集中式的主城，城市向外扩展，建设一个或一个以上的新城，新城与主城以及新城与新城之间都保持一定的间隔距离，这种模式，大、中城市均可采用，卫星城就是这种城市发展模式的经典之例。城市作为一个有机体，一旦这个城市过分增大，会造成城市功能失控的同时，就能另行繁殖（开拓）新社区，即一个城市一旦达到它最佳发展规模时，这个城市所需要的，不再是一味再扩大它的人口和面积，而是要另找出路，出路之一是开拓一个新城，另一出路就是安于成为一个更大体系中的一部分，加入到城市群中。

3）以分散为主的城市发展模式

这种比较松散的城市发展模式一般是因受地形条件的限制，产业生产的要求（如油田、煤炭等），考虑生产协调的方便等原因而形成的，如我国的攀枝花市、大庆市和淮南市等资源型的城市。

4）大集中 + 小集中式的城市发展模式

此种模式即是当今“城市群”或“都市圈”的发展模式。它是以一个“大集中”的中心城市为核心，与其他一系列相对规模小的“小集中”的中小型城市保持着密切经济联系，共同组成一个城市群，此时，城市的经济功能已不再是在一个孤立的城市体现，而是体现于这个城市群或城市圈中。城市群是新时期城市化推进的主体形态。它是城市发展到成熟阶段的最高空间组织形式，是在地域上集中分布的若干城市和特大城市集聚而成的庞大的多核心、多层次的城市集团，是大都市区的联合体。这种模式已成为各国大城市发展的一个趋势，如美国大西洋沿岸的“波纽华”城市带和美国五大湖沿岸大都市带，日本的“东京—大阪—名古屋”三大城市圈，英国的“伦敦—利物浦”城市带，欧洲西北部巴黎大城市带以及我国以上海为中心的长江三角洲城市群构成了当今世界 6 大城市带，其中美国“波纽华”城市带是美国东北部大城市带，是世界上形成最早、发展最为成熟的大城市带，它包括波士顿—纽约—华盛顿—费城—巴尔的摩 5 个为大小核心的城市，涵盖 40 个 10 万人以上的中心城市，面积 13.8 万 km^2，占美国面积的 1.5%，人口 6500 万，占美国总人口的 20%，城市化水平达 90%，是世界最大的金融中心。

这种城市群是在特定的区域范围内，云集相当数量的不同性质、不同类型和不同等级规模的城市，以 1~2 个特大城市为核心，依托一定的自然环境和交通条件，联合若干个中小城市，共同构成一个相对完整的城市“联合体”。它实质上是人居环境中区域尺度，区域层级的一种人居环境，所以也称它为“区域城市”，它为城市发展提供了空间向度，也为城市增长提供了时间向度。我国京津冀一体化的发展就是最好的例证，它是面向未来打造的新的首都经济圈、推进区域发展体制、机制创新的需要，是实现京津冀优势互补、促进环渤海经济区发展、带动北方腹地发展的需要，为缓解北京人口过多、交通堵塞、环境恶化等大城市病带来良效。

5.2 可持续发展城市的目标

城市可持续发展是城市发展的高层次的目标，也是城市发展过程中的必然要求。

城市可持续发展目标是一个多目标、多层次的体系，即追求经济发展、社会进步和资源环境的持续支持。三者是相互影响、相互制约、相互作用的。三者关系是以自然生态可持续的目标为基础，以经济可持续发展目标为动力，以社会可持续发展目标为根本目的的综合的城市可持续发展。城市的可持续发展在保证发展的同时，要解决好两方面问题，即人和自然的关系及人与人的关系问题，前者着重于生态环境的可持续发展及经济的可持续发展，后者则着重于社会的可持续发展。

5.2.1 建设成一个人与自然和谐共生的生态城市

生态环境可持续的目标就是要求城市建设和发展要应用生态学及生态经济学原理及相关的科学知识和方法，合理地开发和利用好环境资源，采取合适的社会经济发展方式，保持自然资源的持续补给和生态环境的承载力，并不断地提高城市居民的文化素养和生态意识，使之达到资源利用、环境保护和经济社会发展的良性循环，这样才能不断提高城市可持续发展的能力，实现人与自然的和谐，使人居环境的建设成为人与自然共生共存的凝聚体，成为一座真正的生态型城市。

城市生态环境是由自然生态环境和人工生态环境共同构成的。城市是由聚落、村镇、集镇、城市、大城市乃至城市群逐步发展而来，是由原先单一的自然生态系统逐步进入到包括社会、经济、政治、文化、宗教等综合、复杂的人工生态系统，从而构成了二者结合的复合的城市生态系统。它是人类社会发展到一定历史阶段的产物。城市是人口密集、产业集中的场所，它是地球表面物质与能量高度集中和快速运转的场所，为了维持城市生态正常运转，必须从外部输入巨量的物质与能量，同时还必须向外界输出大量的废弃物，才能保持城市生态的可持续。城市生态系统要维持平衡，除了不断从外界输入能量和物质外，还应通过协调、控制城市发展的规模和城市环境容量，使城市的经济效益、社会效益及生态环境效益均达到最佳状态，进入健康、有序的发展，不要盲目地追求城市规模的扩大，不断地“摊大饼”，而是要努力建设紧凑型的集约化的城市，力争做到小而美。

为了保护生态环境的可持续，还要尽量减少物质与能量的输入，尽量做到“自给自足”或“自养自生”。例如，城市用水，有的国家就将城市污水分为“灰水”和“黑水”。“灰水”指在厨房洗涤和衣物洗涤时排出的废水，“黑水”指卫生间冲洗排泄物的废水，针对不同的污水采取不同的水循环系统。“灰水”通过净化处理可以变为可饮用的水，而“黑水”则通过净化而成为冲洗排泄物的一般用水或做灌溉、绿化、洗车、冲洗道路的用水。这种水循环系统就大大节约了城市用水，从客观上讲，也就减少了城市外部物质和能量的输入和城市废弃物的排出。在我国，太阳能热水器在城市住宅中如能广泛应用，也必将大大降低城市对能源的需求。

5.2.2 建设成一个人与人平等共享的人性化的“社会城市”

城市的可持续发展，城市是其载体，人是城市可持续发展的主体。作为人居环境中最大的人居环境——城市或城市群，首先应该建设成人与人平等共享、共同生活的乐园，保持社会的可持续发展，那就要通过舆论的引导、伦理的规范，召唤人类理性的觉醒，并通过有效的社会组织，通过法律约束，提高人的素质，逐渐达到“人与人”之间关系的和谐、协调和公正。以人为本的城市可持续发展是城市发展的最高境界和目标，也是实现城市可持续发展的核心。为此，可持续发展的城市必须建设成为一个人性化的城市，一个真正的“社会城市”。

当今，我国城镇化快速发展，在此背景下，我国城市的无序扩张，人性化场所和社会公平、公正缺失的现象，比比皆是，以至于人们几乎忘记了城市存在的真正目的和城市的基本功能。城市不只是行政中心，商业贸易中心或生产中心，它更是人们交流、交往的聚会中心。城市日趋演化为复杂的综合体，成为一种文明的“铸模”[1]，成为“关怀人，陶冶人”的场所。人是城市的主体，城市是为人而生而长，城市的基本功能就是要服务于人的需要，满足城市人的多样化的需求——物质生活需求和精神生活需求，还要满足生态环境的需求，如清洁的水、新鲜的空气和阳光、植被等。因此，城市规划、设计和建设必然要关注人的社会行为，关注人的社会生活方式及行为方式，为人们的城市生活提供方便、适用、舒适、安全的居住及交通条件及其他一切公共服务设施，为人群的城市生活创造各种各样的交往、交流、交会的“场所”。

因此，人性化的城市，应该真正体现出以人为本的核心理念。以人为本除了上述关注人的多种需求、创造多种供社会使用的“场所”外，更要在城市规划、设计和建设中，不能见物不见人，不忘突出人的主体地位。现在城市建筑越来越高，马路越来越宽，广场越来越大，几乎都失去了一般人的尺度，忽视了人常规的行为尺度，忽视了为人所使用的目的。人的尺度虽然不是一个绝对的标准，但是，人的尺度不仅仅是人类身躯的正常大小，还是我们规划设计建设的对象是否适合人方便地使用和体验的标准。刘易斯·芒福德说：“我们时代的人，贪大求多，心目中只有生产上的数量才是迫切的目标，他们重视数量而不要质量……，随着这些活动量的增加和速度的加快，它们距离合乎人性原则的理想目标，也就越来越远了[2]。”

此外，以人为本的城市发展，就要充分发挥“公众参与”的作用，让他们在城市规划和建设中有知情权、参与权，大力推行社会改造，鼓励市民积极参与社会组织，并积极参与社会管理，政府要大力培养社会组织，充分发挥它们的作用，让市民融入城市发展中，使城市真正成为“安居乐业”的城市。

5.2.3 建设成一个有历史感、人文气息的有文化品质的城市

城市实质是人类的化身，“人类进化的本质是文化的进化”[3]。而人类文化的重要表征，根据芒福德的归纳，一个是文字语言，另一个就是城市了。刘易斯·芒福德论述说，“城市同语言文字一样，能实现人类文化的积累和进化”，并说：“城市的主要功能是化力为形，化权为文化，化朽物为活灵灵的艺术形式，化生物繁衍为社会创新。”所以，城市的建设一定不要忘记传承文化、创造新文

1 [加拿大] 简·雅各布斯. 美国大城市的死与生 [M]. 金衡山译. 北京：译林出版社，2005.
2 [美] 刘易斯·芒福德. 城市发展史——起源、演变和前景 [M]. 宋俊岭，倪文彦译. 北京：中国建筑工业出版社，2005.
3 [芬兰] 佩卡·库西. 人，这个世界 [M]. 张晓翔，李大昆，译. 北京：中国工人出版社，1989.

化的目标和使命。

纵观国内的城市建设，无论是新城建设还是旧城改造，建设速度都十分迅速，高架路、立交桥、混凝土森林式的高层建筑群，迅速形成了新的城市面貌和形象，但人们发现，城市是千城一面，建筑是千篇一律，使人们产生了一种“建筑沙漠”的忧虑。人们从实践中逐渐形成了对城市建设新认识：城市作为物质生产的巨大综合体，为人们提供居住、工作、休息、交通等综合活动条件，同时也是建筑文化、地域文化、民族文化积累和创造的物质实体，体现历史的连续性和本民族、本地区的传统文化，而城市魅力的形成，则需要保护好历史文化遗产，保持城市的文脉、城市的空间肌理，处理好古迹保护，处理好城市发展建设与旧城改造的关系。城市历史文化之根绝不能被割断或消失。世界有名的大都市，如巴黎、伦敦、雅典、北京等，它们能闻名世界，经久不衰，正是因为这些大都市都始终能够成功地代表着各自的民族历史文化，并将其绝大部分留传给后世，使城市真正成为“流传文化和教育人民”的场所。

因此，可持续发展的城市建设必须认真复兴、传承城市地区内历史文化遗产，保护好城市文脉的可持续发展。城市文脉的可持续发展是可持续发展城市的灵魂和核心。《雅典宪章》和《马丘比丘宪章》都一再提出城市文物和历史遗产保护问题，宣言中说：“不仅要保存和维护城市的历史遗址和古迹，还要继承一般的文化传统，一切有价值的说明社会和民族特性的文物必须保护起来……”，并说：“保护、恢复和重新使用现有历史遗产和古建筑，必须同城市建设过程结合起来，以保证这些文物具有经济意义并继续有生命力。”

5.2.4 创建一种平衡的经济发展模式——低碳经济城市

可持续发展的城市要满足市民物质生活和精神生活的需求，也要满足多样化人居环境的多种需求。因此，追求物质经济活动的增长仍然是每一个城市的第一要务，但同时也要追求环境生态功能的维护，并且要追求两者的协调平衡。然而在现实中已明示：传统的经济增长与环境恶化是孪生兄弟，两者相伴而行，传统的经济发展模式使人类经济活动与自然关系恶化，是人类生存条件恶化的重要根源。因此，在可持续发展的城市建设中，怎样权衡二者的关系？怎样才能兼顾经济可持续和环境可持续两个目标，而使人居环境——城市中的个体利益和整体利益得以共同提高，使城市成为人类宜居的聚合场所？因此，经济增长和生态维护的权衡问题也就成为可持续发展城市建设的一个重要课题，确定一种平衡的经济发展模式对可持续发展城市的建设就成为至关重要的一个问题，而城市发展产业的定向就是最核心的问题。

一般来说，环境与经济发展是一对矛盾，经济的发展或多或少对生态环境都会造成某种程度的损害，但经济又不能停止发展。因此，为了城市能可持续发展，最好选择“生态友好型的产品”，发展“绿色产品”，开发“绿色环保产业”，这种产业具有3E特点，即Economic（经济的）、Ecological（生态的）、Equitable（公正的）。这类产品包括无公害的产品，物质的回收利用，自然资源的有效配置和有效利用以及对生态环境及对其他生命特种种群利益不造成危害的产品和产业。国际消费组织将“绿色产品”概括为“5R”产品，即：

Reduce——节约资源、减少污染

Revaluate——绿色生活、环保购物

Reuse——重复使用，多次利用

Recycle——分类回收，循环再生

Rescue ——保护自然，万物共存

这类产业就应遵循以下三项原则：

（1）健康而无公害原则；

（2）尽可能少地对环境造成污染，减少废弃物的排放；

（3）为消费者提供的是“绿色、自然、和谐、健康”的产品。

为此，可持续发展的城市应该坚持低碳经济发展模式，即通过技术创新、制度创新、产业转型、新能源开发等多种手段，尽可能地减少煤炭、石油等高碳能源消耗，减少温室气体排放，以达到经济发展与生态环境保护双赢的目标。

《低碳经济》（Low Carbon Economy (LCE)）最早是由英国提出来的，英国是岛国，自然资源并不丰富，它们比较早就认识到能源安全的重要性和气候变化的危害，自给自足的能源供应难以持久维持。因此，英国在 2003 年发表了英国能源白皮书《我们能源的未来：创建低碳经济》。在全球气候变暖，生态环境日益恶化，人类社会生存与发展受到严重挑战的背景下，“低碳经济”“低碳技术”“低碳发展”“低碳社会”“低碳生活方式”“低碳城市”及“低碳世界”等一系列的新概念应运而生。进入 21 世纪，以低能耗、低污染为基础的“低碳经济”正成为全球热点。欧美发达国家大力推进以高能效、低排放为核心的“低碳革命”，着力发展低碳技术，并在产业、能源、技术等方面抢占先机和制高点。我国政府也已行动，2010 年，发改委已确定在 5 省 8 市开展低碳产业建设试点工作。

低碳经济是以低能耗、低污染、低排放为基础的经济发展模式，其实质是能源高效利用，清洁能源开发，新材料的研发和利用，其核心是科技创新，产业结构转型，发展新兴工业，建设生态文明。它是摒弃先污染后治理和粗放型经济发展模式的现实途径，是实现经济发展目标和生态环境资源维护目标双赢的最佳选择，它也预示着经济发展与环境维护的矛盾不是不可调和的。

建立低碳的经济发展模式就为实现低碳城市目标奠定了坚实的基础，与此同时，城市必须推行低碳生活方式，低碳消费方式，只有把低碳生产方式与低碳生活方式真正结合起来，双管齐下，在城市发展和建设中，自觉、有序地推进“低碳社会”“低碳城市”“低碳社区”“低碳校园”“低碳超市”等，使“低碳”观念落地于各行各业，落实于每家每户之中，使“低碳经济”真正成为促进城市可持续发展的推进器。

我国“十二五”规划提出减排的目标是：到 2020 年实现我国单位国内生产总值二氧化碳排放量要比 2005 年下降 40%~50%，这是各地区各城市都要承担的责任。这就意味着我国经济发展模式必须转型，调整产业结构，由污染环境型的产业转向环境友好型的产业，即向低碳经济产业转型。因此，需要大力推行“低碳产业革命”。杭州市政府主导的全国第一个规模达 50 亿元的“低碳产业基金”，就是投资低碳产业。发展“低碳产业”不仅有利于减排，担起维护生态环境的责任，同时，它也是一种新的发展机遇，有利于在转型中培育和创造新的经济增长点；另一方面也意味着从政府到民间组织，从企事业单位到家庭、个人，都必须自觉地承担起这份责任，使自己成为减排的积极参与者。因为“减排”与每个人都息息相关。我国人均温室气体排放量在全球还不是最高的，见图 5-6[1]。但是，我国人口多，排放总量在全球是个大户，据《中国低碳经济报告 2014》[2] 中称：“2011 年，中国的碳排放量达到 80 亿吨，占全球总重的 1/4，已超过美国排放量的 50% 左右，2005 ~ 2011 年，全球新增 CO_2 排放量中，中国所占的比重达 60% 以上。”

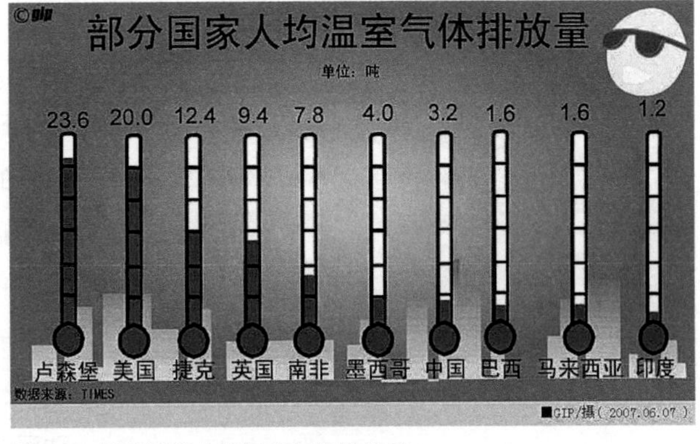

图 5-6 部分国家人均温室气体排放量

5.2.5 创建一个低碳建筑的城市

城市发展和建设中，建筑是最基本的建设对象，低碳城市目标的建设离不开低碳建筑。因为建筑这一行在建筑材料的生产、建筑物建造过程中和建成后的运营过程中，都会排放大量的有害气体，使建筑成为污染环境的大户。一个城市，不论是新城市建设，还是旧城改选，现在可以凭借最新的技术手段，建造和配备合理的功能结构，但是，如果城市经常是“烟雾笼罩”“通风不良”“交通堵塞”“绿化很少”“水体污染”，建筑形式五花八门、七拼八凑，那么这样的城市是不美的、不先进的，如果建筑仍然采用传统的高能耗、高污染和低效率的建设模式，这个城市也就难以达到低碳城市的建设目标，难以完成节能减排的任务。

低碳建筑（Low Carbon Building）就是要改变传统的建设模式，在建筑材料生产与应用、施工建造技术与方法、建筑设备的制造与应用以及建成后的建筑物的使用与管理，直到建筑物毁损拆除的建筑物整个生命周期内，减少化石能源的使用，提高能效，降低 CO_2 排放量。因为建筑在 CO_2 排放总量中，几乎占到排放总量的 50%，它远远高于交通运输和工业领域。以前，一般人只看到汽车、工厂的排放量，而忽视了建筑的排放量。作为建筑物，无论在时间上还是在空间上，它的排放量都是影响环境的主要来源。所以，目前低碳建筑已逐渐成为国际建筑界的主流趋势。

纵观国际建筑节能技术发展，已经从低能耗建筑向被动式建筑、零能耗建筑、产能建筑方向发展。

我国自 2009 年起，与德国合作在我国推广建设“被动式低能耗建筑”，全方位共同探索适应中国当前条件下的被动式房屋解决方案。在严寒、寒冷和夏热冬冷地区被动房实验工程证明，在中国推广被动式低能耗建筑，建筑能耗降低是显著的，居住环境改善是明显的，技术上是可行的，按建造运行综合效益计算，经济上是可承受的。

被动式建筑是将自然通风、自然采光、太阳能辐射和室内非供暖热源得热等各种被动式节能手段与建筑围护结构高效节能技术相结合建造而成的低能耗建筑，其基本要求是要满足“采暖能量来自自身”，最大限度地降低对主动式机械采暖和制冷系统的依赖，大幅度减少建筑使用能耗。如果我们的城市建筑大力推广被动式建筑，那么就可以直接节省社会终端能耗，并有利于大气环境保护。

1 图 5-8 引自百度百科词条“低碳经济”文中第五，大力发展“低碳产业”中的插图“低碳统计”. 2003 年 .
2 中国对外经济贸易大学，日本名古屋大学、合办的国际低碳经济研究所 . 中国低碳经济发展报告 2014[M] . 北京：中国社会科学院社会科学文献出版社，2014.

图 5-7 我国被动式房屋示范——秦皇岛“在水一方”

早在 20 世纪 80 年代初，瑞典隆德大学 Bo · Adamson 教授和德国达姆施塔房屋与环境研究所 Wolfgang Feiat 博士就提出了一种新的理念：要在不设传统采暖设施而仅依靠太阳辐射、人体放热、室内灯光、电器散热等自然得热方式的条件下，建造冬季室内温度能达到 20℃以上，具有必要舒适度的房屋。2012 年 9 月 27 日颁布的《瑞典零能耗与被动屋低能耗住宅规范》是世界上第一部关于被动式房屋的规范 [1]。

我国被动式建筑正在起步，一批示范工程正在建设，如图 5-7 所示，它是中德被动式低能耗房屋示范项目。它采用无热桥的高效外保温系统，双 Low-e 高效能保温隔热外墙，高效热回收新风系统，保障良好的房屋气密性，充分利用太阳能和其他可再生能源，采用高厚度外墙外保温防火技术及智能化控制等十项新措施，保证该房屋冬季室内温度可达 20℃以上。它无疑对建筑本身和社会都将产生广泛影响，对节省电源，改善室内外环境，延长建筑物使用寿命都有积极意义。

5.3 可持续发展的城市

城市，要实现可持续发展，首先要做好能可持续发展的规划，它与传统的规划不同，除了合理地确定城市人口规模和空间发展规划、科学合理地确定城市发展模式、空间结构和形态外，以下几个问题尤为重要。

5.3.1 可持续发展的土地利用规划

城市发展都得占用相当一批土地，开发土地资源，甚至占用较好的耕地、菜地。因此，我们必须处理好城镇发展与保护耕地、维护城市生态平衡的关系。“一要饭吃，二要建设”，二者都要占用土地，仅 1990 年到 1994 年，全国出现“开发区热”，各类开发区 28000 多个，占用土地 4000 多万亩。我国是个人口大国，国土面积辽阔，但人均国土资源较少，考虑到我国“人多地少”这一基本国情，我国城市化不能追随西方国家城市化的老路，即人口高度集中的城市化水平高指标的老路，要控制城市规模，特别要控制大城市和特大城市的发展，多发展中小城镇，严格管控好土地及土地的利用。刘易斯 · 芒福德在他的名著《城市发展史——起源、演变和前景》一书中就指出：“一个城市，如果不控制它用地的发展，就不能控制其自身的发展。”当然，更不能控制今天所要求的“可

1 张小玲 . 我国被动式房屋的发展现状 [J]. 建设科技，2015（15）：17.

持续的发展"了。联合国人居中心（生境）编著的《城市化世界》（An Urbaning World），即《全球人类住区报告 1996》文件中也指出："一个城市能否在经济上获得成功，城市居民住房质量和生活条件的好坏，主要的决定因素是可供利用的土地及其价格——即可供用于工商业、住宅、基础设施、公共服务和各种公共场所——例如游乐场所、公园及公共广场的土地。缺乏土地管理和管理不佳所造成的社会成本将是巨大的。"因此，在城市土地规划上要合理控制人口规模，合理规划城市空间布局，以最佳的城市规模和生态效益，实现集约化的土地使用，具体要点：

图 5-8 芝加哥马利纳城

（1）控制生态基区的原则，合理确定城市规模、人口规模和用地规模及合理的城市空间发展模式。

（2）不论采用何种城市空间模式，都必须坚持"紧凑型"的城市空间发展原则，它不仅是为避免城市无序蔓延发展，而且是要提高城市土地的使用效率，适当提高城市建筑的密度和容积率，推行城市密集开发的策略。

（3）土地规划实行功能混合布局、城市用地由传统的"功能分区"转变为"混合功能区"，把市民的居住、工作、休闲、娱乐等功能混合布置于一地，既方便使用，也大大减少"上下班"的交通路程，从而有利于减轻城市道路交通的拥挤。

（4）土地多层次、三维乃至四维（时间维）空间和时间上的立体使用。在空间上，建筑空间布局向地下和空中发展，在时间上将不同时间使用的社会功能规划于同一空间但是不同的时间使用。例如，中小学的教室可以供租用于夜校或培训场所；此外，提倡建设多功能的综合建筑综合体，实现建筑城市一体化的新型的建筑空间组合方式，即"城市综合体（Complex）"。通常是以建筑群为基础，融合商业零售（Shopping Mall）、商业办公（Office）、酒店餐饮（Hotel）、公寓住宅（Apartment）及综合娱乐（Convention）五大核心功能于一体，故也称为"城中城（City with in City）"。它是一种功能聚合，土地集约使用的城市经济聚集体，停车场（Park）也组建在一起，如著名的芝加哥的马利纳城（Marina city complex），如图 5-8，它基本上具备了现代城市的全部功能，一般来讲，酒店、写字楼和购物中心三大功能是最基本的组合。

（5）改变土地使用的颗粒化、碎片化，将各种不同用途的土地和相对较小的地块统一规划，集约使用。

5.3.2 可持续发展的城市交通规划

5.3.2.1 交通量与交通空间

城市交通问题一直是困扰城市发展的一个大问题，国内国外均如此。如果不能得到有效的解决和根本的治理，城市可持续发展目标就难以实现，因为它将对城市经济的持续、健康发展构成严重威胁。为了实现城市可持续发展的交通，交通规划应注意以下几点：

1）道路面积率

在新区的交通规划和旧区改造中，要充分考虑未来交通发展的需要，并相应地为动态交通和静

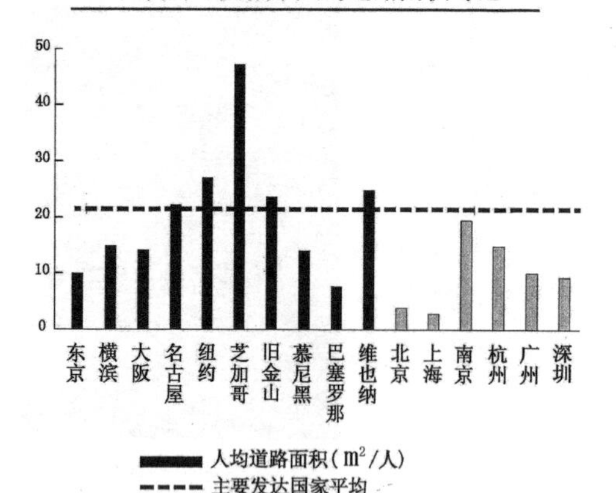

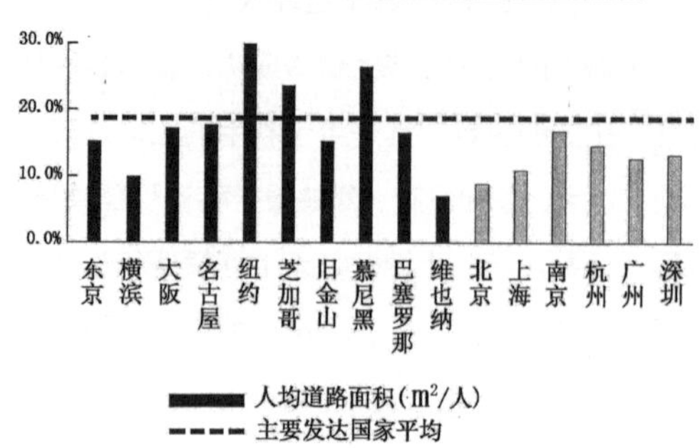

图 5-9 国内外主要城市人均道路状况对比

态交通规划留有足够的空间场地。长期以来，我国的人均城市道路一直处于低水平状态，虽然近年来有了较大的发展，但仍赶不上城市交通量每年 20% 的增长速度。目前，我国大城市的人均道路面积尚不及发达国家的 1/3。据 2013 年城乡建设统计公报表明，到 2013 年末，我国城市道路人均面积为 14.87m^2，但仍落后于国外，交通堵塞、拥挤成为影响城市交通的主要问题。城市人均道路状况比较见图 5-9。

2）交通流量

目前，我国大城市正处在从城市中心区向郊区扩散的过程中。近些年，城市道路建设的增加，主要分布在新开发的市区和郊区，相对而言，中心区的道路面积率略有下降，而城市房地产开发集中于市中心地区，产生了过量的交通，造成道路超负荷运载。此外，我国城市中占用道路和人行道的问题比较普遍，一直得不到有效解决，城市新道路往往被各种摊贩、集市贸易和停车场所相继侵占，使本来就严重短缺的道路面积更加紧张，城市道路建设的滞后使城市道路职能变得混乱而低效，而且造成的时间浪费和行车成本的损失是巨大的。有人测算，其直接经济损失要占国民生产总值的 1%，有的大城市，如上海，可能达到城市国民生产总值的 10%。因此，系统全面地进行交通量预测和规划是十分必要的。由于道路交通建设需要投入大量土地和财力，往往顾此失彼，对交通发展的需要考虑不周，致使开发的新区道路面积不足。小区规划中，停车场容量不足，写字楼缺少停车位，致使这些车辆就停靠在人行道和街道上。

3）路网密度

造成交通拥挤、堵塞问题，除了上述原因外，与城市道路密度的大小直接相关。路网密度是指依道路网所服务的用地范围计算其面积，以道路网内的道路中心线计算其长度，计算包括城市主干道、次干道和支路，不包括居住区内的道路。其单位为千米 / 每平方千米（km/km^2）。国外城市的干道网密度指标大致处于同一水平，一般为 2.5~3.5km/km^2，支路网密度也处于同一水平，支路网约占道路总长度的 80%，从干道到支路，路网密度应随着道路等级的下降而提高，其级别为正金字塔形，而我国大中城市路网结构都是呈倒三角形，支路和次干较少。城市各级道路是划分城市各分区、组团及各类城市用地的分界线，自然也是联系各分区、组团及各类用地的通道。我国城市路网结构是倒三角形，即支路和次干路所占比例较少，就说明我们规划中土地分块面积过大。现在一个街坊地块一般是长宽400～500m，而纽约城中街区一般长宽在100～200m，而且大多实施单向行车，实际效果还是较好的。因此，可持续发展的城市交通规划应该提倡“网密路窄”的道路网络规划的原则，改变我国传统交通规划采用“大地块、路网间距大和宽马路的规划模式”。当然，这是由历史造成的，因为我们通常都采取“单位大院子”的布局方式，大院是封闭的，城市交通不能通行，只能绕路而行，这就必然加大城市道路网的间距。为此，城市中现有的大院（包括单位大院和住宅大院），要逐步实行“破墙开放”，让城市交通都通行，新规划的城区，必须按“开放的街区”新原则规划。

5.3.2.2 优先发展公共交通

世界上几乎所有的国家和地区，在城市发展的过程中，经历了痛苦曲折之后，不约而同地得到共识，城市交通问题的解决要依靠高效率的公共交通，必须积极推行优先发展公共交通的政策。其实，我国一开始就制定了优先发展公共交通的政策，但一直没有真正落实，导致公共交通一度萎缩，它又促使了自行车、电动车的极度膨胀，反过来又影响了城市交通拥挤的波及范围。要妥善缓解我国大城市的交通困扰，当务之急是发展大、中客运量的快速轨道交通系统，即以发展轨道交通为骨干，以常规公交为主体的公共交通体系，为城市居民提供安全、快捷、舒适的交通环境。引导城市居民出行使用公共交通系统是国外大城市解决城市交通问题的成功经验，也是我国解决大城市交通问题的唯一途径。根据前瞻产业研究院发布的《中国城市轨道交通行业市场前瞻与投资战略规划分析报告》显示，2013年末，我国累计有19个城市建成投运城轨线路87条，运营里程2539km。截至2010年12月底，我国已批复建地铁城市达到28个，城市轨道交通从1965年北京首建我国第一条城市地铁开始，至今已近50年，由于轨道交通的环保性和便捷性的优势，我国城市轨道交通的建设必将进入黄金发展期。

此外，在大城市提倡优先发展公共交通系统的同时，还应限制小汽车在城市交通结构中所占的比例。苏联曾规定这个比例不能高于10%～20%，日本则规定大城市小汽车交通量应控制在25%以内，西欧诸国约占40%。据环保机构公布的数字表明，占世界总人口5%的美国拥有着占世界总量30%的汽车，这些汽车排放的CO_2占全球汽车CO_2总排放量的45%。

小汽车CO_2排放量大大高于其他形式的公共交通：

小汽车　201g/km

客车　71g/km

地铁　100g/km

公共汽车　159g/km

我国应鼓励提倡公共交通，提倡低碳出行。为方便市民搭乘公共交通系统，在城郊接合部的轨道交通站可设置大面积的停车场地，以备居民乘小汽车或自行车、电动车从家里出发，将车子停放在此处，再搭乘轨道交通入城走向自己的工作地，这样可大大减少城内的小汽车的交通量。因此，为了解决城市交通堵塞问题，城市交通就是要做好“一加一减”的交通规划，即进行“减少城市对机动车依赖的规划”。通过加强改善公共交通对小汽车使用实行控制的办法，以减少对机动小汽车的依赖。从国内外一些经验看来，应该是可行的。例如亚洲的新加坡、中国香港特别行政区，欧洲的苏黎世、哥本哈根，北美的多伦多等大城市，这些城市很多人都亲身体验过，说明即使在小汽车高度私有化的社会，减少对小汽车的依赖是可能的。从1980年至1990年，上述城市小汽车的使

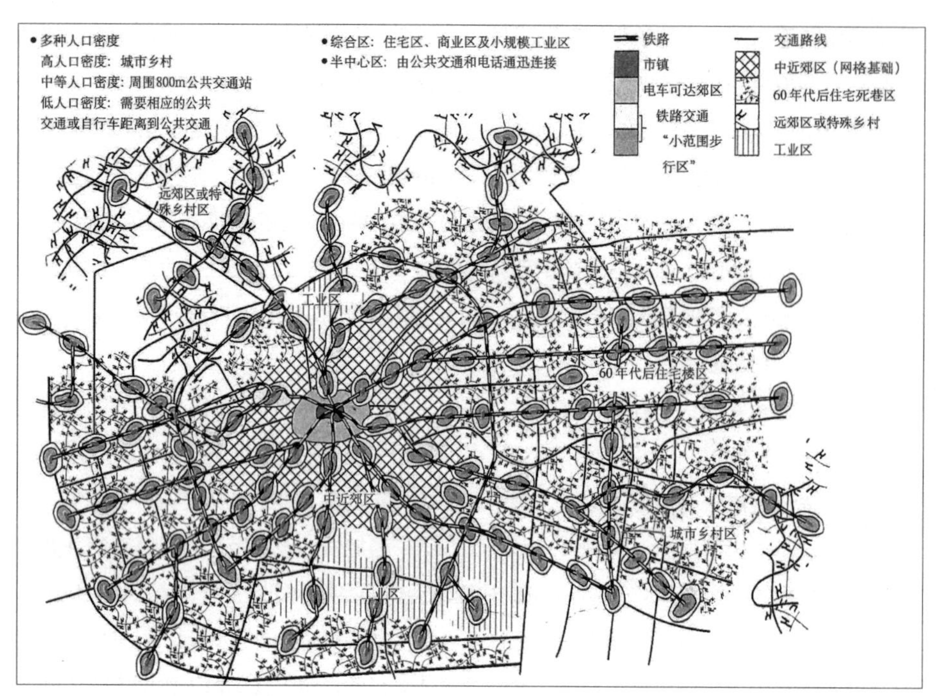

图 5-10 小汽车依赖型的城市规划模型

用和公共交通使用变化上的比较已显示了这点。这些城市小汽车使用的增长非常缓慢，而公共交通的增长都非常迅速。在过去的十年中，苏黎世和新加坡个人收入的相当大的部分是用于公共交通，而不是私人小汽车！苏黎世的公交车像火车一样，准时准刻到发，非常方便、快捷、安全、舒适。1992 年澳大利亚默多克大学科学与技术研究所曾建立一个减少小汽车依赖型城市规划的模型，如图 5-10[1] 所示，它把公共交通与步行交通有机结合起来，在快速干道线上设立很多“小范围步行区”。

总之，要尽量减少城市市区内使用小汽车的比例，参见表 5-1[2]。

世界城市之间使用小汽车和公共交通的比例（全部为 1980 年的统计数据） **表 5-1**

	富裕的亚洲城市	欧洲城市	澳大利亚城市	美国城市
每千人小汽车数（辆）	88	328	453	533
每人使用的汽油量（L）	5493	13820	29829	58541
每人小汽车出行里程数（km）	1067	3485	5794	8715
在全部客运里程数中，公共交通所占比例（%）	64	25	8	4
公共交通服务的人均里程数（km）	103	79	56	30
步行和骑自行车工人的比例（%）	25	21	5	5
大都市的人口密度（人 /ha）	160	54	14	14
市中心的人口密度（人 /ha）	464	91	24	45
郊区的人口密度（人 /ha）	115	43	13	11

资料来源：可持续的城市交通系统工程，ISTP，亚洲城市包括东京、新加坡和香港。

1 图 5-11. 联合国人民中心（境）编制：《城市化的世界》P333，图 9-1，引自同上，P294 表 8.4.
2 表 5-1 引自同上，P294，表 8-4.

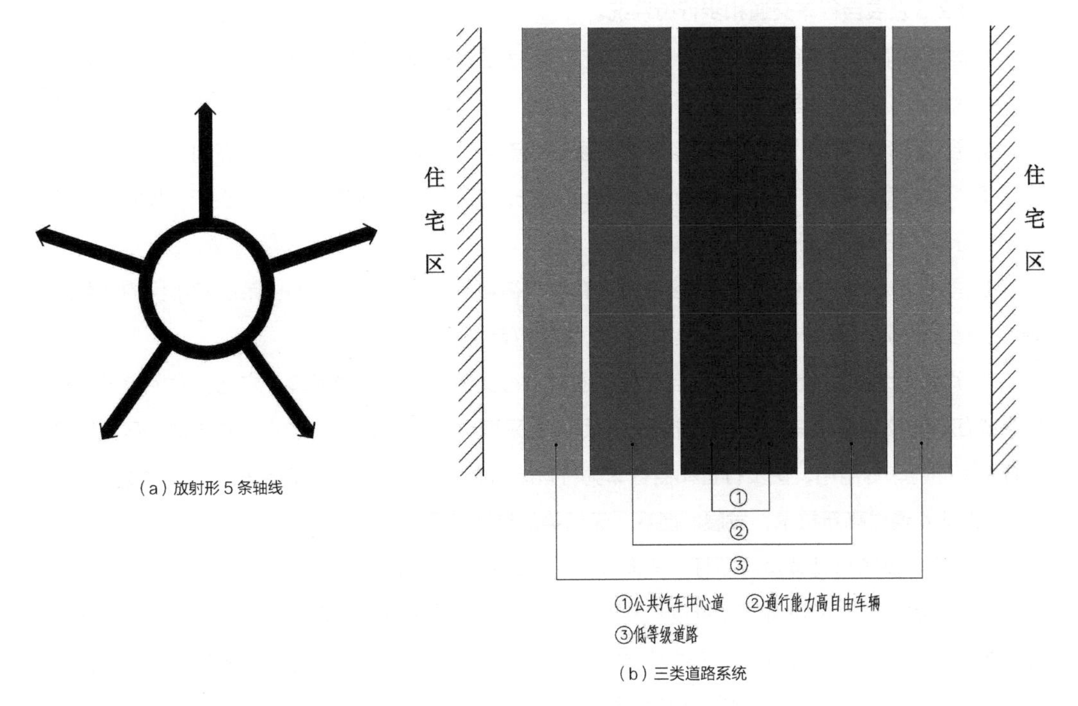

（a）放射形5条轴线

（b）三类道路系统

图5-11 巴西库里蒂巴公共交通系统示意图

优先发展公共交通系统，不仅是必要的，而且是可行的，巴西库里蒂巴城就为世界提供了一个成功的案例。

巴西库里蒂巴公共交通系统已发展了20多年，初期是从市中心放射性地向外延伸，建立专用公共汽车道，引入快速公共交通汽车，经过近几年的发展，共建了5条放射形的主要轴线，每一条都有“三类”道路系统，见图5-11。

沿着各轴线道路两侧的土地用于高密度的住宅开发，同时还配套有服务和商业的开发。轴线上的快速公共汽车各终点站，通过地区间的公共汽车和传统的通勤公共汽车连接起来。目前已有53km的快速车道，294km的支线车道和167km的地区间车道。公共汽车根据颜色进行分类；快速公共汽车是红色的，地区间公共汽车是绿色的，传统（支线）公共汽车是黄色的。5条快速公共汽车专用道的每个终点站都有地区间或支线公共汽车转送乘客，而且实行一票制。沿各快速路线，每隔1400m，便设有一个小型公共汽车站，站内设有阅报栏、公共电话和邮政设施，乘客乘小型公共汽车到此后换乘快速公共交通汽车。此外，还拟引入“直达”型快速公共汽车，减少停靠站，并采用“管道型车站”。“登车管道”式的快捷公共汽车体系比其他快速公共汽车每小时运行力增长2倍，比一般道路上的传统公共汽车运力增长3倍。

库里蒂巴的公共交通系统每日的乘客量是130万人次。目前，快速公共汽车乘客中的28%过去是使用小汽车出行，这意味着全部的燃料节约高达25%，该城已成为巴西空气污染量最低的城市。

5.3.2.3 发展自行车交通和步行街系统。

我国曾被称为“自行车大国”，自行车交通占我国城市居民出行率 50% 以上，但我国始终未寻求和建设出安全、舒适的自行车道路系统。在城市出行活动距离 3~4km 的范围内，自行车是任何一种交通工具所无法替代的。当今，发达国家对城市交通公害和环境的治理提高到一个新的高度，提出了“后小汽车交通”（Post-car Traffic）理论，为了求得“安宁交通”，重新提倡发展公共交通和自行车，在荷兰还建造了自行车专用道。

在国外，城市的中心区和商业区往往设有步行街系统，它结合城市商业系统和市民的公共活动中心设立，以减少车、人相混带来交通阻塞，也相应带来更多的商机。

为了解决我国城市机动车辆和自行车交通、人行交通相互干扰的困境，应充分发挥自行车和步行系统在城市交通中应有的地位、作用，应尽可能采取机动车和非机动车分流的方式，乃至像荷兰那样设置自行车专用道，使步行者和自行车骑行者能有必要的安全感、舒适感和适当的通达性。

5.3.2.4 通过高新技术，发展低能耗、无污染的交通工具

为了实现城市可持续发展目标，面向城市生态环境的挑战，必须减少乃至消除来自汽车交通的污染物的排放。这就必须通过高新技术发展低能耗的无污染的交通工具，如使用电能、太阳能为动力的车辆，应该是未来城市交通工具发展的方向。这些高新科技交通工具将彻底解决城市中的交通污染，从而真正实现城市交通的可持续发展。

当前，在燃料方面，可以限制出售和使用有铅汽油，进一步采用新技术生产以天然气、甲醇等作为燃料的汽车，它可以减少一氧化碳和碳氢化合物的排放，减少对环境的污染。而且，甲烷和甲醇等燃料可以通过加工秸秆、芦苇等有机材料来生产，这就使能源的来源由不可再生资源变为可再生资源，这也将促使生态环境可持续发展。

5.3.3 城市土地利用与交通规划的关系

一个可持续发展的城市，其城市的各个子系统的自身发展能力和它们之间的协调发展能力，影响并决定着该城市的发展潜力——城市发展持续力。

城市土地利用规划和城市交通规划二者关系极为密切，两者相互联系，相互制约，二者规划不能分开，必须同步同构。交通作为城市建构的一个子系统——一个极为重要的骨架系统，是保障城市人流、物流有效运行必不可少的功能系统，城市土地利用是城市交通系统空间需求的供应者、保障者，而城市的土地资源是有限的，土地利用与交通需求的供求关系往往是矛盾的。因此，如何使这些有限的城市土地资源实现最佳的使用效率，以保障城市繁荣、稳定、健康和可持续的发展，这就关系着城市土地利用规划和交通系统规划二者同步协调的问题。

我们的人类住区——无论是城市还是社区，即不论哪一层级，它们各自都是一个有机整体，就像人体一样。人的躯体是由骨骼和肌体组成的，城市中的道路交通系统和其他市政工程系统，就是城市有机体的骨骼和神经血管系统。而土地利用的不同使用功能的地块就是依附于这些骨骼上的肌体，二者是相互联系，相互依附的有机关系。

土地要利用，必须要做到道路交通先行，“要想富，先修路”，这是最简单的道理，没有路，土地就不好用。因此，道路交通系统是土地利用的先决条件。反过来，土地开发利用就吸引着人群

的聚集，引发人群的出行活动要求。可以说，土地利用是产生出行活动要求的主要决定因素，它反过来又影响和决定着对交通设施的需求。而交通设施的提供与完善，则为人群的出行活动提供了方便、舒适的出行条件，提高了人流、物流的运行能力，增加了可达性，这样会促使土地利用价值的提升，促使土地利用中区位优势的凸现，促使土地利用状况发生变化。所以，土地利用和道路交通的规划是不可分、互相影响，构成一个环状的影响圈的，如图5-12所示[1]。

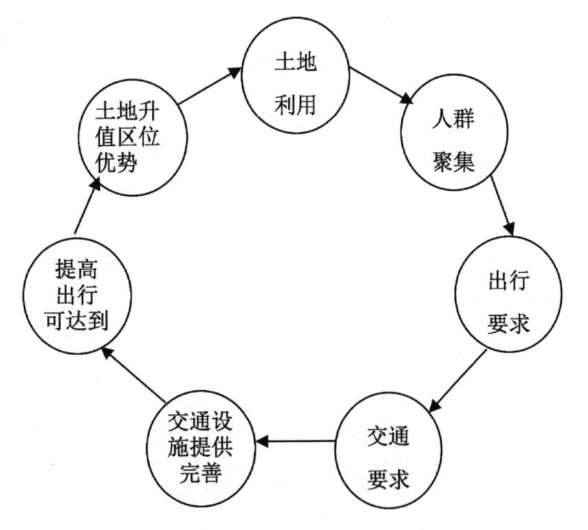

图5-12 土地利用与交通关系图示

土地利用和交通系统规划与城市规模、城市空间结构和城市发展模式是分不开的。不同的城市发展模式，交通系统也是不一样的，如带形城市，交通系统主要是线形长轴方向，主要干道交通线长，交通需求量大，横轴方向交通是分散，每条相对交通量较小；土地利用依顺长轴方向交通两侧发展；又如“大饼式”城市，尤其是单中心的城市，市中心交通需求量大，远离市中心的交通需求量小；如果是多中心的模式的城市，交通需求则分散，交通需求分布则比较均匀。

鉴于城市土地利用和交通系统规划二者关系如此密切，直接影响着城市的可持续发展，因此，在我国新型城镇化快速发展的今天，应当提倡城市土地利用和交通一体化的规划，以利于在土地资源有限的处境下，努力促使土地能集约化高效利用，同时促使城市交通畅通，使城市交通和土地开发利用协调发展，走向可持续的城市发展目标。

现在城市群或中心城市的发展越来越被重视，因为城市群有助于发挥中心城市的辐射作用，体现了城市协调发展理念，有助于区域之间在产业布局、生态保护和环境治理等方面协调联动，有利于城市由外延扩张到提升内涵的转变，所以城际交通也越来越频繁。因此，城市对外交通枢纽就特别重要，它负担着对外连接和对内疏散或出行的双重任务。这样的城市交通枢纽必然占用大量的城市土地资源。因此，把交通规划与土地使用规划结合起来，进行土地—交通一体化规划就特别重要，它有利于促进土地的集约化、节约化使用。因此，建设交通枢纽城市综合体，就是一个新的方向和新的途径。日本京都火车站 + 购物 + 艺术 + 主题公园 + 城市综合体就是一个好例子。京都火车站是作为京都—大阪—神户大城市圈内的重要交通枢纽，为京都最主要的大型休闲购物中心和聚会场所之一，成为京都一个商业地标。在发展城市交通过程中，日本国土交通省认识到缓解大城市客运紧张状况，必须大力发展以大运量公交为主的高效交通系统。在京—阪—神都市圈内，区域性的城际客流量巨大，发达的区域性轨道交通线路构建了城际间联系的主轴，促进了区域内的经济发展。京都交通枢纽汇集了 5 条城际电车、火车线，2 条高速铁路及 1 条市内轨交，还有 27 条大巴线，以及大体量的机动车和非机动车停车场，满足各种旅客的出行要求。

1 曲大义，王炜，王殿海 . 城市土地利用与交通规划系统分析 [J]. 城市规划汇刊，1999（6）.

交通枢纽立体化、集约化利用土地，这个车站大厦就是一个建在火车站上的城市商业综合体，包括五星级酒店、大型百货商店、剧院、商业街、广场、空中花园等办公空间及停车场。这样的设计使火车站的基本功能仅用了大厦 1/20 的建筑面积。在 11 层屋顶上，是一个全开放的露天空中花园，让花园与车站大楼融合为一体，它突现了地下、地上、空中三位一体的利用，与交通规划浑然一体的规划新模式，也是土地规划与交通规划综合规划模式，更是紧凑型城市规划的一种新模式，参见图 5-13 ~图 5-17。

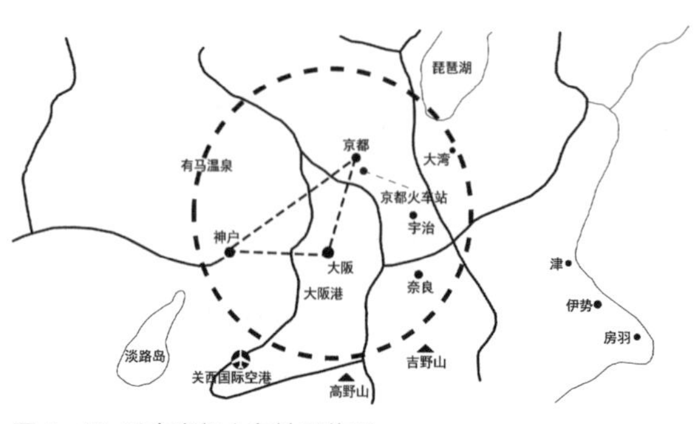

图 5-13　日本京都火车站区位图

图 5-14　京都火车站外观

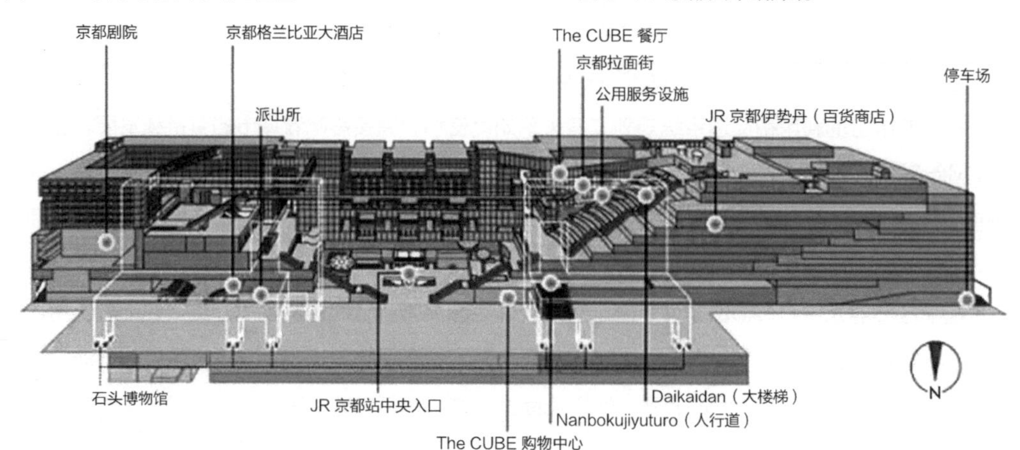

图 5-15　京都火车站综合体示意图

图 5-16　京都火车站空中连廊——近 300m 长，悬于 60m 高的空中

图 5-17　京都火车站空中花园

5.3.4 可持续发展城市的公共服务设施规划

5.3.4.1 公共设施规划的意义与作用

城市的公共服务设施是城市复合有机生态系统中一支不可缺少的支撑系统，它不仅保障了城市系统的正常运转，而且对社会平等、社会公平、社会稳定和发展起着极其重要的作用。我国提倡的核心价值观是“富强”“民主”“文明”“和谐”及“自由”“平等”“公平”“法制”等。前四项八字是国家层面，后四项八字是社会层面，它们也都是我国城市工作的价值观，城市的公共服务设施的规划和建设就直接关系着“自由”“平等”“公平”等价值观的体现。因为，城市规划工作就是对城市资源、基础设施和公共服务空间进行分配和布局，而这种分配和布局——即规划方案，其数量、位置对一个地区来讲就可能构成某一区位的“优势”或“劣势”。获有大量城市资源、基础设施和公共服务空间的区位必然形成了它的区位优势，反之，则处于“区位劣势”。这就关系到规划布局中的空间距离的问题。因此，空间距离就成为区位优势或区位劣势的一个因素。大部分人生活的地点靠近公共服务设施和公共服务空间，就是比较合理的规划，规划要尽可能考虑“公共利益”，尽力让所有的公民在使用公共资源时不存在差异，让所有的人无一例外地都可以获得公共消费所带来的好处。所以说，城市公共服务设施的规划，对创建“平等”“公平”的共享城市生活的权利有着直接的影响。规划设计要特别关注“均好性”，公共服务的建设是促进民生、保障社会公平与稳定发展的重要基础，是广义社会保障的重要内容，完善的社区配套设施，是居住品质的保证，是现代社会可持续发展的基础和内在驱动力。

5.3.4.2 公共服务设施分类

城市公共服务设施一般分三类：

1）生活服务设施，为居民生活所必需的日常生活设施，如菜市场、零售商店、托儿所、幼儿园等设施；

2）市政服务设施，即为居民生活所需要的供电、供水、排水、燃气及通信网络设施等；

3）公共服务设施，包括文化、体育、教育、医疗、金融、福利、绿地等设施。

5.3.4.3 公共服务设施现实与可持续发展要求的差距

我国现有的城市公共服务设施的规划是按照原先的“规范”来配置的，显然，它已完全不适应变化中动态社会的新需要。对照今日可持续发展的要求，现实中存在的问题还是比较明显的，主要有以下几方面：

1）可持续发展的城市应该是城乡一体化的。由于我国长期城乡“二元化”的发展，致使城乡之间在公共服务设施配置上存在明显不均衡现象，乡镇的公共服务设施的规划和建设水平远不如大中城市公共服务设施的建设水平，这种不均衡，自然就存在着社会的不平等和不公平。

2）由于贫富差距的加大，城市公共服务设施为市民的服务度存在着巨大的差异和不公平性。弱势群体都随旧城改造、城市开发而被迫迁徙远郊，远离公共服务设施集中的城区；房产由于地缘价格的差异，弱势群体也只能购买相对价廉的远离中心的住房，那里的居住环境大多是高层高密度，居住在“无天”“无地”的“混凝土森林”中鸟笼式的空中住所；那里公共服务设施短缺，优质公共资源少，形成了儿童上学难，病人看病难，生活极为不便，明显地表现出公共服务设施设置和布局的不公平性，城市中心区呈现绅士化的趋向。

3）三类公共服务设施中，问题最突出的是第三类公共服务设施，即文化、教育、体育、医疗等，它较前两者生活服务设施和市政服务设施更为短缺，并更显示出它的不公平性。公共服务设施中的学校、医院、公园、绿地、广场等往往会滞后建设，甚至不建设了，特别是它们又不能适应和满足市民当今多样化和个性化的使用要求。

4）在第三类公共服务设施中最缺乏的是室外公共服务设施，如公园、绿地、广场等各类人群的室外活动场地、步行路、不受汽车干扰的街道等室外公共活动空间体系。城市是人们聚会、交流、放松、休闲和享受自我的场所，而现在居住在城市里的人只有家庭生活——且又都是室内的家庭生活居多，非常缺失共同享有的城市公共生活，尤其是室外的公共的城市生活。而一座城市的公共领域——街道（步行街道）、广场和绿地、公园、小游园等开放空间就是提供这些活动的舞台，它们不仅能使城市充满活动力，而且能促进人际交往、社会和谐以及城市文明的建设。

5）城市公共服务设施差异化少，不能适应多样化的城市居民的多样化的要求。由于城市居民处于不同的层次，不同的年龄，来自不同的地域，在政治、经济、文化乃至生活习俗等方面均有巨大的差异，呈现出不同层次的多样化和差异性的要求。因此，公共服务设施就要能适应不同人群的实际需要，而目前这方面都是很缺乏的。在规划中要特别关注老年人、儿童、妇女、残疾人及各类特殊人群的公共活动场地，为他们的交往和展现创造力提供良好的空间环境。

5.3.4.4 公共服务设施规划新趋向

上述现实中存在的问题就是我们在新规划中要努力解决的问题，但是要有新的思路，探索新的方法，这里提出几点：

1）以问题为导向，进行科学、合理规划

传统的公共服务设施规划是按“规范”指标刻板地分配、布局，甚至有的还是不达标的，而且都是“终极式”规划，重结果轻过程的规划模式忽视了动态社会变化中的差异。在全球化、市场化和信息化的驱动下，各个领域的变化给城市、社区和建筑的发展都带来了新的问题，它们也改变着城市居民原有的生活方式，居住形态呈现出多样化、多元化和多层次化的趋向。现有的“规范”中的公共服务设施大多已难适应当今多层次、多样化的需求。因此，要积极调整我们的规划思路，而对动态社会变化了的现实，在对市场进行调查研究的基础上，抓住现实中的重要问题，并以“问题为导向”，认真考虑和对待城市和它的市民多样化的要求，重视不同社会群体，尤其是弱势群体的愿望和切身要求（如不同年龄妇女的要求和儿童、老年人的要求）。将现实中的新问题、新功能要求列入规划的内容，把规划作为改善城市居民生活品质的手段。通过合理地调整城市公共资源的利用和布局，以规划的方式改变当前对弱势群体的不平等和不公正的社会现象，为实现社会公平稳定，促进社会可持续发展做出积极的贡献。高品质的城市生活环境是未来城市的核心竞争力，宜居城市实质上就是要提高平民生活的品质。在公共服务空间方面，除了认真考虑弱势群体的共同愿望和要求外，也还要考虑特殊人群的特殊要求，通过调研认同，确定不同特殊群体的属性，并为之规划设计相应的活动空间、场所，满足他们的需要。可以通过提供和设计一些“不期而遇”的空间，让个人获得更多的社会交往和个人才艺的表现机会，如一些城市存在的“外语角”和“艺术空间”“街头舞空间”等。为充分发展各个地区、各种文化和每个人的多样性和他们各自的特性提供充分的展示舞台，这样的城市一定是生动、有活力、有创造力的城市。

2）采用集中与分散相结合的布局原则

城市、社区公共服务设施的节点规划应以方便市民使用为最终目标，通过落实设施空间布局，实现规划供给的基本均衡，为市民公平地享用城市公共服务设施创建公平的条件。为此，采用“集中与分散”结合的布点方式是有利于实现这一目标的。在城市中心、社区中心以集中布局为主，在中心区外的各片区、组团则以可均衡的分散布局为主，以接近使用者，方便居民到达，达到“均等性”“接近性”和“均好性”的要求。

此外，除了均衡的布点之外，还必须考虑公共服务设施实行“差异化”的配套标准，建设多样化的设施，以提供给使用者选择的可能。例如：现在市中心设立的多厅电影院就实行了差异化的空间和差异化的经营，为顾客自我选择创造了条件；同样，一条美食街，也要能达到差异化和多样化的要求，严忌单一化，不论是品牌、品味、环境、价格等应该是多样化的，不论是富人、贫民都能找到他们合适的场所。

中央商务区（Central Business District）简称 CBD，是现在我国大城市追求和向往的城市公共服务空间，它是商务活动大集中的城市区域，被定为“商业聚会之处”，一般都布局于城市中心，城市经济、科技和文化设施高度集中，具有金融、贸易、服务、咨询、展览等多种功能，并配以完善发达的市政交通和通信条件，一流的建筑和完善的公共设施，甲级写字楼、大型购物中心等。纽约的曼哈顿（图 5-18）、伦敦的 CBD（图 5-19）以及巴黎的拉德劳斯、东京的新宿及我国香港的中环都是国际上最早形成的、相当成熟的著名的商务中心区，它们是 1950 ~ 1960 年代在旧有商业中心基础上逐步建成的。

我国改革开放后，也开始学习建设 CBD，著名的我国三大国家级的 CBD 为北京朝阳 CBD、上海陆家嘴 CBD（图 5-20）和广州天河 CBD，现在很多大、中城市也在追求它，CBD 建设先后都被提上议事日程，到 2009 年为止，北京、上海、深圳、天津、重庆、南京（图 5-21）、南昌、沈阳、杭州、西安、武汉、郑州、长沙等省会城市，非省会城市，如苏州、无锡、青岛、宁波、绍兴等都明确提出了自己的 CBD 的建设规划，并加速实施。

但是一个 CBD 一般占地 3~5km^2，甚至更多，其总建筑面积少则 500 万 ~ 600 万 m^2，多则上千万平方米，其中心地价都高于 CBD 周边地价，自然房价也是全城最高的。它引领全城房价和地价，房价地价及建筑的高度、质量、密度都从市中心向四周倾斜，直到郊区逐级降低，形成了“金字塔”

图 5-18 纽约曼哈顿 CBD

图 5-19 伦敦 CBD

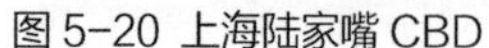

图 5-20 上海陆家嘴 CBD

图 5-21 南京河西 CBD（2012）

型的城市，这种以 CBD 为中心的大集中的布局方式，是否符合城市发展的规律，是值得商榷的。

何况，在信息时代，信息技术高度发达的今天，大银行、大公司总部是否一定要集中在大城市中心？观念都是在变化的，国外一些大公司就把总部设在郊区，如美国快餐大王麦当劳的总部就建成美国芝加哥远郊的奥克布鲁市（Oakbrook），2010 年奥市的固定人口才 7883 人；百事可乐的总部也建在纽约市的远郊区。一般认为 CBD 是市场经济条件下城市发展过程中的必然产物，问题是选择大集中布局，即一个城市就是一个大的 CBD，还是分散小集中布局？按照当今社会发展新趋向，城市的商务区、混合功能区和居住区应在各个区域综合布置，使城市居民工作、购物、休闲、娱乐和家庭生活都就近享用，CBD 应该分散于街区间。

3）多样化的混合功能布局

城市公共服务设施和公共服务空间其功能是分门别类、多种多样的。这些不同的功能设施宜混合地布置在一起，相互结合，构建在一个综合体内，其规模大小根据其服务人口而定，它们不一定追求空间都很巨大，但一定要内容多样化、差异化，可以做到“小而全”，这样的设施规划能适应多样化的人群和多样化功能使用的要求，有利于达到汇聚人气的效果。因为人气的合聚有两个因素，一是人的数量，二是人来使用的时间。“小而全”的设施布局有利于促进这两个因素的作用。此外，这样的混合功能布局有利于节约使用者的时间，提高其效率，同时对节约城市用地、实现城市紧凑型的布局也是相一致的，符合可持续发展城市的建设要求。

4）减少、避开小汽车的干扰，创建更多的安全、健康的生动的人际活动空间和步行街道、步行空间

小汽车侵入城市，抢占了传统城市的街道空间，代之以汽车大道。城市中人际交往、购物、聚会的步行的人的空间，都变成了汽车的空间。当今，为了实现可持续发展的以人为主体的城市，必须大力改变这一状况，通过新型的规划，还城市活动空间于人，将汽车侵占的空间还予人，将车子尽可能地限于城外，限于中心区外，限于人活动的空间区域之外，甚至将车行并停于地下。有公共服务设施的场所、空间都要限定汽车的进入，将它们转入地下或屋顶上，既保障能方便到达，又避免人、车相混于公共服务空间中（如步行街、广场、室外活动场地、绿地等）；只有避开汽车的干扰，才可能创建一个充满活力的、安全的、健康的、可持续发展的城市，让市民拥有更多的城市公共生活、更多的城市户外生活，更多地接触自然、享受自然（阳光、绿化）的生活。城市公共服务空间适度发展，将有利我们创造适宜的人类住区的生活环境。

5）公共服务空间的规划要充分重视文脉的延续、传承和创新

城市的物质空间形态要具有积极因素并能体现历史文化特征，城市的公共服务空间的发展与历史的文化变迁密切相关，并有利于促进城市空间文化特色的产生。

为此，我们在旧城改造和建设新区时，要关注场地原有的“肌理”，要注重与周围的历史文化环境相协调，并将城市空间看作是新陈代谢的、有生命的机体，实践“有机更新”。

我国的大多数城市都是在传统城镇基础上发展而来的，从传统城镇的空间结构（Spatial Structure）和城市肌理（Texture）中可以寻找到城市空间发展的文脉（Context）和历史发展的轨迹，在这些隐形的遗产中，发掘新老空间在结构上发展的结合部或切入点。

对于一些古城的历史文化地段、独特的自然环境以及空间要素，如广场、街道和历史性建筑等应采取整体特征与传统的保护，使得新老空间在同一地区共生为一体，不破坏原有的整体空间结构，这是对显性的历史文化遗产的直接发扬与延续。

此外，新规划的公共服务空间也一定要注意创建空间规划的文化特色。空间形态的文化特色除了形成于历史发展的积累和沉淀之外，还有其更主要的一面，那就是城市文化特色的创新。这就是文化发展的观念。城市文化的特点，某种程度上就是不同历史时期的不同管理者、规划者和设计者素质的综合反映，其中也包括了使用者的参与和设计。这些素质综合反映了不同的文化价值观，它不仅受传统文化、各地的乡土风俗和传统习惯的影响，而且应承受当代新的科技、新的生活方式及外来文化的冲击。

由于城市文化的发展是多元的，我们从可持续发展的观点出发，认为城市文化特色的更新和再创新是城市空间多样化的重要组成部分。当代的文化绝不是单一的，而更应该是以多元化为特征的文化特色，不仅是对传统文化的继承和发展，也是在当时、当地环境中生长延伸和创新的结果。

5.3.5 可持续发展城市的公共交往空间的建构

城市公共交往空间（Public Contact Realms，PCR）是市民可随意、自由、自在进行公共交流，开发公共活动的室外空间场所，它不同于特定的活动场所，如舞厅、会场、教堂等，它们被占据开展活动的时间比较固定，公共性有限。城市中公共交往空间的建构是重在满足人们精神需求，在某种程度上比单体建筑更为重要。因为，随着人们生活水准的提升，人们对自己生活的城市或街区提出了越来越多、越来越高的要求，越来越关注公共交往及公共交往所需要的场地、环境及设施。而现在我们的城市，物欲横流，但人情浅薄，同住一幢楼，但都是“老死不相往来”。它不是现代人缺失热心和友善，不愿与彼此交往，而是他们很难找到合适的场所可以进行交谈、交往。因为城市中这类“不期而遇”的交往空间没有被规划安排或规划安排不够！

今天，我国经济已有了很大发展，人们越来越富足，社会越来越物质化，但是物质仅仅是人的基本需要，人的更高需求是精神。现在物质发展与精神发展的反差渐渐凸现，奢华消费和精神空虚并存。人们在精神上和文化上的需求和愿望得不到正常的满足，人与人、人与社会的关系也就很难融洽、和谐，对生活的城市环境也就较难产生认同感、归属感，自然难以产生新的“乡愁”。

人们背井离乡来到城市，不仅是为了实现自己的价值、抱负和梦想，满足生存的物质需求。现代

图 5-22 公共交往空间多样性

城市生活物质性因素的满足是相对容易的，而人们对精神、情感和文化以及由此产生的亲切感、认同感的需求，在现代城市生活中也是普遍的，并在不断增长中。这类需求是更深层次的需求，相对来讲较难被人理解和关注、重视。其实，人与人、人与社会的情感、文化和精神的驱动力，不仅促使人们更积极地生活，尽情共享城市生活的欢乐，而且也是城市的活力，促进城市的可持续发展。

因此，在新区开发和旧城改造中一定要特别关注城市公共活动空间的建构。特别是新的时代，人们将会有更多的精力和创意，开展新的活动，鼓励市民在这些交往空间中，尽情地自我表现，这将有助于创造健康和有活力的城市，创造一个“健康城市”。

建构这类公共交往空间，首先要在城市规划层面通过规划建构城市公共交往空间层级体系，包括市域级的、片区级的、社区级的、街坊级的和邻里级的公共活动空间和场地。在上层级规划中对下层级提出具体的指标控制要求，而落实公共交往空间的建构主要应依赖于城市或社区规划设计及建筑设计。因此，规划师、建筑师应该倾注心血，设身处地地进行认真、细致的规划和设计，为此提出规划设计公共交往空间（PCR），一般宜注意以下几点：

（1）易达性：公共交往场所要尽量靠近通行易达的地方，甚至提供“不期而遇”的交往机会和场所。

（2）舒适性：建构的交往空间场所应有较好的空间环境，包括阳光、通风、良好的休闲设施、绿化景观等，具有吸引力，促使人们愿意并喜欢到这里来，积极参与、共享、交流。

（3）安全性：公共交往场所的位置既要能方便到达，又要避开主要交通干道，避免受机动车的干扰，同时要避开有危险的对象。

（4）多样性：公共交往空间要适应不同人群的使用，正视他们的差异性，不能采取单一的模式和单一的功能，要能满足社会各阶层人群的各类需要，满足的面越广、越普及，参与的人群就越多。各种特殊的人和人群都能找到他们合适满意的场所，包括无家可归的人、街头艺人等群体，如图 5-22 所示。它对社会的作用越大，城市的人性化，或人性化的城市就越能让人有真实的体验。

多样性要求有多样化的形式和表达，即使是同一主题的公共交往空间，也要有不同的规划设计表现手段，以形成特色、趣味和地域文化，同一地域的不同地点也要有不同的形式。

（5）因地制宜，经济可行：公共交往空间建构要因地制宜，不宜采用标准模式。只有这样，才有利于产生多样化的形式。形成多样化并不靠豪华设施，而重在适用又经济。

5.3.6 可持续发展的城市规划——开放式规划（Open Planning）

5.3.6.1 开放式规划新思路

开放式规划是适应动态社会城市发展的需要，研究提出的一种新式的规划方式，即“开放式规划”。它是针对传统的自上而下、强制性的、“终极性”和封闭式的规划方式而提出的一种新的规划思路和方法。

因为当今社会是一个“开放世界”（Open World）的动态社会，规划工作涉及的很多要素及其信息，无论是规划工作初始状态的信息，还是目标状态的信息，往往都是不完整的。即动态社会的不确定性是客观存在的，而且是难以预测的。此外，当今社会城市的多样性要求也越来越突出。这种“不确定性”和“城市多样性”给城市规划提出了新的挑战。原来传统的规划思路和方法显然已难以适应这种挑战以及动态社会“变化”的要求。也就是人们常说的“规划不如变化”“经典规划，难以落地，只能挂挂”。为此，开放式规划就是期盼突破传统规划，探索新的适应“开放世界”的规划途径。

5.3.6.2 开放式规划的探索

在我国，由于城镇化大力推行，全国各地进行了大量的各种层次的城市规划工作，并进行了积极的探索，提出了一些新的规划思路与对策。现主要介绍以下几种方式。这些新思路、新方式，由于各人理解的不同，它们之间目标是一致的——即探索“开放世界”，在信息不确定的状态下，如何开展有效的规划设计工作；其共同的出发点都是要突破传统规划模式的弊端，促使传统的“蓝图”式终极性规划转为动态的过程性规划；促使传统的技术层面的理性规划转变为社会性的人性化的规划；促使传统的物质形态的空间规划转变为经济、社会及空间形态的综合性规划；促使传统的精英主导的官式“封闭性规划”转变为公众参与的“开放式规划”。但在具体方法上是不完全相同的，可以互相借鉴。

1）公众参与协调式的规划工作新方式

它是以多元利益主体合作参与的协调式的规划。在规划设计管理者主持下，邀请规划区域内的相关部门、社会群体和管理者、规划师们共同参与该区域规划工作的全过程，进行互动交流，各自提出符合本部门、本群体各自利益需求及拟开发建设项目的创意内容，进行评估并从中挑选能够落地运营的项目创意内容，将其落实到规划设计成果中。这种新的公众参与协调式规划途径，其核心是使规划回归市场的需求，回归利益相关群体的需求。

深圳市这些年来对新时期的城市规划工作进行了积极的探索和实践，实行全社会全过程的公众参与规划，打破以往的专家规划与精英规划的模式，城市总体规划采取“政府组织、专家领衔、部门合作、公众参与、科学决策”的工作机制，取得了较好的效果。

2）基于逻辑方法的开放式规划 [1]

国内有些学者探索应用计算机和信息技术开展智能规划（Automated Planning）研究，以探索开放世界的规划问题。但是在实际应用中，规划初始状态和目标状态很多信息是缺失的或不完整的，存在着很多不确定性。因此，开放世界中的规划问题目前还是一个难点。因为，在开放世界中，某些对象可能是未知的，难以获得和考虑未知对象的相关信息。如何求解开放世界下的规划问题?有的学者将不确定的变量信息称为“带有变量的目标状态为询问目标”，并称“可以将带有询问目标的规划问题归为开放世界中的规划问题”，即“开放式规划问题”。他们针对带有询问目标的规划问题提出了一种新的求解算法，称为PQG法（Planner With Query-Goal）。由于规划问题是逻辑可解释的，因此，可以将一个规划问题映射为一个规划逻辑问题，然后利用规划推导方法求解，最后将推荐的结果转化为规划问题的一个规划解。他们采用推理方法来求解这一规划问题，开发了

---

1 高洁，刘亚松，卓汉达，李磊. 基于逻辑方法的开放式规划问题研究 [J]. 计算机应用研究，2016（5）.

智能规划求解的 PQG，并有效地解决了具有询问目标的智能规划问题。但是，这个方法是跨行学者研究提出的一种开放式规划方式，这个研究的规划不是专门针对城市规划领域的，不可能直接应用于城市规划工作，此处介绍这个方法，也只是提供一条思路——智能规划，这需要多学科合作，进行跨学科的研究。

3）非终极性的开放式规划

非终极性的开放式规划也是针对传统规划的弊端，突破蓝图型的经典规划和封闭式规划和“一张图”的“全覆盖”式的规划模式，以适应动态社会“开放世界”的“多变”的不确定性和“多样化”的时代特征，寻求一种能促使城市稳步、协调、健康和可持续发展的城市规划新模式。真正保障城市在社会发展、经济发展和生态环境三方面能够协调、可持续发展，从而成为一个真正可持续发展的城市。它与上述两种开放式规划的方式在目标上是一致的，但实现这个目标的策略是完全不一样的，甚至有本质上的差异。为了区别于上述两种“开放式规划”的理念和方法，我特地加一个前缀词——“非终极性”，故称为“非终极性”的开放式规划。

提出“非终极性的开放式规划”，顾名思义可看出它的特点：

（1）它不是终极性的规划，即不是静态的、刚性规划，而是动态的、弹性的，是刚性与弹性相结合的阶段性的过程性规划。

（2）它不是封闭式的纯精英式的经典规划，而是提倡不同利益的主体，在城市主管部门的组织和主持下，采取政府——市场——社会——专家团队——公众参与的互动、交流、协商和讨论的开放的规划方式。

（3）它也不是“全覆盖”“一张图”全面开花的规划方式，而是分层级的、多样性的、刚柔相济的开放式规划。“全覆盖”“一张图”式的规划模式近年来在我国各地推行，各地对其进行积极探索，促使了规划工作更加务实，更加公平合理。但由于规划工作各个层面影响因素复杂，利益主体及需求具有多元化，这种“全覆盖”式“一张图”的规划仍然有其不适应性。有的城市实践后，感到“在城乡规划法”严控之下，控规修改不仅没有得到有效控制，反而愈演愈烈，这种就地块论地块的“急功近利”式的修改，不断突破既定控规线，严重制约着区域的可持续发展[1]。

其实，非终极的开放式规划与它们根本的区别，主要不在方法上，不在于建构一个公众参与的开放方式，而是后者的规划方式是建立在一个新的开放的城市规划体系上。

5.3.6.3 非终极的开放式规划体系

1）非终极的开放式规划体系基本理念

开放式规划体系基本理念就是城市规划以人为本（For People），面向未来（For Future）、适应变化（For Change）和为可持续发展（For Sustainable）而规划的理念，即“四为”规划，

4 For：Planning For People

Planning For Future

Planning For Change

Planning For Sustainable

1 刘卫东，《控制全覆盖区域“后规划”的思考——基于温州现实的反思》，引自 www.wantangdata.com.cn 城市规划 . 协同规划——中国城市规划年会，2013.

“四为”（4 For）理念中，最核心的是以人为本（ For People），即规划以人为核心，以人的生活需求为出发点，不是“以车为主”“以政绩为主”；“For Future”就是把时间因素作为规划思考的一个纬度，把现实和未来融合一起，不仅考虑当代人的需求，而且也对后来人的需求的满足不造成负面影响和作用；“For Change”就是正视现实，充分认识理解和尊重当今动态社会“不确定性”和“多样化”的现实特点，提供一种有充分“适应性”“包容性”“可变性”的动态弹性的规划方式；“For Sustainable”是规划的目标，即为城市能实现社会、经济和生态环境的可持续发展而规划。

从上述非终极的开放式规划的基本理念来看，可以说它是把城市看作是一个活的，可改、可变，又可生长的，并能新陈代谢的有机生命体。它就是一个开放的城市规划体系。因为，按生物学和生态学观点认为，系统的开放性是系统持续发展的必要条件，任何有机的生命体在其面临环境变化时，都保持着开放性的特征。这种特征是一切有机体在生物圈中与环境协调、交流的基础，是有机体适应环境变化、保持可持续生机和活力的保障。全球性的生物圈就是一个最大的开放系统。它之所以能够自我平衡，保持稳定正常的发展和变化——保持一种持续的发展模式，就是因为它是一个真正的开放系统，系统内质和能量在不停地变换和活动。非终极的开放式规划，就是旨在建构一个开放的规划体系，以适应开放世界的“不确定性”“多样化”和“多元化”的挑战。建构一个新的规划途径，它遵循开放性规划的理念，实行规划决策的开放、规划过程的开放、规划方法的开放，使规划的成果能形成一个自我梳理、调整和平衡的系统，以保障城市能可持续的稳定、健康的发展。

2）非终极的开放式规划体系的建构

非终极的开放式规划体系建构策略

为了建构一个新的开放规划体系，遵循开放式规划的基本理念，并使之付诸实际，采取以下建构策略。

（1）层级思维策略

开放式规划应用“层级”思维，并实行梯度决策和分清规划层次。层级思维就是重视梯级关系。它是研究复杂事物的有效方法。区域规划研究者贝瑞认为：城市应当被看作为互相作用和相互依赖部分组成的实体系统，他们可以在不同的层级上进行研究，而且他们也可被分为各种次系统[1]。按照层级关系来规划设计各项要素，以建立整体与部分、上层与下层、现实与未来之间的关系。从人类住区的宏观来看，规划的层级梯度按区域范围尺度的大小可分为：区域（城市群）—城市—片区—社区—街坊。这样的划分层级主要是考虑易与我国的行政体制相一致，有利于规划与管理，即市—区—片街道办—居委会，两者相对应便是：

城市规划——市政府属下区域空间范围

区规划——区政府属下区域空间范围

片规划——街道办事处区域空间范围

社区规划——居委会区域空间范围

按照我国《城乡规划法》，城市规划、镇规划划分为总体规划和详细规划，详细规划分为控制

1 孙施文. 现代城市规划理论 [M]. 北京：中国建筑工业出版社，2007.

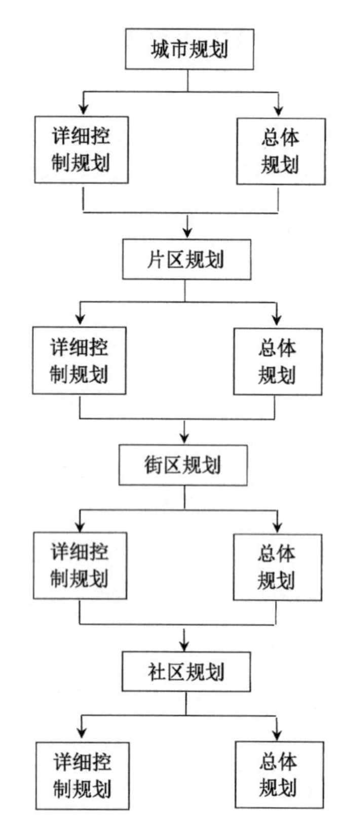

图 5-23 层次规划体系图

性详细规划和修建性详细规划。上述层面的规划至少包括两个基本的规划，即总体规划和控制性详细规划。它们的工作关系如图 5-23 所示。

图示表明的关系是：

① 上层规划对下层级规划起着控制性和引导性的作用；

② 对上层控制性内容下层规划必须给予落实，它具有法定性；

③ 引导性内容是下层级规划自主规划的内容，也可能成为它对下层规划起着控制和引导作用。

开放的城市规划体系中，每一层级的规划都有相对的独立性，但上下层次规划又是相互关联的。每一层级的规划是对上一层级规划的对接、落实，也是为再开发、再规划、再创造提供更多的灵活性和包容性。因此，不同层级的规划决策既受到上一层级规划的制约，又给下一层级的规划制定新的制约。但是每一层级的规划都有它自身的独立性、完整性和再创造性。城市是处在连续发展和变化的过程中的一个结构体系，开放式规划就是为适应这一结构体系而提出的重在过程性、动态性而非终极性的开放规划体系。

（2）要素分析策略

①按照系统论思想，可以认为：任何一种事物都是由彼此相关的各种要素所组成的系统，系统中每一个要素都有着各自独立的功能，而这些不同的功能之间又相互联系，从而建构一个完整的有结构的有机统一体。

②城市与建筑，从空间与空间形态的视点观察，二者是相似的，城市是放大的建筑，建筑是浓缩的城市。现代的城市综合体，其实就是建筑综合体，就是建筑城市一体化。之所以把它称为“城中城”（City With in City），就是因为这个道理。正如此，我们从“开放建筑”理论中得到启示，认为城市的物质空间形态就是由两种基本要素构成的，一是物质要素（Material Elements），二是空间要素（Space Elements）。物质要素包括自然物质要素（如：地—山—水—林等）和人工物质要素（如道路交通、基础设施、公共服务设施、建筑及历史遗迹等）；空间要素包括基本功能空间（居住空间、工作空间、生产空间、休闲娱乐空间等）、公共服务设施空间 [市政工程、消防、人防、环保等等设施所需空间以及交通空间（水—陆—空）]，包括对外交通空间及区域内部的道路交通空间，如图 5-24 所示。按照我的理解，规划就是将各规划要素按照一定的法规、规则，进行合理的科学的布局，建构一个有机的统一体。即规划 = 要素 + 规则，即 P=E+R，（Planning=Elements +Rules）。这两类空间按照一定的法规和规则，在所辖区域规划土地的范围内进行合理的安排、科学的布局，构成一个有机的统一体，从而构成了城市总体的框架布局模式。

这两种构成要素，我们对它们进行进一步分析，就会发现它们各自又有两种类型，即“不变”的要素和“可变”的要素。因为“变”与“不变”是物质世界两种相对的存在方式，事物在一定时

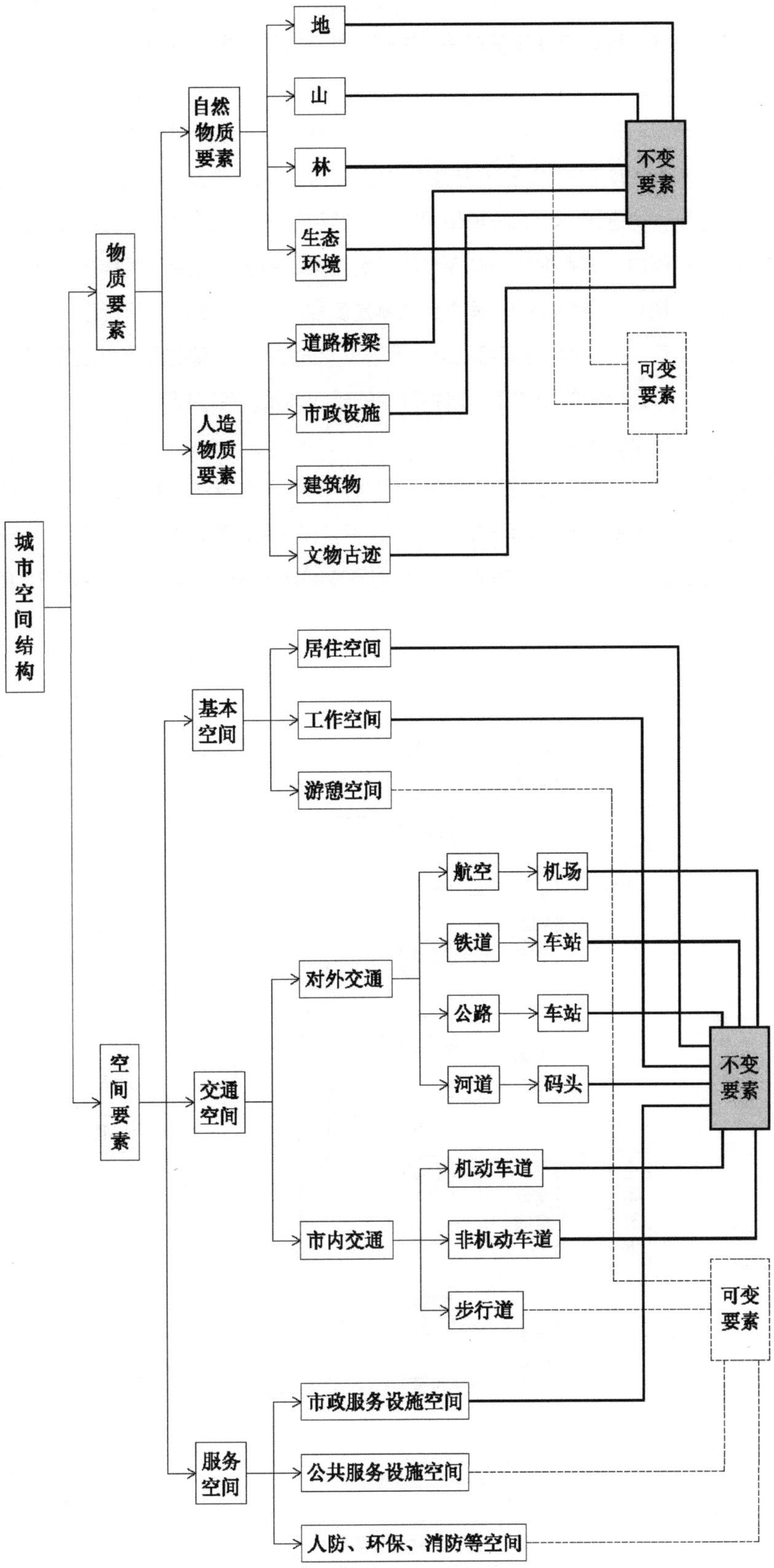

城市空间结构
物质要素
自然物质要素
地
山
林
生态环境
人造物质要素
道路桥梁
市政设施
建筑物
文物古迹
不变要素
可变要素
空间要素
基本空间
居住空间
工作空间
游憩空间
交通空间
对外交通
航空
机场
铁道
车站
公路
车站
河道
码头
市内交通
机动车道
非机动车道
步行道
服务空间
市政服务设施空间
公共服务设施空间
人防、环保、消防等空间
不变要素
可变要素

图5-24 城市构成要素分析

空范围内具有稳定性、固定性。具有这种稳定性、固定性的要素，我们称之为不变的要素；所谓变化是事物的某种非稳定性，即动态性和多样性，具有这种特征的要素，就称为“可变”要素。我们针对“变”和“不变”的两类要素，分别采取不同的规划策略。“不变”的要素我们把它作为规划的支撑要素，作为第一阶段的规划要素，遵循一定的法规及规则，进行规划设计布局，建构一个城市总体空间框架，作为一个城市总体的基本方案，我们称之为“母”方案；再利用“可变”的要素，将它们作为“填充体”，也遵循一定的法规和规则，按照利益方的合理需求，经过参与协商，将它们安置于基本方案的框架内，二者构成一个完全的规划方案。由于“可变”要素是动态、多元、多样的，因此由后者通过规划设计构成的方案也自然就是多种多样的，我们把前者称为“母方案”，则可把后者称为“子方案”。一个母方案可以造就若干个“子方案”，即它是可以放开“生育”的。二者结合，就构成了一个开放的规划体系。这种开放的规划体系，可以以不变应万变，较好地适应了“变”的要求，如图 5-25 所示。

开放式规划体系中的“不变”和“可变”部分是互补的。一方面它们相互区别，各自独立，自成体系；另一方面相互补充又构成一个完整的统一体。不变部分构建的总体支撑框架是可变部分构成的填充体赖以生存的基础，可变部分构成的填充体是对不变部分构成的框架支撑体存在意义的体现。

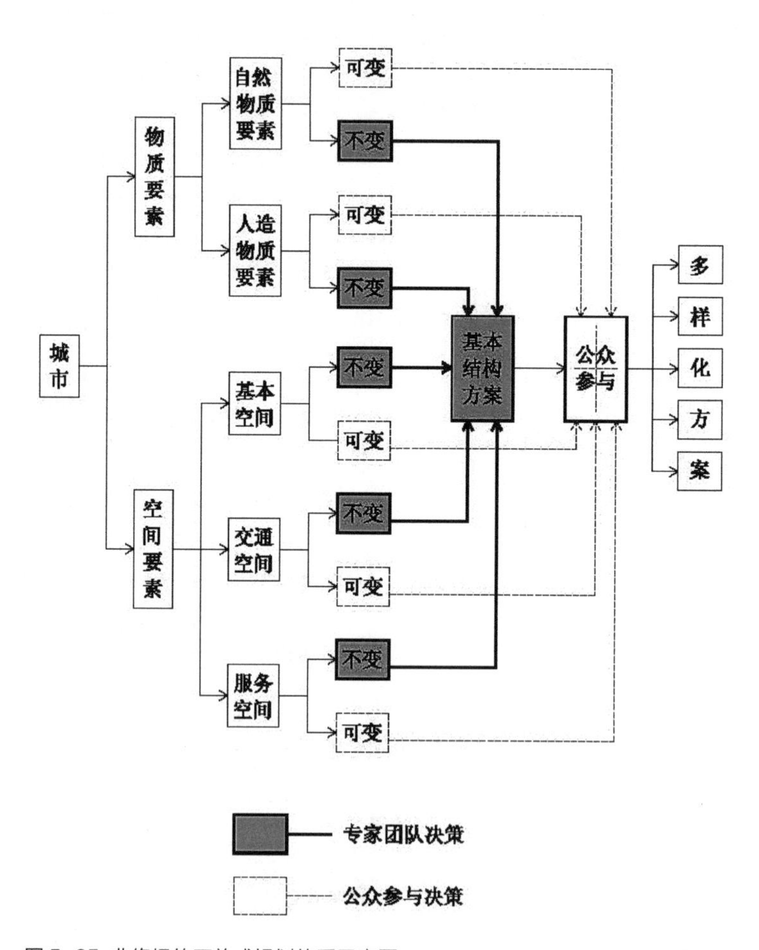

图 5-25 非终极的开放式规划体系示意图

（3）刚柔相济的弹性策略

城市空间形态发展的过程，总是与社会发展、市场的活动相伴随的，它们致使城市空间形态（Form）总是处于一个不断变化的动态过程中。尤其是当今信息时代和经济全球化的时代，刚性、固定的空间规划越来越显示出它是不能适应变化的需要的。采用刚柔相济的规划策略，就可为规划提供足够的弹性的空间和包容性空间；为城市发展留有可变的余地；为城市“自下而上”或自组织发展提供一个适当的空间发展容量；为“自下而上”和“自上而下”相结合的开放式规划提供可能；更能为城市可持续发展创造极有利的条件。

刚柔相济的弹性规划策略就是针对不同人群需求的差异性进行空间资源分配；针对不同的休闲活动类型的差异特质进行空间资源分配；针对不同层级及同一层级不同的片区、社区、街坊、地段的差异性进行空间资源分配；对开发行为的控制既有法定的又有引导性的；在控制方式上为市场运作需求保留一定的可供变更调整的空间；开发强度和容积率的控制采用一定的控制区间，根据市场规律制定弹性控制指标，即制定上下限指标，确定最高上限和最低下限，以因时、因地、因事而合理选定。此外，对不同的地段，刚柔相济的把握也应不同，对于中心区、重要城市节点、历史保护区等地段，刚性要求多，弹性小，一般地段刚性控制相对可以灵活一点；对于建筑密度、绿地指标控制也应如此，如图5-26。

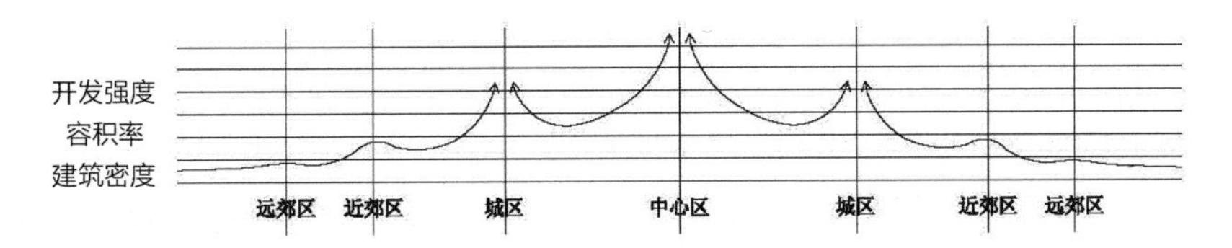

图5-26 弹性控制示意图

（4）采用开放的决策机制

开放式规划将城市的实体和空间分为可变和不变两种体系，这为建立不同层级的规划决策体系创造了条件。开放的决策体系分为两种，即专家决策体系和公众参与决策体系。一般来讲，“不变”的空间要素和“不变”的物质要素的规划，主要由专家团队规划决策，即按相关的法规和专业的科学、技术、经济的原理进行规划决策，并以他们为决策主体，但也通过反馈，吸纳公众参与；另一决策体系是规划团队与相关利益主体和使用者公众参与的共同决策体系。“可变”的空间要素和“可变”的物质要素的规划布局（城市空间框架体内填充体），通常是由这个公众参与的决策群体，讨论协商决策。它为投资者、使用者参与的规划设计提供了可行的途径，这样的规划充分尊重了多元利益主体的意愿和使用者的诉求，体现了市场的需求和公民的意愿。

两种决策体系不是孤立的。专家决策是上一层次的决策（支撑的物质体系和支撑的空间体系），它既要满足城市发展上层规划的基本要求和相应的法规和技术标准，同时又要为下一层级的规划决策创造足够的弹性空间，为市场运作和社会人群多样化要求的满足提供最大的灵活性和方便的操作性。公众参与式的决策是在专家团队决策所提供的支撑体系的空间框架内进行的操作，根据自身的需要，发挥自己的创造力，协商共同决策自己满意的城市生活和工作环境。

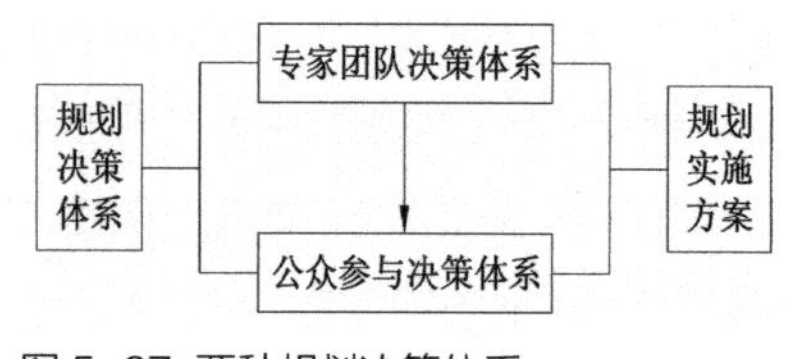

图 5-27 两种规划决策体系

两种决策机制除了互动思考之外，也应提倡在全过程中二者不断地交流、互动和合作，即提倡在专家决策阶段多了解市场和不同群体的社会要求，多体验他们的生活和工作方式；在公众参与的决策阶段，专家们要主动多介绍他们的初步构想这一层级的支撑的空间结构体系，以便相互进行交流。两种决策体系参见图 5-27。

（5）采用功能混合土地使用策略

近现代国内外城市规划都遵循“功能分区”的原则，这是国际现代建筑协会组织（CIAM），在 1933 年第四次会议上提出的。此次会议主题是“功能城市”。会议发表了《雅典宪章》，会议宪章最突出的内容就是提出了城市的功能分区理念。它认为城市活动分为四大类，即居住、工作、游憩和交通。这四大类活动是城市规划分析和研究的最基本的功能分类，并提出城市规划应当处理好居住一工作一游憩一交通的功能关系，并把该宪章称为现代城市规划的大纲。这个《宪章》的确对此后的城市规划的发展起了非常深远的影响。国内外很多城市规划都遵循了功能分区这一原则。在当时及其后一段历史时期，对城市规划的发展起了积极的作用。因为《雅典宪章》最早提出了以人为本的思想，提出城市中广大人民的利益是城市规划的基础、规划要以人的需要和人为出发点，并以人的尺度和需要来估量功能分区的划分和布局。但是，随着时间的变迁，城市的发展，它的局限性也渐渐显示了：不能适应当代城市发展的新特点、新需求。因为，《雅典宪章》的思想是奠基于物质空间决定论的基础上。其实，功能分区的思想最早出现于 1920 年代，当时，法国建筑师弋湟于 1917 年出版了《工业城市》一书，书中弋湟主张将各类用地按照功能划分得非常明确，使它们各得其所。这是“工业城市”设想的一个最基本的思路 [1]，但是“功能分区”没有考虑城市居民的人与人的关系，忽视了人际交往活动。因为人类活动要求有相应的便于交流、交往的活动空间和场所，即设有能创造一个综合的多功能的活动环境。结果城市变得冷漠、单调、缺乏生气，使城市患了“贫血症”。为此，提出采用功能混合的土地使用策略，以期盼改变这种城市病态环境。这样，可以将单一的功能分区变为综合功能社区，有利于将人群活动中互相关联的功能集中组织，方便居民使用，促进人际交往。这样也为规划工作提供了一定的简便条件，不需将每一地块都过早地去确定它的功能，除非是某种专属的特殊用地功能。对于这些特殊专属要求的土地使用功能，我们就将它作为一个不变的要素，来规划布局，由专家团队来决策，其余的地块都可作为可变的要素，包括地块大小及功用，保留作为弹性规划。为了提供规划弹性的有利条件，建议将土地划分尺度增大，先大块，再详分，先以主要干道为界划分大地块，再根据城市发展、开发的要求对这“大块”再进行规划，确定其次干道、支路和地块的大小，按照开发发展时序分阶段性地进行，这样就呈现出它的过程性、动态性，而非终极性。这样的规划既不失总体性，也有利于可持续性。

1 孙施文 . 现代城市规划理论 [M]. 北京：中国建筑工业出版社，2007.

5.4 新城市的探索

5.4.1 田园城市（Garden Cities）

图 5-28“田园城市”之父——埃比尼泽·霍华德（1850.1.29-1928.5.1）

5.4.1.1《田园城市》来历

19世纪末，由英国著名社会活动家、城市学研究者埃比尼泽·霍华德（Ebeneger Howard）（1850 ~ 1928年）（图5-28），针对当时大批农民流入城市，致使城市拥挤、膨胀、市民生活条件恶化等问题，出现了城市中心区的“脑溢血病”和城市边远地区的“瘫痪病”等现象提出。霍华德出身于英国伦敦一个小康之家，曾去美国生活过一段时间，目睹了美国芝加哥城市大火灾后如何重建的大辩论。火灾是在他到芝加哥前一年发生的，那场特大型火灾烧毁了17万幢住宅，全城三分之一居民无家可归，当地原计划建设庞大公园的计划受阻。那场城市重建大辩论的核心就是公园的建设问题；几年后，他回到了英国，回国后，他参加到当时的改良运动中。当时的伦敦，人口膨胀，城市人口已达450万人，并且还在快速发展，住宅短缺，地价上涨。他作为一个社会活动家，目睹并亲身经历这些社会现象，他了解并同情贫苦的市民，这些经历对他日后的“田园城市”概念的构想与成型，无疑产生了积极的影响。加之，他也受到早期社会主义乌托邦思想影响，同样也受到俄国无政府主义者，地理学家彼得·克鲁泡特金（Peter Kropotkin）（1842 ~ 1921年）的影响，并且把他们的思想往前大大推进了一步。彼得看到并认为，电气交通和电力有着非常的灵活性和广泛的适应性，可为拥挤的城市向分散的小的城镇发展奠定基础；同时认为，新的快速交通和通信手段的出现，加之地区可并网发电，这样会使小城镇可以同样享受到现代技术设施，也能方便地享受到过去被大城市垄断的城市资源，同样可以参与和组织富有生气的社会交往活动，并能与过于拥挤的大城市相媲美，城乡之间、农工之间的区别也就打破了。霍华德在这些思想的影响下深深认识到，要缓解城市的拥挤状况，不能靠大城市向郊区发展，建设郊外居住区，而是应该把城市的所有功能疏散开来，寻求一种城市与乡村稳定而持久的结合。因此，他提出了城市建设与发展的新的设想，即建设新型的“田园城市”，于1898年出版《明日——一条通往真正改革的和平道路》一书。1902年修订再版，更名为《明日的田园城市》（*Garden Cities Of Tmorrow*）。这是一本具有世界性影响力的、常青的经典之作。一个多世纪过去了，这本书至今对我们的城镇化仍然有着重大的理论意义和现实的指导意义。

5.4.1.2“田园城市”理论的主要内容

霍华德提出的《田园城市》理论的主要内容包括以下几方面：

1）扭转城市人口不断迅速集聚的进程，走反向城市运动的道路，把解决大城市盲目扩展的问题建立在“疏散”的基础上，疏散过度拥挤的城市人口，包括疏散城市的各项功能，让流入城市的居民返回乡土。

2）“田园城市”包括城市与乡村两部分，他把城市与乡村两者建设结合起来，将城市生活的优点和乡村优美的自然环境二者和谐结合起来，建设一个兼有城市和乡村优点的理想城市，构建一个介于二者之间的城镇模式。可以说“田园城市”实质上就是城乡一体化的综合体。他提出建立一个“城乡磁体”（图 5-29）[1]，把城市高效率、高度活跃的生活和乡村环境清新、田园风光的生活结合起来，摆脱城市面临的困境。

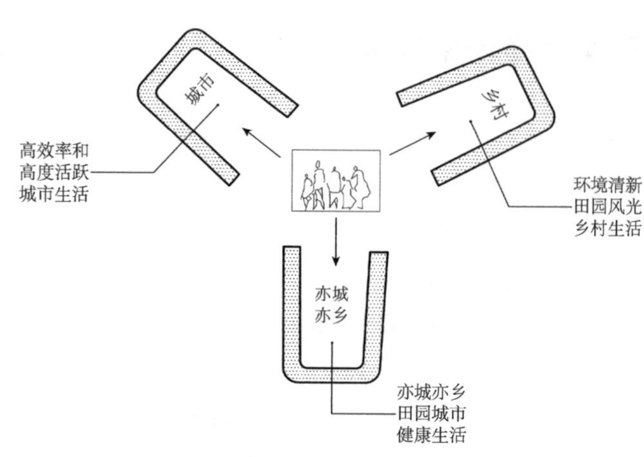

图 5-29 田园城市磁铁图

3）“田园城市”理论不仅仅是城市规划与建设的理论，它也是社会改革的思库，他主张改革土地制度，消灭土地私有制；主张土地归社区所有，地价的增值归开发者集体所有。

1919 年，英国“田园城市和城市规划协会”与霍华德商定，明确“田园城市”的含义是：田园城市是为健康、生活以及产业而设计的城市，它的规模足以提供丰富的社会生活，但不应超过这一程度；四周要有永久性的农业地带围绕，城市的土地归公共所有，由一委员会受托掌管。

5.4.1.3“田园城市”的规划模式

霍华德提出的“田园城市”方案，如图 5-30[2]、图 5-31 所示。

它包括城市和乡村两部分，采取“一心、四圈”的空间结构，城市居中，农村环绕城市。城市与乡村的占地比为 1 ∶ 5，一个典型的田园城市，占地 6000 英亩，约 24km^2（1 英亩 =0.405 公顷），其中，城市用地 1000 英亩，乡村用地 5000 英亩。农村用地除作耕地、牧场、果园、森林外，

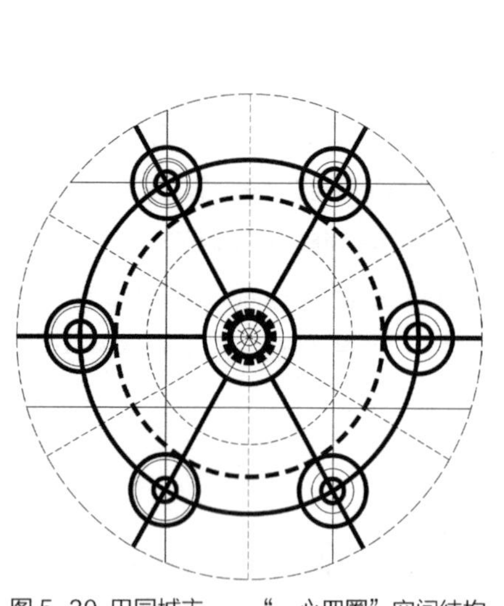

图 5-30 田园城市——“一心四圈”空间结构

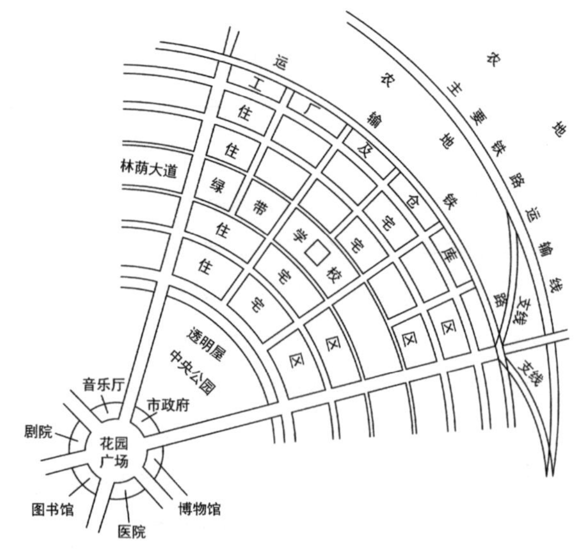

图 5-31 田园城市邻里单元

1 英・彼得・霍尔，科林・沃德 . 社会城市——埃比尼泽・霍华德的遗产 [M]. 黄怡译，吴志强校 . 北京：中国建筑工业出版社，2009.
2 英・埃比尼泽・霍华德 . 明日的田园城市 [M]. 金经元 译 . 北京：商务印书馆，2010.

还建设一些文化、卫生、休闲等服务设施，如大学、疗养院等，农业用地使用功能永不改变。田园城市的“一心、四圈”的空间结构，其城乡功能分布是：

“一心”——城市中心

布局有商业、政府和文化中心，政府办公楼、博物馆、美术馆、图书馆、剧院、音乐厅，医院及步行花园、广场等。

“四圈”：由内向外，功能布局如下：

第一圈——内城，居住社区及生活服务；

第二圈——外城：工厂、仓库、市场；

第三圈——郊区：花园、果园、绿带；

第四圈——乡野：农村、森林和保护区及休闲等活动。

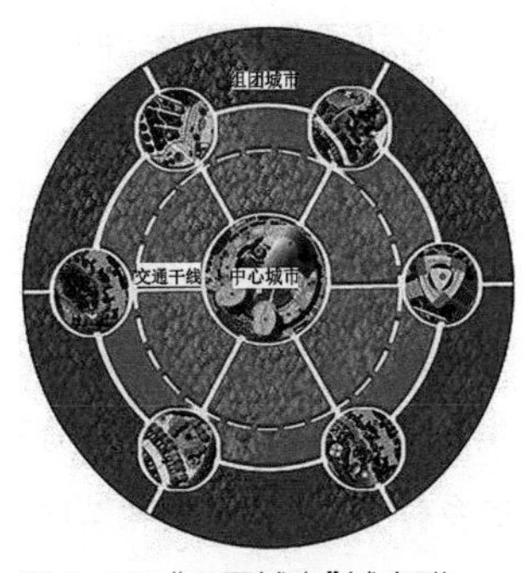

图5-32 “田园城市”城市群——区域城市（社会城市）

田园城市的平面为圆形，半径约1240码（1码=0.9144米，即等于1133.88米），中央是一个面积约145英亩的公园，设有6条放射形林荫道，由中心向四周辐射，将城市分为6个片区，即6个社区邻里单元。

田园城市计划可居住32000人，其中30000人居住在城市，2000人分散居住在乡间，以接近他从事农林工作的场所。田园城市规划确定，一旦城市人口超过了规定数字（32000人）时，则应建设另一个新城。若干个田园城市围绕着一个中心城市，就构成了一个城市群，霍华德称之为：无贫民窟、无烟尘的城市群。也有称之为“区域城市”或“社会城市”，如图5-32。城市群中的中心城市规模比单个田园城市要大，建议人口58000人，不超过60000人，城市之间以铁路相连。

5.4.1.4 “田园城市”理论的现实意义

“田园城市”理论经历了一个世纪的洗礼，尽管世界已发生了翻天覆地的变化，城市化正在全球不断发展，暴露出来的城市病已日趋严重。在历史的长河中，人类对自己生存与生活的住区——城市的建设和发展曾进行了各种不同的探索，通过回顾与反思，如今，人们仍然认为“田园城市”理论对实现今日城市可持续发展的目标，对中国城市化有直接、重要的意义。

《田园城市》理论内涵绝不等同于“花园城市”，两者有着本质的区别。一般人习惯地把绿化好、景观美、有山有水的城市就称为“花园城市”。“山水城市”，这种说法并没有错，但这只是城市表面形象的表述。因为“田园城市”内有中心大花园，外层有大片农、林、绿带，自然也是绿化好、景观美的，但两者内在基因和细胞组织结构是完全不一样的，“田园城市”不仅外在皮肤美，更美在它有机的肌体。其本质的特征可表述如下：

1）“田园城市”理论是完全、真正地建立在“以人为主”的基本信念之上，城市的主体是人，而不是物，不是车，一切以人为中心，从居民生活的实际需要出发，以人的尺度为依据，来确定城市规模、人口数量、城市空间要素及各要素的布局；充分考虑人居住、生活、工作、娱乐、休息、文化教育等服务设施，使其方便、舒适、健康、安全；提供有益人群交往的健康聚乐场所，不仅满足人的物质生活需求和人文生活需求，同时也要满足人对生态环境的需求。城市拥有足够的园林、绿地、田野、森林，以促进居民的身体健康和心理健康。“田园城市”设置有象征性的“水晶宫”，既是购物中心，又是城市花园，距离居民住地最远也就600多码（即500多米），步行即可到达，极为方便，并且是风雨无阻，因为规划有似水晶宫式的玻璃环廊；田园城市将住区布置于中心花园、市中心和工业、市场之间，上班、购物、休闲都很直接又方便。霍华德曾说：脱离了良好社会教育的城市环境往往是不可居，也是不可行的。因此，他在“田园城市”规划中，为居民提供了很多教育与文化设置，如博物馆、图书馆、剧院、音乐厅等，为城市提供了富有人文气息和人性化的、极具吸引力的公共活动交往场所，为人性发展和公共交往创造了优越条件。

2）“田园城市”不只是个“花园”，它的实质是一个城市与乡村的结合体。它把城市和乡村不像一般传统城市那样决然分开，而是反其道而行之，将最生动活泼的城市生活优点和优美愉快清新的乡村田园生活有机和谐地结合起来，使生活在这样城市的居民兼而有之，建构了一个兼有城市和乡村优越性的理想城市，也就是我国城镇化提出的“城乡一体化”的一种真实模式，可以完全改变传统城市“二元化”发展的弊端，为消减城乡差别提出了一条可行之路。

“田园城市”包括农业、工业、商业、服务等，它是“三产联动”的城市发展模式。霍华德认为：城市不应该是单一的“工业场所”、单一的“商业场所”或单一的“居住场所”，而应该有工业生产、农业生产都兼有的综合发展，即采用“三产联动”“产—城”一体化的发展方式，这有利于城市经济、社会、环境健康、稳定和可持续发展。

3）“田园城市”理论不仅是城市发展理论，也提出了社会改革的主张，意在通过一系列的社会改革，如主张取消土地私有制，实行“土地社区所有制”，以解决以土地为核心的城市过度集中、膨胀、乡村趋向衰竭的趋势；并认为要逆行大量人群向城市迁移的潮流，通过城市功能设施的疏散，把城市生活的优点和乡村生活优美环境中的优点结合起来，把城市或乡村的单向磁铁吸引力变为城乡结合一体的双重磁铁吸引力。

4）“田园城市”理论核心不仅在于提出了新的城市物质形式，而且在于将形成这种形式下的城市看作一个“有机体”的概念。他把生物学中任何有机体或组织的生长发展都有天然限制的这一概念，重新引用到城市建设中来，当城市规模发展到“某种程度”时，自然要繁衍一个新的有机体。在此理论基础上，城市群的概念及城市群的形态自然应运而生，这就为城市的可持续发展指明了方向和途径。

在《田园城市》和《城市群——区域城市》的空间结构模式中，可以看出霍华德对城市和环境问题的关注，他提出“城乡结合”模式及“区域城市”或“社会城市”的模式，其基本出发点是为了寻求城市社会问题和环境问题的解决，以求经济、社会和环境三元素的综合协调发展。他从整体出发，将区域、城镇和社区（包括乡村）三个空间层次及城市中经济、社会、环境三个系统的发展统一构想，协调解决。在他提出的“田园城市”规划模式中，城市的周边空间（即农业用地）利用它生产出健康食物，创造出健康的环境，满足人物质生活要求、人文生活要求和环境生活要求。

5.4.1.5 “田园城市”实践

1）田园城市之一——莱奇沃思（Letchworth）

霍华德提出的“田园城市”是一个切合实际的、可行的方案。在他的努力下，1903 年，在英国距伦敦 50 余千米的莱奇沃思，建设第一个“田园城市”实验城，如图 5-33[1]、图 5-34，城市人口规模 35000 人，城乡结合体共占用地 3818 英亩（1 英亩 =4047m^2），它因是世界上首座田园城市而闻名，其建造的目的在于解决当时莱奇沃思因人口数量激增而带来的城市肮脏和贫穷，及当地农村发展的问

1 罗小未 . 外国近现代建筑史 [M]. 北京：中国建筑工业出版社，2004.

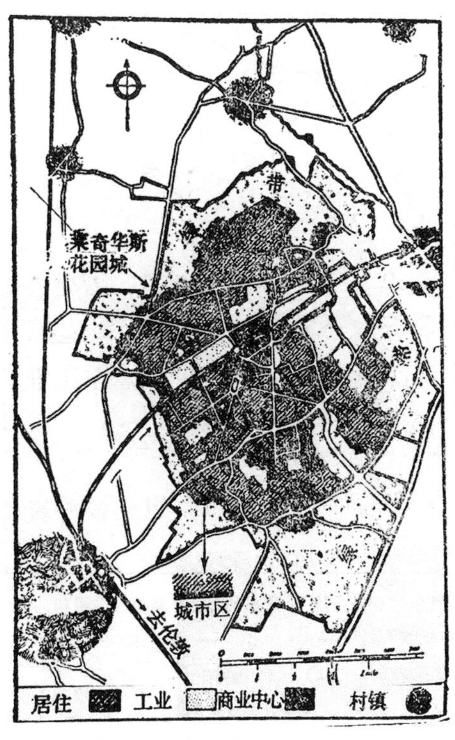

图 5-33 莱奇沃思田园城市

（a）21 世纪初景象

（b）百年前景象

图 5-34 莱奇沃思田园城市外貌

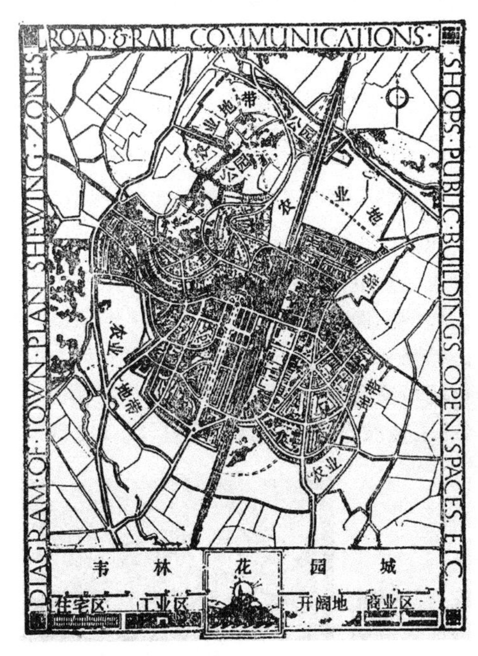

图 5-35 威尔温田园城市

题。建筑师巴里 · 帕克和雷蒙德 · 欧文被任命为第一座花园城市的总体规划设计师，他们应用霍华德的规划理念建构出了新的社区。将土地分为商业和工业发展、不同的居住区以及一条农业带的使用原则，100 多年以后，该地产仍然按照当初的创建原则经营着。

2）田园城市之二——威尔温（Welwyn）田园城市

1920 年，在距伦敦 30km 左右的威尔温（也有的译为韦林），开始建设第二座田园城市，并于 1932 年基本建成，如图 5-35 所示 [1]。

当时，确定的城市人口为 50000 人，城乡一体共占地 970hm^2。

当时，这两座实验城规模都较小，城市发展也未达到规划人口的数量，对解决大伦敦产业和人口疏散问题作用不明显，但其独特的理念，引起了人们广泛

1 罗小未 . 外国近现代建筑史 [M]. 北京：中国建筑工业出版社，2004.

的关注。1944 年，在“田园城市”的理论基础上，大伦敦规划确定了空间模式为：“中心城—绿化隔离带—卫星城”的结构模式，以通过鼓励人口的迁移、扩散来缓解内城拥塞的压力。这些卫星城市与新城远离伦敦，城市功能完善，规模较大，形成了区域发展的新的反城市群的模式，如图 5-36[1]。

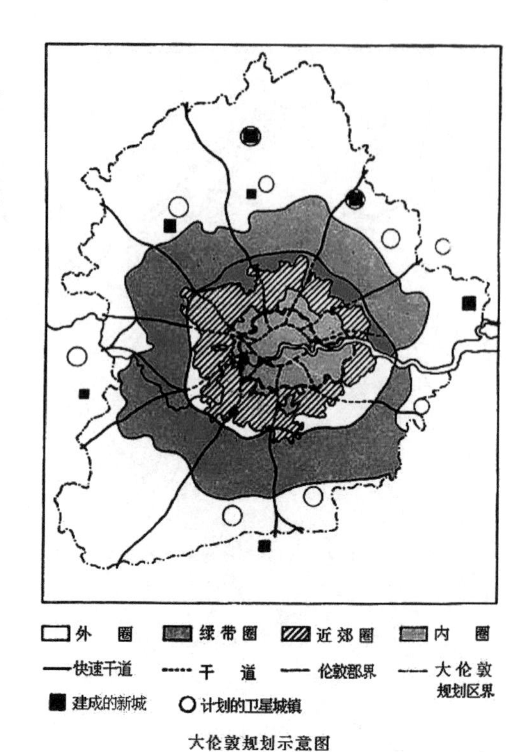

图 5-36 大伦敦规划示意图

“田园城市”理论具有广泛的世界影响，在美国、加拿大、澳大利亚、日本都有建设实践。今天我国也有不少城市确立了“田园城市”的建设目标，如成都就规划建设“世界现代田园城市”，其主要内容就是将成都建成世界级国际化城市，西部地区现代化特大中心城市，人和自然和谐相处、城乡一体化的田园城市，在广大的农村地区是“人在园中”，二三圈层是“城在园中”，中心城区是“园在城中”，把城市和农村两者的优点都高度融合在一起，让广大城乡居民既能享受高品质的城市生活，又同时能享受到惬意的田园风光，如图 5-37。规划该城占地 1.24 万平方千米，人口 1200 万人，包括一个特大中心城市，14 个中心城市，星罗棋布 34 个小市镇及 151 个 1 万 ~ 3 万人的小城镇，共同建构一个城乡一体化的城市群，即“区域城市”或“社会城市”。

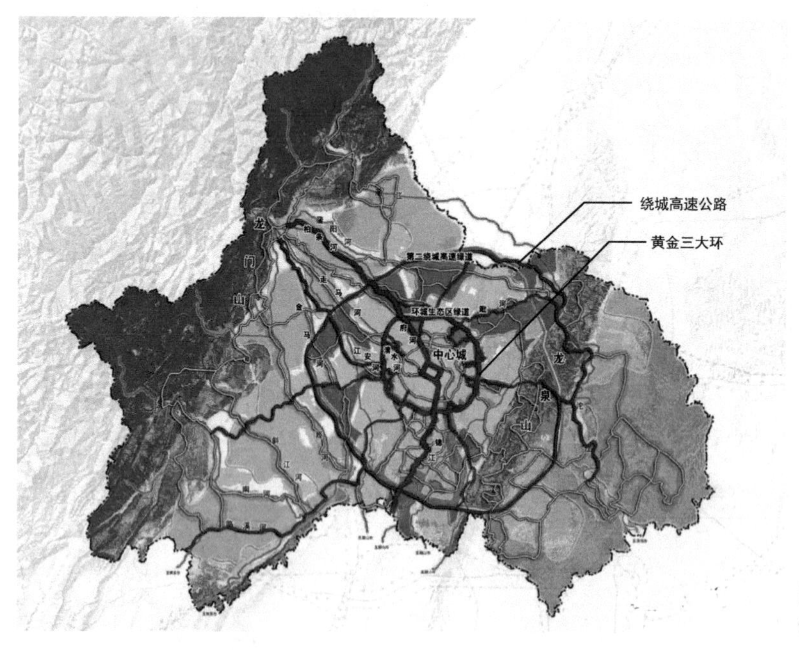

图 5-37 成都——世界现代田园城市规划示意图

1 英・埃比尼泽・霍华德 . 明日的田园城市 [M]. 金经元 译 . 北京：商务印书馆，2010.

5.4.2 带型城市

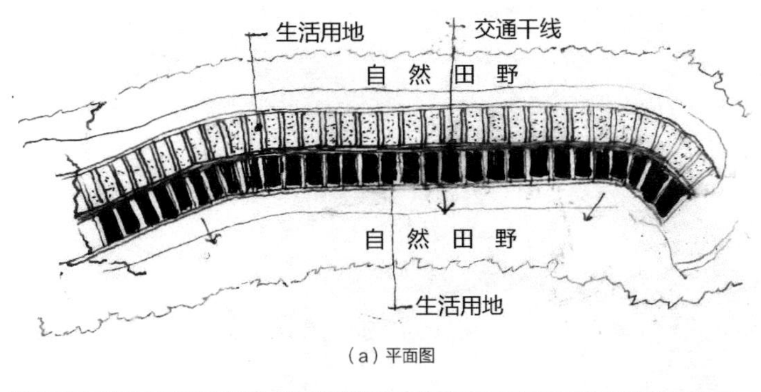

（a）平面图

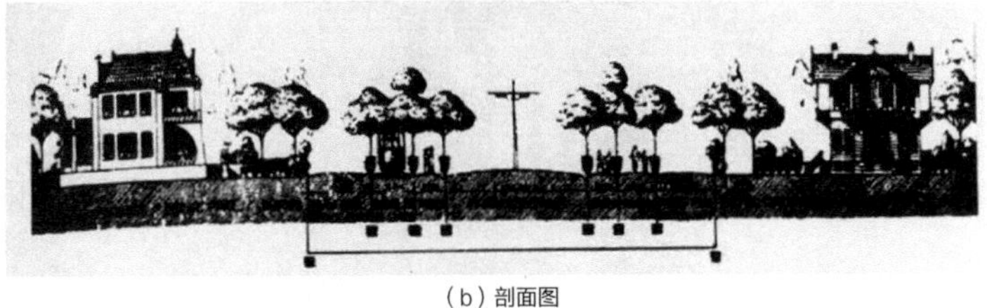
（b）剖面图

图 5-38 西班牙的“带型城市”

19 世纪末，很多城市人口增加，城市拥塞，环境恶化，促使人们思考如何摆脱这个困境。于是，各种不同的城市构想就应运而生。当时，很多城市都采取从城市核心区向外一圈圈扩展的方式。此时，西班牙工程师索里亚·玛塔（ArtucoSoria Y Mata）（1844 ~ 1920 年）认为：有轨运输系统最为经济、便利和迅速，城市可沿着交通线延绵地建设。1882 年他就较系统地提出了“带型城市”的构想，并在马德里《进步》杂志上发表这一新的思想理论，突破了一圈圈由核心向外城市扩展的模式，避免城市一圈圈的无计划扩展及其带来的环境恶化。“带型城市”理论主张城市总平面布局呈狭长条发展，城市规划原则是以一条宽阔的交通干线作为城市空间布局的“主脊骨骼”，城市的生活用地和生产用地平行地沿着这条主脊骨骼两侧布置，大部分居民日常上下班就横向地来往于相应的居住区和工业区之间。这样的带型城市，可将原有的城镇连接起来，组成城市的带状网络。它不仅使城市居民方便与自然接触，也能享受清新、优美的田园风光的乡村生活，同时也可将现代化文明设施及服务带到乡村，让居民同样享受到城市活跃的有生气的丰富的生活。

带型城市一般以汽车道路和铁路作为主要交通干线，如果有河流也可兼作辅道。城市就顺着水、陆交通干道不断向两端延伸，为城市扩展两端留着开口，带型城市纵向发展，而横向宽度有一定的限度，一般不大于 500m，为居民接近自然创造了方便的条件。

索里亚·玛塔为了实现他的理想，于 1882 年在西班牙马德里郊区设计了一个 4.8km 长的“带型城市”（图 5-38），它离马德里市区 5km，交通干线为铁路，1901 年铁路建成，1909 年改为电车，到 1912 年已居住 4000 余人。十年后，索里亚·玛塔又在马德里周围规划了一个以有轨电车为交通纵轴的马蹄形的“带状城市”，共 58km（图 5-39）。

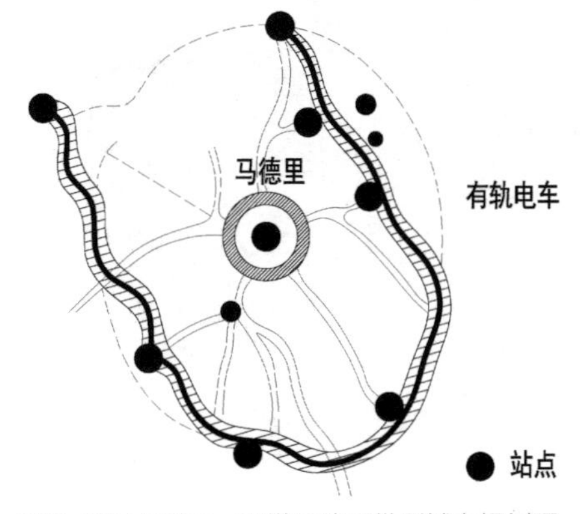

图 5-39 索里亚·玛塔马蹄形带型城市规划图

虽然索里亚·玛塔第一个规划建设的马德里带型城市实质上只是一个城郊的居住区，后来，由于种种原因，这座城市又转向横向扩展，违背了原意，第二个马蹄形带状城市也未建

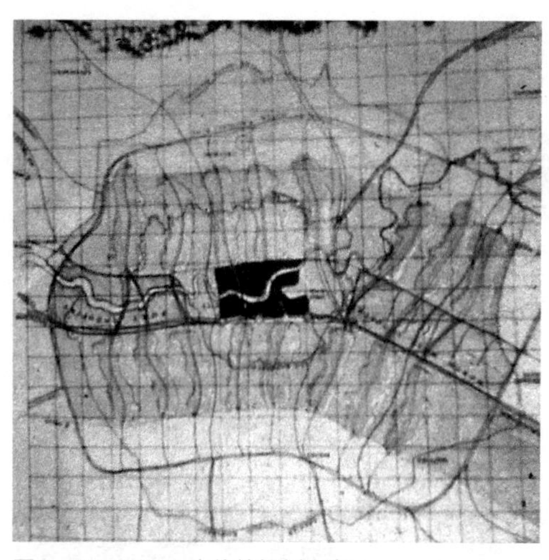

图 5-40 MARS 大伦敦规划方案

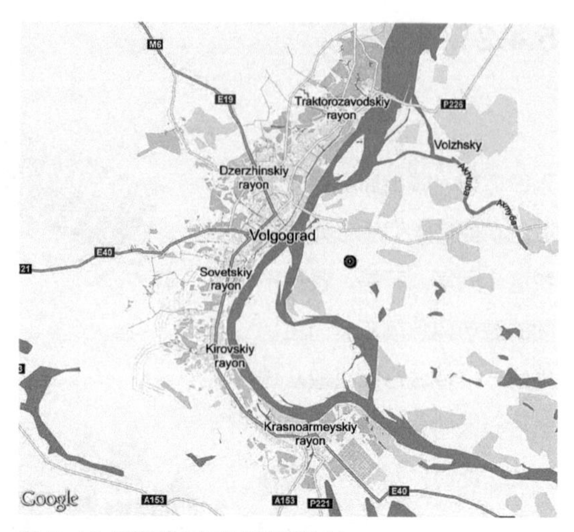

图 5-41 苏联伏尔加格勒带型城市

成，但是，“带型城市”理论的影响还是深远的，它对其后的分散主义无疑是有影响的。此后，很多国家的城市规划都应用了这一理论，如 1943 年建筑研究组织（MARS）所规划的大伦敦规划方案（MARS Plan for London）（图 5-40），它将一系列带状形态的居住单元沿交通网络布置，带状居住社区每条宽 1.5 英里（2.4km），长 8 英里（12.9km），居住密度约每英亩 55 人，购物中心、商业、文化、政府机关等公共服务设施及公园布置在带状平行的交通道的带状用地中段。

苏联伏尔加格勒城在 20 世纪 20 年代建设时，也采用了带型城市规划方案，城市沿着铁路两侧布置，工业用地靠铁路布置，工业区的另一侧是绿地，然后是生活居住用地，生活居住用地外侧则为农业用地（图 5-41）。

建在南美洲荒漠地区的巴西利亚新城，离里约热内卢约 1000km，参赛人提出的方案都可看出是受带型城市理论影响（图 5-42）。

巴西利亚（Brasilia）是世界上严格按照《雅典宪章》原则规划和建设的新城。虽然不是柯布规划设计的，但柯布设计的昌迪加尔及柯布的“光明城市”理论，对巴西利亚城的规划还是有颇深的影响。

巴西利亚处于巴西的地理位置中心，海拔 1100m，气候温和，1956~1960 年共花 41 个月的时间建成了这个城市——一个“梦想城市”，该城形态设计像个“飞机”或“蜻蜓”，“机身”是城市的主轴，其东端是三权广场，西端布置有铁路车站；南北向轴线呈弧形似机翼状，两翼长各 5km 许，两侧布置着居住街区，每一街区内有高层和多层公寓以及商店等设施，城市两条主轴线交汇处立体交叉，城市三面有人工湖围绕，人工湖附近散布着若干别墅区。该城规划设计者洛

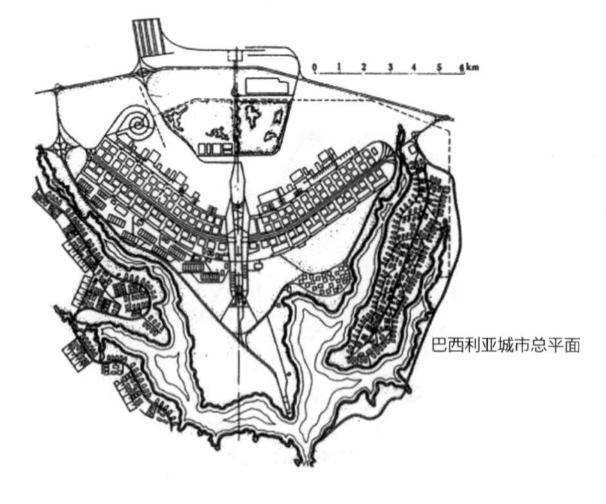

图 5-42 巴西利亚新城规划图方案

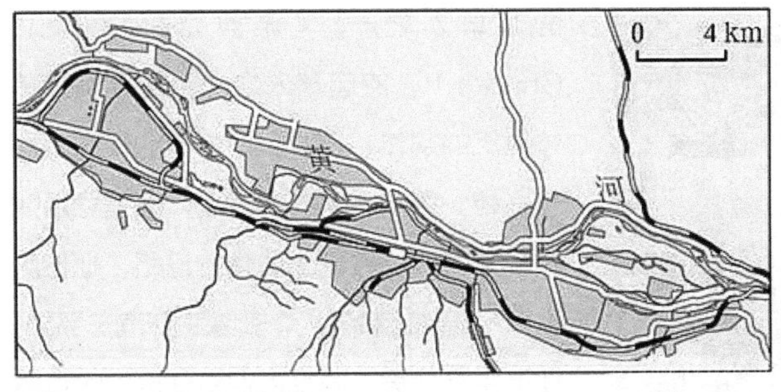

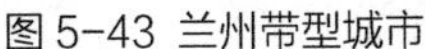
图 5-43 兰州带型城市

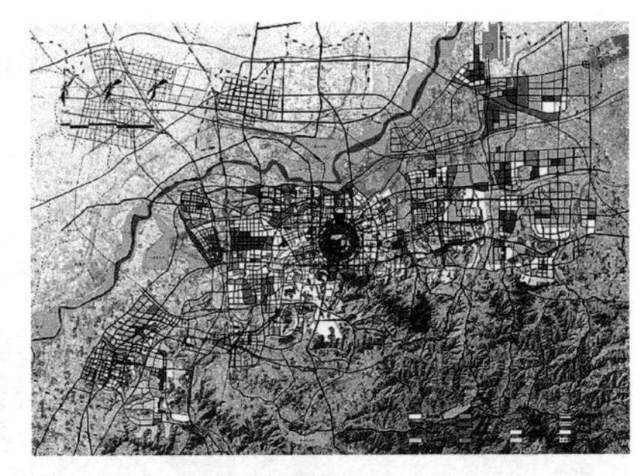
图 5-44 济南带型城市

奇·考斯塔（Lucio Costa），有关规划中理性秩序的思想和“光明城市”的理念同出一辙，但是，这样的规划经实践检验也不是成功之例，巴西利亚原规划 60 万人，到 2000 年，已居住 300 万人，郊区化严重，1980 年，75% 的巴西利亚人都居住在规划外的区域，居住在城市中的人口不到规划人口的一半，城市变得荒凉。

当然，带型城市也有其天然的不足，由于采用单一纵向发展，导致市政工程管线和公共服务设施系统拉长和分散，城市中心感不强，削弱了城市内聚力，布局形式也较呆板，所以，带型城市对市场经济下的商业利益等因素尚有待进一步思考。

我们要分析这些“新思维”的优点和缺点，扬长避短，科学选择，合理应用，进一步确定合理的长度和宽度。带型城市在我国还占有一定的数量，也不乏上百万的大城市。它们的形成大多受自然地形条件的制约，特别是我国西北地区，城市可建用地大多为河谷盆地，建设了许多带型城市，如兰州、宝鸡等城市，它们都依地形地势，顺应自然进行布局（图 5-43），这是明智的，但也是被动的。济南，也是典型的带型城市（图 5-44），它位于黄河下游，南为群山，北靠黄河，城市就沿东西轴向发展，形成东西带状连片布置地形图。

5.4.3 光明城市

法国建筑大师勒·柯布西耶（Le Corbosier）（1887—1965），针对当时欧美产生的城市问题，他认为，大城市的主要问题是城市中心区建筑密度过大，小汽车数量日益增多。现有的城市道路系统及其布局方式与日益发达，快速增量的机动车交通不相适应，造成堵塞、拥挤，产生了矛盾；加之，建筑密度过高，城市绿地少，开放空间稀缺，日照通风不良，居民游憩、运动场地少、条件差。因此，要从整体规划着眼，以现代技术为手段，彻底改善城市的现有空间，创建新的城市规划模式。因此，他提出了关于现代城市新形式的构想。于是，他于 1922 年发表了《明日的城市（The City Of Tomorrow）》，1933 年发表了《光辉城市（The Radiant City）》，被称为“光明城市”理论。他主张用全新的规划方式和全新的建筑方式改建城市，即在城市里建设高层建筑；建设适应机动车交通需要的现代交通网络；在城市中规划、建设大片绿地和开放空间，为人类创建一个充满阳光的现代城市生活环境。

作为一位建筑大师，国际现代建筑协会（Congress Internal of Architecture Moderne）（CIAM）

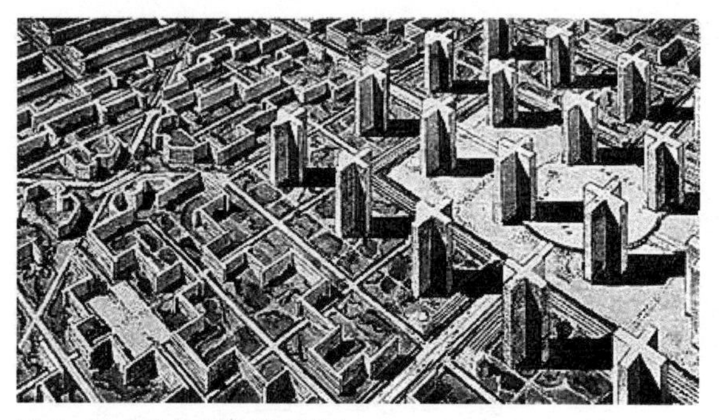
图 5-45 柯布西耶的光明城市

的起草人之一，《雅典宪章（Athens Charter）》的起草人之一，他不满足单体建筑的创作，还对新型城市的规划特别有兴趣。第一次世界大战后，他倡导新建筑，主张建筑要走工业化的道路，把住房称为“居住的机器”，就像生产汽车那样，批量生产住房，满足人们对住房的大量需求；他也倡导新的城市形式，以尽建筑师之责，用建筑师的办法寻求一些社会问题的解决途径。1922 年，柯布西耶提出了一份 300 万人口的“现代城市”的规划草图（图 5-45）[1]，这是他心中理想城市的较完整的表述，这个规划抛弃了传统城市的老路，追求秩序和理性，讲究功能布局与效率，在城市中心 1200 英亩用地上，集中建 24 幢 60 层的超高层摩天楼，为 40 万 ~ 60 万名精英提供办公场所，这 24 幢摩天大楼占地面积比例只有 15%，其余 85% 的空地用作公共绿地和公园。居住区位于中心区之外，分两类住宅，一类是精英住宅，它为 6 层公寓，占地 15%，空地为 85%；另一类为工人住宅，简朴低层，建筑密度大，空地为 48%；城区四周为保留的发展用地，部分做绿带和运动场。

1933 年，他提出光辉城市的构想，方案将所有的建筑物底层架空，建筑就支撑在钢筋混凝土柱子上，把地面腾空出来，让建筑占天不占地，使地面变为一片连续的大公园，行人可以自由散步。

柯布西耶关于未来城市的两个方案——“明天城市”和“光辉城市”，都体现了他的城市集中的发展思想，城市只有集中才有生命力；通过现代技术手段，建立地铁 + 人车分流的高效率的城市公共交通系统，以解决交通拥塞的问题。

柯布西耶提出的光明城市理论，是当时“未来城市”探索的构想之一，与“田园城市”“带形城市”及美国的“方格网城市”等都是同一时期的产物，他们的愿望都是为解决当时大城市盲目发展及其带来的城市拥挤，环境恶化问题献的计策，愿望都是好的，但现实和理想都是有距离的，何况，各国、各地区、各城市人文、历史、地理、社会及经济环境和条件千差万别。因此，实践效果并不如愿，也暴露了“光明城市”理论本身的不足，即对人的个性化的体验和多样化的愿望认识不足，被认为缺乏变化，不够人性。1961 年，美国作家简 · 雅各布斯在《美国大城市的死与生》中指出，对于城市问题采取了过于简单化的方式，忽略了城市的复杂性和多样性。在 20 世纪 60 ~ 70 年代，该理论在欧洲被认为是割裂人类文明和城市文明的发展模式，因而被抛弃了。欧美尚遗存的一部分按光明城市理论规划建设的社区，大多成为城市中的贫民窟和供廉租房使用，有的就被炸平了。

此理论在 20 世纪 30 年代提出，真正实施这一理论的是 1956 年印度昌迪加尔城的规划（图 5-46）。

昌迪加尔（Chandigarh）是印度旁遮普邦的新首府，位于喜马拉雅山多岩的支脉山鹿地带，

1 Serge Salat. 城市与形态关于可持续城市化的研究 [M]. 香港：香港国际文化出版有限公司，2013.

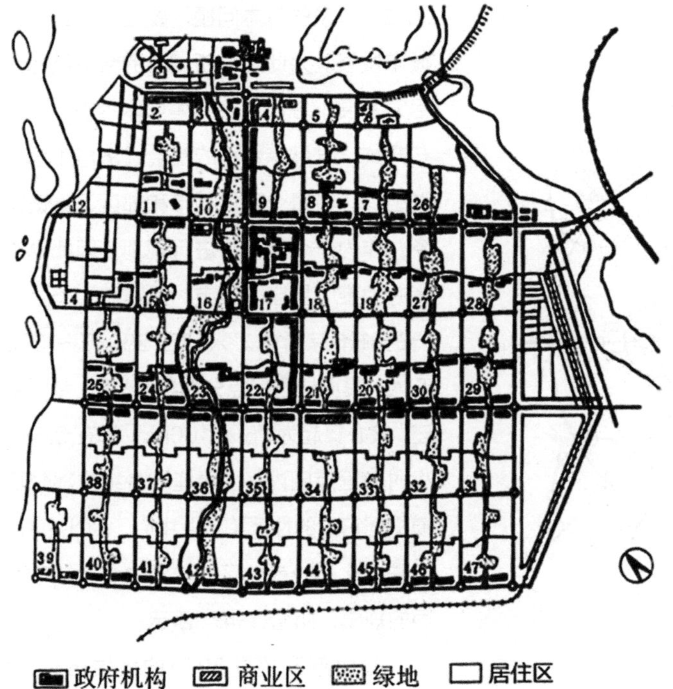

图 5-46 印度昌迪加尔新城规划图

规划面积 3600km^2，人口规模为 50 万人（第一期 15 万人）。它规划在两条相距约 8km 的一块略向西南倾斜的高地上。这城规划是由柯布本人亲自设计的。城市的主脑是行政中心，它是昌迪加尔的核心和标志，置于城市的顶端，强化了巨大山峰在城市中的地位和作用；将博物馆、大学区和工业区分别布置在城市的两侧，采用方格网道路系统，横向道路呈弧形，与山地自然协调，也增加视觉的趣味性；所有道路节点都设环岛式立体交叉口；主要干道将行政中心、商业中心、大学区和车站、工业区连接成一个整体，次要干道将城市用地划分为 800m × 1200m 的标准街坊（Superblock），在这样一个基本框架中，纵向布置有广阔的绿地，它贯穿全城，横向有步行商业街，也贯穿全城；在每个街区中，设置有诊所、学校等公共服务设施，步行道、自行车道布置在宽阔的纵向绿带里，为街区服务的商店、市场及文化娱乐设施则布置在横向步行商业街中，其余部分作居住用地，彼此以环形道路相连，共同构成一个向心的居住街坊。

5.4.4 星座城市

20 世纪初（1972 年），苏联在莫斯科举行关于预测城市周围人口变化的科学技术会，旨在研讨苏联人口变化的趋势及对策。当时，根据苏联经济学家和统计学家的计算，到 2000 年时，苏联总人口将超过 3.3 亿人，城镇人口有可能增长到 2 亿人，大约有 3000 万农业人口将从农业生产中解放出来，他们何去何从？是走城市化之路还是继续走田园化、乡村化之路，即非城市化之路？是集中还是分散分布？这就关系到城市的发展和新城市的建设，以及关系到这些城市的规划结构问题。在这次会上，就有学者提出："可以通过有计划地调整城市、集镇和农村居民点的组群体系或称之为'星座'的途径，来改变现有人口分布状况，创造高质量的城市环境。"[1] 在此之后，苏联学者 R.T. 克拉夫秋克出版了《新城市的形成》一书，在书中他写到"当城市、集镇和村庄建设规划，经常还是彼此分开解决的，这是违反社会任务和城市建设的综合性目标的。"他主张用区域规划的方法来解

1 [苏联]S.T. 克拉科克 . 新城市的形成 [M]. 傅文伟，鲍家声 译校 . 北京：中国建筑工业出版社，1980.

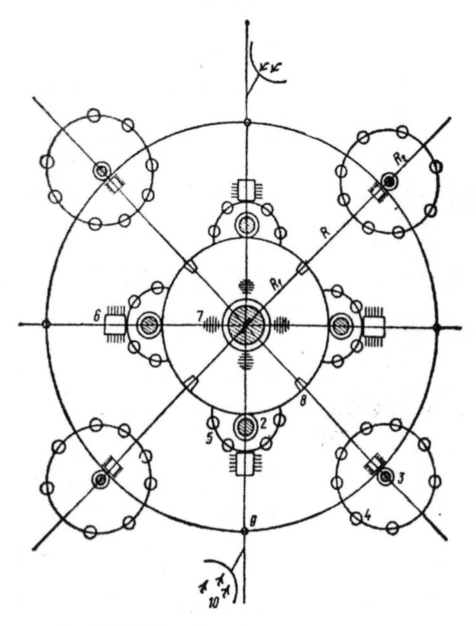

图 5-47 “星座”城市示意图（组群城市）

1. 50 万 ~ 100 万居民的“星座”中心；
2. 10 万 ~ 30 万居民的工业卫星城镇；
3. 2.5 万 ~ 7.5 万居民的工业 – 农业城市；
4. 1 万 ~ 2 万居民的城市型农业 – 工业集镇（小城市）；
5. 1 万 ~ 2 万居民的工业镇；
6. 大型工业综合体；
7. 污染较轻的工业企业；
8. 大型商业批发中心；
9. 大型运输枢纽；
10. 航空港

决城市建设的基本问题，要控制大或特大城市发展。为此建立新城市的合理结构，尽力发展小城市；采用集群体系的人口分布方式，发展综合性的社会经济与工程规划组织；将每个现代城市和郊区、集镇和乡村作为一个整体来进行规划。因此也主张并力推“星座”城市，把它作为一个统一的城市综合体。人口在 250 万 ~ 500 万人，其周边居民点分布半径（R）从“星座”核心算起为 75 ~ 100km，即在 0.5~1 小时车程范围内。“星座”各组成部分规模根据它们的性质（工业中心、商业中心、行政文化中心或地区、边区中心）计有不同的规模，如图 5-47[1] 所示。

当时苏联超过 50 万的大城市有 33 个，而村庄、集镇、独立庄园之类的小聚落总计有几十万个，二者都有弊端：大城市中人们远离大自然；小聚落点缺乏发展所必要的经济刺激，公共服务设施缺失，现代技术装备差，难以发展；提出发展巨大城市作为解决人口分布的意见似乎也是不能被接受的。但也看到，只有在工业、劳动地点和人口集中到一定程度的情况下，才有可能提供良好的社会文化生活条件，提高现代化的水平。因此提出“星座”城市，即“组群城市”的城市新模式，作为实际解决人口分布问题的途径和方式。“星座”城市有统一的居民文化生活服务系统，井井有条的交通运输和工程管网系统，普遍设置休息园地，有中心“星座”和次要的地区“星座”，兼有城市化和田园化的优越性。

车里雅宾斯克就是这个“星座”城市较典型之例（图 5-48）[1]。该城人口已接近 100 万，工业企业已达饱和，受车里雅宾斯克的吸引，周边的中小城市如科彼伊克、科尔金诺、叶曼什林斯等，它们与车里雅宾斯克一起组成了这个已建成的组群体系。新建的工业企业不只是布置在车里雅宾斯克，而且也布置在受车里雅宾斯克城市组群吸引的新发展起来的新兴城市。一个 150 万 ~250 万人口的城市、集镇和乡村的“星座城”就是这样形成的。这样的组群城市可以控制大城市的盲目发展，也可促使中心城镇的发展，从而使组群城市内的所有城镇都能得到均衡的发展。

以上介绍的四种城市发展理论和发展模式，都是基于如何摆脱城市的盲目无序的扩张及其带来的城市拥挤、环境恶化、生活质量不高等城市病端而提出的各自主张及解决问题的途径。其实，这个问题已讨论了百年，提出的主张和办法远不止这两种，如工业革命后的“工业城市”“方格网城市”“立

1 [苏联]S.T. 克拉科克 . 新城市的形成 [M]. 傅文伟，鲍家声 译校 . 北京：中国建筑工业出版社，1980.

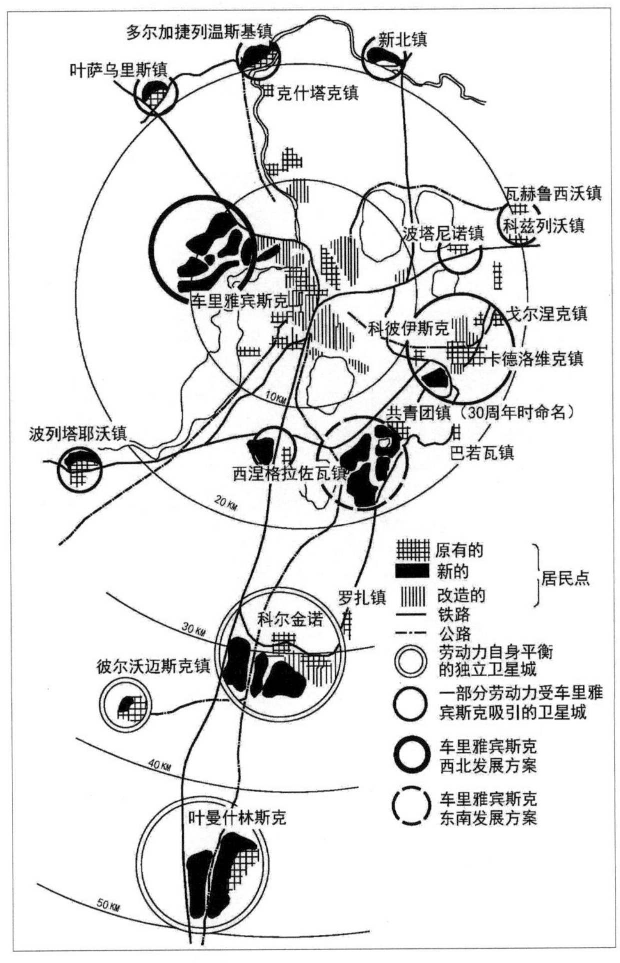

图 5-48 车里雅宾斯克——“星座”城市示意图

体城市”等理论，后工业革命时期的 Team 10 提出的“簇群理论”（Cluster City），“城市多样化”理论，以及“新城市主义”理论、“紧凑城市”理论等。今天我们要讨论和研究的不只是这个“百年老病”如何医治的问题，而是要讨论和研究城市如何“可持续发展”的问题，不管是大城市或小城镇，也不管是老城市还是新兴城市，都需要能“可持续发展”。因此，它绝不仅仅是城市形态问题，而应包含更深层次的问题。上述“理论”有的是限于形态，有的还只是“策略”性的问题，可持续发展城市需要建立完全崭新的理论，彻底改变传统的城市规划理论、原则和方法，这里介绍几种“理论”，仅作历史的借鉴。

第6章　可持续发展的人居环境——社区

6.1 社区的概念

6.1.1 社区概念的由来

“社区”（Community）是今日人们常常听说的一个词，但是，如何确切给它一个定义，且能被大家共识，那倒不是一下能说清楚的。“社区”一词源于拉丁语，意思是共同的东西和亲密的伙伴关系。这一词最早出现于 1887 年德国社会学家 F · 滕尼斯出版的一本《社区与社会》（Community and Society）书中。后来，1936 年美国芝加哥大学社会学家罗伯特 · E · 帕克（Robert Ezra Park），第一次给社区（Community）作了定义，他认为社区是“占据一块被或多或少明确地限定了的地域上的人群汇聚”“一个地区内共同生活的人群”。从第一次使用这个词到现在已一百多年，但仍然各表不一，“据我国社会学家杨庆堃 1981 年统计，对社区一词共有过 140 多种不同的定义”[1]。而将“Community”英文一词译为中文“社区”两字的是我国著名社会学家费孝通先生，他在 20 世纪 30 年代初，时为燕京大学社会系在读学生，和同学们一道翻译滕尼斯的 Community 和 Society 两个不同概念时，发现有人将它们译为“地方社会”，他们感觉不当，就想“找一个确切的概念”，于是“就想到‘社区’这两个字”[2]，最后大家认同了，慢慢流行，沿用至今，这就是“社区”中文一词的由来。这种译法符合中国汉字的词意，因为“社”就意味着人群和人与人的关系，即“社会”，“区”就是一个地域空间领域，两字组合在一起就是“社区”，即人群汇聚的区域，也符合前述帕克所下的定义。其实，在我国历史上，把“社”也看作是一种地区单位，如在《营子 · 乘马》中记载“方六里，各之曰社”[3]，也可认为他们把这个方圆六里范围内的人群汇聚之地就看作是一个基本“社区”。

6.1.2 社区定义

“社区”是社会学的一个基本概念，也是社会学家长年研究的一个重要课题，社会学家们从不同的角度进行研究，给予不同的内涵。社会学家何肇发教授，倡导社区理论研究，出版了《社区概论》一书，他把社区看作为“一个具有一定地理范围的具体社会、经济共同体”“社区是数量最多，分布最广的社会实体。”“社区是一个具体化的社会，它具有社会的普遍性质。”[4] 这是国内有代表性的一个认知。后来的学者就给了一个非常宽泛的社区定义：“社区就是区域性的社会。”[5] 社会大百科指出：“社区是指以一定地理区域为基础的社会群体。”[6]20 世纪 80 年代后，我国社会学者提出了“社区建设”这个概念，中国社区建设真正兴起是在 20 世纪 90 年代初，它是我国改革开放的产物，也是中国城市化、现代化发展的产物。2000 年 11 月，中共中央办公厅、国务院办公厅关于转发《民政部关于在全国推进社区建设的意见》的通知，通知指出“大力推进城市社区建设，是新形势下坚

---

1 黎熙元 . 现代社区概论 [M]. 广州：中山大学出版社，2007：3.
2 同上。
3 罗竹风 . 汉语大词典 [M]. 上海：汉语大词典出版社，1990.
4 黎熙元 . 现代社区概念 [M]. 广州：中山大学出版社，2007：3.
5 黎熙元 . 现代社区概念 [M]. 广州：中山大学出版社，2007：5.
6 蔡禾 . 社区概论 [M]. 北京：高等教育出版社，2005：6.

持党的群众路线，做好群众工作和加强基层政权建设的重要内容，是面向21世纪我国城市化建设的重要途径。切实加强城市社区建设，对于促进经济和社会协调发展，提高人民的生活水平和生活质量，扩大基层民主，维护社会稳定，推动城市改革和发展，具有十分重要的意义”[1]，并提出在全国范围内积极推进城市社区建设。

参照国内外社会学家对社区所作的种种定义，从我们建筑与规划专业角度理解，从构成社区的要素来看，构成社区的基本要素除了社会学家所指出的“地域空间、人口、制度结构和社会心理这四个基本的要素”[2]或“社区具有地域、人口、共同的文化和制度、凝聚力和归属感、公共服务设施五大基本要素”[3]外，作为人类住区最基本的单位——社区，还必须具有供人群生活的人造物质空间环境要素，如基本的住房，各种公共生活服务建筑及设施和各类公共交往活动空间等硬件要素。因此，可以说，社区就是在一定的地域范围内，人群集聚在一起，在共同建构的物质支撑体系中，共同生活在一个互相联系的有形和无形的社会生活共同体。它是构成大社会的一个最基本的社会单位，它是无形的社会空间和有形的实体空间共同组合构成的一个社会实体。

6.2 社区形态的历史演变

6.2.1 概述

在我国历史发展的长河中，不同历史时期随着社会生产力的发展变化，社区形态也随之变化。因为生产力决定生产方式，生产方式又影响和决定了人们的生活方式，而社区形式也就反映和代表着一定的生产方式和生活方式。

人类是合群而居的高等动物，作为社会主体的人是结群生活的，从人类聚居生活时就有了社区，也可以说有了人类就有了社区。社区的演变一开始是由流动到定居，又由分散到聚居，它都是随生产力的发展而发展的。从历史演变来看，旧石器时代，人类依赖狩猎、捕鱼、采集为生，哪里有食，就在哪里安顿，“资源”耗尽，就找新的“资源”，过着流动的游牧社会生活，没有固定的居住地，可称为流动的社区。

6.2.2 定居后人群汇聚形态的历史演变

1）“聚”与“邑”

在我国新石器时代（约六七千年前），由于第一次社会劳动大分工，农业与畜牧业分离，而农

1 罗竹风 . 汉语大词典 [M]. 上海：汉语大词典出版社，1990.
2 黎熙元 . 现代社区概念 [M]. 广州：中山大学出版社，2007：5.
3 蔡禾 . 社区概论 [M]. 北京：高等教育出版社，2005：6.

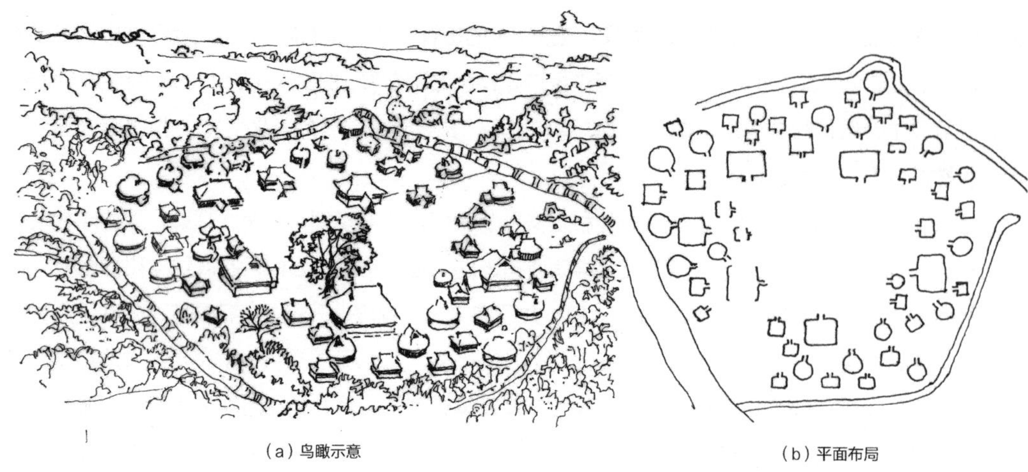

（a）鸟瞰示意　（b）平面布局

图 6-1 母系氏族公社时期部落

业需要土地，农作物需要耕耘期，人们有了较稳定的食物来源，生产工具有了进步，人们开始利用天然材料建造洞穴、棚舍、草屋，产生了人类固定的人群定居点。按血缘关系、氏族关系形成了相对稳定的“聚”，一个氏族的成员组成一个“聚”，每个“聚”的中心是公共的“大房子”，它是组织活动的中心。“大房子”周围布置着各成员居室。

由若干“聚”组合成的集合体称之为“邑”，它是若干近亲氏族的集合聚居体，也就是部落（图 6-1）[1]。考古资料显示，“邑”和“聚”具有同构特征，中央为公共活动广场，“聚”围绕广场布置，外围以壕沟、栅栏防卫。这可称为最原始的“社区”，它具有向心性、封闭性和领域性。这是当时人类与自然，人与人之间实体化的表象。

2）“闾里”

奴隶社会时期，按照“匠人营国”制度，城市中除皇城以外，城中居住区分为“国宅”和“闾里”两部分。“国宅”为王公贵族和朝廷重臣居住的地方，一般置于皇城左右或前后；“闾里”则是一般平民居住的地方，平民聚居之地就称为“闾里”。它分布于城市的四周，那时的“闾里”也就是今日的社区如图 6-2[1]。“闾里”之间设“街巷”相连。

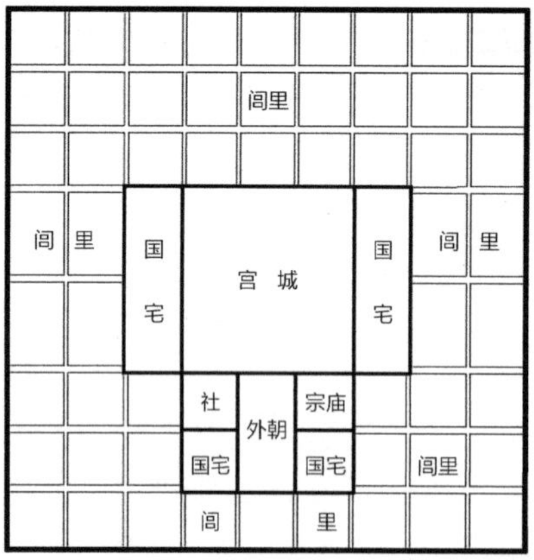

图 6-2 王城基本规划结构

1 刘致平 . 中国居住建筑简史——城市・住宅・园林 [M]. 北京：中国建筑工业出版社，2000.

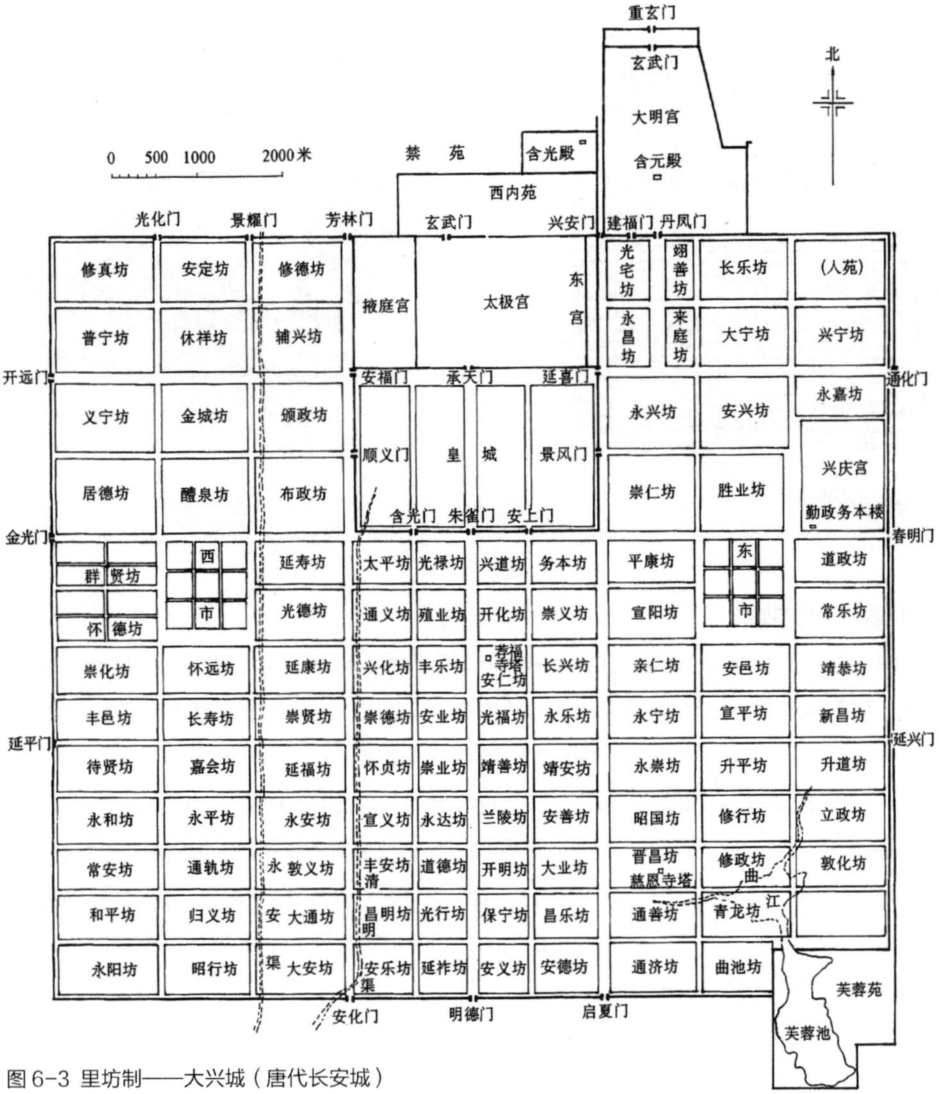

图 6-3 里坊制——大兴城（唐代长安城）

3）里坊制

里坊或称里、坊，是我国古代城市的基本居住单位。里坊制传承于西周时期的“闾里”制度。里坊制日益完备，至隋唐长安城达到鼎盛时期。汉代把全城采用棋盘形的街道，把城市划分为大小不等的方格，这是里坊制的最初形态。住宅与市场纳入这些棋盘格中，组成“里”，北魏以后即称为“坊”。坊与坊之间是平直的街巷，明朝时，将北京划为 28 坊。古代城市一般将全城划为区—坊—闾—邻，一般与户为邻，与邻为闾，20 闾为坊，10 坊为区，里坊的规模一般是 1 里见方，也有大于 1 里的。

里坊制功能分区明确，平面呈长方形，宫殿位于城北居中（图 6-3）[2]。

1 刘致平 . 中国居住建筑简史——城市・住宅・园林 [M]. 北京：中国建筑工业出版社，2000.
2 图 6-3，引自于百度百科，里坊制 .

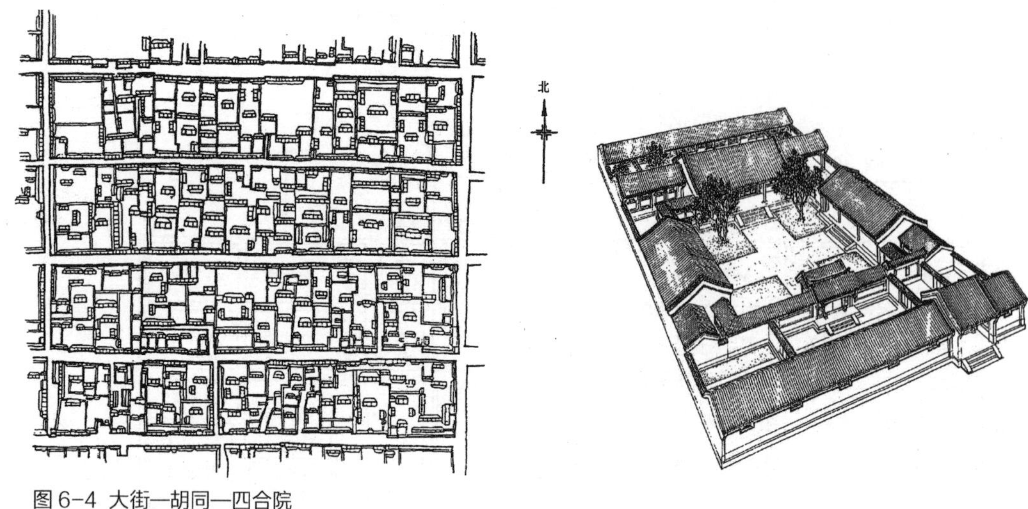

图 6-4 大街—胡同—四合院

4）街巷制——坊巷制

“街巷制”是由“里坊制”演变而来，北宋中叶以后，商业和手工业发展，封闭性的单一居住性的里坊制已不能适应社会经济的发展和城市生活的变化，所以拆去里坊制的封闭高围墙，演变为开放、自由的“街巷制”，使里坊完全面向街道，沿街布置商店，并将里坊内的方格网的东西向街道改为“巷”，住宅沿这些横向南北向布置，各巷直通南北向的大街，形成了“街巷式”的居住组织模式。里坊制向街坊制转变，是我国城市规划思想和社区模式的重要变革。街坊制也称为坊巷制，它们延续后又发展为明清时的大街——胡同的形式，原来的巷称为胡同。胡同两侧就是一座座四合院，从而形成了大街—胡同—四合院的居住空间组织结构，胡同和四合院成为北京传统居住环境留给人们的难以忘却的“乡愁”（图 6-4）[1]。

北京“胡同”是元朝时遗留的名称，有专家引证，胡同一词源于蒙古语，意指“水井”，又一说法是胡同一词是元朝时政治口号“胡人大统”的简化版，胡同历史和现在北京的北京城一样久远。元大都城也是棋盘形，纵横主干道相交，形成若干长方形的居民居住区。居住区内又设有东西向的若干巷子，这些小巷就称为“胡同”。当时，大街宽 24 步（一步 =1.55m 左右），即 37m 左右；小街宽 12 步（约 18.6m），胡同宽 6 步（约 9.3m），大街—小街—胡同构成了元大都城的街道体系（图 6-5）。

明北京城基本沿袭了元大都城的格局，胡同也成了北京城文化的载体，以“众多”而著称。1949 年的统计显示，北京城区有各个街巷 6074 条，其中胡同 1330 条，街 274 条，巷 111 条，道 85 条，里 71 条[2]，人们习惯把街坊内的小街、小巷、胡同都统称为胡同。

5）里弄住宅（Residential）

1840 年鸦片战争后，我国开始进入半封建半殖民地社会，中国社会进入由农业文明向工业文明社会过渡的转型期。国门被外力推开，外来文化也自然随之逐渐进入中华。中外建筑文化也开始交汇。城市中出现了许多新型的居住空间组织类型，除了高官贵人住用的花园洋房、别墅外，上海

---

1 潘谷西 . 中国建筑史 [M]. 北京：中国建筑工业出版社，2004：92.
2《北京胡同的起源及历史变迁》. 360DOC. 个人图书馆 .

图6-5 北京胡同外貌

的里弄住宅是为典型之一。

上海里弄住宅也是由本土住宅演变的。为适应近代工业化和城市文化生活的需要，为节约城市用地，引进了外来的联排毗连的紧凑布局方式，单体建筑仍采用本土的2~3层三合院式的格式，通过高密度的布置，从而获得较大的建筑面积和较多的居室，适应我国传统的几代同堂的大家庭生活的需要，高墙、内天井也延续了传统的建筑文脉。

“里弄”，上海人也叫“弄堂”。它是相连的条条小巷组合成的城市住宅群，也是中西建筑文化交汇的产物，即江南民居和西方建筑样式的融合（图6-6）[1]。

上海“石库门”是里弄住宅的早期代表，其平面是由传统四合院演变而来，建筑形式上融合了西方建筑样式，规划上也吸取了西方“邻里单位”理论中的一些规划思想，采取混合式功能布局，不仅有住宅，还布置有相应的社会生活服务设施（图6-7）[2]。每条弄子都直通大街，商店、银行、戏院、旅馆等城市公共建筑就沿街布置，居住生活方便，且闹中取静，邻里关系和谐。

早期石库门大多都建在商业中心地段，使用功能与商业是分不开的。因区境是商贸、金融、文化中心，沿街房屋不敷应用，许多钱庄、商行、字号、工厂、文化娱乐场所、学校以及服务行业等也开设在石库门房屋内。沿街的石库门为商店，每一地块至少开设一两处朝向马路的出入口，总通道叫总弄，两地对称排列整齐划一的石库门，两排石库门之间称支弄，与总弄相通。

6）居住大院

居住大院是在传统合院住宅基础上演变发展而成。为了节约城市用地，它将传统的独门独户的合院住宅拼联在一起，构成十几户乃至几十户人家聚居在一起的圈楼（图6-8）[3]。圈内形成大小不等的院子，四周建造2~3层高的外廊式楼房，大多是围成三合院或四合院。根据地块地形，大院有单院式和多院式之分。大院临街为商店用房。居民生活服务设施，如自来水、厕所、仓棚等均集中设置在大院内，共同使用。这种居住组织形式分布于我国北方青岛、长春、哈尔滨及沈阳等地，这是适应

1 王绍周，陈志敏．里弄建筑[M]. 上海：上海科学技术文献出版社，1987：55.
2 图6-7，引自《上海里弄住宅分析》百度文选。
3 潘谷西．中国建筑史[M]. 北京：中国建筑工业出版社，2004：328.

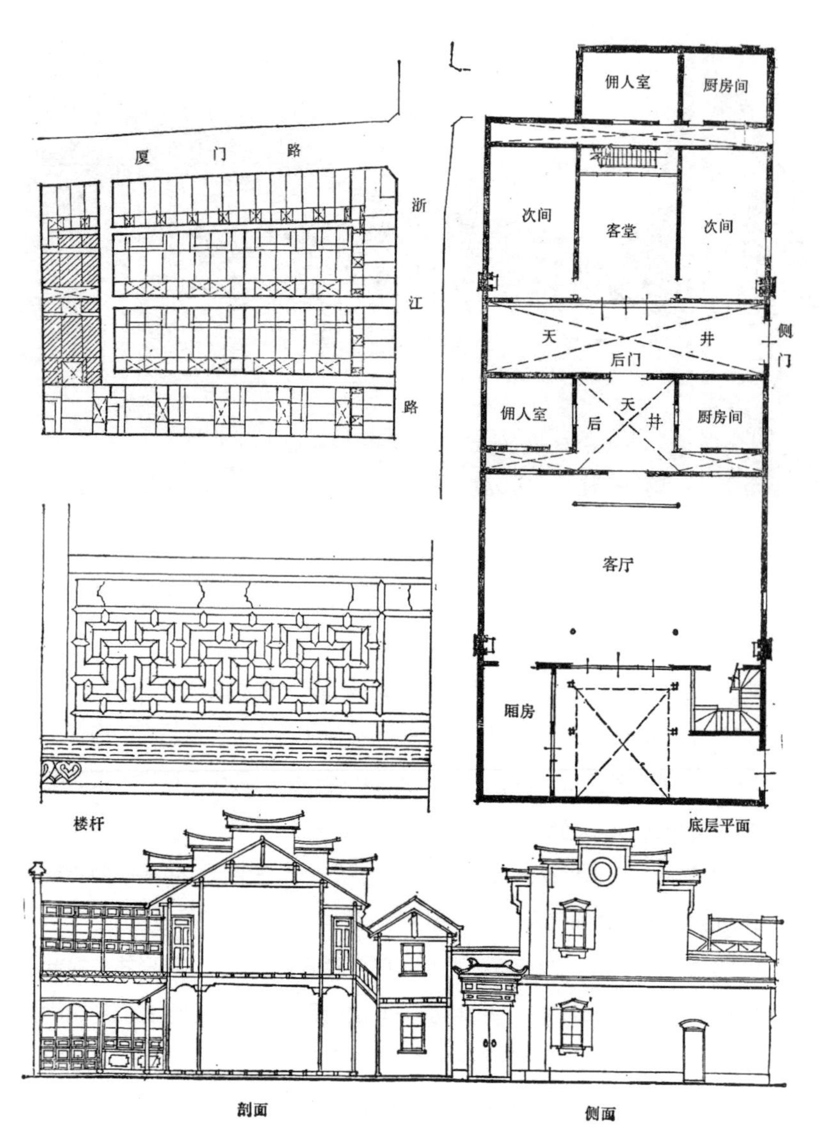

图 6-6 上海里弄住宅洪德里（1907 年）

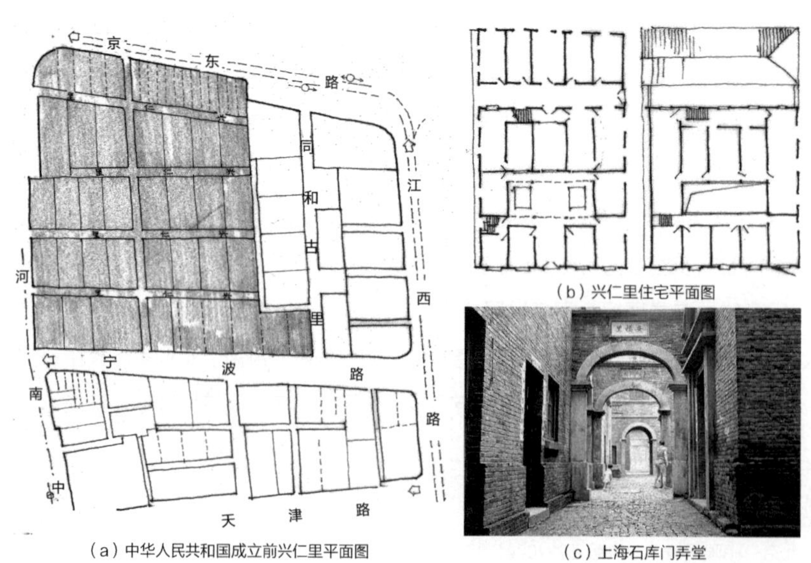

（a）中华人民共和国成立前兴仁里平面图

（b）兴仁里住宅平面图

（c）上海石库门弄堂

图 6-7 上海“石库门”里弄住宅早期代表——兴仁里总平面

近代北方城市中下层住户需求，采用高密度、低标准建造的住宅形式。这些城市都是国门被打开后，近代工业化和城市化在我国开始时采用的城市居住方式，它也是中西融合的产物。

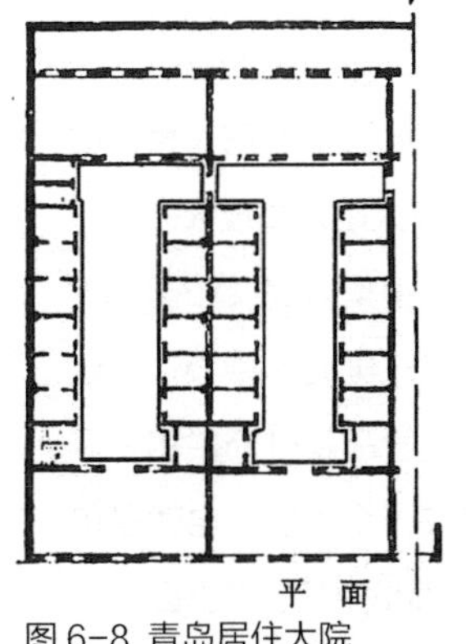

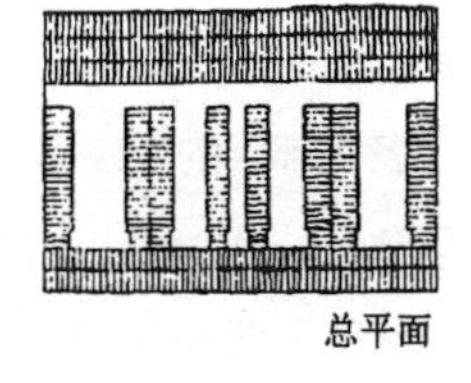

图 6-8 青岛居住大院

6.3 现代社区

20 世纪 40 年代末，我国社会发生了伟大的革命变化，中华人民共和国诞生了，结束了中国半封建半殖民地社会时期，走上了新民主主义社会和走向社会主义社会的过渡时期。随着旧城改造和新城的开发建设，城市住宅开始大规模地兴建，并且都是有规划的整体化建设。住区规划理论上主要是以学习和借鉴国外住区规划理论及经验为主，其间以苏联的影响较大，引进了居住区一住宅小区一街坊的住区层级理念。人群聚居形态也发生了巨大变化，其主要形态有以下几种：

（a）规划总平面图

6.3.1 工人新村

（b）曹杨工人新村一村

图 6-9 上海曹杨工人新村

20 世纪 50 年代初期，为了改善城市中劳动人民的居住条件，一些大城市都进行了“工人新村”的规划和建设，当时成功的典型案例就是上海曹杨新村的建设。它位于上海普陀工业区，是上海市政府投资建设的大型工人住宅区，占地 94.63 公顷。该住区规划学习和借鉴美国人佩里的“邻里单位”的理论，采用“混合社区”规划模式。虽然新村规模和人口比佩里提出的“邻里单位”规模要大，但总体布局方式仍然遵循“邻里单位”的原则，新村规划设有新村中心，中心区中有公园、菜场、零售商店、医院等生活服务设施，还有文化馆、电影院等公共文化设施，小学校、幼儿园分布于新村的独立地段（图 6-9）[1]。

1 图 6-9 ～图 6-12 引自于《居住区规划设计》第二版 . 重庆大学 . 朱家谨主编 . 中国建筑工业出版社 . 2007 年 5 月 . P7：图 1-10；P8：图 1-13；P15：图 1-23；P5：图 1-24.

6.3.2 单位大院

单位大院是中国特有的人群聚居现象，有机关大院、军区大院、企业大院及高校大院等，尤以机关大院最为突出。中华人民共和国成立后，中央人民政府以北京三里河为中心，兴建了各大部委的办公地，一般都是办公楼和生活区建在一片土地上，形成一个大院，也就是单位大院。图 6-10 所示的北京百万庄小区，它是新中国成立后北京建设的第一个住宅街坊。这个大院建于 1953 年，该大院的规划布局是借鉴苏联街坊式住宅的“合围布局”，一个大的街坊中心，七个小的“双周边”式街坊四面围绕它布置，把整个大院分隔成几个自然的小院落。

（a）规划平面图
1. 办公楼；2. 商场；3. 小学；4. 托儿所 幼儿园；5. 中心绿地；6. 锅炉房；7. 联立式住宅

（b）百万庄小区街坊一角

图 6-10 北京百万庄扩大街坊

机关大院采取混合社区理念，各项生活服务设施自成一体，一应俱全。院中有托儿所、幼儿园、小学校，甚至还有食堂、粮店、百货公司、邮局、招待所、公共浴室等，如同一个小社会、小城市，居民不用出大院，生活问题就基本得以解决，十分方便。

单位大院将工作（办公、生产、教学、科研等）与生活居住组织在一个大院内，上下班出行便捷，基本上可借步行或自行车到达，大大减少城市交通的流量。在特定的历史时期，它具有独特的优越性。本身就是一个小社会，提供了工作和生活的基本条件，增强了社区的归属感，有利于建立和睦的邻里关系。

但是，随着社会的发展和变革，社区的人口结构、工作单位、家庭的迁移、业主的更换等因素都处在动态变化中，随着单位的弱化、变化甚至消失，原来社区的同质性不断受到挑战，异质性因素逐渐显示，给社区管理及居民生活带来许多问题，社区设施已不能满足日益现代化的生活要求，如交通问题就是最普遍最突出的问题。

6.3.3 住宅小区

20 世纪 50 年代，在当时“一边倒”的政策下，苏联的住区规划——“居住区—住宅小区—街坊”的模式在我国兴起，并一直影响至今。

所谓住宅小区就是由城市道路或城市道路与自然界线（如河流、山体等）为边界而围合的不为城市交通干道所穿越的地域。居住小区规划一般以小学的最小规模为其人口规模的下限，以小区公共服务设施最大的服务半径作为确定用地规模的上限。居住小区作为城市的一个基本单位，设置有一整套居民日常生活需要的公共服务设施和机构，就像一个小社会，是城市一个社会细胞。20 世纪 50 年代后，我国城市建设就开始按小区规划理论进行规划，各个大中城市都建设一大批住宅小区。先后提出了小区建设要以“有利生产，方便生活”为原则，“建设体制”实行“统一投资、统一征地、统一规划、统一建设和统一管理”的统建制，推进了成街成坊、成团成组的规划模式，并配有完整的生活服务设施，造就了一批新型的住宅区。较典型的如 20 世纪 50 年代建设的北京和平里七区及北京幸福村（图 6-11、图 6-12），它们在规划设计理论上都引进了邻里单位、居住街坊和居住小区理论。

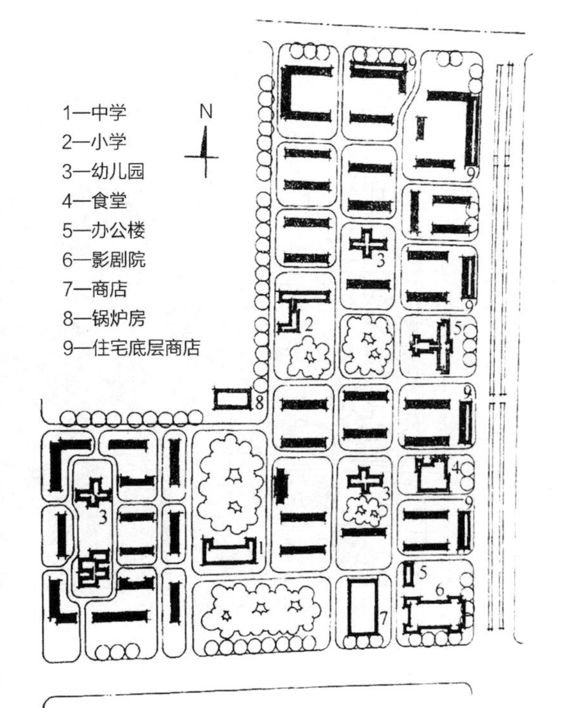

图 6-11 北京和平里七区规划平面

小区内设有完善的公共服务设施，以商业网点作为生活服务中心；居住组团作为基本生活单位；托儿所、幼儿园设置在组团内，使用接送方便；组团间以道路、绿化或公共建筑分隔，利于分期建设；中、小学布置在独立地段；住宅布置以行列式多层建筑为主，适当布置东西向房屋，以形成院落，并重视沿街建筑规划建设，塑城市街景，总体布局紧凑，空间有序，且注意节地。

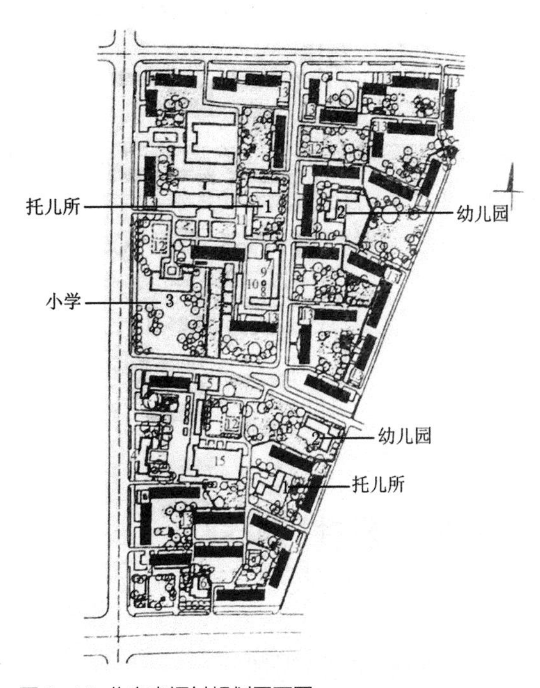

图 6-12 北京幸福村规划平面图

我国改革开放以后，住宅体制由福利型转向商品型，住宅具有了商品的属性，促使住宅规划设计适应市场多层次多样化的需求，以提供给市场选择的余地。为此，国家先后推行了实验住宅及小康示范工程等，居住区的建设模式进一步得到发展和完善，人类社区的规划增强了“以人为本”的规划设计理念，重视了生态保护、地域文化、健康休闲和生活品质提升等设计理念；社区空间结构向多元化发展，不拘泥于分级的模式，更重视人的生活行为规划和空间环境的塑造，公共生活服务设施更加健全、完善，并使其由生活服务型转向生活服务型与商业经营服务型相结合；提高小区级公共设施质量的结构布局，公共设施布置由内向型转向外向型；建筑形态已由多层向高层转化。如南京南苑二村可作为其代表。

南京南苑二村小区，建于 20 世纪 90 年代，小区位于南京市南湖居住区南端，占地 12.16 公顷，

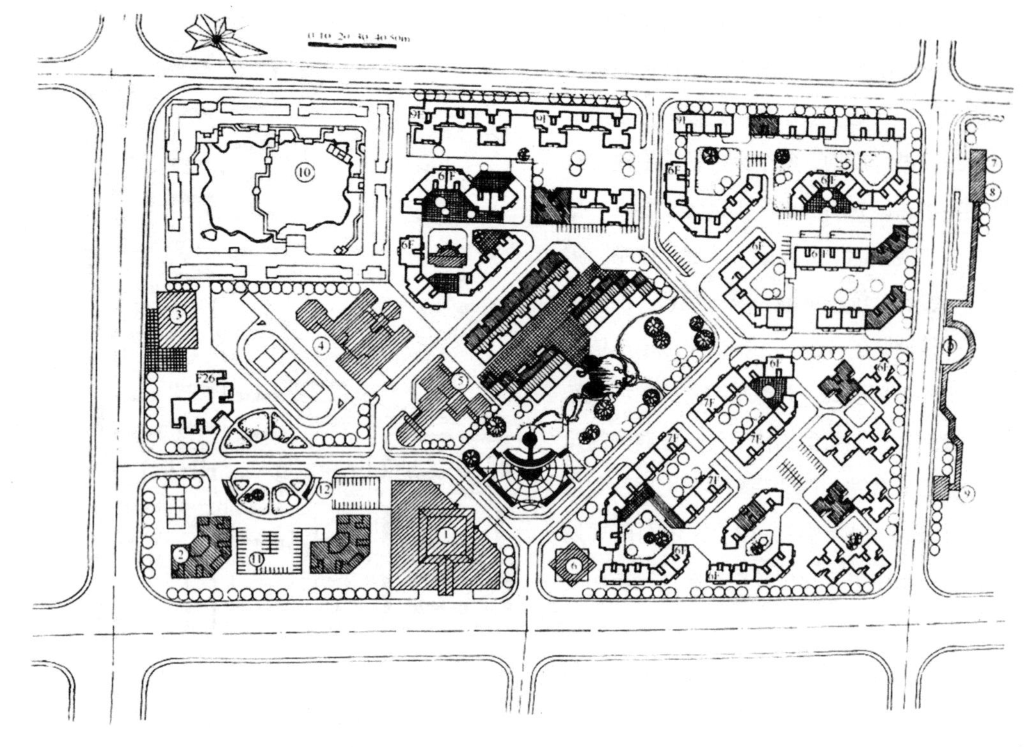

图 6-13 南京南湖居住区南苑二村小区规划总平面图

可住人口 6000 余人，总建筑面积 22.11 万 m^2（图 6-13）[1]。

该小区采用小区—邻里的二级规划结构，弱化组团层次，以强化邻里空间，增进归属感；有完善的公共生活服务设施，有幼儿园、小学、集贸市场、购物中心及物业管理中心等。这些公共服务设施都沿街道或沿道路交通线、人流出入多的地段，由内向型布置转向外向型布置；住宅楼以 6~7 层为主，少数高层（26 层）；住宅楼布局在基本满足日照、通风条件下，围成院落，全小区由十多个院落空间组成，以创造合适的邻里空间环境；全小区有中心绿地和院落邻里绿地。

6.4 社区及社区规划

6.4.1 社区和社区规划

“社区”概念不同角度理解不一，“社区规划”（Community Planning）的概念也是如此。“社区规划”是一个笼统的说辞，对“社区规划”的理解也自然有着广度上的和深度上的差异。“社区规划”是 20 世纪上半叶英、美两国在城镇规划实践中逐步认知的，它是在邻里单位规划实践的基

1 朱家谨 . 居住区规划设计 [M]. 北京：中国建筑工业出版社，2007：183.

础上兴起的。国外所指的社区规划基本上是属于社会学范畴的社会规划（Society Planning）和社会工作（Society work）的范畴，通常是指以公众参与为主的规划内容。

社区规划也称为社区计划或社区设计。它是根据上一层级社会经济发展的总的规划所确定的目标和要求，结合本社区的实际情况，制定的本社区的发展目标和要求。它是一个综合性的社区规划，包括两部分，一是全社区的社会规划，即整个社区的经济、社会、政治、文化、教育、卫生、服务、安全及环境等方面的综合性的发展规划，即称为"社会规划"；另一部分就是社区空间领域内土地利用和功能布局的、为居民创造共同生活的建筑空间环境的规划，即称为社会物质空间结构形态的建设规划，可简称为社区的"实体规划"。通常所说的社区规划都应该包括这两个部分。

社区规划是综合性规划，必须由多方面、多学科的专业人员共同协作完成。社会规划主要有社会学、经济学、管理学等方面专家及有关部门人士共同编制并吸收公众参与，共同商议交流讨论决策；实体规划主要由建筑师、规划师、景观设计师及工程师们共同合作完成，也必须吸收公众参与。两者的规划范畴、规划内容、规划程序、方法及关注的焦点都有很大不同。良好社区的社会规划是社会发展的基础，是社区建设发展的前提，即社会规划是实体规划的前提。实体规划必须根据社区的社会规划，并以它为规划的基础，进行社区物质空间形态的规划和设计，把社区的社会规划具体落实到地域上，最终将社区规划建设成为一个舒适、宜居、有生气活力、稳定、健康的可持续发展的社区。

为了社区的实体规划能落地实施，并能可持续发展，在社会规划、实体规划完成以后，最好再做一个经济规划，把实施成本、建设投资的要求及可能产生的经济效益进行规划，这样三个规划三管齐下，社区规划才可能真正实现。

6.4.2 住区与社区

本书中用了"人居环境"或"人类住区"之词，正如前述，它们的概念本身就是很广泛的，在尺度上跨度很大，地球被称为人类当今唯一的"住区"，其次则是州—国家—地区—城市—居住区—住宅小区—组团—邻里等。此节所讨论的"社区"，是城市级以下的"住区"，即居住区、住宅小区、街坊、组团、邻里等最基本、最基层的"住区"。并且，这里讨论的都是城市住区，除此之外，集镇、村落就是农村中的基本住区，也就称为"农村社区"。它是以从事农业生产为主的人群聚居的地方，有的学者把它称为"以从事农业作为主要职业的地方共同体"[1]。

城市社区的概念和城市住区的概念是有区别的，城市住区是泛指一个实体居住地域和空间，城市社区是表明共同生活在一起的集群的社会互动、彼此交往的具体的地域空间环境，社区的概念比住区的概念更具体，更有内涵。因此，住区规划与社区规划的概念也是有区别的。住区规划是社区规划在物质、空间层次上的表现形式，是社区规划过程中的一个阶段，而社区规划是住区规划的依据与归宿。

住区和社区都有层级性的特征。城市与农村社区的尺度大小也不是确定的，其规模的大小一般

1 肖敦余，肖泉，于克俭．社区规划与设计 [M]. 天津：天津大学出版社，2003：2-3.

以居住人口或居住户数的多少为指标。我国农村社区的规模相差极大，有大村、小村之说。一般以200人以下为小村庄，200~1000人为中村庄，1000人以上为大村庄；城市社区各国、各地规模划分也是不一样的。我国大型社区即居住区，人口规模一般为30000~50000人，用地15~30公顷，相当于配备一所小学的人口和用地规模；小型社区——即街坊、组团，一般人口规模为1000~5000人，用地2~9公顷左右[1]。居住区分级控制规模如表6-1[2]。

社区分级控制规模 **表6-1**

规模指标＼社区类型	大型社区（居住区）	中型社区（住宅小区）	小型社区（街坊、组团）
户数（户）	10000~16000	3000~5000	300~1000
人口（人）	30000~50000	10000~15000	1000~3000

邻里是最小的社区单位，社会学家认为："邻里是人们以地缘关系为基础形成的一种初级社会群体，是生活在同一地域经久相处、守望相助、友好往来的若干家庭联合体[3]。"它具有住家靠近，来往频繁，有一定互动关系的亲近感和归属感的特点。其规模不宜大，在现代社区中，以一个院落空间为邻里单位较为合适。人类学家研究认为，居民社交邻里关系一般限于8~12户，而超过100户以上就不存在邻里交往活动了。

从心理认同的角度研究居民社交的邻里关系，可将邻里交往分为三个层次、三种类型：即互助型邻里交往、相识型邻里交往和认可型邻里交往。三种类型、三个层次的关系是随着空间地域规模由小到大，邻里交往也就由强到弱。按照这一邻里交往规律，邻里规模越小，越有利于邻里交往。因此研究认为，5~10户适合互助型邻里交往，人们易于相互熟悉、交往和互助；50~150户适于相识型邻里交往，人们彼此熟悉，容易不期而遇，但不一定相互打招呼，但能相互认出；500~1500户更大范围内，只能做到认可型的邻里交往，这种邻里交往通常是通过使用共用的生活服务设施而偶尔相遇，逐渐相互认识，知道他是住在同一小区的。美国一般认为25~75户有利于形成一个邻里交往空间。

我国大中城市现在的住宅区建设大多采用高层或多层住宅，低层低密度住宅已成稀有产品，这就大大淡化了新型住宅区居民的邻里关系。因此，建立相助型的邻里关系或相认型邻里关系就较难，一是户数多，二是楼层高，相识相熟较难，往往仅靠上下楼梯或在电梯内短暂的碰面。因此，要探索新型的交往空间，仅靠传统的院落空间是不易适应的。要规划设计新型的邻里交往空间，如建立楼层交往平台、空中邻里空间等。

6.4.3 社区规划目标

现代社区规划就是要遵循可持续发展的原则，建设成为"天人合一"、人与自然和谐共生、人

---

1 肖敦余，肖泉，于克俭．社区规划与设计[M]．天津：天津大学出版社，2003：2-3.
2 朱家谨．居住区规划设计[M]．北京：中国建筑工业出版社，2015：29.
3 黎熙元．现代社区概论[M]．广州：中山大学出版社，2007：131.

与人和睦相处的“可持续发展社区”。

社区规划的出发点是基层社区居民的切身利益，从微观层面，通过具体的土地使用和空间安排，为社区居民创建一个方便、舒适、安全、卫生、健康、环境优美、宜居的生活居住环境。可持续发展的社区规划就是要保证和提高居民的生存质量，有利于增强社区意识和归属感，其中的居民不仅仅限于社区当代的人群，还包括未来的所有的成员，现代社区规划都应把可持续发展的社区作为其规划建设的目标。它比传统社区的规划要求更高了，可持续发展社区规划在满足传统社区常规规划要求的同时，应特别关注以下的问题：

1）社区规划要真正以人为本，建成为一个和谐社区

这里强调的是“真正”两字，即要真正以人为本进行规划，把“人本思想”确立为社区规划的本质理念，真正按照以人为本，按照满足人的需要和促进人的全面发展、提高居民的生活质量去构思，进行人性化的规划与设计。具体表现在：建筑空间规划与建筑形态应具有亲切宜人的尺度和风格，能体现对使用者的关怀；能满足不同年龄层人群的活动需求，特别是老年化社会对社区老人的关怀；建设完善的生活服务设施；注重精神生活，满足人们的心理需求，创建方便、舒适的邻里交往空间；重视社会文化，生活方式多元化的包容，为人性化、个性化的需求提供更多可选择的积极空间，为居民提供舒适的休闲娱乐场所，使社区成为促进人全面发展的教育园地；同时要促使居民生活减少对小汽车的依赖，社区内居民到社区服务中心都应在步行可达的距离内。

总之，“以人为本”的规划理念的主要内涵就是：以人为中心，根据居民的行为规律和社区的功能进行规划布局；从人的心理和审美要求出发营造住区环境，按照人体功效学原则进行建筑空间的尺度设计，使设计真正符合人性化的要求。

此外，在规划中要积极倡导公众参与，充分利用好公众参与这一重要的社会资源，采用各种形式，使居民成为真正的社区主人。

2）注重生态系统的保护，建成为一个生态社区

生态化和可持续发展思想是社区规划的思想基础，一方面要尽可能保留社区地域内自然的要素，如水、山、林等，保护地域内自生的植被，充分利用有利的自然要素，如阳光、气流、水系、地热等，创建舒适、健康的富有自然特色的居住空间环境；另一方面，在提高居住质量的前提下，社区规划和建设要尽可能降低能耗，节约物资资源，遵循 3R 原则（Reduce，Reuse，Recycle），实现资源和能源的高效循环利用，提高社区自身的环境自净能力，从而减少环境污染及治理污染的压力，保证环境（空气、土壤、水及动植物）的质量；广泛采用绿色建筑材料，就近取材，并采用适宜技术，建造低碳建筑，从而建设成安全、健康，可持续发展的生态社区。

此外，社区规划要创造条件，培育社区居民生态环境保护意识，共同负起构建生态社区的责任。

3）关注“公平”与“均好”，建一个“公平”的社区

公平性原则是可持续发展的三大基本原则之一，也是可持续发展社区规划和建设的一项基本原则。可持续发展是一种机会、利益均等的发展，公平包括公民参与经济、政治和社会其他生活的公平，过程公平和结果分配公平，公平性原则就是机会选择的平等性。社区规划的公平性，就是要确保社区成员要能平等公平地共享到社区的资源和环境，要在空间和时间两个维度上确保不同人群共享时的公平性，不允许社区内的某一方对公共资源和环境的享用享有绝对的支配地位，造成不平等的待遇。同时，社区资源和空间的分配也要公平合理，做到均好性。

公平性原则包括同代人、代际间、不同人群间及人与自然间的公平，上述四种关系是否和谐就体现出社区是否公平。社区规划的公平性首先要保证社区内不同人群在享用社区公共资源和服务设施时都有同样的选择机会和空间；社区的公共服务设施要能兼顾不同年龄人群、不同社会背景人群的需要，不能顾此失彼，尤其是对弱势群体，如老人、儿童、残疾人等更应该百般细致、周到；社区内各类公共服务设施，包括室内设施和各类室外活动场地、绿地、游园，社区居民，人人都可公平、方便地享用；公共服务设施、社区中心的布置位置要尽可能使社区内任一地点的住户都能方便到达，而不应偏于一方，造成区位的差异。

均好性就是社区规划要注意自然环境资源和人造环境资源的均享。“均好”一般是指社区规划中使整个社区每幢住宅楼所处的位置都能均好地获得阳光日照、自然通风和景观。虽然不能完全相同，但要使每幢住宅楼都各有优点，没有明显的差异。我们不可能使每幢住宅楼都能看到同一山水，但可以通过规划布置，使前排的房子可能望江，让后排的房子看得见青山，侧面的房子可以造园，让它对景，这样也就达到了“均好”的要求，卖家好卖，买家可以各取所需。

当今，随着人们对生活品质的要求越来越高，促使社区规划设计越来越注重环境的设计，形成了一种新的设计理念：“景观均好”，即要求均质的景观环境资源分配，充分考虑住户的利益和使用要求。当前住宅区的均好性已成为一种共识，乃至成为商品房的一个卖点。景观资源的均好性就是要：户户有景，景点可视可达。为此，良好的社区规划总体布局是实现均好性原则的关键，要求在规划时从总体上处理好建筑与外部空间的关系，努力创作丰富的多样化的外部空间。为达到环境景观资源分配均好，可视可达，就需探讨新的总体布局模式。20 世纪末惯用的“四菜一汤”的中心大花园式的布局模式，就难以适应“景观均好”的要求，“微型小区”“化整为零”自由环境空间布局，可能更有利于实现环境景观资源的均好共享和可视可达。

4）要将社区规划建设为一个“混合功能社区”

可持续发展的社区一定要是混合功能社区，而不能是单一居住功能的社区，更不能仅仅是个“卧城”。

城市社区可持续发展是以居民全面发展为主体，社区作为社会活动的基本地域单元，是可持续发展建设向下延伸和落实的基本场所。以资源可持续利用为基础，以经济、社会协调发展为保障，实现社区复合系统的良性循环，从而保障居民良好的生活状态、生活质量和环境质量。为此，社区内部除了有足够的居住空间领域外，还需要有数量较多的其他城市功能，适当保持商业、办公、就业场所；要求形成可持续的市政服务体系和社会服务设施，如医疗保健、公共卫生等，以保障社区能稳定、健康和可持续发展。单一功能社区所暴露出来的问题，促使人们逐渐领悟到混合功能社区的必要性，建设一个充满活力的混合功能社区正受到越来越多的认同。因为，混合功能社区城市生活功能齐全，并具有多样性，使居民生活方便、稳定；混合功能不仅有居住，还有办公、企业、各种服务设施机构，可以解决一部分就业问题，使居民能就近上班工作，减少城市交通的拥挤，减少居民上下班所花在交通上的时间；混合功能社区，除了居住功能外，还有各种社会活动、商业活动、文化娱乐活动、体育活动及各种休闲、业余教育培训等活动，使社区街道充满活力和繁荣感，有利于增强居民对社区的认同感和归属感，从而增强社会的安全感。

混合功能社区不仅是必要的，而且也是适应社会发展必然的。因为，随着我国改革开放的深入，伴随着社会生产的转型，社会分工的深化，第三产业快速兴起发展，各种社区服务、家务劳动社会化、市场化，人们对各种服务功能实体和空间的需求使得家政服务公司、职业培训机构、老年大学、休闲产业、电商物流等都要有很大的发展空间；另外，产业转型、信息产业发展、万众创新、中小公司、无污染的企业越来越多，它们可以与居住功能混合，转型过程中产生的暂时失业的人群，可以在社区内随着商业、服务业的兴起找到再就业的机会，对促进社会的稳定具有重要的社会意义。

混合功能社区，首先意味着土地使用规划要实行土地使用功能的混合，社区地域中不应完全是单一的居住用地，其中应包括商业、办公、服务及公共中心用地，甚至包括无害的中小型企业用地，在较大的社区甚至还可有农业绿地；在同一社区内，不同阶层的人群可以混合居住，即不同职业、种族、不同收入水平、生活方式等人群混合居住。这样有助于实现社会公平和社会和谐，也就相应要求在混合功能社区中，提供多种类型的住宅，以满足各种经济收入的人、各种文化、民族背景的人、不同家庭人口结构的人群的居住需求。此外，为适应多样化和个性化的需求，社区规划和建筑设计的理念也应该是多元的、多模式的、多形态的。

5）社区规划要重视地域性，创建一个有特性的社区

社区是一个区域性的社会。因此，社区必须具有明显的地域性特征。社区规划不论是社会规划，还是社区的实体规划，都应该体现地域性的特征。

地域是指一定的地域空间，也称区域。它具有一定的地域边界，地域空间内具有明显的相似性和连续性，而地域之间则具有明显的差异性，但彼此也是有联系的，而且互相有影响。我们进行社区规划时，都是在为一个特定的地域空间工作。因此，就要在规划时研究该地域存在的“相似性”和“连续性”的有形和无形的载体；研究它与其他地域的差异性以及相互联系、相互影响的要素和形式。

每一个地域都有其两大资源，即自然资源和人文资源。它们共同构成了社区形成、发展的基础，社区规划必须充分认识和使用好这两种资源。

自然资源包括地域内的自然环境：“山—水—林—地”及自然资源（阳光、空间、地上地下物质材料等）；人文资源就是该地域范围内长期形成的历史遗存、文化形态、社会习俗、生产及生活方式等。地域文化都是在一定的地域范围内与自然环境长期融合的结晶，打上了明显的地域烙印。因此，地域文化首先在于它有明显的地域性。

因此，在社区规划设计中，对该地域的自然资源要充分地了解和熟悉，在此基础上因地制宜进行规划设计。可以结合气候进行道路及建筑的规划设计，可以结合地势、地形进行建筑规划布局，利用地块内的自然景观规划开放空间；利用当地天然资源就地取材，尽量利用当地的地方材料、利用地方技术进行建造。与此同时，注意自然生态保护，尽可能地保留社区内自生的植物、原有水系、地景，努力创造社区的地域特色。这样，社区建成后，一定会有自己鲜明的特色。我国很多传统村落都充分表现出先人利用当地自然资源、营造自己聚落的智慧。如贵州安顺地区的石头寨堡（图6-14），黔东南苗族的木屋村寨（图6-15）。

同样，在社区规划设计中，对该地域源远流长、独具特色、传承至今仍在发挥作用的文化传统应充分地尊重、保护、传承，并在此基础上，结合新时代的需要进行再创造。在社区规划设计中，应重视历史文化传统，塑造社区自己的特色，突出地域建筑的独特风格，使居民具有强烈的归属感。

图 6-14 贵州安顺地区的石头寨堡——鲍家屯

图 6-15 黔东南苗族的木屋村寨

在社区规划中，对社区内现存的历史遗存物一定要特别谨慎，妥善保护并尽可能通过规划，发挥它的现实作用。一口古井，一棵古树，一座寺庙，一组民宅……都是历史的活标本。它们都蕴含着历史的故事，都是引发乡愁记忆的载体；我们要好好保护，积极利用它们，造就社区的历史感，使社区成为一个有文化的历史社区，增进居民的自豪感和归属感。可以说，关注地域历史及其演变过程，保护地方历史文化遗产已成为当今社区规划的重要内容。

6）实行综合规划，建立社区规划体系

可持续发展的社区规划是一个综合的系统工程。因为，现代社区是混合功能社区，社区是家庭、各种生产、服务、经营单位、各种社会团体和机构组成的有机体，不同于传统的单一住宅区。同时，我国已明确社区作为社会的基本单元，其发展是城市和地区经济社会发展的重要组成部分。因此，社区规划必须服从城市和地区经济社会总体发展规划。在制定城市社区规划时，必须以城市、地区经济社会发展规划为主要依据。目前，我国尚没有一个统一、规范的社区规划法规，作为城市社会的基层单位——社区的规划工作还没有受到特别重视。

社区是由社会空间和物质空间组合而构成的人群聚居的实体。我国目前城市规划领域的社区规划实际上就是社区的实体规划，其内容和方式都是以纯住区（住宅区、住宅小区等）的形式进行的。虽然随着我国社会经济的发展、人民生活水平的提高，住宅区的规划在满足基本物质要求的同时，也关注满足人们的环境意识、休闲意识的要求，但这些规划设计都停留于微观层面上或技术层面上的形体设计和空间布局及环境设计上，很少考虑社区人居环境中的社会内容和经济要素，也就是说基本上不考虑社区的社会规划，二者是脱节、各自独立进行的。这种规划模式不能适应当今社区服务事业发展的需要。因为，随着我国经济机制和管理体制的改革，我国城市人群居住空间组织方式也将随着倡导社区理论而发生质的变化，它将从根本上改变现有的社区的规划模式。鉴于社区规划是一个社会、经济、环境的复合系统工程，因此，要实现综合规划模式，就要将宏观层面上的社区社会规划（社区社会经济发展规划）与微观层面的社区实体规划结合起来。社区的社会规划是社区实体规划的依托和归宿，实体规划是社区社会规划在物质、空间、环境上的表现形式，是实现社区社会规划的一项落地工程。实现二者结合的综合规划，才可能避免“闭门造车”“千篇一律”、停滞于图示而缺乏实质性的社会思考的规划。只有使两者结合起来，才有可能使社区规划从现在的以物质为主导向的规划转向回归以人为本的规划。这种综合规划，即：社区规划 =

社会规划 + 实体规划。

社区社会规划以地方政府的社会经济发展规划为依托，结合社区的实际情况，可以由社区主管部门牵头，组织社会学家、企业家、公共管理学家、心理学家以及交通、住房、卫生、教育、文化、休闲及娱乐等方面的专家组成规划工作组，通过讨论、交流、协商确定社区的发展建设目标和建设的内容及建设的时序，完成社区社会规划蓝图。

社区实体规划主要由规划师、建筑师组成规划工作组，根据社会规划工作组提出的社区社会规划，通过与社会规划工作组专家的交流、讨论，并应用公众参与的方式，进行物质及空间布局规划，把社会规划的内容通过土地功能规划一一予以落实。经过反复交流讨论，最后完成实体规划的蓝图。

为了使实体规划真正实现，还要进行经济成本规划，可以由投资公司、开发公司、物业管理公司、审计部门等专家组成工作班子，进行具体的投资预算，并完成经济（成本）规划。因此，可以建立这样的社区规划模式，见图 6-16。

我国著名的建筑理论家张钦楠先生在他写的《人居科学的思考——关于中国城镇化及其它》学习笔记中，介绍了美国马里兰州哥伦比亚新城的建设，其规划采用了“社会规划—实体规划—成本规划”三管齐下的做法，先制定社会规划用以指导实体规划，并严格执行成本规划的控制，达到了经济、社会和环境效益共同实现的结果[1]。这是个 10 万人口的新型城镇，借鉴它可以应用于我们的社区规划。

进行社区综合规划，实行“社会规划—实体规划—经济成本规划”三管齐下，就需要有多方面的专家及公众共同参与。因此，随着社区规划模式的改变，规划的主角也将发生变化。社区规划设计不再是规划师、建筑师独有的领域，多领域的专家及社区的居民都要参与到社区规划队伍中来。规划师、建筑师的规划设计理念也需要更加开放，不仅要吸引居民参与规划，而且规划师、建筑师也必须加入公众参与的行列，学会社会调查，善于参与公众交流，努力深入群众，倾听他们声音，努力掌握第一手资料，深入、具体地了解居民的生活习惯和生活方式，依据他们的行为规律进行规划布局，使社区规划更趋完善、科学和合理，使社区环境形成最优化和最合理的布局。

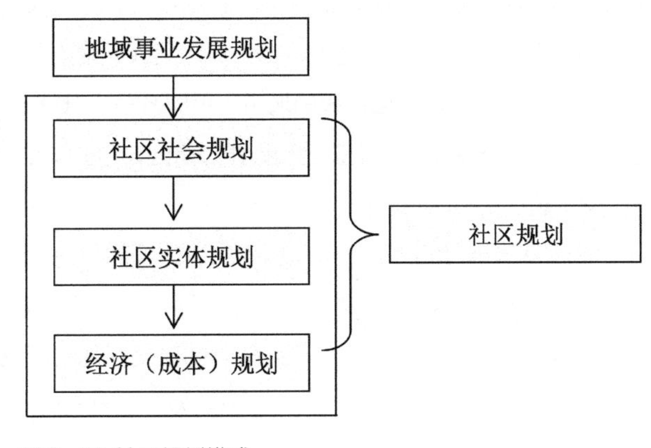

图 6-16 社区规划模式

社区规划不仅仅是建筑形体和建筑空间上的静态规划，而且是一个综合性的动态规划，不是传统的终极性的一张图式的规划，规划师要跟踪，随着情况的变化而不断地修正和调整。因此，规划师、建筑师要不断地

1 张钦楠．人居科学的思考——关于中国城镇化及其它：123-125.

关注社会经济体制的变革和社会生活方式的变化，不断更新知识，适应动态规划的需要。为此，在我国，为了加强社区的规划和建设，应该像国外一样，建立社区规划师制度，让他们长期在社区从事社区规划、管理，为社区谋求长远利益，为提高社区居民的生活质量作出自己的贡献。我国深圳已开始建立社区规划师制度，其他城市也可效仿。高等建筑院校以及高等职业院校要适应这个新趋势、新要求，在培养社区规划师方面作出新的努力、新的贡献。

6.5 社区空间结构体系

6.5.1 城市行政管理体系与居住空间结构体系

社区空间结构体系及其规模，是进行社区空间组织和规划的前提。由于社区建设在我国还是个新生事物，它与规划的城市行政管理体制和房地产开发模式都不相适应。社区的说法不统一，社区的规模、范围大小也不明确。有的按行政体制将街道办公处所辖范围认作社区；有的将居民委员会管辖范围认作社区；也有的按居住空间结构体系中的居住区或居住小区认作社区。由于社区定位与划分范围不明确，与社区相配套的各种资源和公共服务设施就无法得到合理、科学的配置。各个房地产开发项目也就很难达到当今社区建设的标准和要求，这样的开发势必带来住区建设的盲目性和城市发展的无序。

为了合理、科学地建设社区，更好地建设和管理好社区，我们先分析一下我国城市行政管理体制和现行的居住空间结构体系。

1）城市行政管理体制

现行我国城市行政管理体制有三种：①三级管理制，即在城市层级下，设区政府、街道办公处和居民委员会。这种体制现应用于4个直辖市、227个地级市（含省会城市和计划单列市），如图6-17（a）所示。②二级组织管理制，即在城市层级下设街道办事处和居民委员会两级组织，市下不设区级政府。它主要应用于县市级的城市，见图6-17（b）。③一级组织管理制，即在城镇层级下，仅设居民委员会一级组织，不设区和街道办事处，它主要应用于较小的县城（镇），见图6-17（c）。

2）居住空间结构体制

按照我国现行的《城市居住区规划设计规范》GB 50180-2018，我国居住空间结构实行三级结构体系，即居住区—居住小区—居住组团。从1950年代开始，一直沿用至今。人们已习惯于“小区”的概念，如果有人问你住在哪里，他们会自然脱口而出：“我住在XXX小区”。

我们把上述两个体系作个对照，就会发现二者会有“不对位”或“错位”的现象，如表6-2。

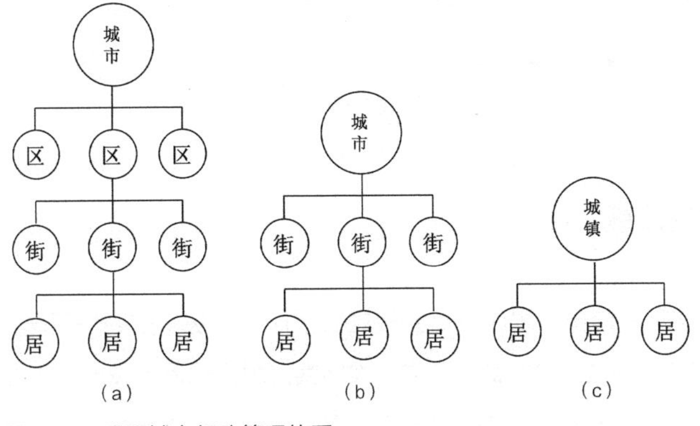

图 6-17 我国城市行政管理体系

（a）——大城市：市下设区——街道——居委会（三级制）
（b）——中城市：市下设街道——居委会（二级制）
（c）——小城镇：市下设居委会（一级制）

行政体制与居住空间结构体制对照表 表 6-2

行政体制		居住空间结构体制
区	←→	居住区
街道办事处	←→	住宅小区
居民委员会	←→	居住组团

对照后，这两个体系如何对接，我们所提倡的“社区”（社区单位或基本社区）如何定位？街道办事处和居民委员会设置在居住空间结构的哪一层级，都值得讨论、明确。

6.5.2 社区单位的定位

《民政部关于在全国推进城区社区建设的意见》（2000 年 11 月 19 日中办发 [2000]23 号的文件，下简称民政部文件）中提出：“在大城市，要重点抓好城区、街道办事处社区服务中心和社区居委会社区服务站的分设与管理”，这里还是按城市行政管理体制实行区—街道办事处—居民委员会三级管理，这里所说的社区也是泛意的统称。但在加强城市社区组织这一节中提出：“加强社区居民自治组织建设的前提是科学合理地划分社区。要以改革创新精神，按照便于服务管理、便于开发社区资源、便于社区居民自治的原则，并考虑地域性、认同感等社区构成要素，对原有街道办事处、居民委员会所辖区域作适当调整，**以调整后的居民委员会辖区为社区地域，并冠名社区**。在此基础上建立社区居民自治组织。”根据这个文件精神，我们就可以明确提出把社区单位（或基本社区）定位在居民委员会这一层级上，并且把它与居住空间三级结构体系相应，那应该是住宅小区与其对应较为合理，把“住宅小区”定为基本的“社区单位”，每一个住宅小区就是一个“社区单位”，就设置一个居民委员会，即：

社区单位地域 = 住宅小区地域 = 居民委员会管辖区域

这样就把城市行政管理体制与居住空间分组体系二者对位、融合。

街道办事处 ←——→ 居住区

社区（居民委员会）←——→ 住宅小区

居民小组 ←——→ 街坊（组团）

6.5.3 社区单位的规模

在上述民政部文件中提出：居民委员会根据居民居住状况，按照便于居民自治的原则，一般在 100~700 户范围内，这是一个最低的要求，按照我国现行规范《城市居住区规划设计规范》GB 50180-2018，三级居住空间组织的控制规模分别是：

居住区	10000~16000 户	30000~50000 人
居住小区	3000~5000 户	10000~15000 人
居住组团	300~1000 户	1000~3000 人

对照上述社区单位的地位，一个居住小区就是一个“社区单位”，那么，一个“社区单位”的规模就应该扩大，达到 3000~5000 户，即一个居住小区的规模。

广州在近期，为适应新形势而制订的《2010-2020 广州城市总体发展战略规划》，确立了“市—片区—功能组团—管理单元”的市级下三级空间层次，共有 10 个区，131 个功能组团，1929 个管理单元。如果与城市行政体制对应，就是区—街道办—居委会三级制，那就是全市 10 个区中共设有 131 个街道办事处，1929 个居民委员会。按照规划，2020 年广州适宜人口规模约为 1300 万，按 1929 个住宅小区计算，平均一个居住小区可住 6000~7000 人，按每户 3.2 人计算，平均一个居住小区可住 2000~2200 户。另据民政部的统计，1999 年全国有街道办事处 5904 个，街道办事处管辖的人口，在大城市一般为 5 万 ~ 8 万人，按 3.2 人 / 户计算，约为 16000 户；1999 年，全国有居民委员会 11.5 万个。居委会的规模也无明确的规范，各地从实际情况出发，大小不一。南京一般在 1500 户的范围内设立一个居民委员会，北京市规定是一个居民委员会不少于 1000 户。从规模上讲，若把居住小区作为“社区单位”，这些规模仍偏小了，因为过小，社区服务设施、公共活动设施及空间、场地就难以达到混合功能社区的要求，从“规模效应”来看，调整并扩大社区单位的规模，使其达到居住小区规模是较好的，考虑到城市大小有别，社区单位不宜一刀切，大、中、小城市区别对待，大城市可在 3000~5000 户，中小城市可在 2000~3000 户。

6.5.4 社区空间结构体系

为了加强混合功能社区的建设，实现社区可持续发展——实现社区社会可持续发展、经济可持续发展及生态环境可持续发展，确立居住小区为基本社区单位，并以小区的规模为基本社区单位的规模。以此地域范围为基础，设立居民委员会（也可改名为“社区委员会”）。社区规模在大城市要求在 2000 户以上甚至达到 3000~5000 户，采取大社区的建制，使其具有规模和综合能力，这样有利于混合功能社区的综合性的建设，有利于保障社区社会、经济和生态环境的可持续发展，有利于合理科学地配置社区公共服务设施及公共活动空间，最终是有利于为居民创造一个舒适、安全、健康、有活力的宜居又宜业的高生活质量居住环境。

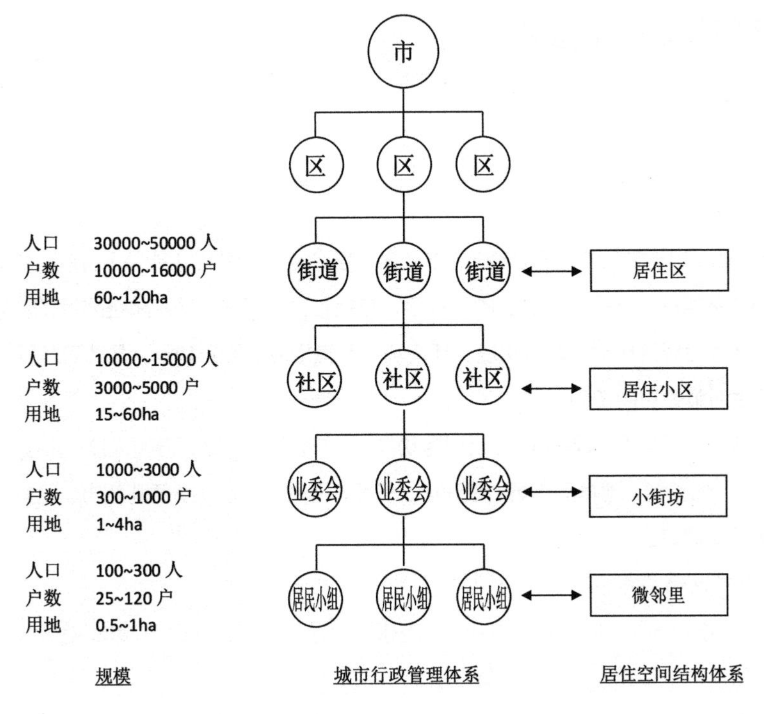

图 6-18 社区空间结构体系

推行“大社区”从建设角度考虑是有利的，但会增加管理上的难度。为了解决这方面的矛盾，使社区空间结构体系既有利建设发展，又有利于管理，建议增加社区空间结构层次，并与社区组织、管理层次相对应，采取“大社区—小街坊—微邻里”的社区空间结构模式，可以促使两者兼得，具体如图 6-18 所示。

上图各层次的规模基本上是参照《城市居住区规划设计规范》GB 50180—2018 确定的。但是邻里单位的规模没有规范可循，国内外资料中说法也不一。这里所说的“邻里”不是 1929 年美国建筑师佩莱（Clarence A.Perry），根据霍华德（Ebenezer Howard）“田园城市”（The Garden City）的设想，提出的“邻里单位”（Neighbourhood Unit）的理念。它相当于今日我们提出的“社区”概念及社区的规模，邻里的人口应与维持一个小学的规模相适应，邻里占地约 160 英亩（64.8ha），密度为每英亩 10 户，即邻里规模达 1600 户，5000~6000 人，也就是相对于我国传统的一个居住小区的规模。我们所提的“微邻里”中的邻里，是指邻里交往空间。交往空间尺度多大合适？说法也不统一。而且随着交往方式的不断变化，邻里交往的空间尺度也是在变的。邻里交往是建立在地缘关系基础上，其交往的双方一定是邻近的，且能有机会“面对面”地接触进而发生“邻里交往”的关系。这是一种独特的社会现象，也可视为一个灵活的城市社区单元，一个有机体内的一个活细胞。良好的邻里交往有利于社区的和谐建设，邻里交往空间尺度比“适宜的”社区单位要小得多。我国学者王兴中等人通过“邻里感应法”研究发现，中国城市邻里交往大致在 100m 范围内；人类学家的研究认为，居民社交邻里交往一般限于 8~12 户，而超过 100 户以上就不存在邻里交往了；根据国内外研究，“80~120”户居民最适合相互交流，可以形成良好的内部空间——院落式居住单元[1]。

1 谢守红 . 城市社区发展与社区规划 [M]. 北京：中国物资出版社，2009：77.

6.6 社区单位的空间组织

6.6.1 社区单位功能空间

我们建设的混合功能社区，不是传统的单一居住区。因此，社区功能是多样的、综合的，自然比单一住宅区要复杂得多，它是一个真正的小社会，包括社会、经济、环境的各方面的要素。社区不仅有居住功能，还包括经济功能、社会功能、环境功能及其相应的服务功能，具体可包括以下几方面：

1）社区生活服务功能空间

这是传统单一住宅小区应具有的生活服务功能，它与居民日常生活密切相关，内容庞杂，包括“油盐柴米酱醋茶”，如菜场、副食品市场、粮油店、餐厅，再如早点店、小便利超市、理发、沐浴、维修、金融服务及物业管理等。

2）社会功能服务空间

社会功能服务之一是社区医疗卫生服务，包括电话预约、上门诊视、家庭病床或家庭医生健康咨询，建立社区居民健康档案、康复保健社等。

社会功能之二是社区教育服务功能，如托儿所、幼儿园、小学、中学、老年人大学、入城教育、市民学校、职业培训及各类人群业余教育等。

社会功能之三是文化服务功能。对一个社区而言，社区文化就是该社区的气质和灵魂。社区文化服务是社区综合发展的重要方面，社区要为各类人群提供充足的文化活动场所，如俱乐部、老年文化活动室、青少年活动室、儿童活动室及文化广场、游乐园等。推进社区的精神文明建设，开启社区教育，关怀青少年思想道德的健康成长。社区文化功能具有教化、认同和增强社区凝聚与延续的功用，具有极其重要的意义。

社区功能之四是休闲、健康服务功能。针对社会不同年龄人群的休闲、健身场所，如室内游泳馆、健身房、室外青少年活动场、儿童活动场、老年人活动场地及花园等。

传统住宅小区，居民缺少交往，人际关系冷漠，缺乏人文气息，不利于整个社会的健康发展，影响邻里的和谐和社区的治安。所以社区要加强社会功能服务，不能只见物，不见人。

3）经济功能服务空间

社会经济发展水平是制约社区建设的一个重要因素。一个社区的建设水平也是社会经济发展水平的重要标志。社区服务设施需要大量资金投入，因此现代社区必须具有经济功能。

大社区是综合社区，是大社会的一个基本的社会细胞，尤其是我们要建设可持续发展的社区。因此，“发展”是不可少的。社区应具有经济增长的功能，成为大社区服务就需要一些生态性企业，可以造就一批第三产业，即社区服务业。尤其是新兴信息产业，它规模小、无污染、与居住功能混合用地不产生负面影响，可开设公司、办企业，为社区管理建构良性循环的财力机制，使社区获得发展的动力，不仅宜居而且促进创业、就近就业。

4）社区环境的功能服务空间

优化社区生活环境，整合社区功能。为了提高社区居民生活质量，社区服务就需注重环境的整治，保持社区环境的清洁、卫生、优美，增强社区生活的舒适感；通过开展安全防范活动，增强社会成

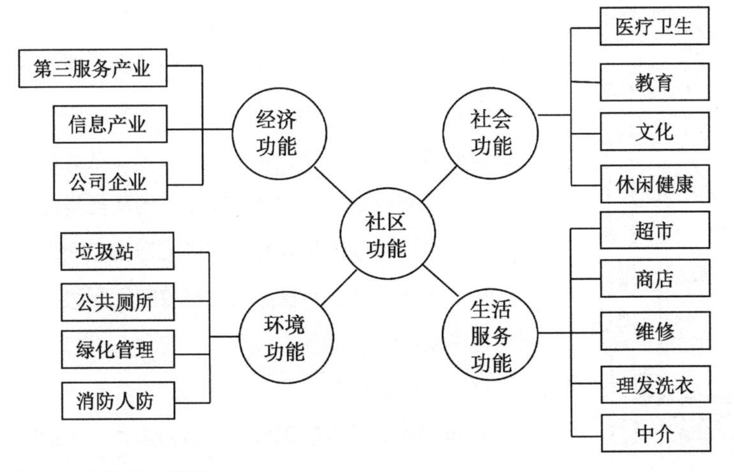

图6-19 社区功能图

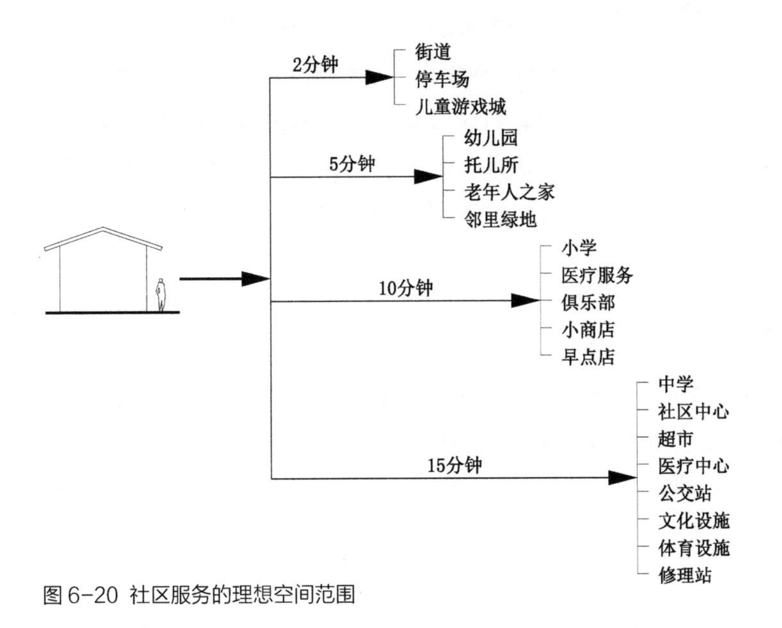

图6-20 社区服务的理想空间范围

员的安全意识，创造社会稳定、安全的社区生活环境。上述功能如图6-19所示。

6.6.2 社区单位空间组织布局要点

根据国内外社区规划理论和实践，在总结传统住宅小区建设的基础上，规划建设当今可持续发展社区时，除了遵循传统的住宅小区规划的一些有用的原则之外，对可持续发展社区规划要特别关注以下几方面问题。

1）坚持以人为本，关注人的生活规律和生活方式，关心微观的个人基本需求，各项功能空间的布局要方便使用者的到达，方便居民交往，并且不依赖小汽车，而以公共交通、步行、自行车为主，要使社区内所有服务设施都在有效的步行范围内。社会学家提出了一个“社区各项设施的理想空间范围”，即图6-20，供参考[1]。

按照美国社会学家佩里的“邻里社区”理论，社区内以步行为主，各功能空间按便捷距离设置，如小学校就要求布置在5分钟步行范围，约800m范围内，按照步行距离进行布局，如图6-21所示。

2）处理好社区空间构成的三大要素，构建一个有机的整体

这三大要素是枢纽（社区中心）、联线（街道交通）和片块（街坊），三者称为点—线—面的结构关系。

（1）枢纽（社区中心）——点

社区一定要有一个社区中心，并且可以有主要的社区中心和次要的社区中心。一些公共服务设

1 谢守红．城市社区发展与社区规划[M]．北京：中国物资出版社，2009：81.

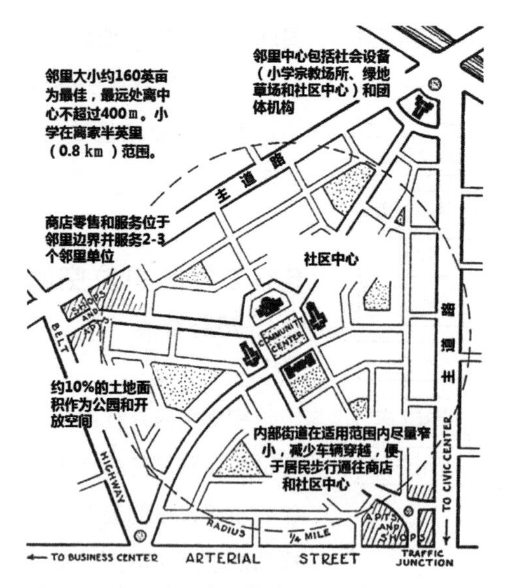

图 6-21 佩里邻里布局模式图

施即可布置于中心，如商店、会所、小超市等，其位置一般也就选择在社区地域的中心位置，使社区内各街坊、各邻里院落的住户都能就近到达中心。社区中心除了布置商店、会馆、超市等公共建筑物外，还可布置社区公共绿地、文化广场及各类健身场地等。社区中心通常以社区广场或开放空间为核心，公共服务设置布置在广场式开放空间周边，供所有住户便捷到达适用。

（2）联线（街道交通）——线

社区规划以社区四周城市道路为边界，组织好社区内及社区与城市道路的联线。它既要保障城市道路交通顺通、流畅、安全，到达目的地便捷，同时也要保障社区内联线便捷、安全，尽可能减少机动车在社区街坊内运行（搬进、装修特殊情况除外）。

联线包括道、街交通。这里特别强调，这里所指的“道”，主要就是车道，即主要供机动车行驶的道路，它像过去的“马路”，系指马车行走之道，社区四周边界都是城市道路或山水自然边界，它们就是机动车行驶之道；社区内连接城市道路的就称之为“街”，主要是步行。这个“街”就是划分社区内部“街坊”的分界线；社区内部的这些“街”，根据社区的规模大小，也分主街和次街，我们不妨重新启用我国传统的“大街小巷”的“街巷制”。大街可以人车混行，但宜采取单线式；小街可称为“巷”，它是完全步行的。我们提倡大社区、小街坊、微邻里，就要求加密路网，实用“道”“街”和“巷”的三级道路制，“道”以车行为主；“街”可采用单行线，人车混合；“巷”以人步行为主，并减少大街的宽度；采用这样的交通联线布置方式，有利于社区由过去的封闭走向开放，成为开放的社区，将社区与城市真正融为一体。

（3）片块（街坊）

社区地域内，以街和巷分隔划定的大小不等的地块，可称之为“功能地块”，它是建构一个街坊的基础条件。在混合功能社区中，特别是大社区，不同大小的地块可设置不同的功能，可以是单一功能，也可以是复合功能，它们共同构成完整的综合功能社区。地块的功能配置，要根据不同功能空间的特性和要求，进行合理的、科学的布局，有利于交通，有利于居民使用。

社区中心一般要配置在交通方便、便捷易达、人流容易集中的地块，成片或成街布置，构成步行街区。

文化体育设施，可以配置于社区中心四周，可与开放空间、广场、绿地结合起来，并与各街坊有便捷联系，共同塑造一个环境优美的文化娱乐休闲场所；青少年活动中心、会所、老年活动中心等宜布置在这些地块中。

社会教育功能设施，要配置在环境清洁、安静、交通方便的独立地块，如中、小学。小学最宜在 5 分钟内到达，中学校最宜在 10 分钟之内到达。学校的教室和操场都要有良好的南北朝向；托儿所、幼儿园要布置在家长上下班出行线路上，便于接送，同时也要是环境安静、安全、舒适、优美的地块；托儿所、幼儿园可以分开单独设置，也可联合建在一个地块上，最宜布置在社区主要出入口附近或较适中的位置，便于附近居民利用，它们都要有阳光充足的室外活动场地。

社区医疗卫生功能空间，如医院、保健所要选择建在环境安静、清洁卫生、交通方便、车辆易达、地势平坦，便于病人就诊和救护的独立地块上。

社会生活服务功能设施，如早点、小商店等居民日常必需品，要分散布置于街坊、邻里院落内或主要出入口附近，便于居民就近购买。

市政公用服务设施，如变电所、煤气调节站等，要根据城市市政管网规划，就近选择地块布置。

3）足够重视社区公共活动开放空间的规划

创造一个具有时代精神，能最大限度地满足社区各类人群（儿童、青少年、老年人、残疾人及不同文化背景，不同宗教信仰等人群）、各种需求的社区共用生活环境是社区规划建设的一个基本出发点。在传统的住宅小区建设中未能给予足够的重视，无论是设施或开放的各类公共活动场地都严重不完备或缺失，对当今可持续发展社区建设来讲应予以特别的重视。开放的室外活动空间环境不仅要环境舒适，设施完善，而且要有多样性和选择性，以满足不同人群户外活动、独立自选的要求；特别是对老年人，室内外的活动空间还要维护老年人私密性活动的需求，以增强老年人独立、自主和"有用"的意识，消除老年人自卑"无能"的不健康心理；同时室内外活动空间还应有一定的灵活性、适应性和可调性，便于不同人群随时根据自己的需求和爱好，重新安排空间、场地、使用方法；室外公共活动场地采用集中与分散结合的方式，除了社区中心设有面积较大的活动场地（如广场、绿地）外，更多的设计尺度适中的小空间场地，靠近邻里分散布局；把握空间尺度，建设公共室外空间—半公共室外空间—半私密室外空间—私密室外空间体系，使室外活动空间既有多层次、多样性，也有个性化的私有空间；社区的公共活动空间应当是无论白天还是夜晚都应是吸引人群的活动场所，都应开放服务；在社区中有学校、企业、单位的活动场地和设施，可以在时间上交错利用，既可提高这些设施的使用效率，也可集约化地利用土地，减少建设费用。如利用中、小学教学设施开展社区各类培训活动，学校的操场、球场周末也可对社区开放，欢迎居民使用。

我国社会传统的基本单位是以血缘为纽带的家族聚居，社会的基本单位主要是以工作关系为纽带的具有特殊组织意义的"单位"，社会除了有自己的小家外，都有一个可依赖的"大家"——工作单位；而改革开放后，单位的变迁、人员的流动、换代，"大家"的很多服务功能转移社会，人们住在社会化的小区中，开始寻求一种新的、可以满足各种需求的场所。社区就是他们新的"家"，社区规划就是要把具有"家"的理念的社区文化培育到新社区中。社区的公共服务设施及空间场所，就担当着这一任务，以使社区成为一个有灵感、有生气、有创新，可以就近、轻松交往的具有认同感、归属感的"大家庭"。

人们对公共空间的需求，社会学家把它归为四种类型：一是对舒适的需求，如阳光、蓝天、绿地、山水；二是对松弛的需求，在公共空间里，人们不受单位工作和家务的打扰，可以随便聊天谈心，松弛紧张的神经；三是消极参与的需求，就是对公共空间里来看看周围的场景、活动，以旁观者的身份间接地接触，从而发现一些有趣的人和事，激起自己参与的兴趣；四是积极参与的需求，如参加下棋、街舞，上老年大学，参加合唱团等。这些需求就需要为之提供合适的公共空间和场地，有了这些多样性的场所，就为他们在工作单位和家庭之间，提供了又一个业余生活场所，多了一个交往朋友的场所，邻里渐渐对这个空间产生依恋，喜爱这个空间，使个人私生活与社区共同生活以及更广泛的社会生活取得了有机的统一。

4）重视邻里交往空间的塑造

20世纪20年代末，美国社会学家佩里提出“邻里单位”以后，对欧美城市建设产生了深远的影响。但在20世纪60年代后，这一理论受到挑战。我国学者和业界仍然认为社会邻里关系在社区建设中还是应该予以重视的因素，在社区的建设规划和设计中，应该予以落实。虽然，营造社区的“出入相友，守望相助”的传统的亲睦关系遇到了新情况、新问题、新挑战。因为现在的城市社区都是一群陌生人的聚居地，不像农村或老城居民都是土生土长的“熟人社会”；过去住的房子都是低层的，又常是大杂院，邻里关系密切。新中国成立以后，上班族住的都是“单位大院”，工作关系使居民彼此熟悉，邻里关系比较密切。但是，现在住的大多是新开发的小区，都是来自四面八方的陌生人住在一起，而且又都是多层乃至高层住宅，相互聊天、串门就很少，更难“守望相助，疾病相扶”了。加上居民的思想观念、行为准则都发生了重大的变化，人际关系的确浅薄了。一个良好的邻里关系是社会培育人文环境的主要方面，因此，社区规划要探讨适应新形势的新的空间规划与设计模式，创造条件将社区培育成“熟人社会”。社区中心集中了一些商业服务空间及公共设施，但它们是服务于整个社区的，范围大，对营造、培育社区邻里关系作用是有限的。实际表明，良好的邻里关系与空间距离的大小是成反比的。俗话说“远亲不如近邻”，就说明“距离”对培育邻里关系是个关键因素。空间距离大，邻里关系就疏远；空间距离小，邻里关系就近。因此，我们提倡“大社区—小街坊—微邻里”的社区空间结构模式。“微邻里”就是要创造近距离、小范围的空间条件，以利于培育邻里的氛围。虽然空间距离不是培育邻里氛围的唯一因素。我们进行社区规划也是依据居民的行为规律和生活方式来规划空间的，但建筑空间反过来也会影响人们的行为。社区的邻里氛围是可以通过建筑空间来营造的。我们提“微邻里”的空间，是以院落空间为基础，吸取“大杂院”

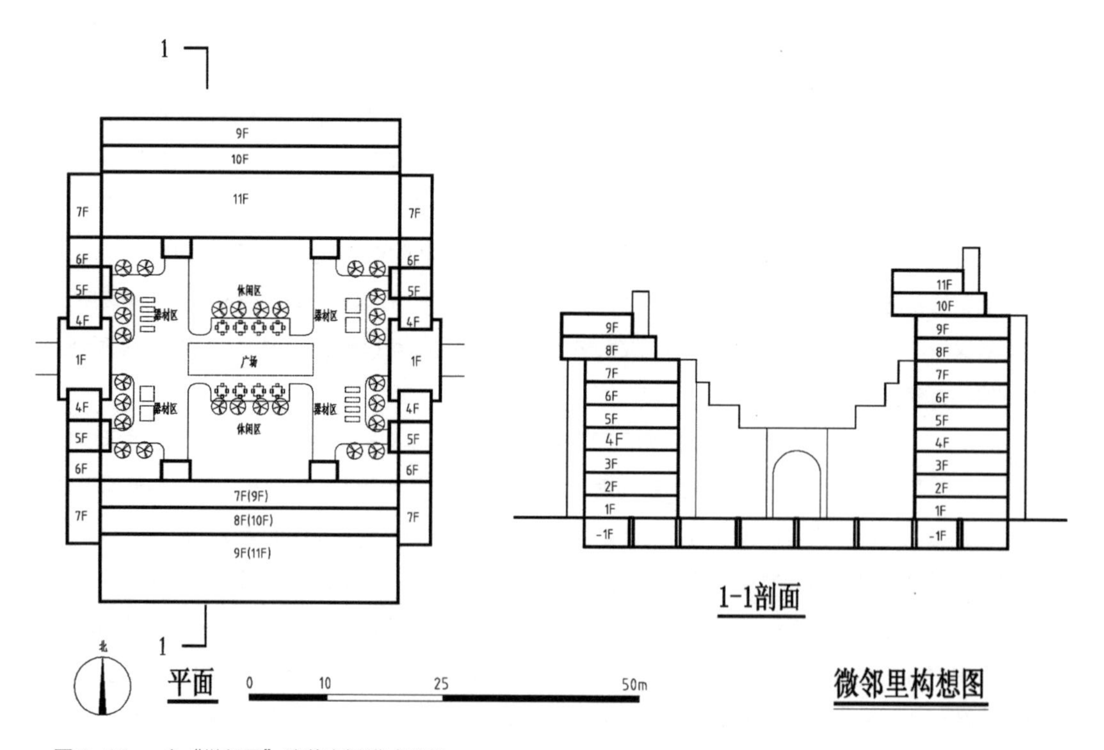

图6-22 一个“微邻里”院落空间模式设想

的优点，它有利于人际交往和空间防卫，以规模不超过120户为佳。住户为多层和小高层，采用围合式布局，形成开放的院落空间，东西两侧为居民总出入口，住宅楼均南北向布置，以获得良好的南北向自然采光和自然通风条件。围合的院落就是“微邻里”交往空间，住户都从院落东西两侧开口处进出，儿童、老年人也就可就近在院落里进行室外活动。每一个院落就是构成“微邻里”的空间细胞，大小不同的街坊，可以有不同数量的“微邻里”院落空间构成，如图6-22所示。

这个“微邻里”院落空间，由两栋南北向的住宅楼围合而成，两栋住宅楼总层数为9~11层，可以两栋同高，也可以南楼低，北楼高。每幢住宅楼由两个一梯两户的单位组成，每层8~10户，总计可住80~120户，其规模大小合适。为了使住户可以进行实际的户外活动，尤其是在冬季，需有较充分的阳光。因此，南北两楼的间距要大于满足日照的要求，而且北楼底层向阳的房间开辟作为邻里的活动室，并把室内、室外直接联通，设置平台或建成阳光房。

微邻里的所有住户停车都设在地下。微邻里院落空间下做“满堂”地下室，小汽车不进院落。地下可停车100辆以上，基本达到每户一车位的比例。这样，微邻里院落空间安静又安全，而且使用车辆方便。

5）注意设计具有多样性和个性的住宅

社区内的住宅应提供多种类型、不同标准的住宅，以适应不同人口结构的家庭、不同年龄的家庭以及不同经济收入的家庭，都能选择到适合他（她）们的住宅。有低层标准高的联排，也有多层或小高层的公寓，还有安置房和公租房。特别是我国老年化进度加快，社区养老是比较好的模式，因此，也要提供适合“二代居”的住宅和养老住宅。

住宅的多样化，除了住宅类型、建筑标准多样化以外，住宅内部空间的灵活性也是十分重要的，要为住户居住空间再创造创造有利条件。

此外，建筑的层数不要一刀切，一个社区、一个街坊、一个微邻里的住宅楼都不应采取同一层数，同一高度，在满足容积率的条件下，应该有高低变化。

6）重视低碳建设设计

社区内的建筑应该应用生态设计策略，在规划和建筑设计时就把“生态”“低碳”作为规划、设计构思的出发点，并把它们真正落实到图纸上，付诸实现。因地制宜规划设计，采用适于当地的技术与材料，选用绿色产品，开发节能、节流技术，采取节水、节能措施，科学合理规划道路方向、建筑物的布局，充分利用日照和气流，采用太阳能或地热。

6.6.3 社区单位空间组织模式构架

按照前述，“大社区—小街坊—微邻里”的社区空间结构体系及“开放式社区”的构想，我提出了一个社区规划设计概念性方案。现介绍如下：

1）适应地区

该方案适合于我国气候分区中的Ⅲ类和Ⅴ类气候区，包括：上海、浙江、安徽、江西、湖南、湖北、重庆、贵州东、福建北、四川东、陕西南、河南东、江苏南、云南、贵州西及四川南。

2）规模

按大社区—小街坊—微邻里构想，它们的规模分别如下：

	用地规模	人口规模
社区	24.3 公顷（364.5 亩）	3300~3400 户，11550~12000 人
街坊	2.7 公顷（40.5 亩）	470~485 户，1600~1700 人
邻里	0.675 公顷（10.125 亩）	110~120 户，380~420 人

3）社区空间结构

社区采用“九宫格”型空间结构，分为九个功能地块（图6-23 ~ 图6-25），即九个街坊，其中：

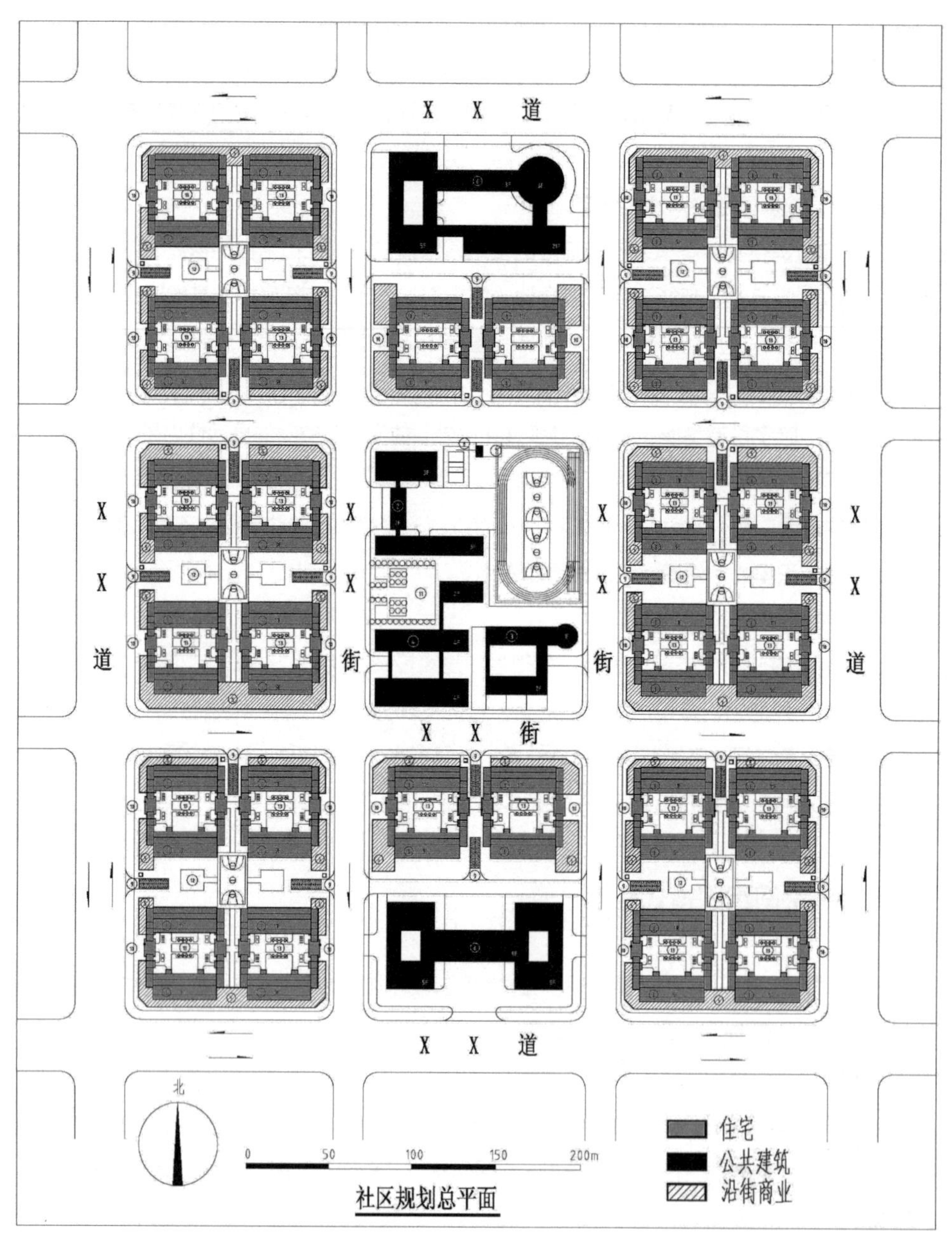

图6-23 “大社区—小街坊—微邻里”构想

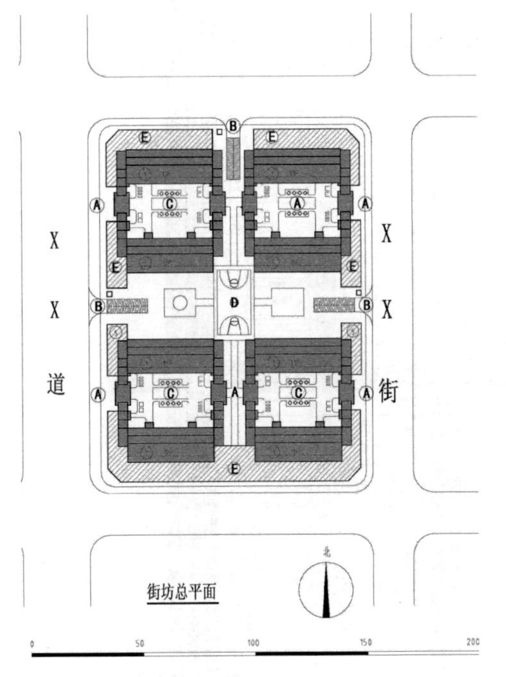

A - 邻里出入口；B - 地下停车入口
C - 邻里公共室外空间；D - 街坊公共室外空间
E - 沿街商业、金融服务空间

图 6-24 居住街坊

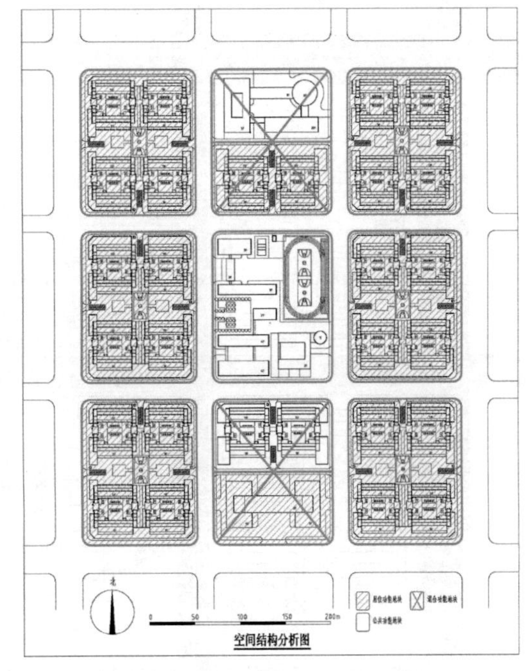

图 6-25 社区空间结构分析图

纯住宅功能地块（居住街坊） 6 块

社区中心地块（社区中心街坊） 1 块

混合功能（住宅 + 公建）（混合功能街坊） 2 块

——社区中心地块选定于九宫格之中心，距各街坊居民楼出口到社区中心都在 300m 步行范围内，便于居民使用；

——混合功能地块选定于九宫格中轴上南、北两端，均临双向的城市主要交通线，既方便本社区居民使用，又便于城市其他市民及游客到达，同时也丰富城市的街景；

——居住功能地块布置于社区中心四周，邻近城市双向主要交通线，采取围合式院落布局，既闹中取静，出行也方便，居民 2 分钟内即可走上大街，去商店购物或搭乘公交；到社区中心不需穿行城市主要干道，既安全，又方便。

4）社区道路交通系统

为缓解城市交通的拥挤，避免堵塞，保障社区居民的安全、方便与舒适，以及适应开放式社区建设的需要，社区交通系统考虑以下几点（图 6-26）：

——增大道路网的密度，适当提高道路用地的比例，道路纵横间距都在 150~180m；双向车行主要道路的间距在 450~540m，坐一站公交车的距离。

——道—街—巷的交通体系，并采取双向车行交通和单向车行交通混合的设计方式，社区外围的道路为城市主要道路（我们称之为道），它们都为双向行车道路，宽度 30m；社区范围内的道路（我

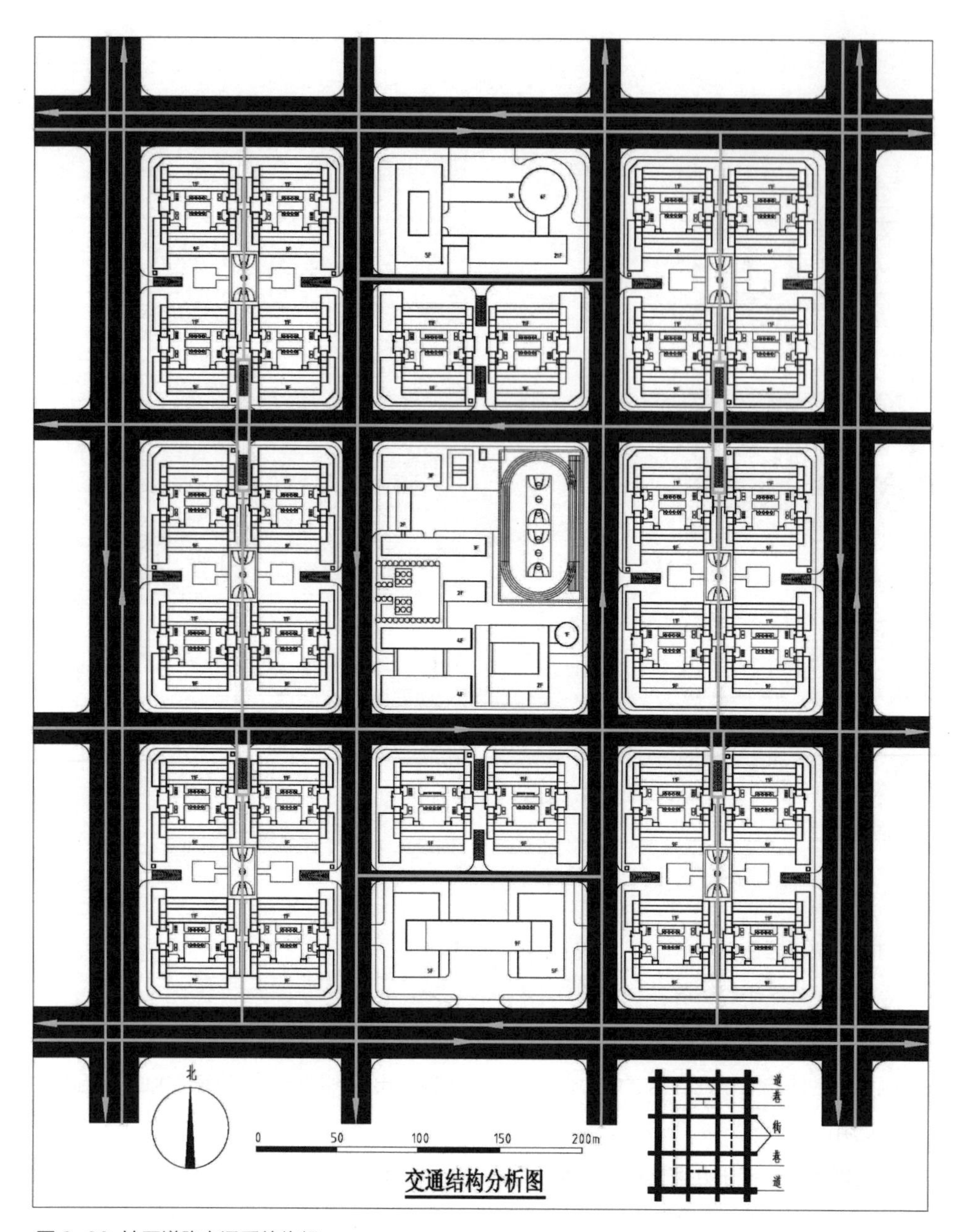

图 6-26 社区道路交通系统构想
（注：道—街—巷；双向车行—单向车行—人行；静态空间基本都设在地下）

们称之为某某街），均为单向行车道路，宽 18m；另有街坊通向外的“巷”，专供人行。

——住宅和公建地块的静态交通空间均设置在各地块下地下停车场，沿街商业用地停车空间与住宅街坊内的地下停车空间相连通，利用时间差，共享兼用。在每条双向主要道路上均可方便出入地下停车场，道路两旁无停车场地，以充分保障行人安全。

5）社区中心

社区设一个主中心和两个副中心。主中心位于社区中心的地块，18 个班的小学校、12 个班的托儿所、幼儿园、社区文化、休闲中心、培训中心、社区管理服务中心等均设于此，另设有一个较大的社区公共开放空间——社区中心广场及绿地。

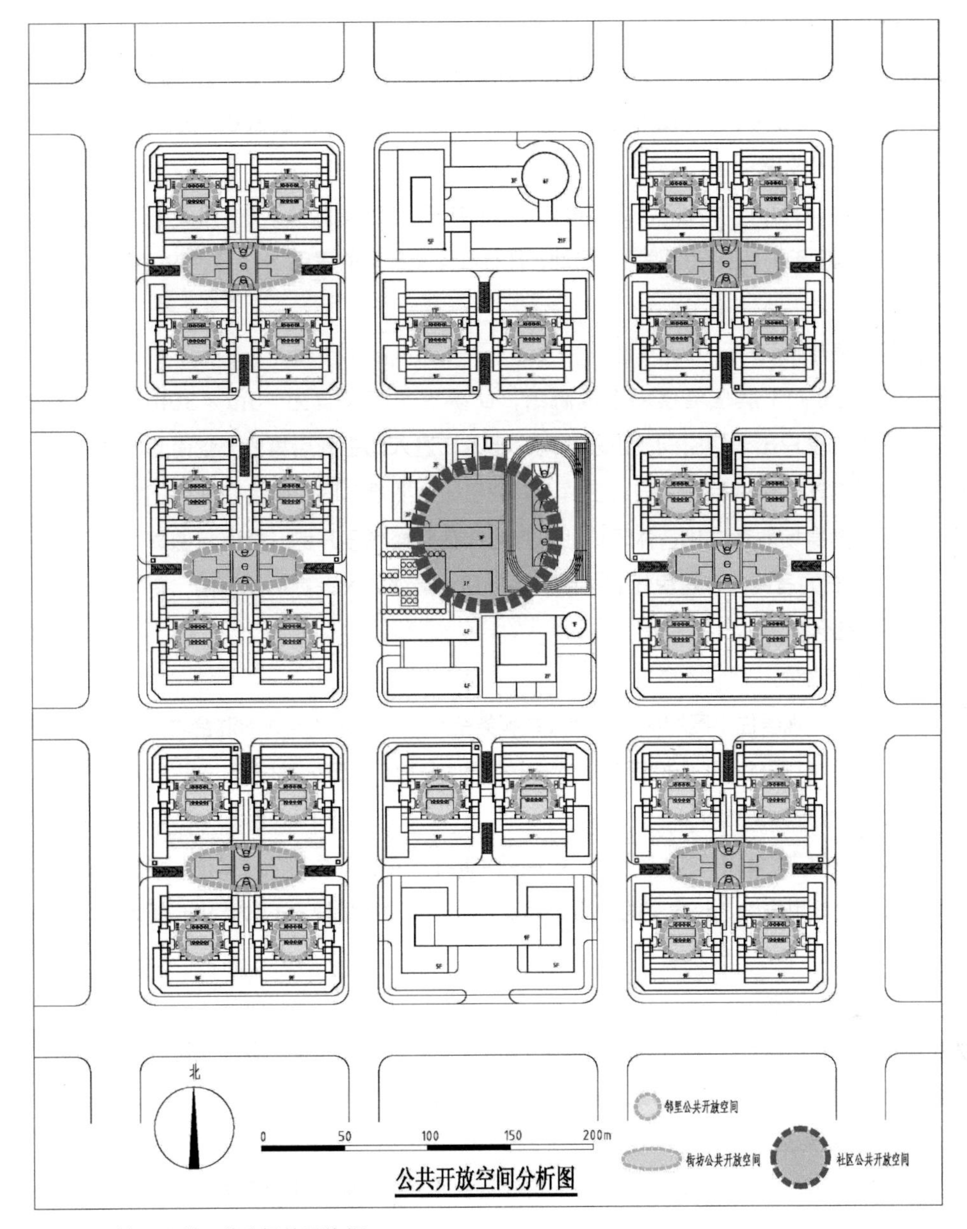

图6-27 社区公共开放空间体系构想

小学校、幼儿园的教学设施以及社区的公共开放空间彼此接近，可以共享兼用，以提高设施的利用率，避免重复建设。如学校的教室，可以在晚间供社区培训之用，学校的操场及其体育设施也可供居民健身。

6）社区公共开放交往空间系统

社区采用三级公共开放空间体系，改变大集中、大广场的常规模式为分散与集中相结合，而以分散为主，以使其接近使用者、到达便捷、方便使用，促进邻里交往，增进邻里亲切感、归属感。三级体系是：社区级公共开放空间—街坊级公共开放空间—邻里级公共开放空间，如图6-27所示。

——社区级公共开放空间

设有广场、绿地、休闲长廊及健身设施，可以举办集会及庆典活动，这里是跳街舞最理想的地点，既方便到达，又对住户干扰不大；最远的住户从住宅楼出口到社区中心都在 300m 内。

——街坊级公共开放空间

在每一个街坊内，在四个“微邻里”之间设有一个公共开放空间，除绿化外，另辟儿童游戏场地、老人健身场地、休闲聊天场地甚至棋牌活动场地，居住在这个街坊的居民 2~3 分钟内就可步行到达此处。

——邻里级公共开放空间

邻里是由两幢 9~11 层住宅楼围合成院落，此院落空间尺度为 40m × 30m，有 1200 多平方米。此空间为住户出入口空间，由东西两个出入口进入此空间后再分流到南北两楼住宅出入口，业主可以经常在此空间相遇，增进了解，有利于彼此熟悉；同时院落空间内还布置有儿童活动场地、老年人健身场地及文化、休闲场地，有可能在北楼底层开辟一个单元做邻里活动室。邻里内的 100 户左右的居民，在这里找到共同活动场所，造就“大家庭”的氛围，有利于把社区创建成一个“熟人社会”。

7）社区公共服务空间

该社区构架中较常规居住小区增加了社区公共服务空间，以创建开放式的混合功能社会，它既宜居也宜创业、就业，让居住、工作接近，减轻城市交通的负担，社区公共服务功能空间包括：

（1）社区生活服务功能空间

这类空间包括日常生活必需的功能空间，如菜场、超市、粮店、早点店、餐馆、金融服务等，它们可设置在沿街商业用房内，较大空间的用房就设置于混合功能地块内的公建中，如大菜场、超市等。

（2）社会功能服务空间

这类空间包括教育、医疗卫生、文化及休闲、健身等，它们有的集中布置于社区中心地块内，有的可设置于混合功能地块内，也有的就设置在四周沿街建筑中。

（3）经济功能服务空间

这类空间包括为第三产业发展提供的空间，可开设公司，办企业。在混合功能地块内，可以安置这些功能用房。此外，四周沿街建筑 1~2 层也可安排这类空间。

此外，在两块混合功能地块内还规划了两座宾馆建筑，可以建造 200~300 个床位的中档次的宾馆。

为适应开放式社区建设需要，使居民到各种服务空间均能方便到达，使居民出行到社区内或社区外的各个服务功能空间均可方便到达，方便、快捷，参见图 6-28。

8）社区用地分析

社区用地	243000m^2	100%
住宅用地	76000 m^2	32%
公建用地	40000 m^2	16.5%
道路用地	60000 m^2	24.5%
公共绿地	65600 m^2	27%

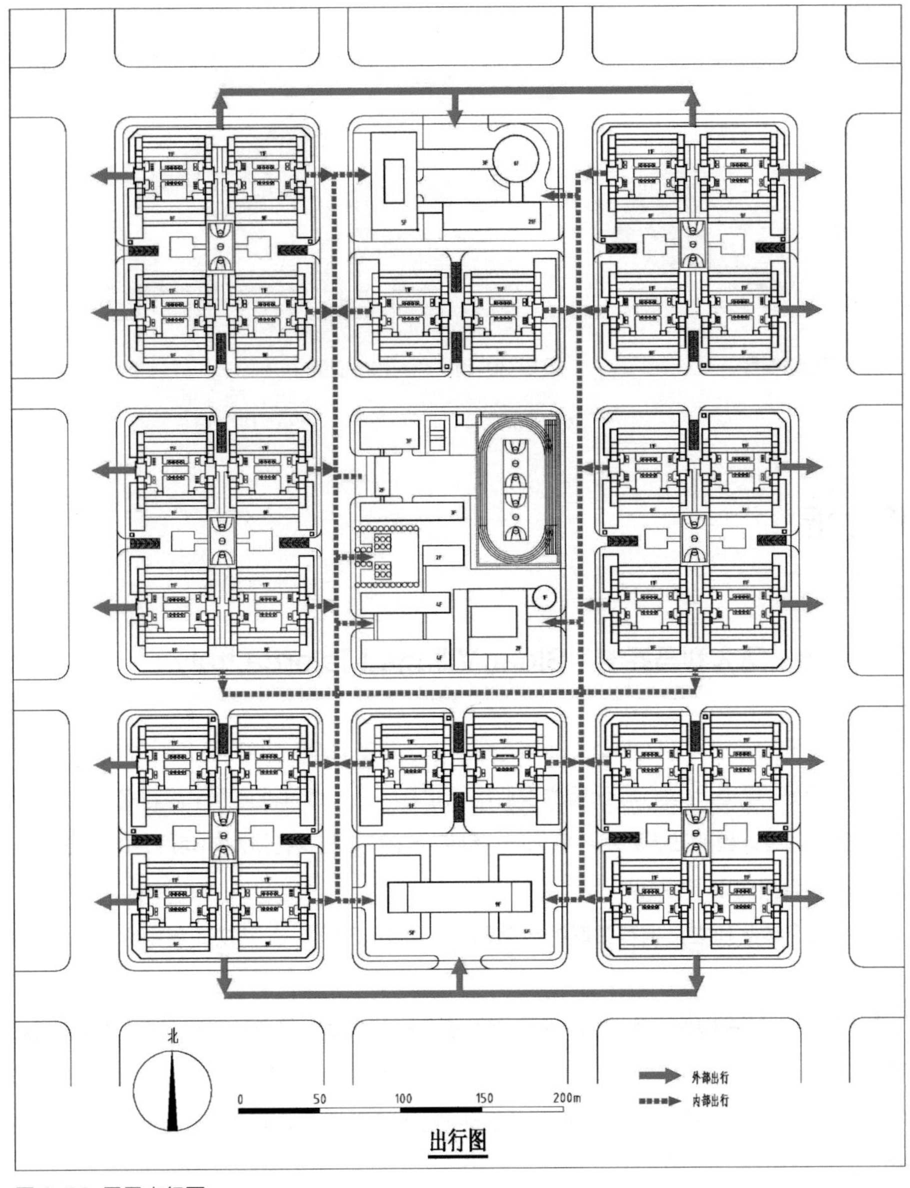

图6-28 居民出行图

9）建筑面积

地上总建筑面积 442260 m²

其中：住宅建筑面积 341200 m²

公建建筑面积 101060 m²

建筑容积率 1.82

地下建筑面积 140000 m²

停车位 住宅 3500 车位

公建 500 车位

10）微邻里和街坊构想模型（图6-29、图6-30）

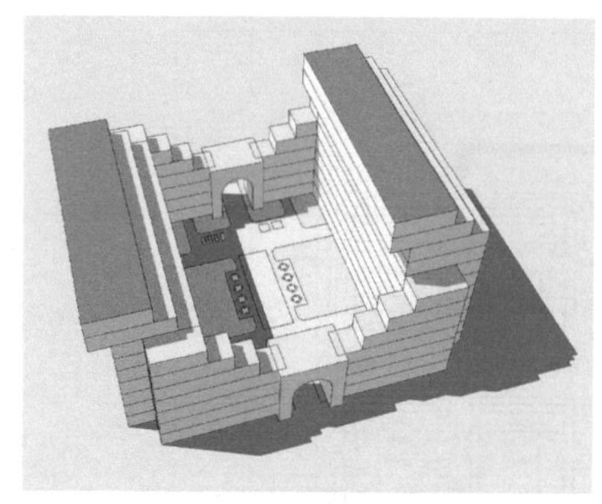
图 6-29 微邻里空间构想模型

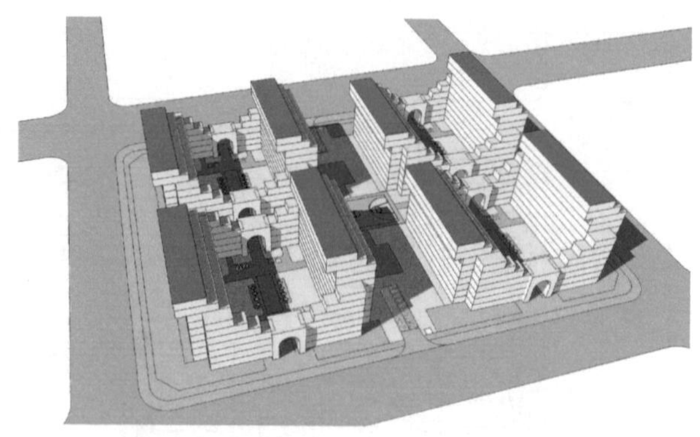
图 6-30 街坊空间构想模型

6.7 案例分析

6.7.1 太阳能村落 · 意大利马乔卡（Sloar Village,Majorca,Italy）[1]

这个项目距意大利的帕尔马（Palma）8km，是一个人口在 7000~8000 人的试验性城市社区。用地位于自然景观良好的郊区地段，有保留的农业用地和森林。当地气候夏季干燥，冬季潮湿。理查德 · 罗杰斯事务所的设计目的在于利用环境优势，创造一个有丰富乡村景观的有活力的社区。

这个社区规划设计具有以下特点：

1）该社区由三个彼此独立又相互关联的村落组成（图 6-31），公共空间集中在三个村子的中间，四周分散着居住建筑。

2）利用环境优势，认真构建水体规划，把自然水资源充分收集、储存并利用起来。将雨水收集起来，在潮湿的冬季收集水，在夏季将它用于灌溉作物，在主要的集水处造就一个景观优美的池塘，水体形成了丰富的景观，成为东西两个村落的公共活动的汇集地，同时也有利于改善小气候。

3）清晰的社区结构

该社区划分为 3 个村落，每个村落有三层结构：便捷步行区、混合停车的综合活动区及拥有私人停车的居住区。建筑高度从内向外逐次递减。核心居住区到车站的通行距离为 150m，即使村落内最大步行距离也不超过 300m，公共交通极为方便（图 6-32）。

4）合理的邻里规划

该社区规划设计极为重视单个村落的空间结构，每个村落设计有步行区、带有狭窄步行街的综合工作区、带有若干小广场的混合公共用地及中心水体景观。主要交通干道不得穿越这些区域。同时，所有周边布置的建筑，其密度和高度都应不断下降并朝向景观，尽量减少对环境的影响（图 6-33）。

1 Richard Rogers. Cities for a Small Planet[M]. Basic Books. 1998: 54-55, 90.
Thomas Herzog. Solar energy in architecture and Urban Planning[M]. Prestel Pub. 1996.

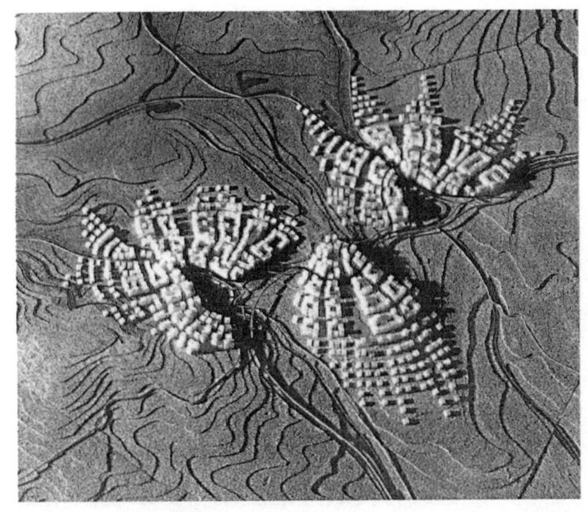

图 6-31 总体模型

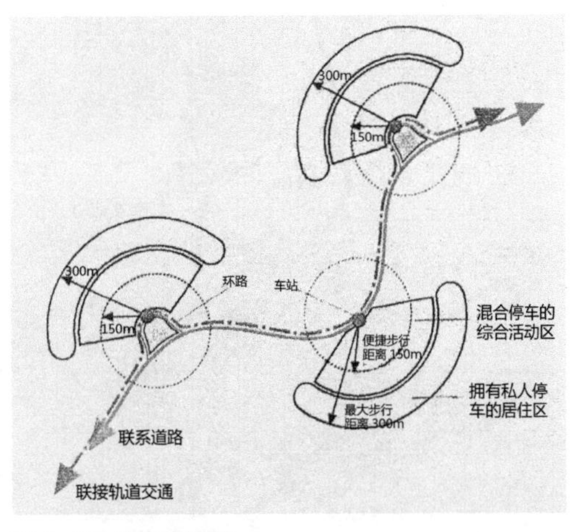

图 6-32 结构分析图

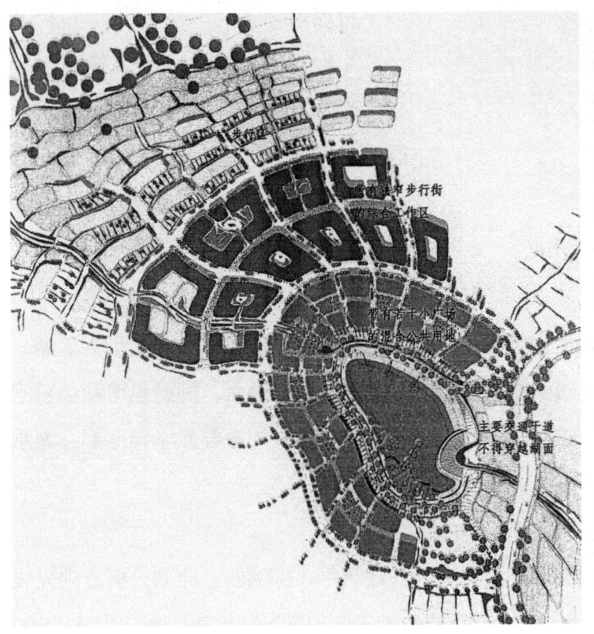

图 6-33 单个村落空间结构分析

图 6-34 建筑单体模型

5）融入自然的建筑单体设计

建筑单体设计充分考虑将建筑融入自然环境当中。采用自然和机械通风相结合，以自然通风为主。建筑表面设置太阳能收集装置，充分利用自然能源。室内空间采用绿化，更好地调节微气候，并能创造良好的景观（图 6-34）。

6）社区规划注重保护当地生态系统

这个拟新建的城市社区在规划设计时，尤为重视建设场地周边的自然生态系统，保护和支持农作物的多样性，并为此创造良好的灌溉系统，促进作物生长并提供基本的能源，保护传统的旱地农业、旱地庄稼和果园、水田农作物及现有的林地（图 6-35）。

为了减少对自然环境的负面影响，提倡公共交通，提供公共电车系统而不是私人小汽车，以节约能源，减少污染。

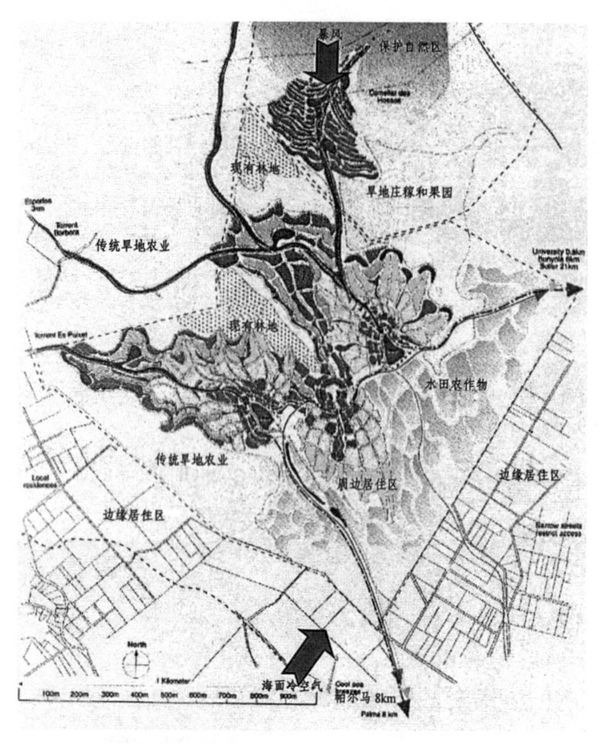

图 6-35 建筑场地生态系统

6.7.2 英国诺丁汉大学朱比利分校（Jubilee Campus,University of Nottimghaml）

英国诺丁汉大学朱比利分校新校园于 1999 年建成，建筑面积 45000m^2，耗资 3 亿英镑。该分校新校园是由英国迈克 · 霍普金斯建筑师事务所设计。该项目建成后是新世纪以来在英国比较具有代表性的应用可持续发展和生态设计概念的优秀的建筑实例，它有以下特点：

1）利用“棕地”，开发建设

英国诺丁汉大学朱比利分校新校园建设场地原先是一个废旧的工业厂区，现在这个废旧的厂区建成为一个美丽的风景园林化的校区（图 6-36）。

2）创建“绿肺”，改善环境

该新校区为了改善环境，在有限的场地上规划设计了一个大的湖水体，挖了一个大型人工湖，使之成为城市新的“绿肺”。湖中培养活性动植物，用以活化湖水、清洁湖水，同时也可利用它回收建筑物排出的雨水。它可以调节小气候，成为校园的美丽景点。新校园的主要教学用房都临湖水建造，促进人与自然的和谐（图 6-37~ 图 6-40）。

3）采用智能光线系统，创建舒适的空间环境

新校园的建筑内部采用了先进的光线探测系统。当有人在建筑中，探测器会自动分析室内光线

图 6-36 棕地开发

图 6-37 制造“绿肺”集雨水

图 6-38 新校区的景观

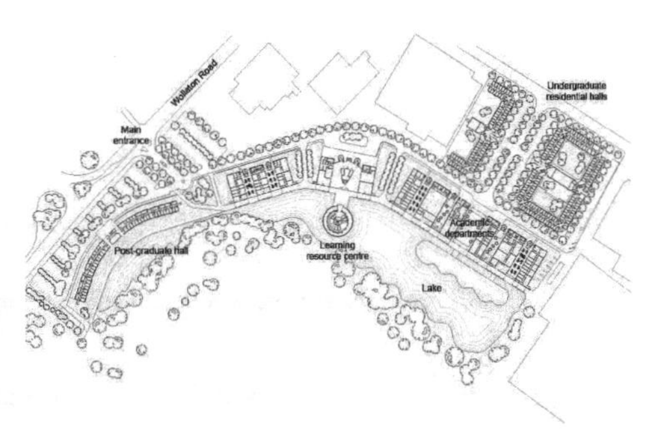

图 6-39 总平面

图 6-40 临水的教学楼

图 6-41 建筑内景

的强度，以决定是否需要人工光源。这一系统的运用，不仅能节省电源，而且也为使用者创造了舒适的光环境（图 6-41）。

4）采用地压式通风系统

新校区建筑采用了先进的热回收地压式通风系统。屋顶采集的太阳能在风塔处转成机械抽风、热能转换为风能，可节约能源（图 6-42、图 6-43）[1]。

1 图 6-36~ 图 6-43 来源：http://www.hopkins.co.uk/projocts/8/183/

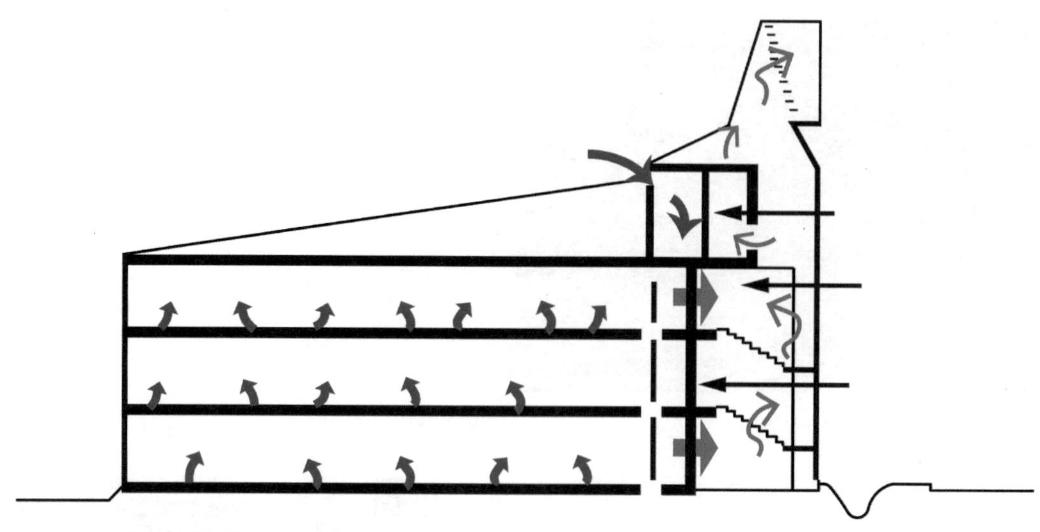

图 6-42 送风抽风示意图

图 6-43 屋顶上的风塔

第7章 可持续发展的人居环境——建筑

7.1 导言

7.1.1 建筑与发展

建筑发展史与人类发展史是一脉相承的，二者的共同特征是都始终围绕着“人与自然”这一核心主题，并在不断解决二者矛盾引发问题的过程中得到发展。原始社会生产力低下，人似动物一样屈服于自然界生态规律，受各种自然条件的限制，受强大的自然力的统治。人的生活同动物一样不自由，人类生活是自然而然的，又是同自然融为一体的。人类文化还处于蒙昧和野蛮时期，历经300多万年的漫长历史时期，逐渐产生了具有自然属性的文化，人们称它为“自然文化”。

自然文化时期，人类同样受到自然力的强大影响，它制约着人类的居住形态和建筑形态。当时人类仅仅会使用简陋的石器工具，只会现成地直接从自然界获取自然物质资源，还没有学会制造、生产人造物质。因而，他们只能结为群体，沿河边、湖岸和森林边缘迁徙，过着游牧流动的生活。他们居住的也都是利用自然的“穴居”“半穴居”“洞居”及“巢居”等简陋形式。正如《庞子 · 盗跖》所曰：“古者禽兽多而人民少，于是居民巢居以避之，昼拾橡栗，暮栖木上，故命之曰有巢氏之名。”据有关学者考论，认为今日安徽省巢湖市，就是中国华东第一人文始祖有巢氏及其子孙的生籍地，是“构木为巢”“首创巢居”“首创居屋”的所在地。巢湖也就因“巢居”而得名，如图7-1～图7-3[1]。

“首创居屋”就是有巢氏将树上的“巢”移到地面而“首创屋居”。可以想象这种“屋居”也是极其简单的，而且也是模仿动物、顺应自然的结果。当时是以茅草或芦苇涂盖屋顶，用草泥涂抹墙壁，用朴刀砍削。从新石器时代以来，浙江余姚河姆渡、湖北京山屈家岭、河南淅川黄楝树村、湖北宜都红花套等遗址都有这种用木架支撑屋顶，用芦苇捆扎为壁，外面涂抹草拌泥作为墙，以避风雨，这种木构房屋遗迹存留下来，见图7-4。秦汉以后，我国南方一些干栏式房屋也是有巢氏的发展和遗存。

图7-1 有巢氏之“巢居”

图7-2 树居

1 潘谷西 . 中国建筑史 [M]. 北京：中国建筑工业出版社，2004：11.

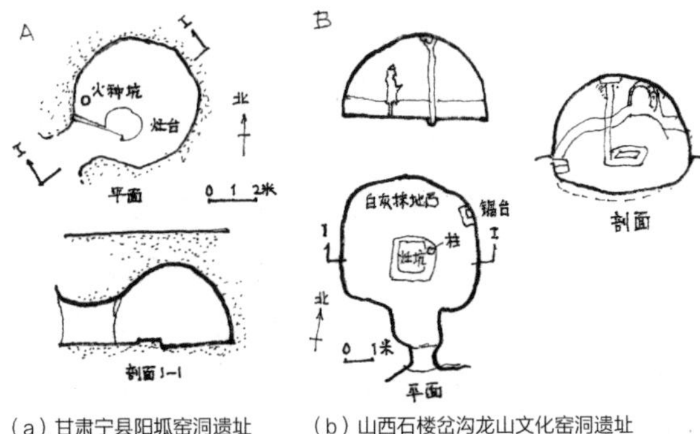

（a）甘肃宁县阳坬窑洞遗址　（b）山西石楼岔沟龙山文化窑洞遗址

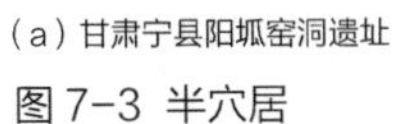

图 7-3 半穴居

图 7-4 人类早期木构干栏式房屋

这些房屋都是尽可能地直接利用自然界的天然资源和条件，创造利于人类居住、防卫和生存的环境。正因为如此，远古建筑能够与大自然最大限度地融合为一体，建筑对自然界的破坏极为有限。

然而，这种完全屈服于自然的生存方式，制约了人类社会的发展，人类需要选择新的生存和生活方式，这就逐渐导致了“农耕文化”的产生。“农耕文化”是人类以农业和畜牧业为主的生存方式，解决了自然文化时代人类面临的难题——只能依靠采集、狩猎和迁徙的生活才能得以生存，生活才安定下来。这时的建筑较自然文化时期有了质的变化，人类除了有能力满足自身生存基本需求的住屋外，也产生了很多丰富的其他类型的建筑，以满足人类精神生活的需要，如宫殿、庙宇等。建设这些永久性的纪念建筑导致对自然资源的大量耗费，如砍伐森林、开山挖石，人类生产活动和建设活动开始给生物圈造成创伤，人与自然的关系开始出现不和谐的声音。但是，由于当时的技术能力仍然有限，它对自然的损害还是局部的，人与自然的关系仍能处于动态平衡、尚能协调的状态。而且人类也在与自然相处的实践中，学会如何顺应自然、与自然协同发展的生产和生活方式。分布于全国各地的传统村落、民居就是顺应自然与自然协调发展的极佳的证明，它们构成了适应地域生态环境的地域建筑，见图 7-5。

图 7-5 福建永泰县爱荆庄外貌

18 世纪下半叶以来，工业革命极大地推动了社会生产力的发展，人类进入工业文明时代。那时，科学技术日新月异，地质学的地质渐变论、物理学的能量转化与守恒定律、化学的原子论和周期律、生物学的细胞学说及人类进化论的提出，使人类对于客观世界的认识获得了空前的提高。“自然”不再是主宰人类生产、生活的决定性因素，人与自然的角色地位发生了巨大的积极的变化，人与自然的关系开始从人类“被动屈服”“被统治”中挣脱出来。随着科学的发明、技术的创新与提高，人类改造自然的能力也就不断壮大。人类开始过分夸大自身的能力，误认为自己有了“本领”，可以克服自然的限定和约束，凭借人类的智慧和才能可以驾驭自然。因此，人类能征服自然的观点，成为工业文明时代的主旋律。在这种观念的支配下，人类开始过度地开发、攫取自然、征服自然、改造自然，力图创造一种没有极限的增长，自然资源能永远、可持续利用的生境。由此，引发了一系列的自然变迁的环境恶化问题。人与自然的关系从此由农业文明时代的总体和谐走向了工业文明时代的相互对立。人与自然的关系发生了重大转折，自然开始从早期被敬畏受崇拜的对象和自然而然充满生机的存在，沦为人类追求使用价值、资源价值、经济价值等被征服、被侵占、被破坏的对象。结果，造成了空前的、全面的环境危机：大气污染、水体污染、森林破坏、土地侵蚀和沙漠化、垃圾泛滥、生物多样性损失、能源和资源短缺、酸雨污染、气候变暖、海水平面上升、臭氧层破坏等一系列的环境问题，特别是各种人工合成化学物质进入生态循环，改变了地球表面的生物地球化学循环，对人体健康造成长期危害，人类活动已危害到自身的生存。有人说，20 世纪人类最大的成就不是登上了月球或计算机革命，而是人类发现了人类自身赖以生存的“生态危机”。如果说，农业文明时代的建筑是“灰色建筑”的话，那么，工业文明时代的建筑则是一类“黑色建筑”。

7.1.2 建筑与可持续发展

造成环境恶化、生态危机的因素是多方面的，基本上包含两大类因素，即天然因素和人为因素，二者也有一定的互相影响的关系。天然因素如火山活动、地震、风暴、海啸等产生的自然灾害；人为因素即人类在开发利用自然资源时，超越了环境自身的承载能力，使生态环境质量恶化，有时甚至造成自然资源枯竭的现象，这些都可归纳为人为因素造成的，这里我们所说的环境生态问题，多指为人为因素所作用的结果。

环境恶化、生态危机的产生，从根本上讲是伴随经济、社会发展的，可以说它是社会、经济发展的伴生产物。因为：

（1）社会发展、人口增加，对环境造成巨大的压力。

（2）伴随经济发展，人类的生产活动和生活活动产生越来越多的环境污染，即生产污染和消费污染。

（3）为了社会经济发展，人类在不断扩大的开发建设活动中造成生态破坏。

（4）由于人类的社会活动，如军事活动、旅游活动等，造成的风景名胜区和自然保护区的破坏，珍稀物种的灭绝以及江湖海洋等自然和社会环境的破坏和污染，甚至造成人文遗迹破坏。

在以上的人为因素中，因不断扩大的人类开发建设活动而造成的对自然破坏性的影响是非常明显的，它表现在以下几方面：

1）由于世界走向城市化世界，城市化进程中的城市和建筑的快速发展，造成了环境问题的激化

工业革命促成了世界范围内的城市化，工业生产集中于城市，使城市人口以惊人的速度增长。美国作为当时新兴的工业城市国家，在1790～1890年的100年间，城市人口比重由原来的5.1%上升到35.1%；城镇数量由原来的24个增加到1348个；到20世纪20年代，城市人口比重再增加到50%，80年代则达82.7%。从世界范围的城市人口发展状况来看，城市人口占总人口的比重也由1800年的3%上升到1900年的13.6%，20世纪20年代中期达到21%，80年代增至39%以上，现在已超过50%了。这些发展变化对人类生存空间、人类住区环境的规模及组织形式提出了新的要求。城市规模、城市数量大幅增加，城市功能空间、结构和布局发生了深刻的变化，城市商业区、居住区、金融区、交通运输区、工业区、仓库码头区等新型功能区大量充斥于城市中，建筑也因此获得了极大的发展。各类生产性、世俗性、实用性的建筑大量涌现并表现出颓废的状态。这些建设活动一方面大大扩充和改善了人类的生存环境，同时也极大地加剧了人类对自然资源的掠夺式开发，从而造成了人类生存环境的严重恶化。

2）建设活动中新材料、新结构及新技术的应用，也加剧了对环境的破坏

工业革命，钢、铁大量应用在建筑上，并出现了现代建筑材料——水泥+钢=钢筋混凝土，这是建筑材料上革命性的进步。由于它的强度和可塑性的特点，它为新型建筑结构、新型建筑形式和空间的创造奠定了新的物质技术基础。19世纪后期，系统的建筑结构科学形成，为大量建筑的安全生产和建设提供了保障，致使大跨度、高层和超高层建筑如雨后春笋，建于世界大中城市中；20世纪50年代，空调技术开始在建筑中应用，使人类最大限度地克服了自然气候条件的影响，提高了人类生活环境的舒适度……这些新材料、新结构、新技术的进步，为建筑的发展注入了强大的动力。但是，它们也是双刃剑，在其技术进步的同时，也带来了高消耗、高能量、高污染的弊端，对环境的恶化造成了巨大的、直接的负面影响。

首先，新材料、新结构、新技术的广泛应用，需要大量的能耗，相对于传统地方材料、天然材料而言，钢、合金、铝、新型玻璃等现代建筑材料在生产、加工、运输过程中，都需要消耗更多的矿产资源和能源；空调系统更是建立在对能源大量消耗的基础上来运行的；其次，新材料、新结构、新技术的无度使用，还会造成许多建筑内部环境与城市环境问题。空调系统在发达地区的普及，建筑内部环境必然由于放弃或缺少自然的空气对流，造成空气不良、环境健康指数下降；使人易受“空调综合征”的困扰；而且空调的大量使用与全球臭氧层的破坏有着直接的关联；建筑玻璃幕墙作为一种新型建筑外墙材料，光反射系数达80%，超出了一般建筑材料10倍以上，阳光下会形成强烈的聚光、反光、折光，在城市中过多使用它，就会造成严重的城市环境的光污染；高层建筑是新材料、新结构、新技术应用的结合点，过度、集中地建设于城市，尤其是中心区，也会给这些地区的城市交通、日照及局部气流带来许多不利的影响；现在很多城市的安置房、廉租房、低收入人口的住房基本上都建在郊外，并都采取高层（大多近于100米）高密度的建设模式，也都采用钢筋混凝土结构，很难想象，今天各地建造的这些大量的城市“钢筋混凝土森林”，二三十年后，或者五十年后，我们下一代将如何处置它？这种新时代的新的城市空中贫民窟——“鸽子笼”式的住房，为了所谓的节约土地，把这些群体挤出城区，这不是郊区化，而是边缘化，让人民群众住在公共服务设施都不到位的，住在上不着天下不着地的“无天”又“无地”的居住环境中，老年人更难以落地、接地气。这一代的不公平下一代人还能接受吗？西方在20世纪七八十年代曾炸毁过类似这样的住房。20世纪80年代，作者也亲眼在英国伦敦附近看到这一幕的重演。如20世纪50年代，建于圣路易斯城

图 7-6 圣路易斯城帕鲁依特—伊戈住宅区炸毁照片

的帕鲁依特－伊戈（Pruitt-Igoe）住宅区是为低收入者提供的住所，但在环境设计上却缺少对社会、对人心理因素及人文因素的综合考虑，与周围环境格格不入，犹若孤岛。使用者生活其间，心里感到倍受社会歧视。该住宅区对环境设施破坏严重，引发了社会众多的犯罪现象，当地政府被迫于 1972 年 4 月 21 日将之腾空，于 1972 年 7 月 15 日将其炸毁拆除。这一事件被建筑评论家 C. 詹克斯称为现代主义建筑走向死亡的标志，见图 7-6。若干年后，我们也可能会步其后尘，将这些空中“鸽子笼”式的新型贫民窟炸毁推平，最后落得的将是堆积如山的固体建筑垃圾，因为这样的建筑是不会持久的。

3）对现代建筑新风格的追求，加速了地域人文环境特征的消失，造成人文历史环境的破坏

工业社会中，人类社会生活的需求日益提高，大机器生产时代的价值观、审美观都发生了深刻的变化，建筑在形式上和内容上也是这样。现代主义建筑的倡导者积极展开了对建筑新风格的追求，他们强调建筑形式与功能、材料、结构、技术及工艺的一致性，创作一批体现工业时代精神的新建筑，推动了世界范围内现代主义建筑的发展。

但是，在工业社会很长一段时期中，现代主义建筑的倡导者及其追随者将这种现代主义建筑新风格程式化、定型化，并在世界范围内推行，形成了无所不适的“国际化”建筑风格，忽视了各地不同的地情、国情，因而破坏了环境中的地域人文特征和自然特征，使建筑形式趋向同一化。美国享有盛誉的艺术家 H.H. 阿纳森（Hjorvadur Harvad Arnason）（1909 ~ 1986），在他的巨著《西方现代艺术史：绘画、雕塑、建筑》（History of Modern Art:Painting. Sculpture Architecture）一书中写道：“人们在世界各地所看到的建筑物，无论大小，外观尽是大规模的仿造，实际上彼此是难以区别的。”[1]20 世纪 50 年代，有两座重要的城市——印度的昌迪加尔和巴西的巴西利亚，依照建筑新风格的定型模式，先后建成。它们分别建于古老的东方国度和新兴的南美国家，各自拥有不同的地域自然环境特征和人文传承，但其行政中心主要建筑的设计及城市建设却被赋予相似的风格，如图 7-7、图 7-8 所示。前者的建设实践是将西方建筑文化形成一成不变地移植给一个拥有传统文明的东方民族身上，而后者的实践也同样缺少对当地经济、文化、社会和传统因素的考虑。国

图 7-7 印度昌迪加尔行政中心

图 7-8 巴西巴西利亚行政中心

1 H.H. 阿纳森 . 西方现代艺术史：绘画、雕塑、建筑 [M]. 邹德侬，巴竹等译 . 天津：天津人民美术出版社，1994：429.

际式建筑掩盖了两国两种自然、两种文化环境背景中的地域性、差异性。

工业社会是人类社会迄今为止发展最迅速、社会变革最强烈的时期，同时也是对自然造成危害最严重的时期。人类在创造工业文明的同时，采取了过度的开发方式，而且这种开发建设是建立在对能源和资源大量消耗的基础之上，同时也带来了严重的环境污染及对历史人文环境的破坏，最终则破坏了人类赖以生存的生态环境。不难看出，其中建筑又起了主要的破坏作用。事实证明：它已成为影响和破坏环境的主要因素之一，如前所述。从工业社会发展至今的200多年的现实来看，地球环境污染总体的三分之一左右是在建筑建设和使用过程中造成的；全球几乎一半左右的能源是消耗在建筑建设和运营过程中；地球资源几乎一半也是应用于建筑建设和使用过程中；CO_2的排放量近三分之一也源于建筑生产、运行和使用之中；就是固体垃圾，建筑行业也是生产的大户……事实证明：这样的建筑建设模式是不可持续的，建筑的双刃性表明，这样的建筑及其建设模式如果让其继续，那么，房子建设越多，对环境的破坏就越严重。实际上，就是人类在自掘坟墓。因为今日的建设模式所采用的材料都是高能耗的、不可再生的建筑材料，如钢铁、水泥、黏土砖等。建成后的运营方式大多也是依赖人工照明、人工空调、机械通风等这些高耗能、高污染、低效率的运行方式。可以说，这种建造和运行方式严格地讲，都是反自然的建造方式，与可持续发展思想是背道而驰的。加之规划不当、设计短视、建造质量低劣，致使房子短命，这将是多大的物质资源的浪费！这种粗放型的规划、设计及建造方式，也都完全不符合可持续发展的原则，可谓之不文明的建设，故有人将工业时代的建筑称为“黑色建筑”。

7.2 可持续发展建筑

7.2.1 可持续发展建筑的由来

可持续发展建筑这一概念的形成并非出于偶然，它经历了一个缓慢的进化过程，它源于20世纪六七十年代突出的环境问题的爆发和世界能源危机。

20世纪60年代人类开始了环境的觉醒，有识之士开始揭示工业文明时期，人类自身活动所导致的严重的环境污染及其后果。一些西方环境科学界开始关注并研究生态问题，西方社会也开展了绿色运动。特别是20世纪70年代，产生了世界石油危机，从而导致能源危机，影响人类社会的发展。为了对应能源危机的挑战，有识之士提出了节约能源的要求，各行各业都要为之努力。因而，人们也就提出了建筑节能，进而促使研究“节能建筑”；一方面要“节能”，另一方面也要探索开发新的能源。因此，太阳能建筑也就应运而生；针对环境污染，人们又相继提出了“生态建筑”“健康建筑”“绿色建筑”等。1997年在日本东京的联合国气候大会上通过了《京都议定书》，规定了38个主要工业国家在2008 ~ 2012年将二氧化碳等6种温室气体排放量从1990年的水平上平均削减5.2%。此后，“减排”和“低碳”就成为很多国家关注和研究的新问题。因此“低碳建筑”也就应运而生，成为建筑业关注的一个新课题。

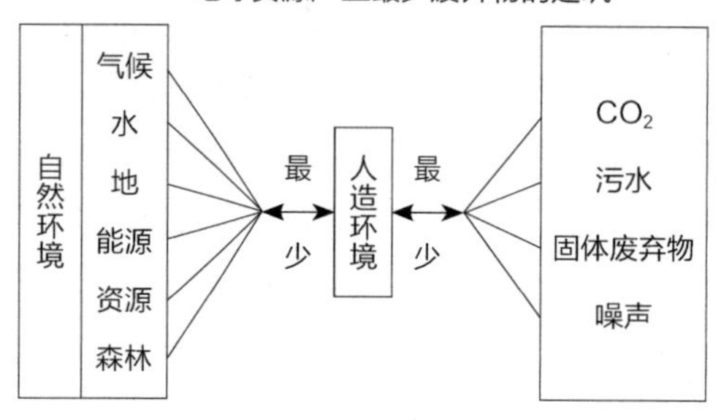

图 7-9 我国台湾地区理解的绿色建筑

这样从 20 世纪 60 年代以后，建筑领域就出现很多新概念的建筑，如节能建筑、健康建筑、太阳能建筑、生土建筑、气候建筑、绿色建筑、低碳建筑，有的将它们统称为“生态建筑”或“绿色建筑”。这些新概念的建筑，都有一个共同的特点，即都是着眼于环境保护，节省能源，减少二氧化碳的排放，减少对自然环境的冲击和对人体健康的损坏，保持生态环境的稳定，关注建筑在整个生命周期内的（即从材料开采、生产加工、运输建造、使用维修、更新改造，直到最后拆除）各个阶段，最大限度减少对地球资源与环境的负荷和不良影响，创造健康舒适的生活环境，并与周围自然环境相融合。

其实，对这些新概念的建筑，各国各地区的理解和认识也不尽相同。日本人提出的绿色建筑就是“环境共生建筑”。其核心内容是建筑要与自然调和，尽量降低对环境的冲击，同时注重建筑使用的舒适度；欧洲和北美国家也把绿色建筑称为生态建筑（Ecological Architecture），美国绿色建筑力求从建筑材料生产到建筑建造、使用维修直到改造、拆除的全生命周期内建筑对环境造成危害最少，同时又有舒适的居住质量；加拿大称为的绿色建筑又称生态建筑，它关注的是基地周边环境及对生态的冲击、能源的消耗，经济、管理、室内环境及未来使用等；我国台湾地区称谓的绿色建筑就是消耗最少的地球资源，产生最少的废弃物的建筑，见图 7-9。它们共同点就是着眼于环境保护、节约能源，减少对自然环境的冲击，并创建舒适健康的环境。

出于共同的宗旨，把各国繁多的新概念的建筑名称统称为绿色建筑，人们一般是可以认同的，诸如绿色食品、绿色农业一样。但是，在内涵上还是有差别的，各自所关注的侧重点是不尽相同的。顾名思义，“节能建筑”意在节能；“太阳能建筑”意在利用太阳能；“健康建筑”自然关注重点是健康、无害、无污染；“绿色建筑”“生态建筑”自然是缘于环境保护，着力关注的是如何保持生态环境的稳定和可良性循环。这些内涵若对照可持续发展思想，还是不够全面。因为它们在促进社会可持续和经济可持续发展方面是有欠缺的。因此，提倡“可持续发展建筑”（Sustainable Architecture），或简称“可持续建筑”或“永续建筑”可能更能涵盖可持续发展思想真实的全部内涵，即经济可持续发展、社会可持续发展及环境可持续发展三个方面，促使建筑由社会、经济、生态三驾马车共同拉动，才能使建筑真正能适应新时期的要求。

可持续发展建筑缘于可持续发展思想的问世，正如第 2 章所述，1972 年，联合国在瑞典斯德哥尔摩召开第一次人类环境会议，提出“只有一个地球”，并发表了《人类环境宣言》，呼吁各国政府和人民为维护和改善全球环境而努力，这次会议可谓是“绿色”国际会议的起点；1987 年世界环境与发展委员会（WCED）发表的《我们共同的未来》报告中提出了“可持续发展”思想，并定义为“既满足当代人的需要，又不损害后代人满足其需要的能力的发展”；1980 年国际自然资源保护同盟受联合国环境规划署的委托，制定《世界自然保护大纲》，提醒人类在谋求经济发展及享受自然财富的过程中，自然资源和生态系统的支持能力是有限的，必须考虑到子孙后代的需要；要“保证地球能够永续开发利用并支持所有生物生存的能力”，这也就提出可持续发展的思想；1992 年巴西里约热内卢召开的联合国环境与发展大会，通过了《里热环境与发展宣言》《全球 21 世纪议程》，提出了“人类要生存，地球要拯救，环境与发展必须协调”的口号，这是人类明确要走可持续发展第一个里程碑；1996 年，伊斯坦布尔第二次世界人居会议，讨论了以城市为中心的人类住区的可持续发展问题。由此，可持续发展思想开始引用于建筑，称之为“可持续建筑”。它涵盖了绿色建筑（生态建筑）的内涵，但比它们更全面、更深刻。

可持续发展是人类一种新的发展观和发展模式，即全面、系统、协调的模式；可持续发展也是人类一种新的生存方式。人类可持续生存关系着人类社会可持续发展、人类经济可持续发展以及生态环境的可持续发展，并且三者应是协调统一的发展。所以要求人类在生存发展中讲究经济效益，关注生态安全和追求社会公平，最终达到人类生活质量的提高。

建筑活动是人类作用于自然生态和环境的重要的生产活动。建筑物所占用的土地及空间、建筑材料的开发与生产、建筑构件的加工与运输，建筑物的建造施工、建成后的使用运营、使用中的改造与维修、使其功能正常运转的资源和能源、建筑在使用过程中产生的废弃物的处理和排放以及其解体后仍需要的空间和能源，无不来自于自然生态环境，并对环境产生重要影响。

建筑活动还是人类社会重要的经济活动。它涉及建筑材料、冶金、轻工、化工、机械、电子、通信、运输等 60 余种重要产业，还影响装饰、家具和服务业的发展。因此，建筑业的发展方式将直接影响上述产业的增长方式及资源、原材料的配置和利用效率。

建筑活动也是人类重要的社会活动。人类的社会活动离不开建筑及其构成的各类活动空间场所。建筑活动投入大量的人力、物力，需要分工协作，有组织有计划的进行。一个富有创造性的社会，会把人类社会生活的需求、社会的理想和对美好事物的渴望都凝固到建筑这个“石头的史诗”中去。

综上所述，可以看出，人类的建筑活动与可持续发展思想的三个重要方面：社会发展、经济发展和自然生态都是密不可分的。因此，建筑必须是可持续的，可持续的建筑活动应该是实施国家地区可持续发展战略的一个组成部分，可持续建筑就是要在规划设计、建造、运营和维修、拆除的全寿命周期内，对环境的负面影响最小、经济效益和社会公平效益最佳的建筑。

可持续建筑概念的形成，首先是缘于全球范围内环境意识的觉醒，缘于人类对工业文明时代生产方式和生活方式的反思。可以认为可持续建筑的理论和实践，萌芽于近代环境保护绿色运动，奠基于 20 世纪六七十年代系统生态学的研究，起步于八九十年代可持续发展思想的确定，真正的大量实践将在于 21 世纪。

当前，可持续发展建筑已成为世界全球建筑师、规划师共同关注的热门话题，成为新世纪建筑探索的主旋律，它缘于环境保护问题，但它已经超越了单纯的环境保护，已将建筑问题与环境问题、社会、经济发展问题有机结合起来。

7.2.2 可持续发展建筑思想的渊源

“持续”（Sustain）一词源于拉丁语“Sustenere”，意为“维持下去”或“保持继续提高”。可持续概念最初由生态学家提出，即“生态持续性”（Ecological Sustainability）。可持续发展就是发展要能持续，就是要求发展不能超越环境系统更新能力的发展，也就是要能保障自然资源和能源的可持续的供应的发展。

可持续发展战略在 20 世纪 90 年代正式在全球范围内提出，并得到各国政府的共识。但是“可持续”思想在世界上也渊源已久。就以我国来说，早在西周时期，当朝就把人类居住环境的考察和保护列入了朝政范围。《周礼 · 地官司徒 · 大司徒》规定：大司徒的职责是除掌管天下兴国外，还要“以土宜之法，辨十有二土之名物，以相民宅而知其利害，以阜人民，以蕃鸟兽，以毓草木，以任土事”。意思是当政要考察动植物的生存状况，分析他们与当地居民的关系，并对山林、川泽和鸟兽等动物加以保护，使之正常繁衍，保持良好状态，最终使人民生活在良好的生态环境之中；春秋战国时代（公元前 6 世纪至公元前 3 世纪）中国已有保护正在怀孕或产卵期的鸟兽鱼鳖等“永续利用”的思想和封山育林定期开禁的法令；也在春秋战国时期，大量的铁器工具运用于农业生产，大量的山林薮泽被开垦成农田，森林资源和动物资源遭到破坏，这种情况引起了众多思想家的关注。孟子提出：斧斤以时进山林，则林木不可胜用也。《吕氏春秋》中更是一针见血地指出：“竭泽而渔，岂不获得，而明年无鱼；焚薮而田，岂不获得，而明年无兽。”可见，自然保护的思想在我国早已有之。1975 年在湖北石梦睡虎地 11 号秦墓中发掘的 1100 多枚竹筒，包括《编年纪》《秦律十八种》等 10 类古籍，其中《田律》涉及资源与环境保护。这些两千多年前的法律（“春二月，敢代林木山林及雍堤水。不夏月，毋敢夜草为灰，取生荔麛卵鷇，毋毒鱼鳖，置阱罔，至七月而纵之”）清晰地体现了可持续发展的思想。中国传统哲学一向注重人对自然的尊重和爱护，如著名的“天人合一”一论，就是明证。孔子说过：“大人者，与天地合其德。”王阳明则说：“大从者，有为天地万物为一体之人心。”“易经”中提到的“天地之大德曰生”，也体现了持续发展的思想萌芽。

同样，在外国有意识在建造活动中将环境保护观念引入其实践的理论主张，也可追溯到很远的过去。古希腊的柏拉图在其《克里底亚篇》中，将雅典附近阿提卡（Attica）地区生产力的衰退归于建筑活动而导致的森林砍伐和水土流失；公元前，腓尼基人就会在山坡上，结合地形，因地制宜，建造房舍，以保护土地不受破坏；史前，南非卡拉哈里沙漠地区的游牧部落和澳洲现存石器时代的土著民，对定居周围的水穴、猎场等生态环境的保护都有部落法和禁忌[1]。

进入工业社会，建筑活动的重心在于追求现代新技术的应用和现代主义建筑形式和风格，对其造成的环境负面影响，视而不见。但是也有一些先知的有识人才反思人类的建筑活动，并提出一些新的主张。前述 19 世纪末，率先提出“田园城市”构想的霍德华，针对大城市恶性膨胀、环境质量下降问题，提出了控制城市规模、保留足够的农业用地等措施，为人类创造一个健康、优美的城市生活环境；建筑师赖特也提出了“有机建筑”的理念，提倡建筑要与自然融为一体，房子要似从地上长出来的一样，这就体现了自然意识的建筑思想。在他所设计的流水别墅中（图 7–10），赖特将建筑视为“有生命的有机体”，认为

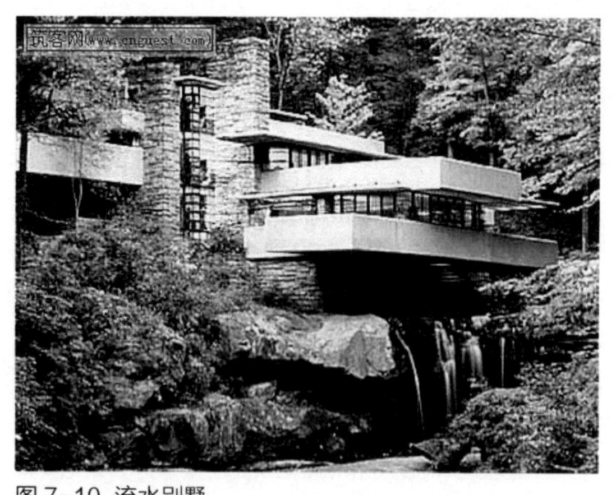

图 7–10 流水别墅

1 ［美］J.O. 西蒙兹 . 景观建筑学 [M]. 王济昌，译 . 台北：台湾出版社，1982：1.

建筑必须与所在的场所、环境融为一体，并像自然一样，始终处在一个动态变化过程之中，没有一幢建筑是“已经完成了的设计”，建筑始终持续地影响着周围环境及使用者的生活。

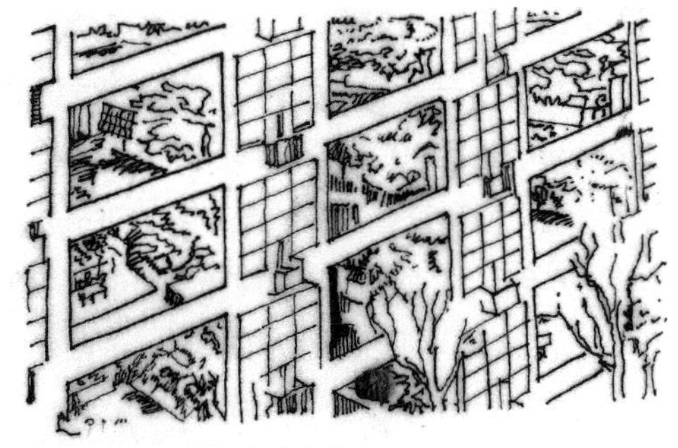

图 7-11 不动产公寓大楼

现代主义建筑先行者勒·柯布西耶，被称为“20 世纪建筑学发展中所起的绝对中心和种子的作用”[1]的国际大师，在他的设计思想和实践中也充分表现了对自然的尊重与追求。1922 年他设计的不动产公寓大楼（图 7-11），为使居住者生活在自然中，让他们深切感受到自然的存在。公寓设计方案为每一户都设计了一个空中花园，居民从巨大的平台能眺望室外自然风光。1925 年，他提出的现代建筑五个要点，其中建议建筑底层架空，顶层改用平屋顶，做屋顶花园。这两点都体现了尊重自然、喜爱自然，创造了人与自然更多融合的机会。底层架空保证地面的绿化最大化，屋顶花园，如萨伏伊别墅（1929-1931），见图 7-12，既可以做到“建筑占地还地”的思想，又为垂直绿化开辟了新的空间，对今天可持续发展建筑的规划设计都有一定的现实意义。

此外，20 世纪早期现代设计科学大师伯克明斯特·富勒（Buckminsler Fuller），于 1922 年提出了“少费多用”（Ephemeralization）思想，他提出设计要使用最少的物质、能量，追求更加出色的表现，也就是说设计要模仿自然结构的高效率。这是可持续发展建筑最具有积极意义的探索方向之一。这个思想把人类发展需求与减少全球资源消耗、环境影响和科技水平结合起来，用最高效手段来解决建筑与环境的矛盾。1967 年，美国建筑工程师富勒与塞道共同设计的加拿大蒙特利尔国际博览会的美国馆可视为设计效仿自然结构高效率化的例证。该馆设计受一种深海鱼类的网状骨骼及放射虫的组织结构的启示（图 7-13），创造了立体网架的短线窟窿，使这座球形建筑的直径达到 76.2m。生命体特征在建筑中以严谨的结构逻辑关系被含蓄地表现出来，富勒在设计中所遵循的原则就是“少即是多”（More with less）——以最小的能耗获得最大的空间，对有限的物质资源进行最充分、最合宜的设计，以满足全人类的长远需求。

图 7-12 萨伏伊别墅

图 7-13 1967 年加拿大蒙特利尔国际博览会美国馆

1 [美] 肯尼斯·弗兰姆普敦 . 现代建筑：一部批判的历史 [M]. 张钦楠等，译 . 北京：三联书店，2004：161.

全球的环境问题引起了人们的广泛关注，促使建筑师也在积极思考建筑与环境的矛盾关系，也相继提出了一些新主张和理念。20 世纪 60 年代，美国著名的景观建筑师麦克哈格（Lanl. Mchang）于 1969 年出版了他的名著《结合自然设计》(*Design With Nature*)，论述了人与自然环境之间不可分割的依赖关系，进一步提出建筑设计要结合自然，以生态原理进行分析和设计，开创了对“可持续发展建筑”的探索；20 世纪 60 年代美籍意大利建筑师保罗 · 索勒瑞（Paolo Soleri）把生态学（Ecology）和建筑学（Architecture）两词合并为“Arclogy”，提出了“生态建筑学”的新理念；1991 年布兰达 · 威尔和罗伯特 · 威尔（Brenda and Robert Vale）合作出版了《绿色建筑：为可持续发展未来而设计》（*Green Architecture——For the Future Of Sustainable Development*）一书，所有这些都为可持续发展建筑的问世创建了理论基础，并提供了可借鉴的经验。

7.3 可持续发展建筑的内涵与特征

7.3.1 可持续发展建筑的内涵

建筑的可持续发展是一项综合性的系统工程，它也涉及社会、经济和生态环境三个方面。建筑是社会经济发展的重要的支柱性的产业。21 世纪建筑要走向可持续发展的道路，成为可持续发展的建筑，就必须全面地满足生态、经济和社会三个方面可持续的要求，这就是可持续发展建筑的深刻内涵。具体表现在建筑发展过程中，要讲究经济效益，关注生态安全，追求社会公平，尊重和保护地域历史文化，最终达到人类生活质量的提高，具体体现在：

1）可持续发展建筑应该是对生态环境更亲和的建筑，也就是尽量减少对自然环境不良影响的建筑，尽可能减少对自然的伤害

在工业文明时期，建筑活动是影响和破坏环境的大户，经过反思，建筑要走可持续发展道路，必须善待自己、善待环境。为此，建筑规划设计要以建筑与自然环境、人为环境的全面协调为出发点，根据当地的地理、气候、地形、地貌、地质、生态等条件，充分利用当地的自然资源优势，在保护环境与自然条件的基础上，有限的开发，轻轻地触碰地球（Touch Earth Lightly）；充分、高效利用资源，使建筑规划设计要有利于促进人类建筑环境与自然环境的生态平衡，有利于形成自然生态的良性循环，有利于实现自然生态环境的可持续，进而为实现人类社会、经济可持续发展夯实基础。因此，建筑规划设计要关注与人类可持续发展相关的问题，如能源选择与利用，废弃物的排放，减少污染等。

2）可持续发展建筑是对地球资源更珍惜的建筑

自然资源保护和资源的再利用是促进社会经济持续发展的重要手段。自然资源是有限的，而人口的剧增、城市化进程的加快，决定了建筑业大量耗费资源的现实。建筑首先要占用不可再生的土地资源，其次是建筑材料大部分来自于不可再生的矿石，如水泥、钢铁等，即使使用可再生的木材，但今天的需求量也足以使森林生态破坏和退化。我们不能继续单一依赖扩大资源的开采开发来加快建筑业的发展，相反，我们必须开源节流，提高资源的利用率，节约使用资源，并开发新资源，走可持续发展之路。自然资源的保护不是只保护不利用，而是要尽可能将自然资源的使用降低到最低点，并大力开发资源的利用潜力，包括循环再利用。

3）可持续发展的建筑是促进社会生活更加和谐公平，促进人的生活更加舒适、更加健康的建筑，它也将是对人类生活模式和居住模式进行重新建构

可持续发展思想一个重要原则是公平性原则。所谓公平是社会生活机会选择的公平性、资源使用的公平性及社会成果共享的公平性。建筑的规划与设计一定要关注“均好性”，建筑开发中对资源的开发和利用，当代人不可一味地、片面地、自私地追求今世的发展与消费，而不顾或剥夺后代人本应享有的同等发展和消费的机会；此外，还要关注空间上的公平，在建筑活动中应该使区域内部和不同区域间实现资源利用和环境保护两者的成本和效益的公平负担和分配。同时，可持续发展建筑一定要尽可能使用无毒、无害的健康型的绿色建筑材料，使建筑成为健康的建筑、无害的建筑。

4）可持续发展建筑应该是尊重历史文化，尊重地域文化，并积极保护和发展地域新文化的建筑

这样有利于地域文化的可持续发展，建筑是用石头书写的历史，建筑是表现和发展地域文化的有形载体，建筑自身的社会文化功能决定了它不能也不可能脱离地域文化环境而独立存在。因此，尊重地域历史文化，对地域历史文化进行传承与发展是走向可持续发展建筑的重要途径之一。

综上所述，从大宇宙观、大自然观看建筑，可持续发展建筑在其全生命的过程中，是上不害天，下不害地，中不害人的“三不害”建筑，不害人包括不害古人、不害当代人，也不害子孙后代；同时，它也是有利于安全、有利于健康、舒适，有利于人生活的建筑，这样的建筑可称为“文明建筑”，也就是可持续发展建筑。

7.3.2 可持续发展建筑的特征

可持续发展建筑是在反思工业文明时期、现代主义建筑在全世界国际化的基础上，为适应全球可持续发展的新的发展战略，探索新的建筑生产方式和新的生活方式，受新时代的挑战而应运而生的一种新的建筑概念，一种新的建筑模式。因而，它具有新的建筑特征，根据当前的有限认识，提出以下几点：

1）可持续发展建筑的生态性特征

建筑（Building）是人造物，可持续发展建筑就是明确地把它看作是一个有机的生命体，将建筑看作为一个生态系统。建筑的生产（规划、设计、建造、使用、维修）参照生态学原理，以生态环境和自然条件为基础，融合生态学和建筑学的基本原理，采用适宜的科学技术手段，通过合理组织、规划、设计建筑内外空间的相关各类物态因素和非物态因素，探索适宜于当地自然生态环境和地方历史文化人文环境的建筑形态，使其与环境之间成为一个有机结合体，使物质、能量在建筑生态系统内部有序地循环转换，获得一种高效、低耗、无废、无污、无害的生态平衡的建筑空间环境。为此而进行的建筑活动既能获得经济效益，又能促进生态环境的保护和生态环境的良性循环，赋予建筑的生态性是塑造可持续发展建筑的最有价值的内容。

建筑的生态性特征，意味着建筑应回归自然，使人造建筑与大自然保护和谐共生，做到天人合一；意味着建筑的生产与使用应保护自然资源基础和环境，有利于提高和维持生态系统的持续生产力；在建筑策划、规划、设计、施工和运行过程中，在单体建筑、社区、城市和区域发展的综合开发治理中，保护生物的多样性，减少温室气体、臭氧层破坏气体的排放量，节约使用地球有限资源和不可再生资源，尤其是水、土地和不可再生的能源；减少建筑及相关产业的废物量。

因此，可持续发展建筑生态性特征就要求建筑的生产一定要适合当地的自然生态环境和地域历史文化条件，必须根据当地的地理、气候、生态等条件，充分利用当地的自然资源优势，在保护环境和自然资源的前提下，谨慎、有节制地开发和发展建筑业。

2）可持续发展建筑全局性、整体性特征

可持续发展建筑不仅要具有生态性征，而且要具有全局性、整体性特征。它意味着不仅将建筑系统视为全球生态系统中各种不同的能量和物质材料的组合有机体，而且需要确定建筑系统全寿命过程中各个环节与生态系统之间的相互作用，不仅包括组成建筑系统的各个建筑元素的制作与组合，还包括建筑系统的使用，建筑元素的弃置和重新利用等；不仅要考虑建筑本身的物质要素及其全周期的使用，还要考虑地球自然资源和能源的持续的供应。

同时，建筑的全局性、整体性也意味着，建筑的生产也必须充分关注社会因素和经济因素与建筑的相互影响。可持续发展建筑应对社会和经济的发展作出有益的贡献，而不是适得其反。可持续发展建筑开拓了一种新的生产方式和生活方式，它要能引导人民采用新的建造方式和新的建筑消费观和生活方式，有利于为消除贫困、实现社会公平、达到居者有其屋作出贡献；要为人民提供健康的、卫生安全的居住环境，从而为提高人民的生活质量和生活水平作出积极的贡献。

此外，建筑的全局性、整体性特征意味着我们在进行建筑策划、规划和设计的过程中，不能只考虑技术层面的思维，而是同时要思考社会层面、经济层面和生态层面的问题。要体现从整体利益出发的环境、社会和经济综合效益的高度统一。城市化的急剧发展，向当今建筑提出了越来越多的新问题、新要求和新的挑战，从事建筑活动已不能就建筑论建筑，迫切需要用综合融贯的思维去研究，迫切需要用整体的、系统的、城市的观念，特别是可持续发展的城市观念来从事建筑活动。建筑师如果不重视城市，不重视整体，不具有正确的城市观、整体观，他就不能真正全面了解建筑活动的内容、要求及其意义，也就不能成为一个完全称职的建筑师。

可持续建筑的整体性特征还意味着建筑系统对周边生态系统环境的影响具有一定的空间范围，它不局限于特定的设计地段，建筑活动不但直接影响周边的生态系统环境，而且还有可能要影响到生物圈中其他生态系统。因此，可持续建筑的建筑活动不仅不要对自身所处地段的生态环境造成负面影响，也要对其他地域空间的生态环境不造成负面的影响。正如可持续发展的定义所说：特定区域的需要不危害和不消费其他区域满足其需要的能力。一个好的规划设计，就连建筑阴影也考虑不要落在非自己所属的基地上。见图 7-14[1]，就是一个极佳的例证。

3）可持续建筑的开放性、动态性特征

可持续发展建筑作为一个有机生命体和一种作为生物圈中的一个次级系统，它必然具有有机生

1 周浩明，张晓东 . 生态建筑——面向未来的建筑 [M]. 南京：东南大学出版社，2002：117-119.

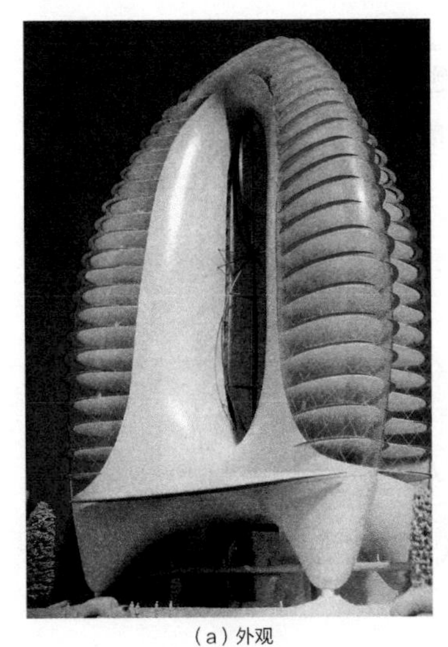
（a）外观

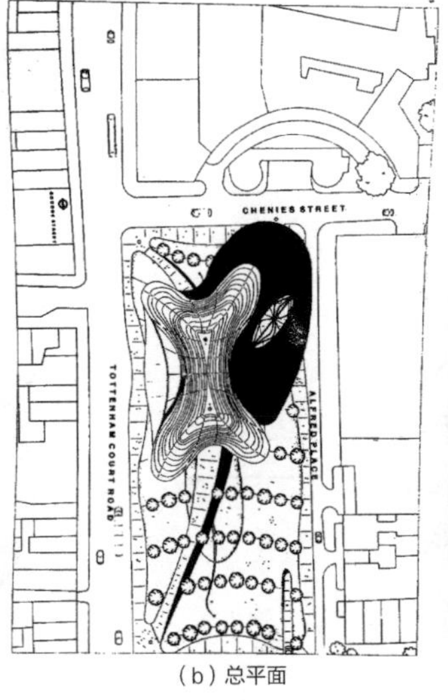

（b）总平面

（c）模型

图 7-14 ZED 工程办公楼

命体开放性的特性，使其成为一个独立的开放系统，以保障这种建筑能不断适应环境的变化，确保它能与时俱进，能可持续的利用，持续地发挥它在社会、经济和生态环境层面上的可持续性。

可持续建筑的开放性意味着建筑活动不是一种终极性活动，它是一种不断变化、处于动态的活动。因此，建筑设计不是终极性设计，建筑物不是终极性的产品，它必须适应不同时期、不同人群、不同的个性化要求而不断地再设计、再建造、再使用，如此循环，以保持持续发展的终结目标。

建筑作为一个独立开放系统，自身具有一定的能量和物质材料输入和输出，就像生态系统中的能量和物质材料流动一样，在建筑活动中要关注建筑系统中的每一个元素的来源和流动的途径。从产地、加工、运输、建造、使用到维修、拆除全过程的流向，最终，重新回到周围的生态系统环境中。建筑物元素不同的流向途径对生态环境系统、社会系统和经济系统的影响是不同的。如采用低效率的技术和不良的设计，将会导致过度的对生态系统的损害，或给社会系统、经济系统也带来不良的影响。保持建筑的开放性，也就要求建筑师不仅需要关注建筑系统中直接利用生态系统和地球资源的状况，同时还应该关注建筑系统中诸多元素的开采、提炼、加工、储存、运输、装配、使用和最终废弃所带来的耗费，这就要求建筑活动要保持建筑活动过程的开放性。

建筑作为一个独立的开放系统，即人工环境系统，它必须关注与周围生态系统的关系，两者的关注是相互作用而变化的。在世界城市化急剧发展的今天，人工环境和自然环境之间的角色已经发生了转变，从大宇宙观、大自然观来看，原来，人工环境是被自然环境包围的；如今，人工环境已从原来的被包围系统转换为包围系统，而自然系统则从包围系统变为被包围系统，见图 7-15[1]。这种转换变化，导致生物圈的各个生态系统中充斥着人工的元素，而人工系统不断创造、发展、增加，并趋向于饱和。这种渐变过程直接影响了生态系统自我调节和同化吸收的能力，作为独立的开放建

1 清华大学建筑学院，清华大学建筑设计研究院 . 建筑设计的生态策略 [M]. 北京：中国规划出版社，2001：81.

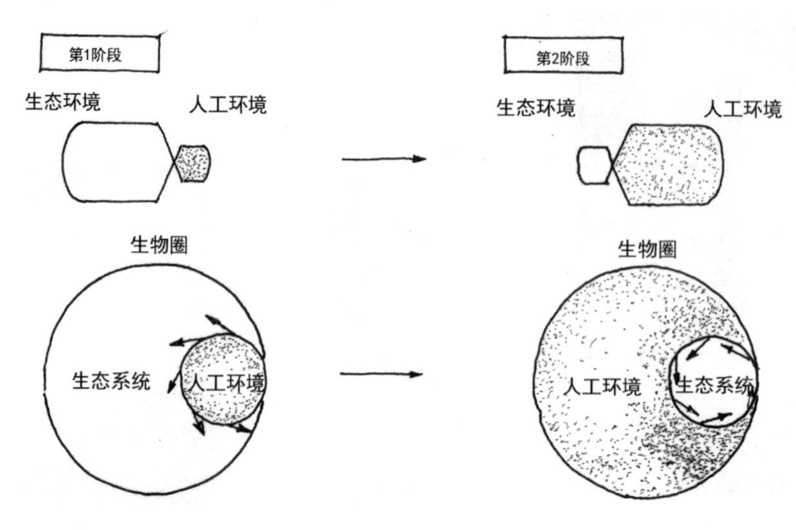

图 7-15 人工环境与自然环境之间角色的转换

筑系统，它既不能与特定的地域生态系统相对立、隔绝，也不能完全依赖于周围的生态环境，而是与生态环境相互作用的。

可持续发展建筑的开放性意味着建筑系统要考虑时间因素的影响，它是处于动态之中，随时间因素而变化。因此，这个系统应采取“适应性”“可变性”“长效性”“灵活性”等弹性设计策略，使其能永续、长效地被使用。

4）可持续发展建筑的地域性、乡土性特征

建筑与其姐妹艺术（绘画、音乐等）不同，建筑总是建造在一个特定的地域，一个具体的地段上，是个“不动产”艺术，不能将实体当作展品搬迁展览的，它是永远与它所处的具体环境在一起，它是这个特定地区的产物，是构成地域文化的一个重要组成部分。

建筑形态的生成是根植于这个特定地域具体地段的自然环境和人文环境的，它的生成是受到当地地理气候、具体地形地貌及当地自然资源的制约和影响，同时也受到地域文化、风俗、价值观、审美观的影响，就像我们通常所说的：“一方水土一方人”一样，建筑也是这样：“一方水土一方房”。人的生存生长是依赖于他所生活的地域大地，以地域资源为生活资料，以适合于当地的地理环境、气候条件及物资资源等方式生存和生长。建筑的生产也是扎根于当地的自然环境中，依赖当地的材料（木、石、土、竹等）建造起来，造就了各地区不同的建筑形态，也就像不同地区的人具有不同的形象和气质一样。

在影响和决定地域建筑形态形成的自然因素中，自然气候条件是最有影响力的一个因素。它影响和决定着建筑形态中最根本的建筑空间组织方式和生产方式，从而也就决定了建筑形态的基本特征。

人们在研究建筑史中发现，不同的气候条件的国家、地区，其建筑形态是迥然相异的；反之，相同的气候条件的国家和地区，其建筑形态也是相似的。世界各地相同气候带内建筑就会呈现出基本的相似性，例如：在热带雨林地区，如东南区、澳大利亚及非洲等地区，由于天气热，雨水多，建筑的避雨、遮阳、通风、降温的要求就高，以为人生活创建舒适、宜人的建筑空间环境，因此，当地的乡土建筑都是采用坡屋、大出檐、架空和开敞的木构建筑，并突出表现其完善的木结构体系及屋顶形式，如图 7-16 所示。

在寒冷地区，如我国东北长白山地区，喜马拉雅山地区或美国西北部，由于天气寒冷，建筑保温要求高，建筑都采用厚实的原木结构坡屋顶，见图 7-17。

在干热地区，为了避开强烈的日照，防止大量的热风沙进入室内，这些地区建筑都采取封闭的建筑布局，实墙多窗户小，由于雨水少，屋顶也多采用平屋顶较多，如图 7-18 所示。

我国传统合院式建筑就是根据各地气候特征，从热、声、光以及室内空气质量等方面综合考虑，长期摸索，找到了相适应的建筑方式，生长出这样的建筑形态。但是，由于各地气候条件、地方资源不一样，各地区的合院方式也是不一样的，见图 7-19[1]。

可持续建筑把建筑视为一个有机的生命体，建筑必然要体现出自然的属性，表现出它地域性的特征，使人类建筑与地区自然环境有机融为一体，充分体现其地域性、乡土性的特征。

5）可持续发展建筑的高效性

40 多年前就有人提出建筑要节能，随后又提出减少建筑热工损失，在建筑中保持能源；进而又提出了“提高建筑中的能源利用效率”。这反映了人们的建筑观念随着可持续发展思想逐步进入人们生活而不断改变。由消极被动式地节约能源转变为积极地提高能源使用效率，高效地满足建筑舒

图 7-16 热带雨林地区建筑

图 7-17 寒冷地区原木结构建筑

图 7-18 干热地区平屋顶建筑——新疆民居

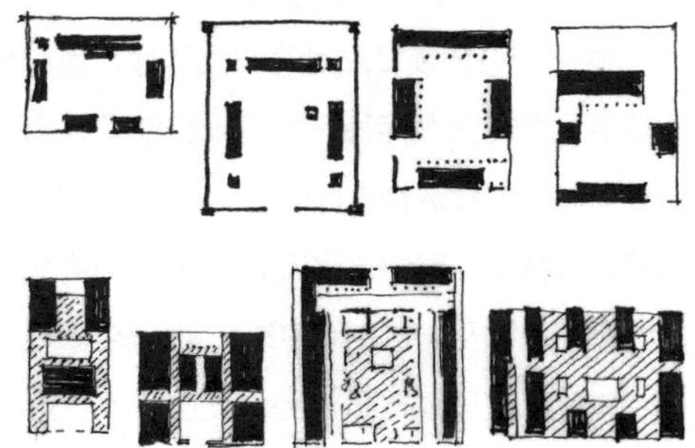
图 7-19 中国的民居院落形式

1 彭一刚 . 传统村镇聚落景观分析 [M]. 北京：中国建筑工业出版社，1992.

图 7-20 高效空间住宅

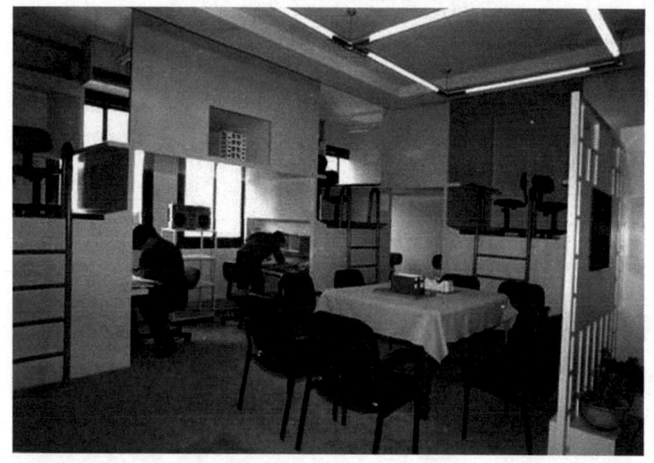
图 7-21 高效空间工作室

适的要求——从节流转向开源。建筑节能概念的变化，也反映出人类对人与自然关系的更深入的认识。反思建筑历来都是粗放型的生产方式，作为新时期的可持续发展建筑，就要改变这种粗放式的生产方式而转化为集约化的生产方式，依据“少费多用”的原则从事建筑活动。在为人类创建适用、舒适又美观的建筑环境的同时，要使自然环境为此付出最小的代价。在建筑活动中，合理使用和有效利用能源，不断提高能源利用率，以最小的环境负荷构建舒适的环境。集约化的建筑生产方式就体现在可持续发展建筑的高效性上，这也是一切有机生命体在其进化过程中，为适应环境变化而不断优化自己的结果。可持续发展建筑的高效性首先就要体现在建筑活动中，对物质和能量的高效率的使用，减少物质和能量的消耗，也就是减少建筑活动对环境的破坏。降低建筑能耗也是减少对环境的影响的重要途径。

可持续发展建筑的高效性，也自然包含着节约资源的经济性原则，但是这里提出的经济原则是不同于常规所提的建筑经济，那仅仅是就建筑本身来谈经济的，可持续发展建筑的高效性、经济性是以爱护地球，保护生态环境不再恶化，进而走向良性循环为出发点的。

同时，可持续发展建筑的高效性，也同样体现于建筑空间的高效利用。建筑设计要讲究建筑空间效益，要充分发挥每一立方米的空间效率。我们建筑业的粗放型也表现在我们建筑物中空间效率的低下，有的建筑物设计的空间有效利用率不到 50%，真是极大的浪费。盲目追求面积大是常见的通病，可持续发展建筑强调高效性，也就包括建筑空间的高效性。我在 20 世纪 80 年代末，研究的高效空间住宅及高效空间建筑，可以将建筑面积的使用效率提高 50% 以上，一个 36m^2 的一室户的住宅单元，将层高提高 300 ~ 500mm，就可使住宅使用面积提高 40% ~ 60%，从而使它具有起居室、两个卧室、一卫一厨的功能齐全的、可住 4 人的住宅，见图 7-20；一个只能 8 人使用的设计工作室，通过空间高效利用的设计，将空间使用率提高一倍，变为 16 人同时工作的设计工作室，并有开会、上课、交流的公共共享空间，见图 7-21。

7.4 可持续发展建筑设计

7.4.1 可持续发展建筑设计与常规设计

可持续发展建筑是在地球环境危机的强力冲击下，人类经过深刻的反思从而寻求一个新的建筑方向，其设计观念、理论、原则和方法与以往建筑的常规设计是不完全一样的。

首先是价值观念的差异。从20世纪50年代开始，我国一直实行“适用、经济、美观”的建筑方针，这是评定建筑的价值观。今天，可持续发展建筑的设计就是要按照可持续发展的战略思想，首先要确立建筑设计的生态价值，也就是要确立新的建筑观。我们有以美学为基础的古典主义的建筑观；之后，又有以功能、技术为基础的现代主义建筑观；今天，应该是以自然环境、生态为基础的新世纪可持续发展的建筑观，也可称为绿色建筑观。衡量建筑的方针和原则不仅要符合“适用、经济、美观”的价值，而且要把生态价值作为建筑规划设计首先要遵循的原则，甚至可以实行“一票否决制”。因此，今天可持续发展建筑设计方针和原则应该是：“适用、经济、绿色和美观”。

现在国际上很多国家都制定了绿色建筑评价标准，把环境生态元素作为设计过程中不可或缺的重要的组成部分，这是设计史上重要的、意义深远的进步标志。1990年，英国发布了英国建筑科研组织环境评价法（BREEAM）；美国绿色建筑评估委员会制定了“能源与环境设计建筑评级体系（LEEDTM）”；2003年日本推出了CASBEE体系；德国制定了LEB标准；我国作为一个负责任的大国，2019年也制定了《绿色建筑评价标准》GB/T 50378-2019，它包括：节地与室外环境、节能与能源利用、节水与水资源利用、节材与材料资源利用、室内环境质量和运营管理、全生命周期综合性能六类指标，并确定三星认证。这都说明可持续发展建筑不仅在观念上是有区别的，在设计内容上也比常规设计有更广泛、更复杂和更高的要求。

此外，在设计方法和设计机制上也有重大的区别，可持续发展建筑不仅涉及建筑功能使用问题，也涉及材料、结构、施工等技术问题，它们都聚焦着资源利用和保护问题。作为建筑师，他要了解和熟知所涉及的有关问题，要将各种相关的技术和成果综合融入于建筑设计中，使它们与建筑成为一体化的有机运行体。为此，建筑师的工作不能仅仅局限于与传统的建设工程范围内的工程师们合作，如结构工程师，水、电、暖、气等设备工程师，而要跨出建设行业之外，与更广泛的专业人员合作，走多学科参与和交叉设计，不再是个人英雄之时代，而是采用团队合作设计的新工作方式。如果说，常规的设计是一种“线性设计”或“面状设计”，那么可持续发展建筑的设计，则可称为一种全方位的“整体设计”或“网式设计”，或者说，过去的建筑设计主要是建筑师个人的创作，那么今天可持续发展的建筑设计则是多学科跨行业的讨论、协商、参与的团队型的综合设计。

7.4.2 可持续发展建筑设计的新思路

为了使我们的建筑能符合可持续发展原则的要求、可持续发展建筑的设计，在确立了以生态环境为基础的新的建筑观的基础上，从事建筑设计时也需要新的思维，主要有以下几方面：

1）切实从以人为本的人性化设计思维出发

以人为本，为人着想是建筑设计的基本出发点，也是建筑的基本目的，可持续发展要求建筑对促进社会公平和谐、提高人的生活质量作出贡献。为此，建筑师要关注社会发展，提高对社会变化、影响的敏感度，及时认清方向，抓住主导的社会问题，并以它为驱动，进行积极的思考和研究，认真努力在设计中进行创新。建筑师建筑创作要以人为本，不是抽象的，建筑师要关注社会生活方式的变化，要力所能及、设身处地去体验各种生活方式，研究生活方式，从而提出新的生活方式。

建筑是为人服务的人造环境。建筑存在的根据是人的需要，包括物质层面、精神层面的需要。因而建筑的人情化、人性化倾向也就成为必然。可持续发展建筑赋有的社会内涵，就是对建筑的人情化、人性化提出了明确的要求，它有利于实现社会的公平与和谐。要使建筑人性化、人情化，建筑师就要以创造人的生活环境为己任，而人的情况是如此纷繁复杂，人在空间和时间两个维度内的无限变化是设计的认识所无法穷尽的。它要求设计者既要了解和研究人的社会共性，又要深入到人的具体生活世界，体察不同的人在不同的时间、场合中的需求心理，并以此作为设计的根据和构思出发点。就建筑环境而言，具体的物质设施就是对人关怀的具体表现。例如，无障碍设施、休息设施、人车分流设施，呼救急救设计等，都表现出对人的关怀和给人的安全的关注。这种保证使用者使用方便、减少障碍和不便因素，以及对儿童、老年人和残疾人的特殊照应等设施，都体现了人情化、人性化的设计思维。

另外，现代建筑都是冷冰冰的。从设计人性化、人情化的设计思路考虑，就应该使合理的建筑方法突破技术范畴，而进入人情、人性和心理的领域。在具体的设计中，尽量消除钢筋混凝土材料的冰冷感，对于庞大的体量也尽量采取化整为零的手法，让其接近人的尺度，而且有亲近感，在设计中更要防止片面追求经济而不讲人情味的“技术功能主义”的倾向。

2）系统化、多维化和整体化思维

可持续发展的建筑是社会、经济与环境三者结合的有机体。可持续发展建筑设计必然需要一种系统化、多维化和整体性的设计思维。设计时就是要将建筑看成是一个处于一定联系中的、与环境发生一定关系的、各部分组成的一个整体系统。遵循系统化思维，有助于设计人员从系统整体出发，辩证地处理整体与局部、结构与功能、系统与环境、功能与目标之间的关系，寻求既使整体最优，又不使部分损失过大的策略方案作为决策的依据。实现系统整体最优化，使建筑对自然的伤害最小，从而实现人与自然和谐相处的最终目标。系统化的思维提供给了设计人员化整为零和积零为整的整体性设计思维和方法。

建筑作为一个系统有机的整体，它是一个有层级的，相互联系的整体。任一层级的环境变化都会波及并影响其他层级的环境。建筑是一个人造环境，以现有的科技水平，完全可以营造一个满足人类需要的舒适的建筑空间环境。然而单纯追求孤立的人工建筑环境的做法，并没有体现人工环境与区域自然环境，乃至与地球生物圈子的相互作用和相互影响。缺乏这种系统的层级关联的整体思维，那么就会造成对自然环境的伤害。现在，大多数建筑的建造方式都是以牺牲整体大自然环境为代价的。因此，我们规划设计中需要将微观思维与宏观思维互动结合起来，在上下左右各层级、各因素间建立普遍关联的思维。使建筑近期与远期目标统一，自然、经济和社会效益同步增长。建筑只有将自身的价值融入社会、经济、自然整体价值中，才具有真正的可持续的意义。

3）以时间为维度开放的、动态的思维

可持续发展建筑是考虑全生命周期的建筑。时间因素作为建筑设计的第四维度是必需的、必要的。可持续发展建筑设计就是要把建筑看作一个依时间的推移而演变的一个动态的、不断更新的开放化系统。因此，设计须坚持动态化、开放化的思维模式，不可将建筑看作成“凝固”的终极性产品，并按此特性而设计。因此，可持续发展建筑应是一个开放体系，以动态思维来设计，使建筑具有足够的弹性，既满足现实的近期的需求，又为一定时期的未来人的需求留有余地，不造成负面影响和危害。完整的建筑规划和设计，建筑师所关注的问题不应仅限于建造的完成，还要关注在建造后运营使用过程中将可能出现的新的变化和新的要求。建筑使用过程中会因人因时因事而出现功能变迁、技术过时、结构老化、设施陈旧更新等多种变化。设计时就需重视和预测上述可能出现的变化及应对的策略；不仅如此，还需考虑建筑全生命周期的问题，直到建筑完成历史使命，走向终结时，拆除后的再利用以及它的拆除可能对环境造成的负面影响……为了避免和减少各方面的不利影响，设计师们都要在建筑空间布局、结构、材料及设备等决策时慎重周密地考虑，以保障有相应的对策。

可持续发展建筑设计坚持动态的开放的思维就是希望每一幢建筑或每一个建筑环境都能形成一个自我平衡系统，以实现在整个建筑生命周期内的高效率、低成本、低环境负荷的运作，使建筑成为人工建筑环境与地区的自然环境，乃至与生物圈的环境系统融为一体。这种动态的开发的设计思维要体现在建筑的策划、规划、设计、建造及使用的全过程中。只有使建筑能够动态地适应变化的社会生活对它的要求，建筑才能达到可持续的生存和利用。

4）协调、包容、海纳百川的思维

可持续发展关系着环境保护、经济建设及社会发展三大方面，可持续发展建筑的规划与设计也必须遵循三者统筹规划、同步实施、协调发展，以实现经济效益、社会效益和环境效益的统一，在设计过程中就要坚持协调的原则。协调的实质是利益的平衡，即经济效益、社会效益和环境效益的平衡，设计时就必须处理好三者的利益关系，设计过程就是各方利益平衡的过程。在此过程中，建筑师需要多与各利益方沟通、交流，充分考虑到所涉及的各方利益的诉求及他们所处的状态。协调的原则是设计过程中寻求解决各种利益冲突的准则。在实行协调原则过程中，还要坚持环境利益优先协调的原则。与此同时，建筑师还要能充分听取各利益方的诉求，采取“包容性”原则，它就是要“兼容、共赢、公正、共享”，兼容就是一种能够容天、容地、容人、容万物的“求同存异式”的思维哲学，更加注意“人与自然的和谐共处”，人与人、人与社会的和谐共处，海纳百川，最后实现互利互赢、共生共享的目标。建筑师的这种协调、包容、海纳百川的思维方式是现今时代建筑创作的新模式。

7.4.3 可持续发展建筑的设计目标

建筑系统被称为“自然一人一社会复合生态系统”。因为建筑正是自然与社会共同作用于人而生成的产物。因此，为人而建造的建筑或建筑环境都会受到自然、社会两方面系统的作用与影响。建造的建筑及建筑环境就应使它与自然保持最优良的关系，并取得社会、经济、生态三效益的统一。可持续发展建筑设计的目标具体有以下几个方面：

1）社会目标——公平、和谐

可持续发展建筑设计的社会目标就是使建筑具有持续发展的最佳的社会效益。它包括地域文化的继承与创新、生活方式的体现、人的心理活动需求的满足、人性化的设计以及地理环境、社会环境和时代特征的反映等。建筑师在规划设计中不仅要满足人的舒适、健康、安全生活的需求，而且要在空间资源、公共服务设施等设计上力求做到公平、均好，以利于创建社会和谐的建筑环境；同时，也要关注建筑活动和人的消费对自然不要造成负面影响；此外，建筑设计也要努力创造更多的室内外的积极空间，即供人们交流、交往和展示个人才艺的场所，增强和提高建筑空间环境的活力和生命力。通过建筑师的创意构思，在平面空间组织、材料和结构的选用和建筑形式的创造乃至建筑色彩的应用等等方面，赋予建筑及建筑空间环境超越于功能适用的正能量教育的意义。譬如有的国家明文规定，学校建筑一定要设计和建造为低碳建筑，这就是有意地通过建造和使用这样的建筑，对学生进行环保意识的教育，将环境效益和社会效益有机统一起来。

2）经济目标——高效、集约

可持续发展建筑是一个有机生命体，其设计也应遵循自然生态系统的规律。一般认为生态的就是经济的、高效的，因为英文生态学（Ecology）和英文经济学（Economies）的词根都是“eco”，它们都源于古希腊文的词汇“oikos”，“oikos”——“eco”，“eco”译为住所，“iogy”译为研究，而“momies”则译为管理。不管是住所研究还是住所管理，二者都追求资源利用的高效率。因此，可持续发展建筑设计的经济目标可以通过建筑开发的经济效益来衡量。它包括自然资源的高效率利用，最少的资源与能源的消耗，最小的人工维护成本，土地、空间的高效利用，以及旧建筑、某些建筑材料、配构件与设备的重复利用（Reuse）和循环使用（Recycle）。这样，不仅节约材料和能源的消耗，还保持了原有的社会特征和城市特征。事实上，几乎建筑中所有的构配件都有被重复利用的可能，只不过它们总被人们所遗忘。在可持续发展建筑设计时，应充分考虑重复利用和循环使用的可能性，尽可能选用可循环使用的材料。同时，在对建筑物的废弃物进行处理时，也要尽量考虑循环使用的可能性。

高效性即耗费最小原理，它要求设计者“以更少获取更多”，甚至“化废为宝”。例如如何将建筑废弃物、废水、废土地（棕色土地）等变为有效的资源？见图7-22[1]，一个公园公共卫生间的设计，就它展示了一个高效性的设计。它通过一个风力系统可获得3英里/小时（4.8km/h）的风速，它既可提供风动抽气扇的动力，又可通过一个贮能系统，储备足够的夜间照明用的电能。这个风力系统完成了这个公共卫生间内的全部能耗要求。此外，其污水系统还与公园灌溉系统结合，从洗涤槽出来的灰水用于灌溉附近的树木，使水资源循环利用。

图7-22 一个公园公共卫生间的设计

高效性还意味着不仅要求设计者“节流”，以更小获取更多，不仅将建筑活动看成消费，还应努力赋予环境以积极的影响，赋予其“开源”作用，即能造成生产价值。

1 周浩民，张晓东．生态建筑——面向未来的建筑[M]．南京：东南大学出版社，2002.

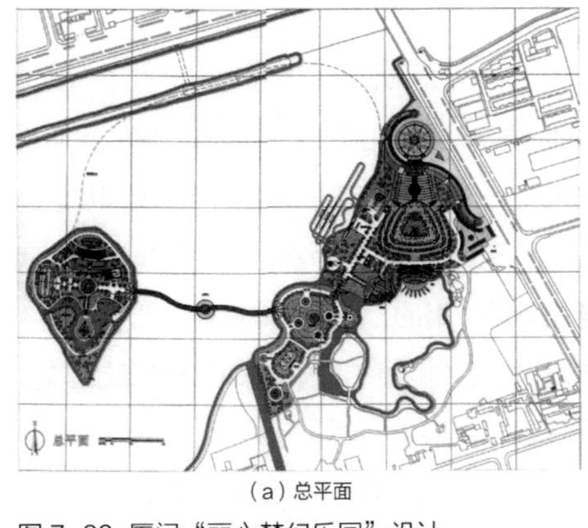
(a) 总平面

(b) 鸟瞰图

图 7-23 厦门“丽心梦幻乐园”设计

这是可持续发展建筑在更高层次上的追求。20 世纪 90 年代初，本书作者在主持厦门“丽心梦幻乐园”的规划设计中，对这种建筑的“生态性”做了一定尝试，见图 7-23。规划主体建筑顺应山丘地形，采用三角形平面，且三面层层退台，体量层层缩小，周边留出大片屋顶作屋顶花园，利用倾斜的外墙种植绿植。设计中，在解决了功能要求的同时，保持并强化了原有基地的生态环境。在此基础上规划的曲线型的商业街不仅增加了沿街面的长度，带来了活泼的体型及外观，还充分发挥了沿街面的土地效益，较好地做到了环境效益与经济效益的结合。

3）环境目标——良性循环，人与自然和谐统一

环境目标是可持续发展建筑设计在反思以往的常规设计的基础上，提出的更高要求的目标。虽然以往的常规设计，也提出环境效益，但它是比较狭窄的，仅仅局限于单体建筑及其所处的地段环境，而且大多都是从“美观”的角度，关注新的建筑是否与周围环境和谐，而不是从地区自然环境，乃至地球生物圈的环境生态出发。可以说，当时设计时只有具体地段的微观环境，而宏观的大自然的生态观念几乎是没有的。因而，以往常规设计的建筑大多对自然环境造成多方面的负面影响，甚至直接造成对生态环境的破坏。可持续发展建筑设计目标就是从全球环境保护的宏观出发，在建筑规划和设计中，利用一切机会，在建筑全生命周期内，提高物质、能量的利用，减少物质、能量的消耗，减少废物、废水、废气等的排放，最大限度地减少对地球环境的伤害，保护和增强生态环境的良性循环，达到人与自然和谐共存，达到经济发展、生态安全、生活质量和生活水平提高的综合效益。

以上所述三个目标是相互联系、相辅相成的，环境目标是实现可持续发展建筑的前提、基础，经济目标是手段、保障，社会目标是最终的目的。

7.5 可持续发展建筑的设计原则

根据上节可持续发展建筑设计目标所述，为达到这些目标，提出一些基本的设计原则。

7.5.1 节约高效原则

建筑作为自然环境中的一个人造要素，其与环境之间的关系，归根到底是物质与能量的代谢交流关系。而建筑活动是人类活动对自然资源使用最多的行业之一。世界上建筑业要消耗全球 40% 的物质材料，消耗全球近 50% 的能量；就连净水资源方面，世界上约 1/6 的净水也消耗于建筑。在我国，城市化和建筑业的发展，在物质和能源消耗上在全球是首屈一指的，而且是高消耗、低效率的。作为物质与能量消耗大户的建筑业，在设计时，坚持高效使用物资和能源的原则，采取节约高效措施，是全球资源节约的重要一环，也是可持续发展建筑设计经济目标所要求的。

节约、高效原则就是节约减少物质与能源的使用，同时高效地使用物质与能源，即低成本、低能耗和高效率。我国在 2019 年公布的《绿色建筑评价标准》GB/T 50378-2019 中，就提出“四节一环保”的要求，具体说就是“建筑节能、建筑节地、建筑节水、建筑节材”和“环境保护”。

1）建筑节能：即节约能源

可持续发展建筑在其设计、加工、建造和运输过程中都要节约。它包括节约建筑材料生产；节约建筑物配件制造能源；节约建筑施工能源；节约建成后的运行和维护能源；采用被动式设计，尽量采用自然通风和自然采光，促进建筑系统低能耗运营；积极推广应用新型和可再生能源，如太阳能、风能、地热和生物能等；引入新型材料、节能设备（节能照明灯具，变频空调等）和智能控制系统；尽量选用天然可再生的、低内含能量建筑材料，如木、竹、石材等；多层次循环利用能源，如余热回收利用等。

2）建筑节地

在建筑规划设计中要节约土地，提高土地的有效使用率。土地是人类最宝贵的资源之一。地球表面的陆地只有总面积的 30%，我国土地面积只有世界陆地面积的 7%（其中 50% 还属于干旱或半干旱地区），要养活占世界 22% 的人口，同时还要承受因盐碱化、沙漠化及水涝灾害带来的土地损失。与国外相比，我国人均耕地面积只及美国的 1/8。面对这样苛刻的条件，我们却没有珍惜宝贵的土地资源。当前，城市建设中随意破坏、侵占良田的事例比比皆是。为此，我们要科学合理地确定建设规模，不要盲目攀比，追求“以大为荣”。如一些城市争相建造最大的建筑，追求“大广场”“大校园”“大车站”“大馆”“大院”，什么“中国第一”“亚洲第一”等，以显示其经济实力和现代化；它不仅造成土地资源的浪费，而且也丧失了人正常使用的尺度；其次，在规划布局时，要合理紧凑，集约用地，工业建筑要适当提高容积率，公共建筑要适当提高建筑密度，居住建筑要在符合健康卫生和满足日照标准的前提下，合理确定建筑密度和容积率；此外，要加强地下空间的开发和城市立体空间的开发，如建设各类“城市综合体”等，以实现城市的集约用地；在新区建设中要利用荒地、废地、山坡地，节约农业耕地；尽量少用黏土砖、瓦，以减少对耕地的占用和破坏。

3）建筑节水

建筑节水工作涉及建筑给水排水系统的各个环节。建筑节水各方面的措施是相互联系、相互制约、相辅相成的。必须将节水工作作为一个系统，认真设计。它包括雨水贮留再利用；防止给水系统超压出流造成的“隐形”水量的浪费；减少热水系统的无效冷水量的浪费；开发第二水资源——中水技术的应用以及推广使用节水器具；选择制造时耗水少的建材，采用干作业施工；种植少耗水的树林和草皮等。

在水资源缺乏的情况下，建设第二水资源——中水势在必行。它是实现污水资源化、节约水资源的有力措施，是今后节约用水发展的必然方向。

4）建筑节材

面对当今世界资源短缺和环境恶化的巨大挑战，建筑活动中节约物质材料，“以少获多”已成为建筑设计追求的目标。建筑材料作为建筑的载体，是建筑的物质基础和基本元素，消耗量巨大。节约材料和材料资源的合理高效利用，对营建可持续发展建筑具有直接重大的意义。可持续发展建筑要求的建筑材料应该是低消耗、低能耗、低排放、无污染、多功能和可循环利用六大方面，节约材料和高效利用应体现于建筑设计、施工、维护、运营的各个环节。

7.5.2 集约化原则

建筑作为一个大量耗用资源和能源的行业，在发展过程中积极倡导集约化原则是协调建筑与环境关系的重要方面。集约化原则包括三方面的含意，即可持续发展的“3R”原则：减量化原则（Reduce）、再利用原则（Reuse）和再循环原则（Recycle）[1]。

1）减量化原则

减量化就是要求充分发挥资源、能源的利用效率，以尽可能少的资源和能源的投入来获取既定的建造目标，使人类的建筑活动不超过自然资源、能源和生态环境的承受能力，并且减少建造时和建成后使用过程中的污染。它取决于建筑布局、结构、技术选型、材料选用和能源选择等方面，以求将建设中的能量和自然资源的消耗降低到最低限度。因为，建筑材料开采、运输、加工、制造、装配及施工过程中需要消耗大量的能量。在进行建筑设计时若选择可再生的天然材料或地方性材料，就地取材，就会大大地减少加工制造和运输过程中的能耗，降低建筑成本；同时，在进行设计时，也要重视对地域技术的研究和应用。地域技术是在特定的地域气候和自然环境中，经过历代人的实践探索而形成的，它们是能适应地域环境和自然融合的建筑营造方法。例如，我国西北地区的覆土技术和生土技术就可以很好地适应冬、夏温差大和风沙大的恶劣气候条件。地域建筑为我们提供了许多低能耗的原生态的建筑技术。此外，在建筑设计中要尽可能利用太阳能、风能等可再生能源来替代传统能源，同时要做好建筑物围护结构的保温，加强建筑的气密性，这些对于节约物质资源和能源都同样具有重要意义。

2）再利用原则

再利用原则要求将各种建筑产品能以初始形式多次反复地加以使用，主要表现为对早期建筑物和构筑物的改造和利用，对某些建筑材料、构配件和设备的重复利用。老建筑的改造和利用具有较广泛的社会、环境和经济价值，各类被拆除的建筑构件、设备、管线以及砖石的重复再利用，同样是一种节约资源和能源的有效方法和途径。

3）再循环原则

再循环是指建筑产品在完成其原先的使用功能后，经过一定的加工处理使之转变为可以再次利用的资源，而不是简单地将其作为建筑垃圾处理。建筑物拆除会产生大量的废弃物，约占社会垃圾

1 吴家正，尤建新．可持续发展导话 [M]. 上海：同济大学出版社，1998：14.

总量的 20%，并需要消耗土地存放，需要消耗能源加以处理，还会对环境产生不良影响。因此，在可持续发展的建筑设计中，选择各种建筑材料和构件时应该兼顾考虑它们将来被循环使用的可能性，为其正常使用后的再循环使用创造条件。循环使用的原则和方法对减少废弃物的产生，对降低环境污染、减少对生态系统的破坏有着重要意义。

上述建筑集约化设计原则的全面实施，无疑会给人类带来长远的生态环境效益、社会效益和经济效益。

7.5.3 尊重自然、利用自然、自然化原则

可持续发展思想在某种程度上，就是让人类不要忘记自己也是属地球自然环境中的一个因子。人绝不能脱离自然环境之外或凌驾于自然之上。20 世纪人类快速进入城市化时代，人与自然的隔绝越来越严重，人类不尊重自然、忽视自然甚至破坏自然的现象也越来越多，结果造成人与自然的对立，最终引发自然对人类的报复！经过痛苦的反思，人们开始认识到：人类要回归自然、尊重自然。因此，我们提出可持续发展建筑设计要遵循自然化的原则，就是使人类在某些方面（如建筑）重新找回人类作为动物的一些基本属性——即人是动物——自下而上于自然，从属于自然。它不仅具有生态意义，同样也具有经济和社会意义。

在进行可持续发展建筑设计时，我们要记住老子所说的："人法地，地法天，天法道，道法自然"，所以我们建筑设计之道就是要"道法自然"，道法自然就是适应自然，顺应自然进行设计，最终使人造的建筑融合于自然，走上"天人合一"之道。

为此，我们提倡建筑师在从事设计工作时，尤其是为可持续建筑而规划设计时，一定要向自然学习。古罗马《建筑十书》的作者维特鲁威就提出："对自然的模仿和研究应为建筑师最重要的追求……自然法则可导致建筑专业基本的美感。"今天，在寻找可持续发展建筑之道时，这一条是值得我们深思的。美国现代主义建筑大师赖特（1869-1959）也说："有机建筑就是自然的建筑，自然界是有机的，建筑师应从自然中得到启示，房屋应当像植物一样，是地面上一个基本的和谐要素，从属于自然环境，从地里长出来，迎着太阳。"

自然化原则包括多方面含义。一是要尊重自然，尽可能少地破坏自然，就如澳大利亚土族居民："要轻轻地接触地球"；二是要利用自然，因地制宜扬长避短。我国古代哲学家的"天人合一"的思想就代表着人与自然取得和谐一致的关系。

建筑与自然的结合，首先可以利用自然环境中的有利条件，最大限度地利用自然资源、能源，尽量减少人力和财力的消耗，而且还能在形式上达到人造环境融于自然的境界。古人就有"悟无为以明心，托自然以明志"的说法。

建筑与自然结合就是要结合地形、地貌及地质进行设计。尽管追求建筑结合地形设计由来已久，但出发点与今不一。常规设计往往出于建筑师自发的愿望，有的甚至出于建筑视觉效果的考虑，而可持续发展建筑强调建筑设计与地形结合，则更多地偏重于从节约能源和材料消耗的角度出发，重在从经济意义上考虑。当然，其间亦有重视艺术美和视觉效果的考量。可持续发展建筑设计关注对基地地质结构、土壤成分等进行研究分析，对坡度、等高线等进行研究，然后决定采用适当的建筑形式，尽量减少建造过程中的能量的消耗和材料资源的消耗，并尽量减少对自然环境的破坏和对自

然产生不良的影响。

自然化的原则亦意味着可持续发展建筑的设计要尽量做到根据特定地理条件下的小气候的特征，结合气候设计，采用特定的建筑形式，以达到利用自然，取得建筑物较好的自然采光和自然通风的空间环境。它不仅是健康的，而且是经济的，不要一味地依赖人工照明和机械通风消耗能源的所谓“现代技术”方法。

此外，建筑设计自然化也意味着在景观设计时，要重视通过运用自然景观来达到节能、减排的效果，尽量采用当地自然材料和地方树种。

总之，坚持设计自然化原则，顺应自然，模仿自然设计，引入自然要素，发挥自然因素的能动作用，追求人与自然的结合，追求田园化效果，回归自然生活，是人类的共同愿望，也是可持续发展建筑设计追求的目标。

7.5.4 人性化原则

可持续发展建筑设计强调人性化原则，不仅是因为被认为是“建筑人情化”的代表——芬兰建筑师阿尔瓦·阿尔托（Alvar Aalto）在针对现代的“国际式”建筑时所指出：“现代建筑的最新课题是要使合理的方法突破技术范畴而进入人情和心理的领域。”他是针对“技术功能主义”片面追求经济而不讲人情的倾向而提出来的。今天，可持续建筑提出的人情化设计更赋予它更广泛和更深刻的社会意义，它是为实现可持续发展建筑的社会目标而提出来的。

人性化设计就要求在设计过程中，充分考虑人的行为习惯、人体的生理结构、人的心理活动及人的生活方式、思维方式等，并以此为设计构思的出发点，思考建筑空间布局，各项功能的组织、结构形式的选择以及建筑材料质地、色彩及各个建筑细部等，以为人创造方便、舒适的生活空间环境，充分体现在设计中对人的心理、生理需求和精神追求的尊重和满足，是设计中的人文关怀，是对人性的尊重。通过对功能设计的完善、开发和优化，给使用者提供一些更加人道的方面，如公平、关爱，有利于创造一个公平、和谐的社会氛围。

随着社会的发展，人们的生活水平得到很大提高，生活方式也发生很多变化，文化水平也在不断提高。现代建筑功能日趋综合化、多元化、高品位。建筑空间不仅要满足传统的居住、购物、娱乐等多项功能，还需要建筑空间具有更多的观赏功能和交流、交往功能，让使用者在建筑空间环境中能感到舒适、亲切、宜人、自如，发自内心地感受、喜爱这个空间，愿意在此环境中生活、工作、休息和娱乐等。这种建筑空间设计就是要在充分尊重人的物质和精神的需求下完成的。所以，可持续发展建筑将人性化理念作为一个重要设计原则，也反映了新世纪社会对建筑的新要求。建筑不仅要给人们一个使用功能齐全的空间，更希望在这个空间里感到心情愉快，希望生活的空间是美观、人性化的。随着人们对生活的高品位的追求，人们也开始注重单位、企业内部的人文关怀，努力创造企业文化，为员工们营造一个舒适放松的工作环境，这不仅有利于提高员工工作的积极性，也为企业进行更好的宣传提供了条件，也使人们在建筑使用中，获得一份自省的情感，能够在建筑中找到实现自身价值的存在意义。其中，人文价值，地域文化，人与自然的关系都可以通过建筑人性化的设计体现出其内涵的魅力。

7.5.5 多元包容共生原则

当今，人类社会进入全球经济一体化的时代，国际社会日益成为“你中有我，我中有你”“一荣俱荣，一损俱损”的命运共同体，人类逐渐进入多元化社会。建筑也自然脱离不开世界历史潮流的发展趋势，只能顺应历史潮流，寻找适应新潮流的建筑发展及建筑创作之路。所以在北京举行的第20届世界建筑师大会上就把全球化与多元化共生作为《北京宪章》的一个核心思想。世界建筑多元化的格局在现代主义建筑——国际式解体之后开始出现。我国自改革开放以来，设计思想活跃，已呈现出建筑多元化的现象。

多元化的产生是源于多元化的世界和多元化的需求。建筑多元化也是为了满足人们多样性的物质需求和精神需要而产生的。建筑多元化的设计原则是扎根于建筑消费观念之中，消费观念也是随着生活方式而改变的。因此，人群的生活方式是建筑多元化产生和发展的源泉。坚持多元化的设计原则，就能够满足不同人群的不同生活方式的共同性或个性化的要求，在满足物质需求的同时，也能满足人们精神的需求，保障多元性需求共生，从而促进社会和谐、稳定、可持续发展。

当然，多元化也有两面性，它也是一把双刃剑。对待外来文化一定不要盲目地模仿、抄袭，但也不要一概拒绝、排外。目前，国内建筑市场盲目模仿风盛行，特别是一些大型公共建筑设计，不考虑城市地域不同的地理气候，也不考虑各地社会经济发展的实际状况，都盲目地追求高技派的外在特征——光（亮）、薄（轻）和透的特色。更不能容忍荷兰建筑师库哈斯设计的中央电视台总部大楼——一个丑陋的“大裤衩”，它是违背科学、违背美学、超浪费、狂妄屈辱中华民族，让人恶心的“大怪作”。

何况，建筑多元化也是要遵循共同的建筑价值观的，要符合“适用—经济—绿色—美观”的原则，多元化不是无序的共生，而是要与地域的社会经济条件、文化背景及自然环境相适应而共生，不是想当然。

建筑多元化也不是均势化，多元化中应有主流化主体意识，也就是要“自主创新”要“洋为中用”“古为今用”，要守正创新。

建筑多元化需要包容，只有包容才可能共生。包容性是联合国千年发展目标中提出的观念之一，它是在全球遭遇经济危机和环境危机双重压力下，经过反思而提出的，只有包容性才能使所有人都从中获益。建筑的发展也必然要遵循这一原则，在建筑业的发展中要和社会的进步及人民生活的改善同步进行，并且使其发展与资源环境的发展相协调。中华文化具有包容性，表现为“兼收并蓄”“求同存异”和“和而不同”，中华文化的源远流长就得益于它的包容性。建筑文化是伟大中华文化的一个重要组成部分，建筑要可持续，也就要坚持多元、包容、共生的原则。

7.5.6 开放化参与性原则

如前所述，开放性是自然界中有机体得以生存和进化的必要生命特征。它使有机体能够维护内部系统的自我平衡，与环境相互交融、协调、保持持续性的生机和活力。建筑系统的有机进化也总是在与社会系统、自然系统的相互作用中进行的。保持系统的开放性及其与社会系统、自然系统的有效沟通是走向建筑与自然环境和社会环境因素全面协调的必要条件。可持续发展建筑更需要坚持开放性原则和参与的原则，并且要把这种开放性、参与性原则贯穿于建筑策划、规划、设计中，构筑动态、灵活、适应的弹性建筑体系，以适应社会环境和自然环境条件的变化。这个原则内含以下几方面：

1）对社会生活需求的动态适应性

建筑大多具有较长的使用周期，人们在设计中一直将其视为一种“终极性”产品，表现出鲜明的功能分区、固定的空间形态和固定的使用方式。然而，在社会生活中，随着社会生产方式的变化，人们的生活方式、行为方式也在随之而变化，而且人们之间是千差万别的，社会生活形态总处于不断的演进中。服务对象的差异、时间的推移都会使定型化的建筑空间形态难以与变化中的生活形态相适应。而对这个矛盾，建筑设计要改变以往的静态的终极型的设计思路，以开放的理念来组织建筑内部物质系统和空间系统，将那些与社会生活的需求相对应的空间系统设计为一个弹性空间系统，使之具有一定的灵活性和适应性，可以依据不同时间、不同使用者的不同要求，在保持建筑结构体系稳定的前提下，进行空间组织再设计，灵活地调整使用空间，满足社会生活历时可变性和现实多样化的需求，这种方式为建筑的“持续使用”提供了保障，有利于延长建筑的生命周期，使建筑在环境中有机地“变化”“生长”。

2）公众的参与性

建筑消费就是使用者的需求，建筑消费有物质生活消费和精神生活消费。这两种消费——即需求，都是因人而异，千差万别的，再高明的建筑师也不可能使自己的设计能一一满足他们的要求。建筑消费的需求是建筑空间组织的依据。公众参与是优化设计、合理使用的可靠保障。开放性原则指导下的建筑设计是一个包括使用者在内的多方参与、协商及共同决策的过程，即在建筑创作及各项决策中保持对社会公众的开放性，倡导包括业主、用户、管理者等多方的共同参与，以此打破建筑师在设计中一人决定的传统模式，充分发挥使用者等各方人士的积极性，充分利用好宝贵的社会资源，使社会、经济、环境等各方面的影响因素都在设计过程中得到充分的考虑。在各方参与中使设计不断优化，为走向建筑与社会、经济和环境的持续协调奠定良好的基础。

7.5.7 建筑地域性原则

建筑地域性原则是建筑设计普遍性原则，在以往常规设计中都应遵循的原则。但是实际却往往不是这样。很多建筑的设计好像都是“放之四海而皆准”，完全不考虑地域、社会、经济及环境方面的差异。作为可持续发展建筑的设计，必须更加强调建筑地域性的特征。因为，建筑原本就是一个具体地区的产物，它的建设都会受到当地地理气候、具体地形、自然条件及资源的影响，也受到当地社会经济发展状况的制约，受到当地人文环境、风俗习惯及生活方式、审美观念的影响，它是当地自然环境和人文环境合力培育的产物，是地域自然资源和人文资源共同建造的产物。地域性建筑的特征是它长期与当地的自然、经济和社会环境互相磨合、互相适应的结果。因此，它具有最佳的地域环境适应性，最佳的地域人文适应性及最佳的地域社会适应性。可以说地域建筑是社会适应性、人文适应性和自然适应性的统一。因此，坚持地域性设计原则，是符合建筑可持续发展内涵要求的。

地域性设计原则就要求建筑设计要针对当地的气候、地形、地貌等自然条件进行设计，尽可能适用当地的地方性材料和技术，并吸取当地建筑文化的因子进行设计，使其能体现该地域建筑文化的精髓和特色。

7.5.8 可持续原则

可持续发展建筑设计与常规设计一个鲜明的区别就是它要强调“可持续”的设计思想。“可持续”思想是新的发展观的核心思想，建筑设计强调“可持续”思想原则就是要求在建筑设计中充分利用容易再生的自然资源而减少不可再生及不易再生物质、资源的使用，做到人类的建造活动不要超越自然资源与生态环境的承受能力，以保证人类能够持久地生存和发展。这要求人类改变社会生产方式和生活方式，确定适宜的建筑消费方式和消费标准，避免过渡的生产和过渡的消费。人们所做的一切必须是不但取之于地球，而且要还之于地球；取之于土地，还之于土地；取之于水，还之于水。也就是要确立这样的观念，从地球上获得的一些资源，应该可以自然地还原而不会对任何生态环境带来危害。因为，发展一旦破坏了人类生存的物质基础，发展本身就要衰退，就不能“持续”了。

从“可持续”观点出发，建筑材料和结构形式的选择就很重要，生土建筑建时用土，毁之还土，不对地球自然环境造成伤害。木结构和钢结构，它们的拆除的旧材料可以循环再利用，它们比钢筋混凝土结构就要好，因为钢筋混凝土建筑拆毁后，几乎都变为建筑垃圾了，能循环利用的很少。

7.5.9 生态和健康无害化原则

安全健康是人类文明的终极追求之一。人类追求自身的健康首先必须以保证自己日常生息环境的无害为前提。健康无害化原则是可持续发展建筑另一重要设计原则，这一原则意味着建筑活动不应对地球生态造成危害，不应对建筑场地人工环境造成危害，不应对人居环境造成危害，归根结底不能对人和自然造成危害。

无害化首先是建筑身处的环境的无害化。因此，建筑选址很重要。从原始人部落的选址开始，人类就选择自然资源丰富、小气候环境宜人、易于生栖的场所作为栖居地。这不是人类独有的，而是我们人作为动物的本能。我国古代风水“择址”之说，即选择宅地的喜与忌，如喜气口，忌风口或无风，喜水口得水，忌水口不当，喜抱水和左岸，忌背水和左岸，喜山坡忌山谷等，以及“前朱雀后玄武，左青龙右白虎的负阴抱阳村落选址之势”。这些要求都是在我国特定的地理气候条件下，易于创造健康环境的选择。现代科学证明，这些风水理论其中一些说法与当今环境科学（包括现代理学、化学、生理学）要求是不谋而合的。

建筑无害化还在于选材的无害化，建筑是实体的材料构筑的，建筑材料作为建筑的物质要素与建筑的无害性有着重要的直接的关联。原始社会及农业社会以前的建房材料都直接取自于自然环境中的植物或自然实体，包括土壤、岩石等。从原始材料到成为建筑物的一部分，只是形的改变，不涉及化学组成成分的变化。由于这些建筑材料原本就是人类生活的自然大环境的一部分，因此，一般而言它不会对人类的健康产生不良的影响。

进入工业社会以后，随着化学工业的快速发展，建筑材料的构成也随着化学工业的发展，发生了很大的变化。传统的建筑材料越来越多地被人工合成的化工建材所代替。特别是一些化工建材廉价、坚固、美观、易洁的优点，蒙蔽了人们的视线，掩盖了这些材料对人类健康的危害。同时，一些建筑材料在化工生产过程中还会带来严重的污染问题。近年来，各种新型建筑材料和室内饰材包括多种涂料、地板、防热御寒的绝缘材料、胶粘剂等层出不穷。但是，我们在选用时，不能忽视某些材料的危害性。环境质量研究表明，一些建筑材料在施工和使用过程中会挥发出有害气体和物质，污染空气，影响人类健康，如 PVC 制品中散发出二辛酯或二丁酯增塑剂，人造板和胶粘剂发出甲醛，含铀的花岗石、辉绿岩会散发出氡气，矿棉纤维板和水泥石棉板分别会散发矿棉纤维和石棉纤维等。所谓有毒气体包括：甲醛、人造矿物纤维、氡气、石棉、氧化氮、一氧化碳、二氧化碳及有机物等。事实证明，人们长期接触甲醛会引起头痛、眼睛和皮肤发干、眼睛发炎，长期在高浓度氡气辐射下会导致呼吸道病、白血病、肺癌等。

因此，在可持续发展的建筑设计中，必须慎重地选用建筑材料及室内装修材料。

建筑的无害化关键在于要创建健康的建筑室内空间环境，使室内空气无害化。室内空气质量问题早已引起国际建筑界的关注。早在 1978 年，世界卫生组织（World Health Organization，简称 WHO）在哥本哈根召开了关于室内气候研究的第一次国际会议，并且成立了一个相关的工作小组来研究室内空气质量与人体健康的关系。世界健康组织认为，空气质量不佳的主要原因是一氧化碳（CO）、二氧化碳（CO_2）、甲醛（HCHO）等成分在空气中的含量过高，其成分来自多方面，包括室外环境空气质量、建筑材料、装修材料、家具的挥发以及室内通风不畅等原因。因而，改变空气质量涉及多个方面，国家应有相应的法律、法规来保证室外的空气质量，制定室内空气质量标准，大力开发绿色建筑材料，做好室内自然通风和机械通风设计。

7.5.10 适宜技术（Appropriate Technology）原则

适宜技术（也有称适用技术）不是一种固定的技术实体，而是一种达到特定目标的发展技术的途径，是一种确定技术发展方向的指导思想。它是一种从本国、本地区的实际出发，把技术目标、经济目标、社会目标和环境目标整合起来进行技术选择的理论。

适宜技术原则要求在可持续发展建筑设计中，选择实施的技术不能仅仅考虑技术本身的先进性而忽视了技术发展的社会环境，适宜技术用“适宜”的概念取代“先进”的概念，从而确切地反映了各个不同的地区，不同建设对象对于技术发展的具体要求。某种高能的先进技术对于某些国家（如发达国家）和地区可能是适用的，而对于另一些国家（如发展中国家）和不发达的地区来说可能是不适宜的。

适宜技术在“自然—技术—经济—社会—人类”这个大系统中，是不断变化的。随着时间的推移、人类的需求和自然条件的变化，技术也会随之而改变。原来适用范围的，可能变为不适用了；现在不适用的，可能未来变为适用。因此，在选择技术方案时，不能只看短期效益，而应从中、长期出发，选择起点高又能在较长时期内适用的技术。

适用技术由于不同国家或地区的社会、经济和自然条件不同，因而具有鲜明的地域性特点。在我国传统的民居中，窑洞的开发技术产生于我国西北黄土高原地区；干栏式住宅多建于我国南方多雨潮湿地区；蒙古包建造及其技术就是为适应蒙古等游牧民族地区的需要而产生的。适宜技术的地域要求我们在建筑设计中选择技术方案时，要做到因地制宜，充分发挥本地区的特点和优势，这样不仅技术可靠、适用，而且有利于节省建筑成本，具有经济意义。

此外，适用技术（适宜技术）还具有高效性。它是尽可能少输入、多输出，形成较高的物质、能量和信息的转换效率的技术。适宜技术并不与具有高效率的先进技术、尖端技术等高新技术相排斥。适宜技术不仅有高效率而且也能做到高效益，它能在资源开发与转换过程中取得多方面、多层次的最佳的综合效益，有利于保持人类与自然协调发展。因为适宜技术更加注意节约能源、降低原材料消耗，更加关注扩大劳动就业，有利于社会的稳定，也更强调维护生态平衡、消除环境污染等。

提倡适宜技术原则，也是因为适宜技术是在一定的地域自然条件和社会环境下，与其长期相互适应的过程中产生和发展的，它能够服从当地自然生态的发展规律，维护生态平衡，与自然环境保持协调发展，自然就具有生态性。它不仅不会因为自身的存在而破坏周围生态环境的平衡，而且还能自我克服自身对环境的不利影响，化害为利，实现与自然界的良性循环和持续协调发展。

适宜技术的生态性也必然使它有地域的人文性，它不仅能够适应地域自然环境发展，而且还能适应地区社会的发展规律，适应并满足当地人的生理、心理和精神等各方面的需要。可以说它是符合人性的技术，是一种人文化了的技术（Humanized Technology）。

适宜技术可以说是一种大众化的传统的生产技术，这种技术主要是以实践为基础，带有较浓厚的经验色彩。传统建筑技术产生于具体的社会需求，它的存在具有实用的意义。同时，传统建筑技术受到地域条件的支持与限制，是与地域环境密切相关的实践技艺的综合体，它是历经人们千百年的摸索改进所形成的建造技术和方法，包括材料加工、结构构造，建筑形制（形式与布局）及营造四个方面。

在可持续发展建筑设计时，坚持适宜技术就要求建筑师了解建设地区的自然环境现状（气候、地形、地貌、风向、植被、地方材料等）以及地区的历史文化状况，学习并继承传统建筑中蕴涵的生态智慧，采用低成本、低造价、经济合理的建筑技术方式。

提倡“适宜技术”，并不是排斥现代技术，特别是传统建筑过去未曾有的技术。对一切科技我们都应该好好学习、了解，不管它是高级的或低级的，“土”的或是“洋”的。归根结底，它用在此时此地此工程上应该是合理的技术。合理、经济的同样能解决问题的技术，就应该是“适宜技术”。

7.6 可持续发展建筑的设计策略

可持续发展建筑设计与传统建筑的常规设计存在一个重大区别，那就是常规设计就是一个微观的“建筑物”的设计或一个“建筑环境”的设计，而不是把建筑设计看作是一个社会、经济与生态环境复合系统的设计。它仅考虑建筑的生物属性，即建筑功能、形式及技术等，而忽视了建筑所处的大的自然环境和社会、经济环境和条件。它们的设计仅突出微观的本体，而忽视社会、经济、环境的相互影响。因此，它就无法适应可持续发展建筑的内涵的需要。本章提出的“设计策略”，虽然常规设计也有提到，但追求的目标是不一样的，根据前节提出的可持续发展建筑设计原则，相应地提出以下的设计策略，即：

——生态环境分析设计策略

——地域环境分析设计策略

——能源分析设计策略

——场地分析设计策略

——被动设计策略

以下重点就生态环境和地域环境两方面进行分析。

7.6.1 生态环境分析设计策略

生态环境分析设计策略包括保护自然、利用自然、结合自然、模仿自然、防御自然及再创自然等诸方面，具体介绍如下：

1）保护自然

在从事任何建筑规划设计时，动笔之前，心中必须有一个环境的概念，并以此为出发点进行思考。对地域的气候条件、国土资源、建筑周边环境生态系统进行认真的调查，广泛收集规划设计区域内自然与人文资料，进行资源信息调查，在充分掌握信息基础上，进行综合分析，结合建筑规划设计的目标，对自然资源和人文资源进行评价，并划分适宜性等级，确定资源利用不同的方式。对于价值高、不可再生的资源，首当实行保护的原则。《设计结合自然》一书的作者麦克哈格（美籍英国著名环境设计师），对生态规划的工作程序与方法进行了深入研究，并据此实践，被称之为“麦克哈格生态规划法”，归纳起来就是遵循以下工作程序进行规划工作，见图7-24[1]。

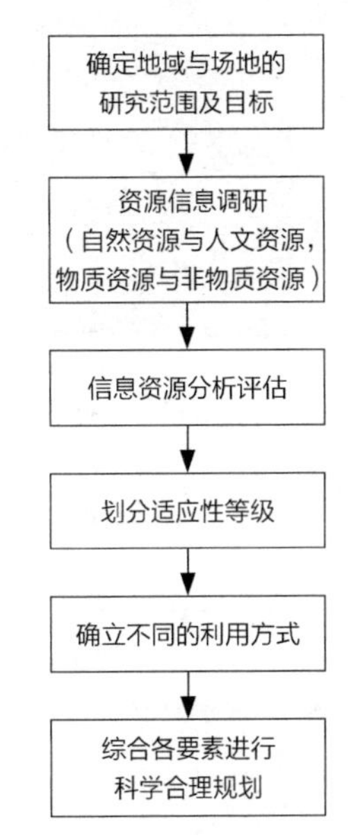

图7-24 麦克哈格生态规划工作法示意图

保护自然就是保护自然生态要素如植被、水系、景观、保全建筑周边昆虫、小动物的生长繁育环境，保持建筑周边环境系统的平衡，适度开发土地资源，最少地破坏地形、地貌，节约用地，减少废气、废水、垃圾对自然环境的伤害。例如荷兰希尔沃萨姆电视台群体园区的一幢RVU大楼，大厦看起来像从地面萌发出来的，似乎它曾经是大地的一部分。设计者决意要保护地形，并使暴露出来的建筑像地上生长出来的一个体量，见图7-25[2]。

2）利用自然

建筑规划调查在对自然环境充分认识的基础上，就要充分利用自然的有利生态元素，包括自然气流（风）、阳光、水系、植被及有用的资源。因此，建筑规划设计要充分利用阳光和太阳能，充分利用风能，有效地利用水资源及植被。建筑设计要尽量采用自然采光和自然通风，利用太阳能、地热供暖和供应热水；采用水循环系统，将自然水系引入水池、喷水池，降低环境温度，调节小气候；利用地下水为建筑降温；收集雨水，充分利用；甚至利用太阳能、风能发电，做到能量消耗能自给自足，甚至在建筑设计设置“风塔”拔风，加强室内自然通风。

1［西班牙］帕高·阿森西奥. 生态建筑[M]. 侯正华，宋晔皓译. 南京：江苏科学技术出版社，2001：20.
2［西班牙］帕高·阿森西奥. 生态建筑[M]. 侯正华，宋晔皓译. 南京：江苏科技出版社，2001：21.

图 7-25 荷兰希尔沃萨姆园区 RVU 大厦

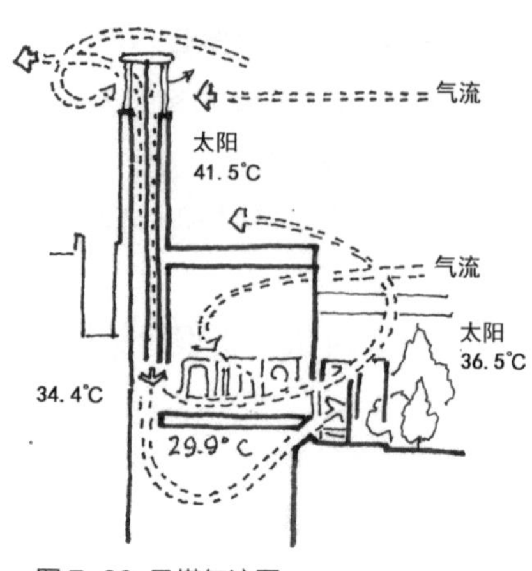

图 7-26 风塔气流图

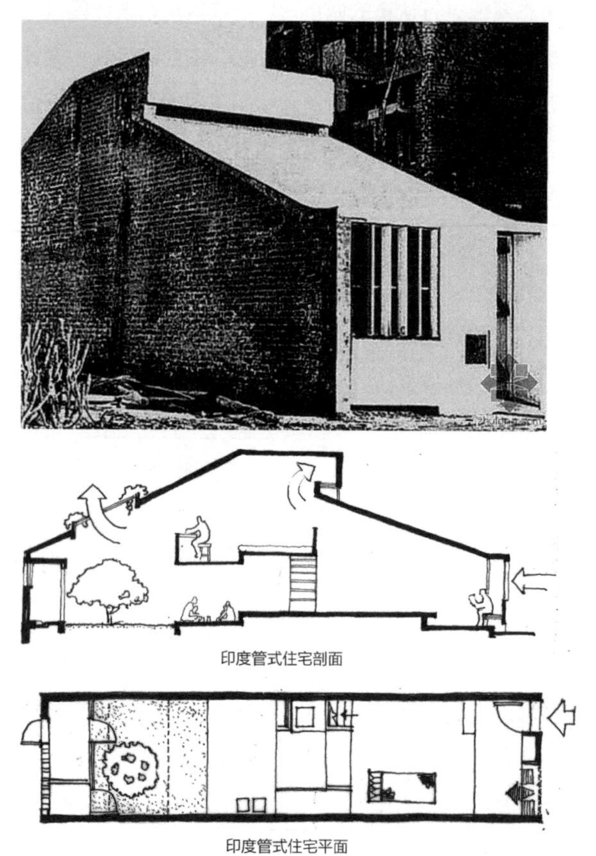

图 7-27 印度的管式住宅

风塔气流图，如图 7-26[1] 所示，风塔（或捕风器）利用常年夏季风，首先使空气降温，然后循环流过建筑物，从而使室内变得凉爽。它类似一个一端插入地下室，另一端伸出屋顶的烟囱。在一天内，风的状况控制着风塔的运行：白天无风时，塔墙吸引太阳热能，使塔顶空气变热，热空气比重小，顶部空气压力因之减小，从而产生向上的气流。建筑内部的空气通过风塔徐徐抽出，同时凉爽的室外空气被引入建筑物；有风时，空气则由上至下压入烟囱进入建筑物，房间空气则由门窗口排出。

印度建筑师柯里亚创建的“管式住宅”，也是灵活运用风塔结构原理而设计的低造价住宅。建筑师在设计中通过对建筑内气流的诱导和控制，获得了良好的自然通风和降温效果（图 7-27）[2]，为干热气候区中的低收入人家创造了清凉的室内微气候。

3）结合自然设计

建筑设计结合自然表现在建筑与气候、地形、地热的利用以及使用地域资源等环节上，在设计中应最大限度地利用自然环境特征、气候特征，利用当地材料，减少建造过程中的能耗和材料消耗，

1 世界建筑 . 1998 年第一期：19.
2 赵恒博 . 查尔斯·柯里亚 . 世界顶级大师 [M]. 北京：中国三峡出版社，2006.

并使建筑与自然环境融为一体。

设计结合自然就要求设计师不断地再发现自然界本身的还未被我们掌握的规律，寻求其根源，最充分地利用自然提供给人类的潜力。

设计结合自然，首要的是结合基地的地形、地貌和地质情况设计，珍惜土地资源。地形、地质是场地中两个重要的生态要素，也是决定建筑形态的重要因素。山地和平原、滨海和内地的地形、地质有巨大的差异。因此带来了设计方法、设计策略和建筑形态的不同。结合地形、地质设计不仅是常规设计考虑的与地形结合，达到平面、剖面的协调以及建筑造型的变化、统一，而且是从生态学、生态平衡角度出发的结合地形（地质）设计，以达到保护土地资源、保护环境的目的；建筑的建造是否影响原有的生态平衡；如何尽量减少对原来平衡的破坏；如何通过建筑的手段尽快达到新的平衡等等。

图 7-28[1] 是一个结合地形（地质）设计的展览馆，它是美国西特事务所设计，设计者结合基地的自然条件及石料资源，创造了一个以水和大地为主题，综合了展览、科研、办公等功能，目的是从科学、文化、教育、生态和健康等方面向参观者展示我们生活的地球。建筑用基地上的石料，因山就势地砌筑了一片片“叙事墙”，它们将整个建筑分隔成一个个功能区——展览、研究、图书馆、剧院、俱乐部及餐厅等，设计者还在墙上刻有文字作背景资料，以突出水和土地的主题。这种“分隔”创造了丰富的建筑内、外空间，并用这种交混空间体现建筑与山体的对话，同时运用了相互作用的花园、小广场和覆土以增加建筑与土地的交融。

结合水文设计也是结合自然设计的一个重要方面，水是人类和一切生物赖以生存的物质基础。我国人均水资源量少，加之水资源污染日益严重，水资源问题成为我国经济、社会可持续发展的重要阻碍。但是，在建筑领域中，因规划、设计考虑不周，破坏水体、浪费水资源的现象相当普遍。面对我国的水资源不足的国情，可持续发展建筑提倡在建筑规划设计中，结合场地水文条件设计，保护水系，并合理利用水资源，同时注意加强节水的设计。

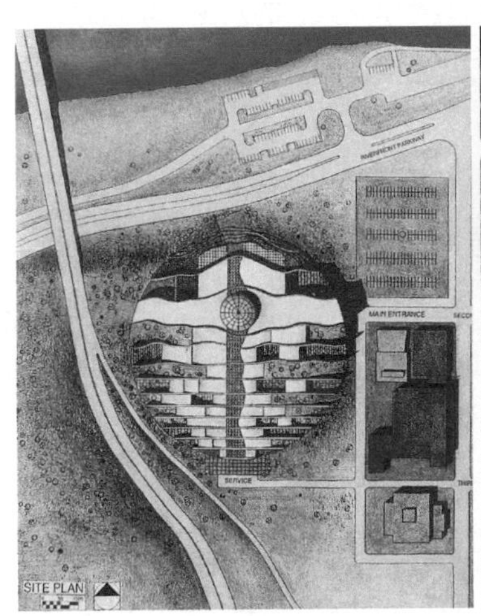

图 7-28 一个结合自然的展览馆

1 Laura C. Zeiher. THE ECOLOGY OF ARCHITECTURE a Complete Guide to Creating the Enveronmentally Conscious Building[M]. Manufactured in the United States First Printing 1996: 65.

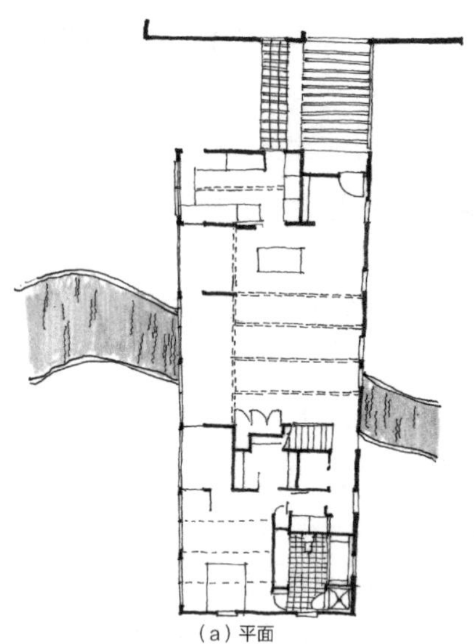

（a）平面

（b）外观

图 7-29 跨溪住宅设计

可持续发展建筑设计可以从多方面考虑水文问题，一是保护场地内的湿地和水体、水系，尽量使之增强雨水的蓄水能力，而不能采取见山就开、遇水便填的粗暴式的设计方法。将水体和湿地结合建筑的内、外部空间设计，不但为人们提供了休息娱乐场所，还可以促进水系循环。图 7-29[1]，为一幢横跨溪水达 10 多米的住宅，设计之初，规划部门允许将溪流填掉或铺设涵洞或用阴沟排水，以创造一个平坦的建筑基地。但是设计者为减少对季节性溪流和现有植被的影响，不破坏原有生态系统平衡，结合溪流进行设计——将建筑跨溪而建，并在起居室内设有一片玻璃地砖地面，从室内就可以看到室外溪水的流动，真是"人—建筑—自然"共存了。

此外，结合水体设计，也可结合建筑广场、停车场、屋顶保持和滞留雨水，降低径流，它们可以用作暂时储存雨水，洪峰过后再慢慢释放到雨水系统，减少和避免水文灾害的发生；规划时，根据土壤地质情况，确定不同的开发强度；在非渗透性土地上进行高密度开发，在渗透性土壤上进行低密度开发，通过设计使大部分雨水渗入地下，补充地下水。

此外，结合自然设计另一重要方面就是结合基地的植被设计。植被具有维持自然生态平衡、美化环境的作用，是创造丰富和谐环境的重要手段，也是可持续发展建筑的设计要素之一。植被能够给环境带来各种良好效应，它既有实用机能：视觉遮蔽、遮光、构筑绿荫、调节温度、吸声、隔声以及防风、防沙，防尘等；又有生态机能：调节温度、湿度、增加土壤水容量、保持水土、净化空气、防止洪水等；还具有景观功能：美化环境、保护场地景观特色和增加景观优美度等作用。

然而，在建筑实践中，常常是逢树就砍，先砍树再建房，少有从生态平衡的角度保护场地的植被。在可持续发展建筑设计中必须坚持以维护和改善生态环境为前提，要珍惜自然植被。建筑场地中或多或少有一些自然植被，它们是自然力量的产物，具有多样性，且适应性强，因此，对于改善场地微环境、微气候、维持水土平衡起着重要作用。在我们的设计中应充分考虑这一点，而不要将它们

1 James. Wines. Green Architecture[M]. Taschen, 2000.

图 7-30 栈桥设计

一味地当作杂草杂树砍掉。图 7-30[1] 为一栈桥设计，这座栈桥位于一片当地的自然植被中。设计者以充分利用自然植被吸收过滤环境中的污染物，稳定土壤结构，吸收雨水径流以促进水文平衡为出发点进行设计。虽然场地中植被很多，但由于建筑师设计精心，整个建造过程中场地只砍了两三棵树。这样有效地保护了基地上的原有自然植被，维护了场地中原有的生态平衡。

4）模仿自然设计

自古以来，自然界就是人类各种技术思想、工程原理及重大发明的源泉。因为自然生态系统与人工系统相比，有其优异的生长机制值得我们学习，如它在生长进化过程中表现出来的高效性、适应性、多样性、包容共生性及其自组织能力等。从 20 世纪 50 年代开始，人们已经认识到生物系统是开辟新技术的主要途径之一，自觉地把生物界作为各种技术思想、设计原理及技术创新的源泉。这就促使了工程师们与生物学家的积极合作，生物学开始跨入各行各业技术革新和技术革命的行列，并在航空、航海及自动控制等军工部门首先获得成功。于是生物学和工程技术学科结合在一起，互相渗透孕育出一门新的科学——仿生学。1960 年 9 月，在美国俄亥俄州的空军基地戴通召开了第一次仿生学会议，它标志着仿生学的正式诞生。

“仿生学”（Bionics），希腊语意思是代表着研究生命系统功能的科学。1963 年我国将“Bionics”译为“仿生学”。美国人斯蒂尔把仿生学定义为：“模仿生物原理来建造技术系统，或者使人造技术系统具有或类似于生物特征的科学。”顾名思义，仿生学就是模仿生物的科学，即研究生物系统的结构、特质、功能、能量转换和信息系统等各种优异的生命特征，模仿它们把它们应用到自己研究的领域。它对建筑师也有很多启迪，在建筑中就出现了一些仿生建筑，例如，薄壳建筑的诞生，就是建筑师、工程师模仿鸡蛋蛋壳进行薄壳设计的，蛋壳呈拱形，跨度大、厚度薄，只有 2mm，但很坚固。工程师们就模仿它以最少的结构提供最大强度的向量系统。举世闻名的澳大利亚悉尼歌剧院就是采用薄壳，它像一组泊港的群帆，见图 7-31。这是一种仿生力学，即模仿生物体大体结构与精细结构的静力学性质以及生物体各组成部分在体内相对运动和生物体在环境中运动的动力性质。

1 James. Wines. Green Architecture[M]. Taschen, 2000.

建筑上模仿贝壳体，修建大跨度薄壳结构，也有模仿生物体股骨结构建造柱子，即消除应力特别集中的区域，又可用最少的建材承受最大的荷载。

我们看到建成后的悉尼歌剧院，认为是仿贝壳的，因为它的确像，但是设计者的创意灵感是仿剥开来的“橙子”，现在它看上去更像一艘帆船，乘风破浪。

图 7-31 悉尼歌剧院

帐篷建筑，也是从高效的生物界得到启发而设计的：钢索，受拉性能好，可以实现大跨度，省料；膜，可以用最少的材料，实现最大的覆盖；钢柱，受压性能好，又省料。因此，出现了张拉膜结构，用最少的材料、最小的重量，实现最大的跨度。如沙特阿拉伯，阿普杜勒·阿齐兹国王机场朝圣候机楼（图7-32），就是采用仿生的帐篷建筑。该大楼称朝觐客运大楼（Hajjterminal），是专供朝觐使用的航站楼，号称“帐篷城”，主大厅 51 万 m^2，由 210 顶帐篷组成，帐篷是半透明的反光材料，可以把 75% 的太阳光反射掉，四周无墙，由 440 根钢柱支撑，帐篷离地 35m。

图 7-32 沙特阿拉伯，阿普杜勒·阿齐兹国王机场朝圣候机楼

图 7-33 蜂巢式建筑

建筑中蜂类仿生也较多，蜂巢是由一个个排列整齐的六棱柱形小蜂房组成，每个小蜂房的底部由三个相同的菱形组成，它是最节省材料的结构，且容量大、重量轻，极为坚固。人们仿其构造，用各种材料制成蜂巢式夹板结构板，强度大、重量轻，不易传导声和热，是建筑的理想材料，也有建筑师模仿蜂巢设计成蜂巢式的建筑空间布局，如图 7-33 所示，为蜂巢式建筑之例。

建筑构件仿生：

建筑构件，一般认为在截面面积相同的情况下，把材料尽可能放到远离中轴的位置上，是有效的截面形式。这一真理在自然界许多动植物的组织中都呈现出来。例如：“疾风知劲草”，许多能承受狂风的植物的茎部都是维管状结构，其截面是空心的。人体的骨骼是支撑人的体重和运动的，其截面是密实的骨质分布在四周，而柔软的骨髓充满内腔。根据生物体这一组织特征，建筑中大量采用的空心楼板、箱形大梁及空间薄壁结构等就仿生建造而出。

现在我们常常看到大跨度的建筑采用树形结构，也是仿生结构的一个典型之例，它模仿树形，增加支撑点，扩大跨度。如图 7-34 所示，根据多数植物对外界刺激会产生应激性反应这一特征，卡拉特拉瓦在苏黎式中心区小岛的室外餐厅设计中，将建筑划分为九个可折叠的树形单元，其屋顶可以活动（图 7-35），天气晴朗时，树形单元折叠起来，供就餐者享用大自然的气息；阴雨天时则可平展开来，为人们提供躲风避雨之地。当今树形建筑应用越来越普遍，见图 7-36。

德国建筑师赫尔佐格还从生物学家对北极熊的研究成果中得到启迪。生物学家发现北极熊白毛覆盖下的皮肤是黑的，黑皮肤易于吸收太阳辐射，而白毛起到热阻作用，赫尔佐格便采用一种两面为浮法玻璃，中间填充有半透明材料的预制板材放在漆成黑色的墙面外，阳光穿过半透明热材料，照射在黑色墙面上，墙面吸热并辐射到室内，这样外墙就成为一种吸热构件（图 7-37）。

法国拟打造一座 17 层高的生态树形公寓（图 7-38[1]），名为“白树”（The White Tree）。这个项目是当地政府投资建设。2014 年日本建筑师藤本壮介的设计在比赛中胜出。森林常被设计师认为是设计灵感的来源。公寓建在法国地中海沿岸城市蒙彼利埃，

图 7-34 树形结构

图 7-35 树形餐厅设计

图 7-36 树形建筑之例

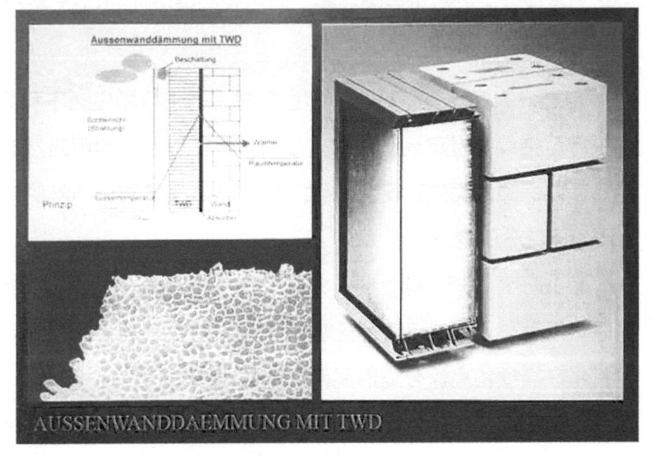

图 7-37 赫尔佐格仿生墙体

1 资料来源：环球网 . 2014 年 3 月 26 日 .

图 7-38 法国“白树”公寓

（a）科学博物馆正面

（b）科学博物馆背面

图 7-39 西班牙仿鸟翅骨骼的瓦伦西亚艺术科学博物馆

现已建成，建筑师们从蒙彼利埃市的户外生活以及树木的高效特征中获得设计灵感，公寓阳台遮阳甲板将悬空环绕在主楼之外，宛如大树的枝干一般，既能遮阳，又能吸收自然光。它们在极其开阔的自然环境中，摆放在阳台上的绿色植物会繁茂生长，与白色公寓大楼相互映衬，形成一处垂直的花园，即使是身处室内，居民也能感受到自然带来的勃勃生机。该楼是集办公、画廊、酒吧与餐厅于一体的综合性建筑物，整个建筑物就像一棵大大的松果，露台和阳台向四周狂放，从而提供相当多样又实用的户外空间。

又如西班牙建筑师卡拉特拉瓦（S.Calatrava）设计的西班牙瓦伦西亚艺术科学城（图 7-39），包括科学博物馆、海洋世界、歌剧院及公园等，占地 35 万 m^2。卡拉特拉瓦有“结构诗人”之称，他善于师法自然，惯于用动物骨骼、鸟类的羽毛、甲壳类动物的外壳说故事，为冷硬的建筑增添柔和感，且使其充满感性的氛围。他说：“我热爱有生命的建筑，就像大自然亲手创造的一样。”他将“水”定位为这座艺术城最重要的元素，应用水的镜射让建筑物产生如梦似幻的倒影。

5）防御自然

自然对人类既有有利的一面也有对人类生存和生活不利的一面，如自然灾害、酷热、严寒等，在进行可持续发展建筑设计时，在充分保护自然、利用自然的同时，也不要忘记对自然不利因素的防御，以保障人类生存安全、健康和舒适。建筑防御自然的伤害在规划、建筑、结构、构造设计时都要给予充分的考虑。

首先在建筑规划选址时，尤其是在山地要避开山体可能滑坡的地带；在地震地区做好防震抗震的建筑规划与设计；滨海地区建筑要做好防空气盐害的对策；做好建筑防台风、防城市噪声干扰；尤其是在高铁和高速公路沿线两侧的防噪声处理。在规划时，为了防御自然的一些不利因素，要合理地确定建筑方位，考虑合理的建筑朝向与体型，在炎热地区做好保温、隔热和太阳直射光的遮挡，做好自然通风的设计；在寒冷地区要做好建筑外围护系统的隔热、保温及气密性设计。

为了防止不利自然因素对建筑使用舒适度的影响，应用适宜的技术和方法而不是依赖耗能设备来改善建筑环境，就要精心地进行建筑构造设计。可持续发展建筑运用构造设计的方法可以解决采光、通风、遮阳、隔热、排气及保温等问题。

可持续发展建筑特别重视自然采光和自然通风。建筑室内采光条件的优劣直接影响人的日常生活和健康，获取充足的自然光有利于健康，但也要防止不利的夏天的东、西晒，同时还要节约能源，所以采光口的设计就是关键。图 7-40 是一个西窗采光的构造设计，为了在建筑的西墙上开窗以获取自然光，设计者将窗户呈“斗”形设计，窗口设在上方，太阳光漫射到室内，但直射光不会进入室内深处。较好地解决了西向采光、通风和西晒间的矛盾，不但利用了自然光作室内照明，还避免了额外的机械降温。

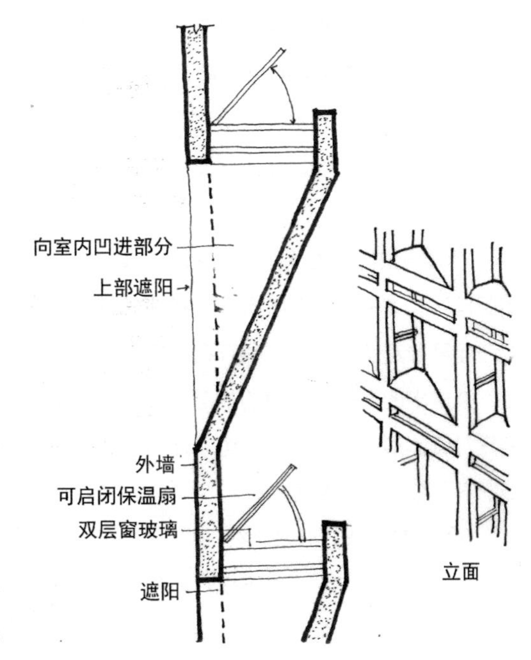

图 7-40 西窗采光构造设计

建筑常常在屋顶上开窗，尤其是大跨度建筑中部采光不足，或者是需要墙面的建筑（如博物馆、美术馆等需要墙面作陈列展览），就常设计天窗。天窗亮度大，但直射光也强，为防止直射光，常在屋顶采取采光调节的构造设计（图 7-41），通过计算和设计的反射板，一方面可以避免阳光直射，另一方面可使建筑使用空间内光照稳定，不随时间、季节的变化而改变。

在香港汇丰银行的设计中，为了使中庭获得自然采光，在屋顶上就设计安装了一组可由计算机自动控制的反射，它们可随太阳光角度的不断变化而随时调整角度，将室外自然光反射进来的光线再投入中庭。这样建筑中庭内可以得到明亮、均匀的曝光，又不是直射光，还节省了大量的人工照明。

建筑遮阳也是防御不利自然因素的一种设计策略，尤其是在炎热的地带。在这些地区，人们在阳光下是很热的，但是在树荫下就比较凉爽。因此，建筑设计要学会“制造阴影”，让人们在阴影下活动就会感到舒适。因此，制造阴影是防御不利的太阳直射光的一个有效的途径。见图 7-42[1]，

图 7-41 屋顶采光调节构造设计

图 7-42 一个餐厅的遮阳设计

1 周浩明，张晓东 . 生态建筑——面向未来的建筑 [M]. 南京：东南大学出版社，2002：72.

该餐厅采用了大面积的遮阳板设计，以考虑遮阴，为使用者创造宜人的小气候。这样的方法，也常被用在屋顶上，不仅减少了热带阳光对屋面的暴晒，利于节能，还使原屋面成为一个很好的活动空间。

“双墙结构”也是保温隔热的一种新型的防御措施，如图 7-43 所示。因室内外空气温度差而导致其空气压力差的存在，双墙内的热空气被排出的同时将室内的热空气吸入，引起空气对流，形成自然通风，可以在不设空调的情况下，做到通风降温。

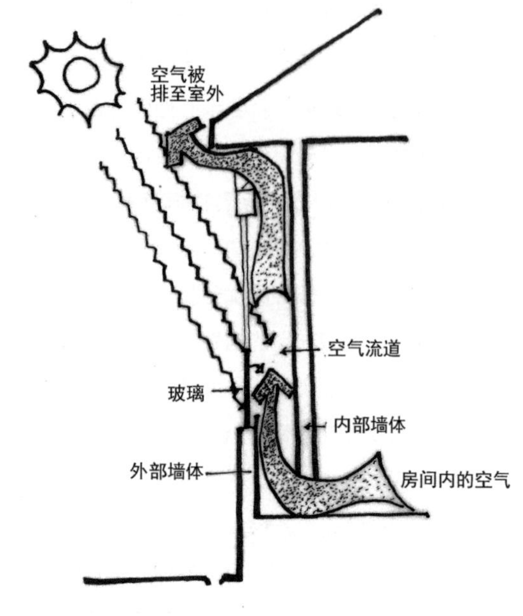

图 7-43 双墙结构示意图

6）学习自然，再创自然

自然界的植被对人类不仅具有生态、生存的功能，而且还有美化环境、构建地景特色的景观功能。工业社会时，人类随着城市化的进程，进入集中、拥挤的大城市生活，越来越远离大自然，人与自然逐渐隔离。但是人不能脱离自然而生存，越是向高级社会发展，人越是需要自然的回归。因此，1960~1970 年代，在“城市病”越发严重的情况下，在城市高密度的生活条件下，人们开始想念并争取享受更多的自然——自然光、绿植被、水和新鲜的空气，开始对崇尚现代机器美学而建造的钢筋混凝土的建筑森林及其千篇一律的、冷冰冰的城市建筑空间环境逐渐产生厌倦，开始反思，寻求一种返璞归真的、回归自然的城市生活环境，重新找回失落已久的自然环境，就连现代主义建筑的开拓者，勒·柯布西耶也不得不承认：“自然是对的。”“建筑师错了！”

因此，就有人联想到中外古建筑存在的“天井”“庭院”等。如我国遍及全国各地的合院建筑；国外古罗马建筑中不覆顶的开敞庭院，都是把自然要素引入到建筑室内空间，重新实现了建筑与自然融为一体。不同的是，过去是自然包围建筑，现在是建筑包围着自然，让人的生活能接触到自然，体验到自然的生、息。为此，国内外很多设计师们开始探索，试图把庭院重新引入现代建筑。于是，1967 年，由美国人约翰·波特曼设计的亚特兰大海亚特摄政旅馆（Hotel Atlanta）第一次采用了高大中庭空间（Count yard）（图 7-44）。当它建成后展现在世人面前，在全球建筑界掀起了一股强劲的“中庭旋风”，迅速在世界，包括我国被模仿、被扩散。20 世纪 70 年代广州建造的白云宾馆也就是我国最早建造的高层建筑中的“中庭”（图 7-45），又称“共享空间”。

“中庭”在国内外广泛风行是由于它在改善建筑内部空间、提高城市空间环境质量以及在建筑可持续发展方面起着重要的作用，不仅有景观价值，而且被赋予了一定的生态意义，它是引入阳光和植被、净化室内空间的载体。一方面，中庭内的植物满足了人们重新与自然接触的愿望，另一方面，绿色植物在阳光的光合作用下，生成氧气又能吸收二氧化碳，为使用者提供了健康、舒适的空间环境。此外，正是它优越的具有自然气息的空间环境，具有共享特征，因而有利于促进人们的社会交往，使社会生活更富有生气。从此视角出发，“中庭”元素是有益于可持续发展建筑要求的，但是，它也有两面性，即耗能大，且为消防带来困难。因此，对于“中庭”，也不宜追求越高越好，这样

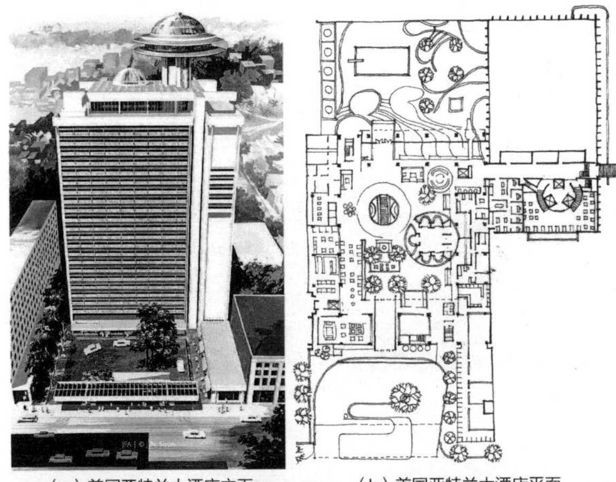

（a）美国亚特兰大酒店立面 （b）美国亚特兰大酒店平面

（c）美国亚特兰大酒店中庭空间

图 7-44 亚特兰大海亚特摄政旅馆

图 7-45 广州白云宾馆

浪费能源，建筑造价也会增加。

建筑的立体绿化是增加植被面积，改善微气候环境的一种行之有效的方法，也是向自然学习、再创自然的一种新的途径。途径之一就是采用屋面（平屋顶）覆土种植，进行屋面绿化。1500 年前的巴比伦“空中花园”是世界上最早的真正的屋顶花园，被世人列为“古代世界七大奇迹之一”，今天再重新采用屋顶花园，见图 7-46，这样不仅大大增加了绿化面积，也起到降低噪声和阻碍视线干扰的作用，同时，还有利于建筑屋面的保温与隔热。

立体绿化途径之二就是墙面绿化。墙面绿化就是运用爬藤植物在垂直墙面上或垂直遮阳板上生长的方法，将植被与建筑立面结合起来，夏天可以遮蔽太阳辐射，冬天又不影响光线的射入，最大限度地创造了城市绿化空间，以净化空气、调节小气候，其方法如图 7-47 所示为南京大学鼓楼校区主楼中的墙面绿化。

2005 年日本世界博览会长久手会场，展馆外墙，有长 150m、高 12m 的巨大绿化壁，绿色植物大量吸收空气中二氧化碳及有害气体，供给健康新鲜空气。夏季，馆内气温降低，减少空调

图 7-46 古巴比伦空中花园

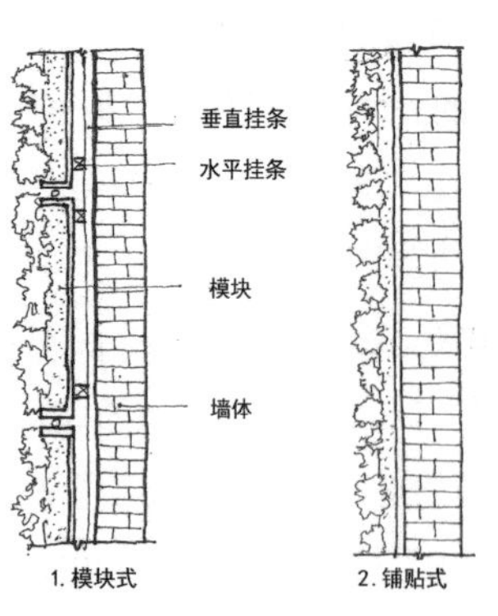

（a）外墙绿化方式

（b）南京大学鼓楼校区主楼外墙面绿化

图 7-47 建筑外墙绿化

图 7-48 日本 2005 世博会长久手会场

负荷，都市生活环境明显改善（图 7-48）。

墙面绿化的运用可以进一步发展到利用阳台、窗台及屋檐绿化，进一步扩大垂直绿化的空间范围，这些绿色空间都会受到人们的欢迎。

从倡导屋顶绿化开始，经过地产投资者和建筑师共同努力，空中花园随着高层建筑的大量兴起，也逐渐被引入高层建筑中。如今设计有空中花园的高层建筑开始在各地萌芽，这有其必然性。因为，随着人们生活水平的不断提高，人们对生活要求也越来越高，要求更加接近自然，加之房地产竞争日趋激烈，促使发展商要能不断推出自己有独特个性的新产品、新品牌，以开辟市场，吸引消费者，可以令人足不出户、人不下地，就能尽享大自然的情趣。最早提倡并实现这一“空中花园”到高层建筑中的建筑师之一是马来西亚的杨经文先生，他设计的梅纳拉商厦（图 7-49），就将绿色空中花园

（a）外观

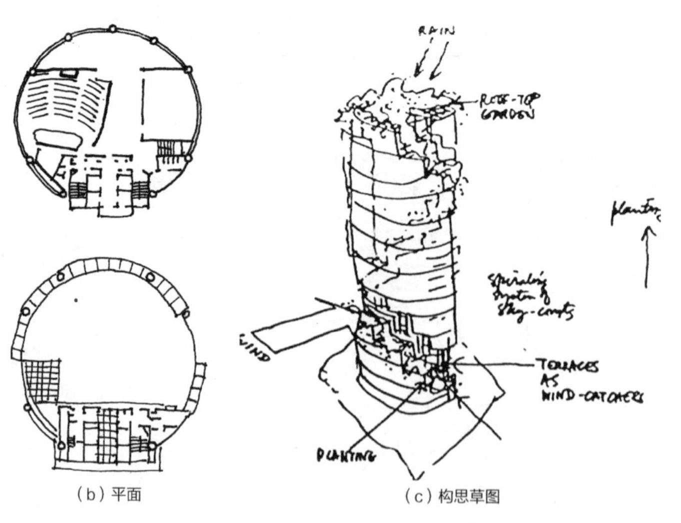

（b）平面

（c）构思草图

图 7-49 马来西亚梅纳拉商厦

带入了高层建筑中，植被生长在一个个螺旋上升的凹空间内，创造了一个个遮阳且富含氧的绿色环境。

该大厦设计将服务附属部分布置于建筑圆形平面的一侧，而不是常规的中部，可以起到遮挡东侧日照的效果。建筑垂直方向每三层一组设一绿色退台，可以为建筑带来流通的冷空气、遮阳以及丰富的氧气供应。

与此同时，1997年建造的，由建筑师福斯特设计的德国法兰克福商业银行，也不约而同地将空中花园搬上了高层建筑（图7-50[1]），该建筑是一幢50层的三角形塔楼，高约190m，转角处设计成圆弧形，这三个圆弧形角均为核心的垂直交通枢纽，包括电梯、楼梯、坡道和服务台。该塔楼

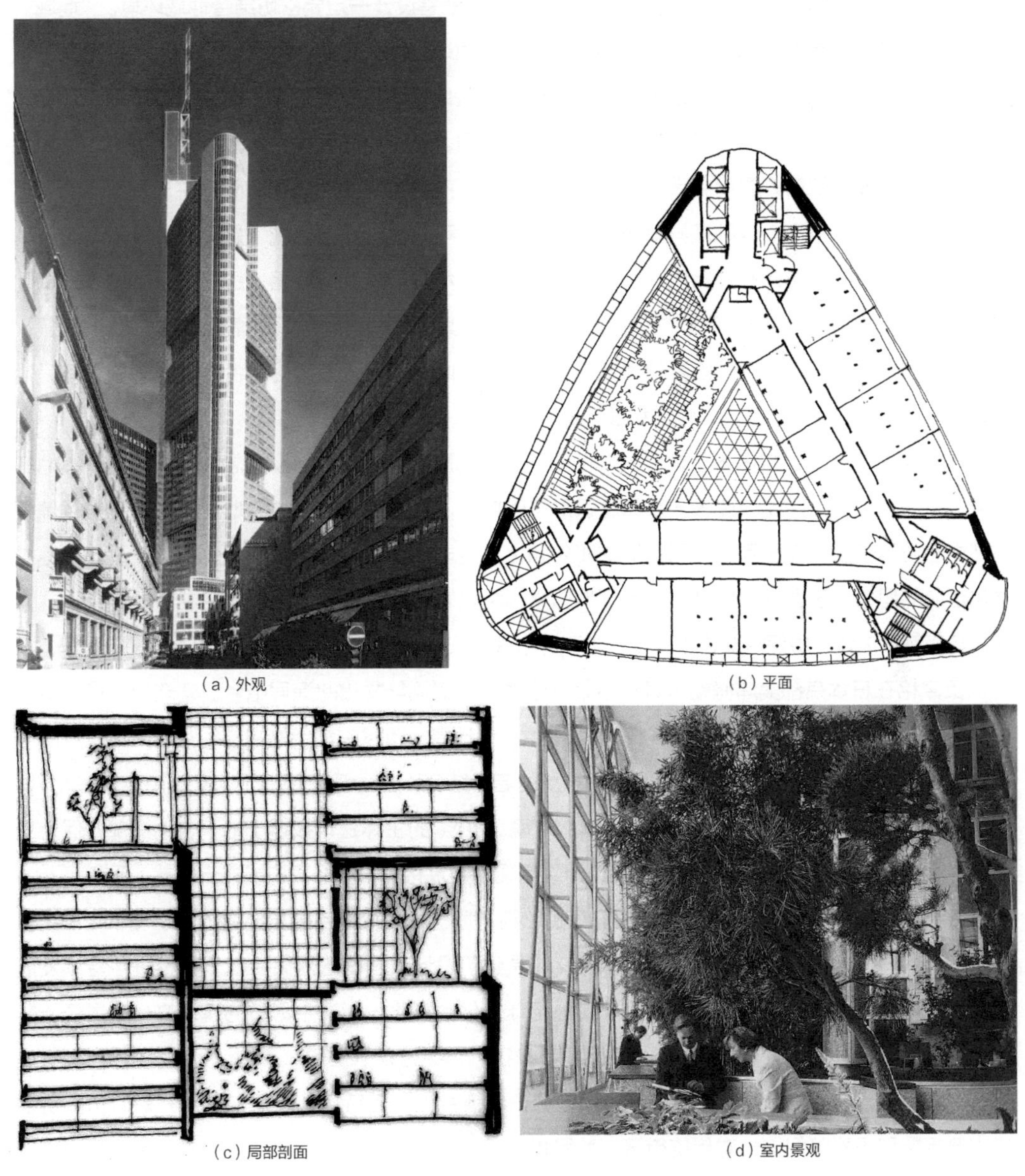

（a）外观

（b）平面

（c）局部剖面

（d）室内景观

图7-50 法兰克福商业银行

1 ［西班牙］帕高・阿森西奥．生态建筑[M]．侯正华，宋晔皓译．南京：江苏科技出版社：129-134.

每 8 层为一个办公单元，作为一个支撑结构体系，建筑中部为通高的空间，即为一个“中庭”，这个中庭又被玻璃天花板每 12 层分为一段，以阻断气流和烟雾聚集。在每一层，三角形中的两片为办公区，一片为花园，每座花园占据 4 层高的空间，并沿着塔楼呈螺旋形排列，这些空中花园为办公提供了高质量的微环境，让工作在空中的人们也能保持与自然的接触。

7.6.2 地域分析设计策略

7.6.2.1 地域文化因素

讨论可发展建筑设计时，不可避免的一个重要问题就是设计一定要密切结合地域环境。“地域”是一个内涵丰富的复杂概念，它指的是物体、场所或地球区域。它的区域可从小到大各不相同，也包含不同的领域、内容和形式。这里讨论的“地域”是地理意义上的范畴。因地域的不同，社会、经济、文化、自然等因素也不同，建筑形态会迥然不同。这在我国民居中体现尤为明显。北京四合院空间布局严谨，院落方整而封闭，外形厚重结实；江南合院则布局灵活，院落狭长开敞，造型轻灵与自然环境结合紧密。这种差异就源于地域的不同。可以看出：“地域”是影响建筑形态的最基本的因素。前节所讨论的尊重自然、利用自然、结合自然进行设计的策略，也是立于“地域”基础之上，否则所讨论的“策略”都是“空中楼阁”，失去了其存在的基础。影响建筑最基本的地域因素，包括两种因素，即地域的自然因素和地域的社会因素，此节我们重点讨论结合社会因素思考的设计策略。它主要包括文化、技术、经济和社会等因素。

地域文化是一定区域内人类社会实践中所创造的物质财富和精神财富的总和，它包含有本地的习俗、信仰、审美、民族个性等一系列意识形态的内容，同时也与地域中的地理状况、气候条件等自然生态要素有着内在联系，因而在形式和内涵上，明显有别于其他地方的文化。建筑设计与地域文化结合的思路在于发挥地域文化的特征性因素，将其转化为建筑的组织原则及独特的表现形式，使建筑在其演进过程中保持文化上的特征性和连续性，实现建筑与环境在文化层次上的和谐统一。

贝聿铭在日本京都美浦博物馆设计中就充分体现出建筑与文化的深层结合。建筑位于京都附近的自然保护区内，面积达 17400m^2。在该工程中，设计者一改过去常用的规整的几何形体组合的手法，道法东方传统山水画的意境，通过空间布局的启承结合、流线组织的曲折婉转，借助山形地势，营建出东方传统文化所崇尚的“世外桃源”的意境。80% 的主体建筑被置于地下，地面部分保持了适宜的尺度，与自然环境相得益彰，造型设计采用现代建筑材料，重释了传统建筑形式（图 7–51）。

21 世纪，建筑面临着两大危机：生态危机和精神危机，尤其在我国更显突出。在城市化和高新技术发展的同时，如何尊重文化、弘扬本土文化是建筑设计人面临的巨大挑战。在推进可持续发展建筑的同时，必须承担起延续地域文化、实现全球文化多样化、创建中华新的建筑文化的责任，并将其自觉地贯穿于自己的设计创作中。为此，其途径可归纳为以下三条：

1）继承历史传统，对城市历史地段和传统古村镇乡土聚落特色的发扬与继承；对有历史价值的古建筑要积极妥善保护；对传统街区、地段和民居进行保护与再生；对具有地方特色的景观进行保护和利用；对地方的建造技术要发掘、保护和继承，我们可把它作为低造价、适宜技术使其为今天服务；传统地方材料尽量再利用；努力发掘传统建筑文化中朴素的生态思想和有价值的设计理念，并予以继承和发扬。

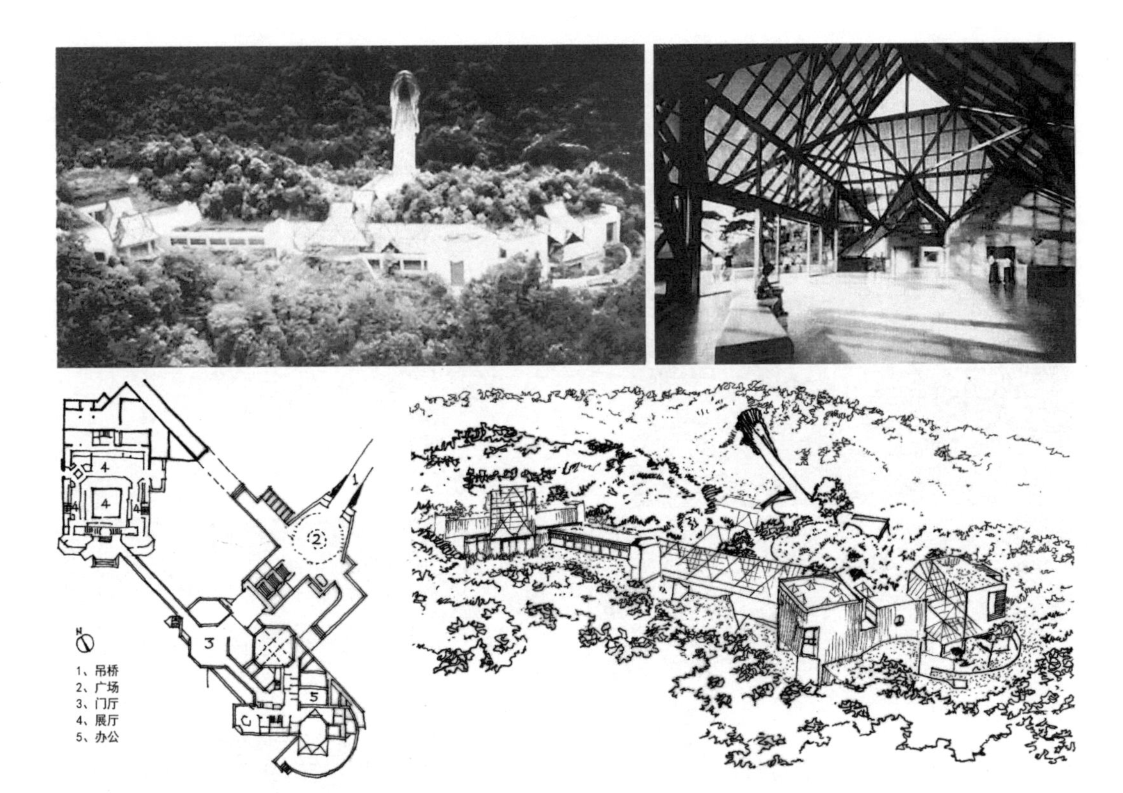

图 7-51 日本京都美浦博物馆

2）在保护的基础上，寻求新老结合，在历史的环境中，开发容量要适度，并注意新老建筑尺度和轮廓线的协调，在继承的同时，积极创造城市新的景观。

3）复兴地区文化，尊重当地居民的生活方式，尊重传统风俗，在复兴过程中，对原地区有标志性的建筑景观及标志物予以保护或重建，继承传统和地方特色，创造有归属感的建筑环境，并争取居民参与设计，使设计更好地体现当地文化和生活。

文化，或地域文化对建筑的作用是更深层次的和潜移默化的，是长期以来逐渐形成的。文化的实际作用常常不被设计者重视，不是故意忽视而是设计者往往还没有意识到或了解文化（地域文化）与建筑的关系，设计时总是习惯于按自己的认知、经验和标准去认识、设计世界。因此，常常把适合于我们自己文化的东西强加于其他文化，或按自己的认知理念过于匆忙和表面地了解其他地域文化的行为和习惯，并按此体现于自己的建筑创作中，这样的建筑创作往往是不被当地人所接纳的。例如：一些西方建筑师为伊朗设计住宅，一些要搬迁的伊朗居民就拒绝搬迁，原因是设计者根本不考虑伊朗地域文化的特点，不尊重当地人的信仰和生活方式，把厕所面向麦加——严重地违反了他们的宗教文化习俗；又例如，美国西南部的纳瓦霍族印第安人不愿使用由美国东部建筑师设计的霍根形式的学校，因为“霍根”是纳瓦霍族印第安人传统的住房形式，也是他们神圣的宗教场所，把公共建筑设计成霍根的形式是对神的亵渎。

结合地域文化设计是建筑，特别是可发展建筑精神层次上的需求。在全球经济一体化的背景下，文化发展多元化的同时，随着信息科学的日益发展，全球文化传播越来越便捷，文化又呈现出趋同的态势。一方面要提供多样共存，但也要避免“文化污染”“特色危机”“平庸城市”及千篇一律的“平庸建筑”，任何建筑都是特定地域的产物，都存在于特定的地域文化中。建筑自身的社会文

图 7-52 澳大利亚乌洛鲁—卡塔 · 丘塔国家公园文化中心

化功能决定了它不能也不可能脱离这种文化环境而独立存在。因此，尊重地域文化、向传统学习也是可持续建筑设计的途径之一。

强调结合地域文化进行设计，关键是如何将优秀的地域文化融入可持续发展的建筑设计中，使之得以继承、发扬和创新。地域文化包括当地居民生活的方方面面，设计者需要深入他们的生活，体验他们的生活，才可能寻找发现创作之源，区分精华和糟粕。在这方面，澳大利亚建筑师博基斯设计的乌洛鲁—卡塔 · 丘塔国家公园文化中心（Uluru,Kata Tjuta Cultural Centre）是一个值得推荐的典例（图 7-52[1]）。

1994 年被联合国教科文组织划定为世界遗产保护园，成为世界上第二个被称为“文化景观”的世界遗产。这里有形成于大约 5 亿年前的红巨石，它长约 3000m，宽约 2000m，高 350m，周长将近 10km。该文化中心位于乌洛陆国立公园内，这里最初是澳大利亚中央沙漠居住过的先民阿娜古人的圣地，建筑的设计便围绕阿那古文化展开，建筑师同阿那古人在生活各层面上进行了深入的交流。建筑构思的生存涉及环境、文化、精神、功能各个方面，工程采用传统的低技术的方式建造，使建筑与环境及所蕴含的文化浑然一体，酷热时，建筑深深的出沿、树蔓、遮阳板挡住阳光，冬季

1 周浩明，张晓东 . 生态建筑——面向未来的建筑 [M]. 南京：东南大学出版社，2002：51-53.

则打开天窗、遮阳板接受阳光的普照，建筑所表达的美和力量完全从场所中生发出来，给人以强烈的地域文化感受。

Uluru 文化中心整个设计过程从选址、平面设计、展品流线布局，直到最后的方案均是设计者与当地土著人共同完成的。建筑师与部落居民在协商中获得环境、功能、文化、精神上的共识，充分尊重其地域文化特点：首先中心的选址就是采用了族长的主张而确定的；建筑平面的大概形状也是尊重了 Anangn 人用手指在红沙地上勾勒出的形状来设计的，参观路线和展品陈列也是如此；此外，设计者还通过土著艺术家的绘画进一步理解其地域文化特征和场地的本质。同时，通过应用当地的红沙土和红木、流动的有机形态以及“传统”的遮阳绿棚、纳阳天窗、屋面蓄水等低能耗的低技术，保护了脆弱的大地景观与生态系统。

7.6.2.2 地域技术因素

人类社会的发展在很大程度上依赖于科学技术的进步与生产力的发展，建筑业也不例外。地域技术是在特定的地域气候和地区的自然环境中经过历代人的摸索与反复实践而逐渐形成的适应当地自然环境并融于当地自然的建筑营造方法。地域建造技术与当地自然环境的适应是一种能动的、开放的、积极的适应方式，是一种适应自然，又充分利用自然的适应方式，同时也是不断吸取外来文化的适应方式。例如我国贵州黔东南少数民族地区不论是民居还是公共建筑（如鼓楼、花桥等）都采用木结构，应用当地可再生的杉木或松树，均采用卯榫结构，不用一钉一卯，就是高达一二十米的鼓楼也采用木质梁柱结构、多支架结构体系，利用杠杆原理，层层支撑而上，通过一系列巧妙的构造，充分发挥木材本身的受力性能，形成稳定的支撑结构体系（图 7-53）。

（a）外貌

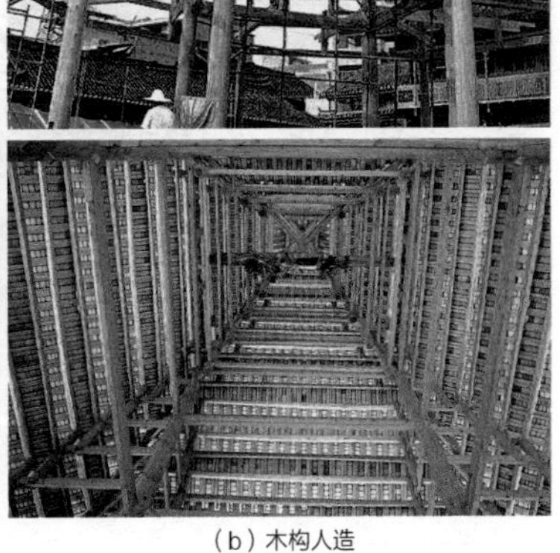

（b）木构人造

图 7-53 贵州黔东南鼓楼及其结构

又如我国西北地区的覆土（生土）技术，就是为适应当地气候——冬季干冷，夏季干热、温差大、风沙大且耕地少等不利的自然环境条件，由先辈们一代代摸索、总结、实践而创造的一种地域技术，用于建造利用自然和防御自然的窑洞建筑（图 7-54）。

我国南方干栏式建筑，也是适应热湿气候的一种地域技术。建筑架空，下部的空间利于防潮和自然通风，同时还能防御野兽的侵害和洪水的冲击；架空层可以圈养家畜，堆放杂物，可借家畜的骚动警示盗匪偷袭，成为一种有效的防御体系，如图 7-55 所示。

我们强调结合地域技术进行设计，就是希望从中发掘传统地域技术中朴素的生态理念和设计方法，从而获取创作的灵感，挖掘那些可以运用于当今建筑的“绿色技术”，而且是低造价的技术、适宜性的技术，从而降低成本，节约能耗，保护好环境，还有利于可持续发展。这些地域技术，都是用当地的可再生资源，很少用非可再生资源，并且对自然环境很少产生不利的影响。

我们看到台湾嘉义的二二八纪念馆设计中，就成功地运用了覆土建筑和干栏式的楼板架空防湿等地域技术进行当代建筑的创作（图 7-56[1]）。设计者将整个纪念馆埋于山坡草坪下，与公园环境

图 7-54 窑洞建筑

图 7-55 贵州黔东南苗族民居

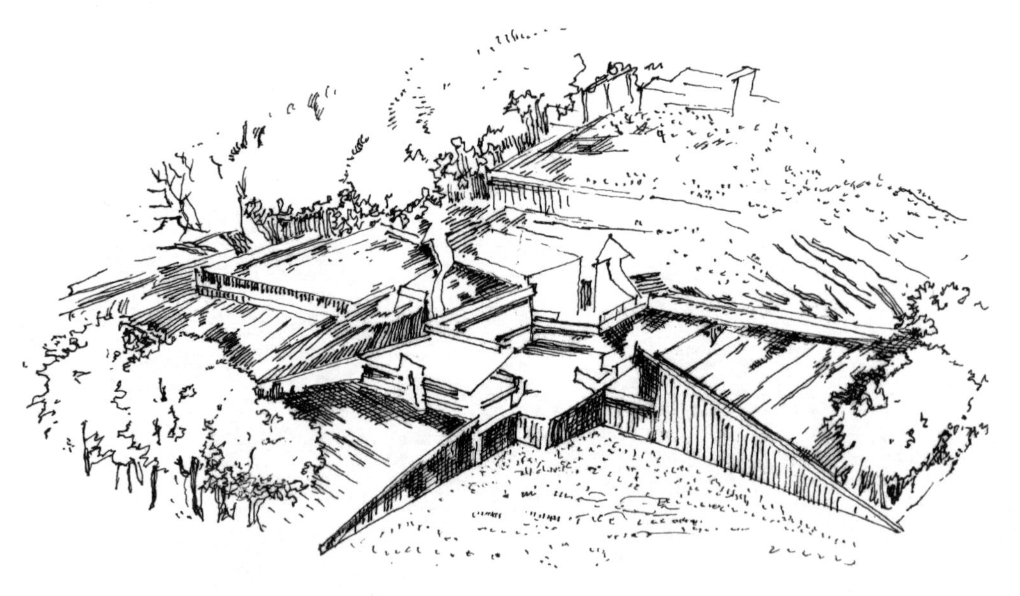

图 7-56 台湾二二八纪念馆

1 引自林宪德 . 热湿气候的绿色建筑计划由生态建筑到地球环保 [M]. 台北：詹氏書局，1996：30.

（a）就地取材，生土墙建筑

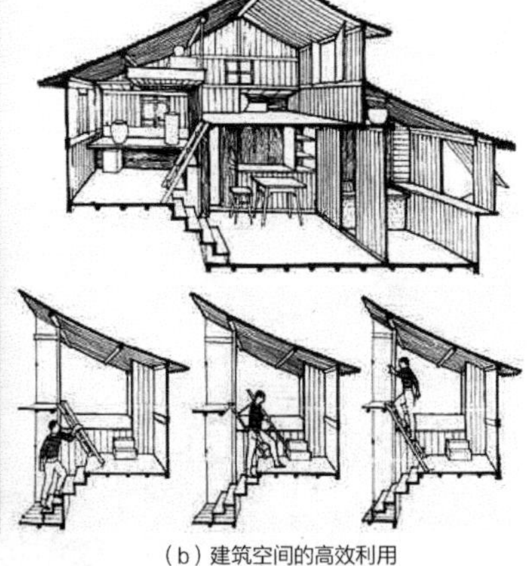
（b）建筑空间的高效利用

图 7-57 浙江民居

融于一体。室内采用了干栏式的架空楼板，除湿防潮；同时利用双层墙、双层屋顶，以促进自然通风和防止结露渗水；其架空空间与双层墙和双层屋顶内的空气是相通的，极利于空气的对流，以至于该建筑夏季不用空调，室内也能保持干爽舒适。设计者创造性地将原属于干冷气候中的覆土技术和热湿气候条件下的干栏地域技术灵活组合，实现了低能耗运转和对环境的低影响。

7.6.2.3 地域经济因素

可持续发展建筑应该严格遵循高效经济的原则。因此，建筑设计一定要考虑地域的经济因素。各地区经济发展是不平衡的，建筑设计不应脱离当地社会发展状况和生产力的水平，而应在运用多层次、适宜技术的基础上实现建筑的技术利用和建筑业的技术发展。因此，在设计中要充分了解当地的社会经济发展状况，不能简单地把发达地区的建造模式简单挪到非发达地区；也不能简单地将大城市的建造模式搬到农村，而是要以实事求是的态度，根据具体地区的经济状况、特点，进行规划设计，以达到经济效益、社会效益和环境效益的统一。相反，建设一旦超越了地区经济承受能力，势必带来建设发展与环境的各种冲突，导致社会发展的不平衡。20 世纪 90 年代初，我国海南省大规模建设和开发，由于开发规模远远超过本地区当时的经济承受能力，因而在不长的一段时间内便造成了大量空楼闲置，“烂尾楼”随处可见，造成资金积压、土地荒废等不良后果。

传统的民居一般都是在严格的经济条件制约下进行建造，所以，设计、建造都能精打细算。当地建房都追求节地、空间又高效的住宅，追求最小面积的宅地，多利用山坡和荒闲土地，满足建房需求，力图消耗最少的资金和材料，争取最多的使用空间，而且取材多自当地，木作架，石、土为墙，瓦、石当盖，与自然融为一体。这些非建筑师的建筑比起建筑师设计的建筑，它们更结合当地社会经济状况，设计要真实、高明得多。图 7-57 为浙江民居，它们采用木构建筑石（土）墙、瓦顶形式，善用木构优势，做出多种阁楼组合和出挑方法，充分利用空间和扩大使用空间。

建筑节约土地就是最大的节约成本，它也是考虑经济因素的一个重要方面。我国人居环境建设一向受人多地少国情的制约，发展集约型土地利用方式是十分重要的设计策略。许多地区土地资源稀缺，在历史长河中，摸索、积累了很多有效的经济利用土地的建设方式，如粤中地区大开间大进深的“竹筒屋”形式（图 7-58），从而建成了密集多层楼群，形成了低层高密度的规划设计模式，

图 7-58 粤中地区“竹筒屋”

占地少，建筑密度达到 50% ~ 70%，上海里弄住宅的密度一般也达 60% ~ 70%，极大地节约了土地。

结合当地经济进行设计也要求在选择建筑材料和营建方式时，要充分利用地方材料和地方低造价的适宜技术。由于当地材料的经济性和适用性，天然或地方生产的建筑材料应是我们选用建筑材料的重要来源，传统建筑所用的建筑材料主要是木材、石材、竹、生土及砖瓦等，它们取材方便、成本低廉，建造时节约能耗，采用天然材料在制造和使用过程中，对地球环境造成的负荷相对较小。

7.6.2.4 地域的气候因素

地域的气候因素如气温、气流等都是设计需要研究的重要影响因素，尤其是气流的运动所形成自然风，它也是一种自然资源，如何利用好它 ，在建筑规划和设计时，都是值得认真思考的，要研究当地的季节分布、主导风向及风速等。

风能是太阳能的一种转换形式。地球接收到的太阳能约有 20% 被转化为风能，风能是一个巨大的潜在的能源库，如果有 1% 被利用，就可能满足人类对能源的全部要求。风能在建筑中的应用主要包括降温、干燥、促进室内空气流通和提供电能等方面。可持续发展建筑设计中风能的利用也分为主动式和被动式两种。

1）被动式风能设计

被动式风能设计包括自然通风和诱导通风两种方式，它是一种不使用任何常规能源便达到自然降温的设计方法。

（a）照片

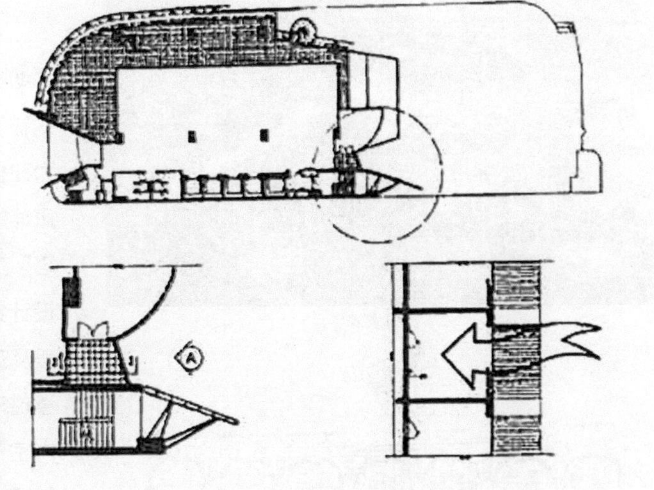

（b）风墙工作原理

图 7-59 带有风墙的办公楼

（1）自然通风

建筑内自然通风的获得与诸多因素相关。首先，在场地总平面规划时，建筑体型、建筑群体布局方式、道路的取向，植被、水景布置等都是改变自然风的流向、分布，甚至降温的重要因素；其次，在建筑单体设计阶段，建筑的朝向、形体、门窗开洞的位置、大小等都直接关系着室内自然通风的效果。设计时可以应用空气动力学的原理设计好进风口和排风口，以获得最优化的自然通风方式和效果。

例如马来西亚建筑师杨经文在槟榔屿设计的一幢办公楼，21 层，建筑面积 10000m^2（图 7-59[1]），充分考虑了高层建筑中的自然通风，建筑师在对当地风向资料进行系统分析后，设计了一个“风墙”系统，将风墙布置在有通高推拉门的阳台部位，两道风墙形成一喇叭状的口袋，将风捕捉到阳台。阳台内的推拉门可根据所需风量的大小控制门开口大小，形成了一道“空气锁”。使用后实践证明这种风墙和空气锁的设置效果很好，该建筑是我们最早了解到的利用自然通风来创造舒适室内环境的高层建筑，它充分体现了设计者对人体健康和能源消耗的关注。

1998 年建设的法国波尔多地方法院（LawCourts,Bordeaux），建筑由三部分构成，即办公室、玻璃热缓冲区及位于热缓冲区中的法庭。七个洋葱状的法庭有 6 个建在波浪形的玻璃房中，此玻璃房作为热缓冲区。法庭周围的凉爽空气通过楼板的格栅缓慢地进入室内，在吸取了热量后逐渐上升，然后通过木材覆面上的微孔排出室外，以此维持法院的室内的空气流通。流通中的空气被导入公共广场的小瀑布和车库而得到了冷却。除了给法庭提供通风，经冷却的空气还流向玻璃房热缓冲区。在这里冷却的空气被稍稍加热又通过立面上的格栅被吸收到办公室一侧，新鲜空气穿过混凝土楼板中的风道吹向各个办公室（图 7-60[2]）。

1 世界建筑，1999 年 02 期 .
2 周浩民，张晓东 . 生态建筑——面向未来的建筑 [M]. 南京：东南大学出版社，2002：120-121.

（a）外观

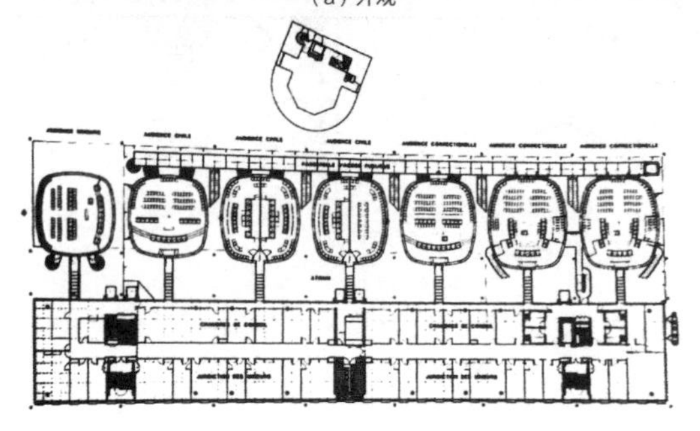
（b）平面

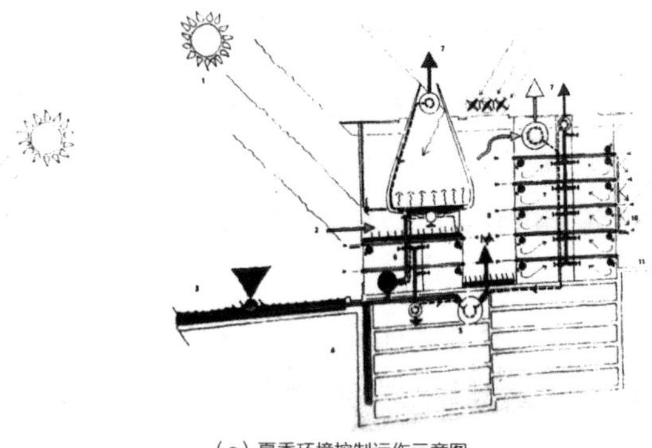
（c）夏季环境控制运作示意图

图 7-60 波尔多法院

图 7-61 主动式风能设计设想示意图

（2）诱导通风

在室内没有风的时候，建筑物中的“烟囱”效应能够诱发通风，这种通风形式被称为诱导通风。诱导通风往往是因为在自然通风方式中采用了望楼、风叶、风斗等形式时而被诱发。前章所述的“风塔”“管状住宅”的实例都是诱导通风的设计策略。除此之外，利用室内外温度差及空气压力差，采用“双墙”设计方式，通过双墙内的热空气被排出的同时将室内空气吸入，引起空气的对流，形成自然通风，可以不设空调，达到降温效果（图 7-43）。

2）主动式风能设计

建筑中采用主动式风能设计是一种以风力机、调速、调向和刹车的控制和调节装置以及贮能等装置构成风力能源系统的设计方法，这种方法可以减少常规能源使用，甚至可以根本不使用常规能源。

英国建筑师理查德·罗杰斯（Richard George Rogers），曾经提出过在建筑中采用主动式风能设计的概念性设计方案（图 7-61），一个高大的风车（风力机）成为建筑的组成部分，利用它所采集的风能向建筑提供电力能源。尽管存在噪声和振动等技术问题，但是这个富有想象力的方案还是向我们提示了主动式风能设计的魅力。

7.7 设计案例

7.7.1 荷兰戴尔夫特理工大学中心图书馆（Central Library,Delft Technical University）

荷兰戴尔夫特理工大学图书馆是由建筑师麦坎奴（Mecanmo）设计，1998 年建成。建筑面积 6700m²，藏书 100 万册，建筑五层。

这个图书馆设计是建筑、科技和生态相融合设计的成功范例，是通过设计时有效应用生态环境分析策略、地域环境分析策略和场地分析策略等而取得设计成功的。

在生态设计策略方面，它有几个特点：

1）设计绿色屋顶

图书馆设计为一个覆土建筑，利用层次的变化，将图书馆屋面做成一个斜坡屋面，其坡度在 12° 左右，以利排水，并在斜坡屋面上覆土、种植草坪，即在屋顶结构保温层上，按覆土种植的要求，在屋顶保温层上做阻根层、蓄排水层、介质层和植被层，建构了一道“热聚集层”和“绝热层”，突现其生态上的优点。它可降低热岛效应，减少建筑物屋顶的辐射热，提高建筑节能性能，夏季可降低室内温度 3 ~ 5℃，减少能源消耗；隔热防水，延长屋顶保护层的寿命；同时也有利于创造室内舒适的空间环境，使斜草坪屋面下的室内空间几乎不受外界气温波动的影响。

2）采用双层玻璃幕墙系统

图书馆需要明亮的光线，斜坡屋面减少了建筑物两侧的开窗墙面。因此，就在斜坡屋面与地面形成的三角形的侧面上，全部做成玻璃墙，并且采用了能对气候做出反应的双层幕墙系统，它包括两层玻璃幕，外层由中空玻璃构成，内层是可推拉开启的强化玻璃，中间是一个 140mm 厚的，装有遮阳幕的空气层，气流自每层楼板处出来，并在每层空间上部收回。外立面上可开启窗都较小，以尽量减少对空气层中气流的干扰（图 7-62~ 图 7-64）。

图 7-62 玻璃幕墙

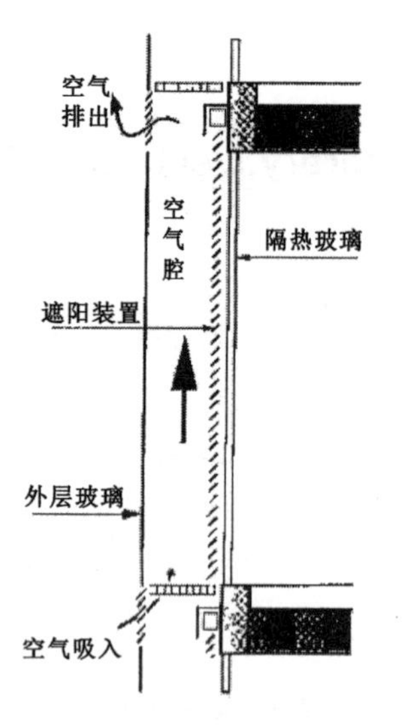

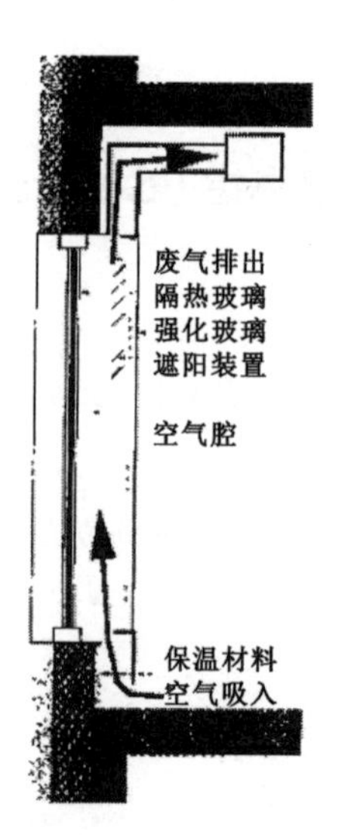

图 7-63 玻璃幕墙原理图

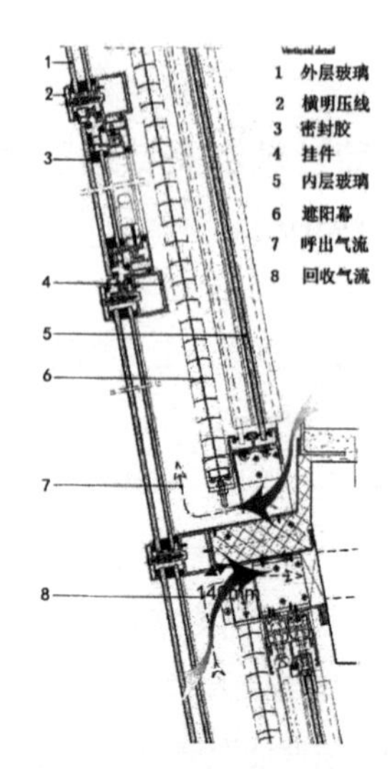

图 7-64 玻璃幕墙细部构造

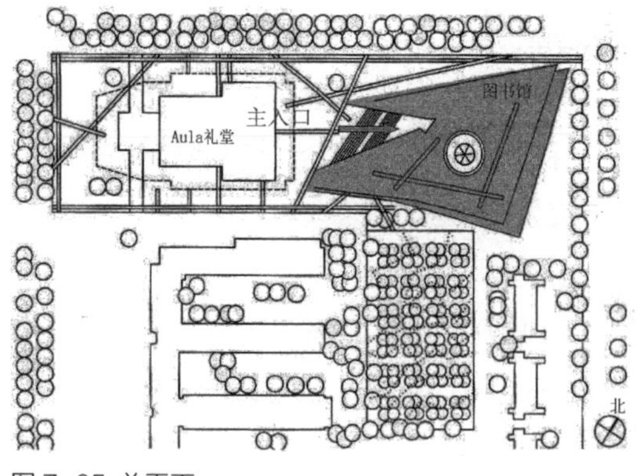

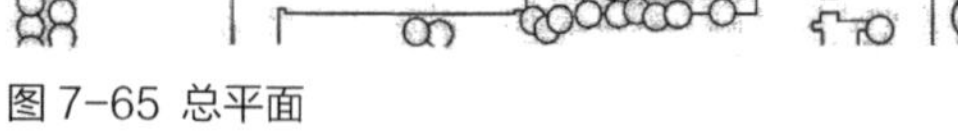

图 7-65 总平面

图 7-66 图书馆与 aula 关系图

3）采用地源热泵供热系统

采用玻璃幕建筑最大的问题是夏天过热，冬天过冷。为此，要消耗大量的能源来在夏天降温，冬季供暖。此外，图书馆中央大厅内有 300 余台电脑工作站，它散热的热量和噪声也是可观的，采用普通的冷却塔和空调机械外暴在外，也影响图书馆建筑造型艺术。为此就选用“地源热泵系统”，即在图书馆地下设置了一层用于冷储存的沙子，上下用两层黏土密封。两根管子相距 60m 埋在沙中，两个水箱埋于地面以下 45 ~ 70m 处。冬天，比较温暖的地下水被抽上来，在建筑中循环之后，从另一根管子回到地下；夏天正好相反，把地下温度较低的水抽上来，在建筑物中循环，给室内降温。

在地域环境和场地环境分析策略方面，该馆设计也是应用比较成功的，表现在：

1）基于环境、场地的分析，确立合适的建筑体形

该图书馆馆址选在校园内著名的公共礼堂 Aula 的后面（图 7-65、图 7-66），Aula 是 1960 年代十人小组的建筑师凡·登·布·克和贝克马设计的，它是一座巨大的、造型粗野的混凝土建筑。在这样的地段里，要造新建筑肯定是不能“喧宾夺主”，但要想方设法与它和谐共存，为了不与

aula 竞争，只好“低调”行事，尽量减小新建图书馆的建筑体量。在靠近 aula 的地方，图书馆层数低，远离 aula 处，图书馆建筑逐渐增高，最高 5 层；同时结合建筑层数的变化，把建筑屋顶做成大片的斜坡屋面，在斜屋面上种植草皮，将主体建筑设计成一个巨大的楔形呈斜面的绿色屋顶，巧妙地避开了与 aula 的任何可能的冲突。

2）设计“生态核”作为建筑物标志的一个玻璃圆锥体

图书馆的设计在简洁的大片草皮的绿色屋面的尽端最高处设计了一座圆形玻璃圆锥体。不仅因它在平淡的斜草皮上突然凸起而起到地标性的作用，而且它还是建筑设计的一个亮点。同时它也是一个“生态核”，极富生态意义，它不仅使中央大厅透明开放，使被埋藏在一片葱绿草皮下的阅览室、学习室和各类办公室享受着自然采光。自然光从这里洒入草皮下的室内，成功营造了宜人的室内气氛，而且也渲染出一种类似教堂安静平和的神圣气氛，与 aula 和戴尔夫特大学的精神物质相匹配。此外，这个圆形玻璃锥体也有很好的生态效应，图书馆室内产生的热量会使室内外产生大气压，室内的热气就都由圆锥体的缝隙排出，形成烟囱效应，室内外形成对流。高耸的锥体使得它没有被 aula 压倒，它显得不卑不亢，却增添了一份科技感（图 7-67 ~ 图 7-69）。

3）应用景观手法，为环境增美

设计者把建筑屋顶当作一处 Roof Park（屋顶公园）来设计，通过图书馆特殊形象的塑造，创建了一个宜人的空间气氛以及在校园中心区营造出的“额外”绿地，为学生创造了有益的活动场地，使这里在夏天成为休憩闲谈的公园，冬季成为一些滑雪爱好者的天堂。同时，它也有利于调节微气候、涵养水土、增加空气湿度，形成生物气候缓冲带，实现人与自然的和谐共处（图 7-70、图 7-71）。

图 7-67 图书馆鸟瞰图

图 7-68 圆形玻璃锥体

图 7-69 锥体烟囱效应

图 7-70 屋顶花园——休闲地

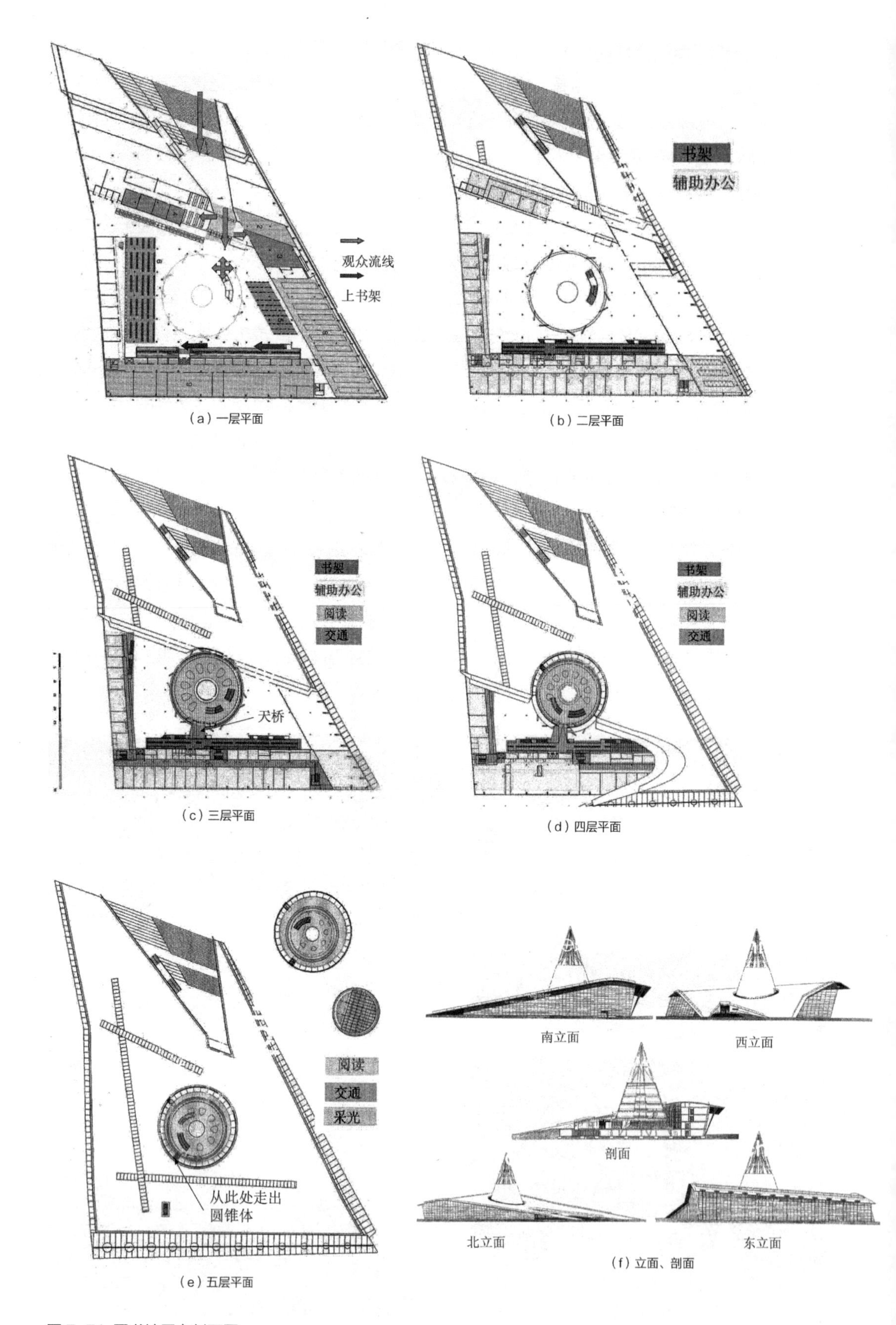

图 7-71 图书馆平立剖面图

7.7.2 德国莱茵集团（RWE）总部大厦

图 7-72 RWE 全景

德国莱茵集团（RWE）成立于 1898 年，位于德国大鲁尔工业区埃森市，现在它已发展成为德国最大的能源供应商和国际先进的基础设施服务商。

RWE 总部大厦建于德国埃森，1996 年建成，建筑面积 35000m^2，由 Ingenhoven, Overdiek, Kahlen&Partner 建筑师英·恩霍文设计。

该大厦地上 29 层，高 128m，从地面到顶楼上的天线最大高度约 162m，其中 2 ~ 18 层和 20 ~ 24 层为标准层，全为办公用房，25 ~ 28 层则为各种会议室，屋顶设计有空中花园，标准层办公室层高不尽相同，从 3591 ~ 3780mm，以精确地满足不同的具体要求（图 7-72[1]）。

标准层平面的直径为 32m，每个办公室都能朝向外部，自然光照充分明亮，景观视野好（图 7-73[1]）。

这座大厦从多方面应用生态原则进行设计，“生态”就是这座大厦最重要的设计主题。建成后，其能源消耗不到同等规模普通建筑的一半，辅助性质的机械通风和空调系统的能耗量比普通建筑减少了 30% ~ 35%。自然通风率达到 70%，可谓是生态建筑的经典范例。

这座大厦生态设计具有以下特点：

1）最充分地利用自然资源，最大限度地利用自然采光和自然通风，标准层每间办公室都能享受

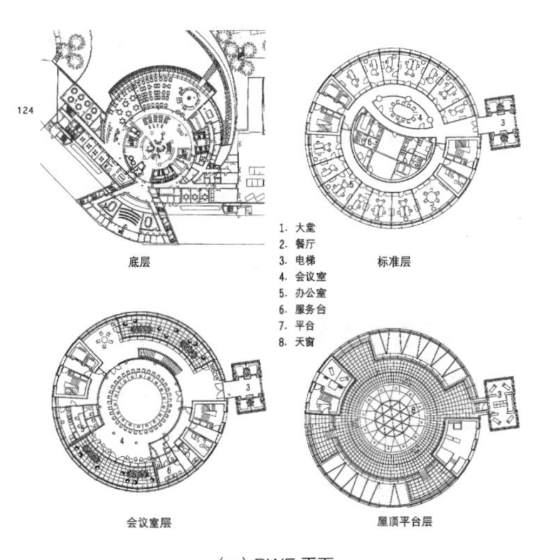

（a）RWE 平面

（b）RWE 剖面

图 7-73 RWE 平面、剖面

1［西班牙］帕高·阿森西奥．生态建筑 Ecological Architecture[M]. 侯正华，宋晔皓，译．南京：江苏科技出版社，2001：122-124.

自然通风和自然光照。

2）建筑平面为圆形，并将圆筒状的建筑体形表面面积减到最小，从而减少能源的消耗，圆形平面也减小了风压，有利于建筑结构的设计。标准层层高不等，以精确地满足不同的使用要求，从而能节约大量的建筑材料和能源。

3）采用“呼吸的外墙”

由于业主要求建筑具有透明的形象，而能源设计策略又要求建筑能自然通风和尽可能地利用自然照明。埃森的气候比较温和，夏季气候则比较凉爽。因此通过自然通风就可以带走从办公室设备散发的热量而保持室内适宜的温度。然而，如果不加控制，玻璃幕墙透射的热量将增加大量的空调负荷。故采用“呼吸的外墙”来平衡热隔缘要求和日光照明、自然通风间的冲突。这个“呼吸的外墙”系统包括一种双层玻璃幕墙系统和一些装置，用以控制和利用太阳光以及室内外空气的交换。建筑的玻璃幕墙是由多层系统构成，具有很高的热隔缘性能，还装置有特殊设计的自然通风系统，就算是在高层部分，办公室的窗户也是可以打开的。

玻璃幕墙由外层的单层平板透明玻璃和内层的双层平板玻璃构成，两层玻璃间有充氩气的隔热层；在内外层之间深度为500mm的空隙中安装有百页，由80mm宽的铝板制成，可以旋转。百叶窗被外层玻璃保护起来，免遭雨水的侵蚀，起到遮阳和反射的作用。当太阳辐射很强的时候，空腔内气体温度升高，热空气从每层顶部天花板上的开口排出带走热量，同时从底部地板上的小孔自然地吸入新鲜空气，每个幕墙单元都成为一个能“呼吸”的肺。而在冬天，当通气孔关闭时，这些空腔中的空气吸收并存储辐射热，成为建筑的“棉袄”。

整个玻璃幕墙中的空腔不是连通的，而是根据需要划分为一个个独立的单元。因此，空腔中的空气流动可以独立控制，满足不同的控制要求，同时也避免了各单元间声音的相互干扰。而分隔这些单元的玻璃板都很容易挪动，为办公室的灵活改变提供了方便，幕墙单元的分隔还起到防止火灾蔓延的作用。

幕墙上安装有一种特殊的结构——“鱼嘴”，它制造了一个风压差，可以将外界进入的气流调整到适宜的速度，这在强风天气下尤为重要。强风在120m高空风速平均为5m/s，强风会对建筑产生很大影响，风力大，高层部分开窗，自然通风很难，但采用双层幕墙系统和安装“鱼嘴”设备，外界气流经空气腔的阻隔和缓冲，以及通过“鱼嘴”调整气压，就可以通过内侧打开的窗户，实现接近于地面的自然通风效果。

4）采用智能化管理

该大厦的运营系统均由计算机控制，该系统根据外界气候变化控制着百叶窗的角度和通风机械及空调系统的动作。每个办公室内部有控制板，可以微调灯光，节约电能，也可操纵遮阳板的角度。中央空调系统控制着室内温度，但允许个人有上下3℃的调节范围，以提高舒适度程度。

5）屋顶设有空中花园，创建空中自然景观和工作人员室外休闲、活动的条件，增加人与自然接触的机会

屋顶花园被外层玻璃幕墙保护，其屋顶设有光电转换装置，可以为大厦提供部分电能。

6）实行开放理念的空间设计

室内空间开敞，自然通风和自然光照条件均等，隔断很容易拆除和安装，适合办公室使用灵活性需要，尽量避免再次装修。

第8章 可持续发展的新建筑类型

8.1 节能建筑

8.1.1 节能建筑的产生

20 世纪 60 年代的环境问题引起了社会各领域的关注，在深入对环境问题的研究过程中，为人类建立新环境观念奠定了良好的基础，也为建筑的发展开辟了新的方向。人们开始从节约能源、节约资源、保护环境和维护生态平衡的角度来探讨建筑的发展，创建新的建筑类型和新的建筑模式，从而产生了不少新的建筑类型。

能源，是关系国计民生和国家安危的战略物资，是当代世界各国经济稳定发展的重要物质基础。建筑业是一个耗能的大户，建筑节能对实现我国的可持续发展战略尤为重要。它已成为近年来世界建筑发展的一个基本趋向，也是当代建筑科学技术发展的一个新的增长点。建筑节能是可持续发展建筑必须具有的一个基本特征，可持续发展建筑必须是节能建筑。

人类环境危机首先是从能源开始的。1973 年，国际社会发生了石油危机，它是过度耗用不可再生的矿产能源而造成的。石油危机也反映了建筑与环境的突出矛盾。石油危机促使人们开展节能建筑的研究，因此节能建筑受到世界各国建筑师的广泛重视。这个潮流首先席卷了一些发达国家，它带动了多方面建筑技术和建筑设计的蓬勃发展。随着对可持续发展问题认识的深化，节能建筑从一味地降低能耗逐步转向对可再生能源的开发利用，进而转向对综合效益的关注。自石油危机后的 20 多年，发达国家对建筑节能的认识和其内涵也在不断深入，最初是指“建筑节能”，不久就改为“在建筑中保持能源”，即要求减少建筑中能源的散失，进而又提出要“提高建筑中的能源利用效率”。在“节流”的同时又提出“开源”，即提出积极地开发可再生能源的利用，唯有如此，才可保障能源的可持续供给，进而保障可持续发展的战略能够实现。

节能建筑的产生其出发点就是为了缓解能源危机，保障社会经济能可持续发展，与此同时，减轻大气污染，促进生态环境的改善，最终是改善人类的生活环境，创造安全、健康、可持续发展的生活环境，并且不危害子孙后代。

从 20 世纪 70 ~ 80 年代开始，人们认识到建筑节能是关系到拯救地球、拯救人类的大事。因此，许多发达国家率先推行节能建筑，新建的建筑无一不是节能建筑，旧有建筑也已经或正在改造成节能建筑，从而使建筑与节能密不可分。

8.1.2 节能建筑设计途径

建筑节能有两条途径，即“节流”与“开源”。节流，就是在建筑运行过程中通过减少消耗来获得能源效益；开源，就是建筑中开发利用再生能源和永久性能源，如太阳能和风能等，供建筑运营中使用。

从建筑设计的角度思考节能建筑的设计，不只是选用各种各样节能设备的问题，如太阳能热水器等，而是要在设计上充分改善影响建筑能耗的各种要素，从一开始在建筑策划、建筑规划、建筑设计等过程中都必须把节能问题作为设计构思的出发点和终极目标。具体的建筑节能设计可考虑以下几方面。

1）在建筑策划阶段要实行科学决策

在建筑策划阶段，建筑的立项要真正按照科学发展观的要求实行科学决策，决策者要严格控制建设规模和重复建设的现象，要根据实际需要确定建筑规模的大小，不攀比，不贪大。我们现在正好相反，什么建筑都求大，大剧院、大图书馆、大场馆、大校园、大广场、大马路、大城市、特大城市等等到处可见，不一而足。这些超大、特大的规模意味着资源和能源的巨大消耗，意味着巨量的二氧化碳的排放。

2）合理进行建筑选址

从建筑节能角度出发，建筑选址首先要避风向阳。阳光与人类生存、身心健康、卫生、营养、工作效率等都有着密切的关系，特别是寒冷地区的冬季，人们更需要充分的日照，室内有了阳光照射，自然就提升了室内温度，增进人生活的舒适度，同时也就节省供暖的能源消耗。我国“风水”理论的基地观就认为阳坡为吉地，阴坡不宜立宅，也是这个道理。

其次，建筑选址不宜选择山谷、洼地、沟底、山北等凹地区，以避免形成对建筑不利的“霜冻”效应，因为在这些地方建房，在冬季阳光少，北风多，会增加建筑能源的消耗。

此外，建筑选址要避风。空气的流动形成风，空气对建筑物的渗透主要是通过门窗构件周边的缝隙和通风口的气流而形成的。

3）合理规划设计建筑布局

建筑布局直接关系着建筑朝向及建筑与气流的关系，直接影响着建筑的自然采光和自然透风。一般讲，建筑布局应尽可能使建筑能有南北朝向，减少或避免东、西向的朝向。因此，主要道路宜以东西向为主；同时建筑布局要有利于夏天的主导风向（如江南地区，夏季主导风向为东南风），主导气流能流向建筑及建筑的组团，以利于降低建筑环境内的温度，降低减少能源；同时要避开冬季的主导风向，以降低或减少热能的消耗，特别要注意在建筑布局中避免形成“风漏斗”（图8-1）[1]，这种“风漏斗”可以形成高速风，提高风速30%。这样就会加强建筑热耗损失。

英国伦敦瑞士再保险公司大厦，高180m，40层。为了避免由于气流在高大建筑前受阻，在建筑周边产生强烈的下旋气流和强风，该建筑模仿海洋生物海绵的形状，设计成曲线形，使其在建筑周边对气流产生引导，使其和缓地通过（图8-2）。

在群体建筑布局时，要充分结合基地的自然环境要素、气候特征，努力创建优良的微环境气候条件，它能充分利用和获取日照，能避免不利气流的干扰，组织好环境内部的气流，利用建筑外界面的反射辐射，在冬季

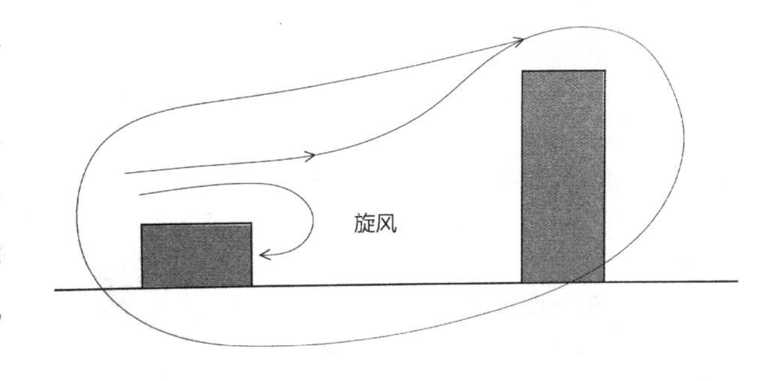

图8-1 风漏斗示意图

1 中国建筑业协会建筑节能专业委员会. 建筑节能技术[M]. 北京：中国计划出版社，1996：21.

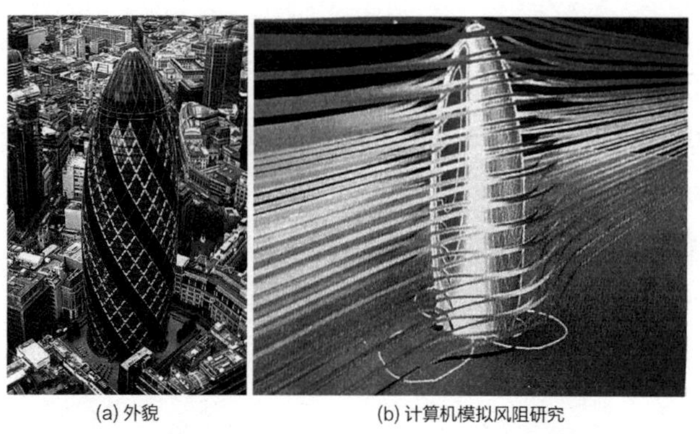
(a) 外貌　　(b) 计算机模拟风阻研究

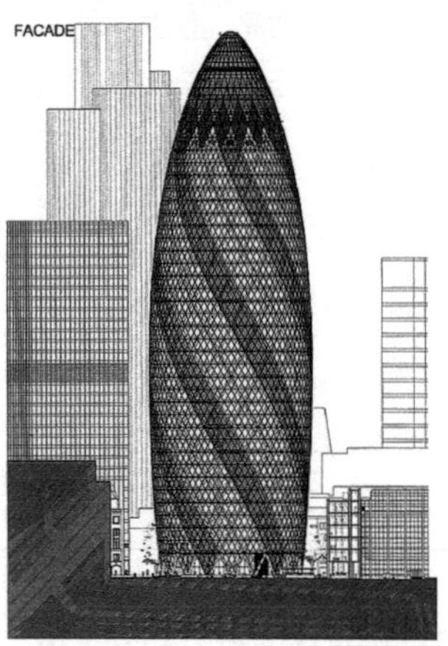

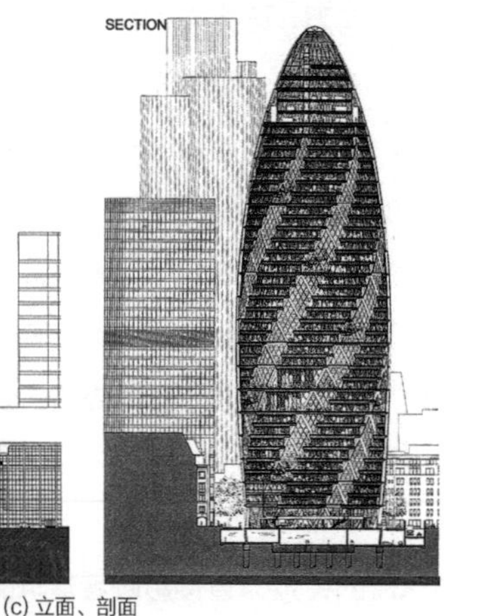

(c) 立面、剖面

(d) 平面

图 8-2 伦敦瑞士再保险公司大厦

恶劣的气候条件下能创造较好的防护界面，从而改善风环境，有利于节能。

4）确定合理的建筑间距

建筑的间距（主要是南北向间距），对建筑的日照和自然通风都有着直接的关系，阳光不仅是热源，也是光源，关系着室内的温度和光照水平。所以建筑间距也是建筑布局中一个基本的问题，它不仅关系着建筑的节能，也直接关系着人的健康及生活、工作的空间环境的舒适程度，尤其是居住建筑，日照间距关系着居住者享有“阳光权”的问题。住宅楼间距过小会影响住宅室内的日照量，按照我国有关规定，要保证住宅室内有足够的或至少最低的日照时间。我国地处北半球温带地区，居住建筑一般都希望夏季避免日晒，冬季需要获得充分的阳光照射。但不同纬度地区，对日照的间距要求是不尽相同的。

5）简化平面体型

建筑物平面体型不仅要考虑功能使用合理，结构科学，而且要考虑建筑的节能效果。从节能角度出发，节能建筑的平面形体不仅要求体形系数小，而且需要冬季太阳辐射获取更多的热量，夏季又要避开太阳辐射，同时还要能避开冬季寒风。这些要求就影响着建筑平面的体型及建筑的长度和进深。

从冬季获取热量尽量多的角度出发，应尽量做大南向建筑界面的长度，以增加南向获取热量的面积，在建筑面积一定的情况下，就会缩小建筑的进深，即建筑平面长宽比大。但如建筑朝向偏离正南方向，平面的长宽比对日照辐射得热的影响就逐渐缩小。

加大建筑平面进深，在建筑面积一定数的情况下，会缩小南向面宽，减少南向吸热量，但综合考虑，加大进深不仅可有效利用土地，而且可使建筑耗能指标降低 11% ~ 33%，一般住宅进深不宜太小，

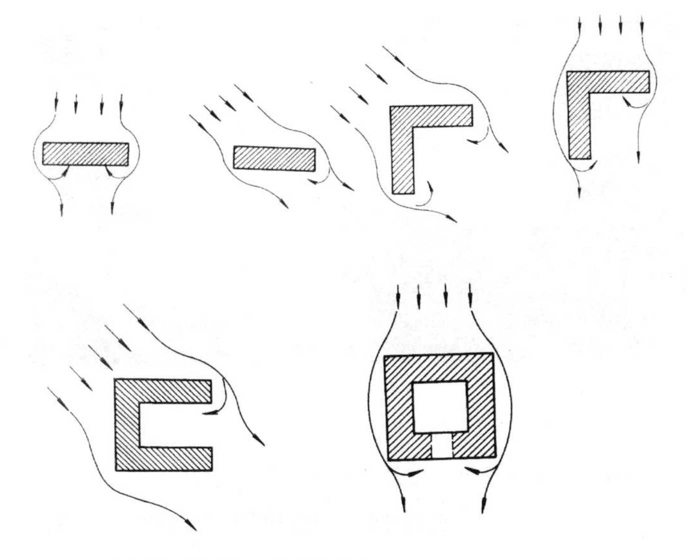

图 8-3 建筑平面形式与气流运动走向

做到 12m 以上是较适合的，不仅有利于建筑节能，也有利于结构设计。

在严寒地区，住宅平面形式应紧凑、平整、简洁，建筑平面不宜凹凸，而应平直，更不宜凹凸太多，因为凹凸太多，会增加建筑外墙的长度，增大耗能面积，不利于节能。

建筑平面形式不仅关联日照、日辐射得热量及热耗的大小，而且也直接影响着微环境中气流的运动和走向，如图 8-3 表明：平直的一字形的建筑平面，风在建筑物的背面拐角处会形成涡流，建筑的高度越高，进深越小，长度越长时，即建筑面宽与建筑进深比越大时，背面涡流区就会越大。“L”形平面对防风有利；三合院平面形成半封闭的院落空间对防寒风十分有利；四合院建筑平面形成封闭院落，更有利于防风，但要设置一定的开口，保障夏季主导风能吹进院落。因此，四合院的开口只宜朝向夏季主导风向方向开启，不应对着冬季主导风向方向开口。

6）创建有利于节能的建筑造型

建筑设计方案创作阶段，不仅平面形式与建筑节能有很大的关系，建筑剖面同样也与建筑节能有很大的关系。超大的中央共享空间会增加能量的消耗，一般是不予鼓励的，但是若将它置于南向，设计成为一个“生态核”，或设置于北侧设计成一个“温室”，南面就变成一个有利于节能的空间要素，它接受太阳的辐射，获取热量，传送到工作区域；在北方做成温室就降低了北方寒冷而造成的热能的损耗，见图 8-4，英国剑桥大学法学院图书馆，建于 1999 年，由建筑师诺曼 · 福斯特（Norman Foster）事务所设计。该项设计出于对校园环境和生态的考虑，在北面设计了一个玻璃和钢的拱顶，它既是窗户，也是墙，更是屋顶。作为一个巨大的温室，它的曲线形玻璃外壳围合了四层图书馆和学生活动中心，并将他们展现出来。剑桥地区，夏季日照时间较长，冬季则相反，故夏季室内可能过热，而冬季则可能过冷，都需要消耗大量能源来降温或供暖。因此，建筑设计中特意强调了自然通风效果，西侧办公区采用南向，可开启窗户进行自然通风，白色的遮阳板可以反射阳光，避免西晒；北侧阅览区透过北侧温室大玻璃面向北侧室外大草坪，有利于减轻读者的视觉疲劳。建筑北侧温室采用热隔缘双层玻璃。最外侧玻璃为降低造价采用普通透明玻璃，而内侧的玻璃则使用复合玻璃。所有玻璃都是安全玻璃，就算玻璃碎了也不会伤人。两层玻璃之间是 14mm 厚的空气层，有效地起到了绝缘的作用。

又如日本东京煤气公司总部大厦，采用“生态核”的设计策略，在建筑物一侧设计一个中庭，利用中庭热空气上升的拔风效应，使中庭一侧的办公空间获得较好的通风，太阳光从中庭和南面的带状玻璃窗照入办公区域。中庭将外界的空气吸入基座层，然后再流经与基座层相通的各层办公楼面，

图 8-4 “生态核”的应用——剑桥大学法学院图书馆

(a) 外观

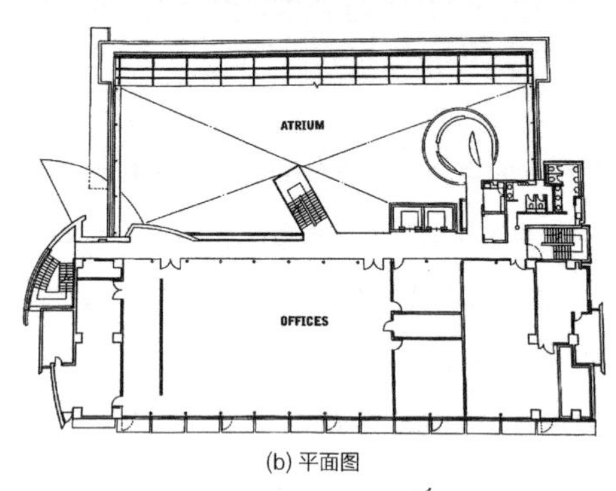

(b) 平面图

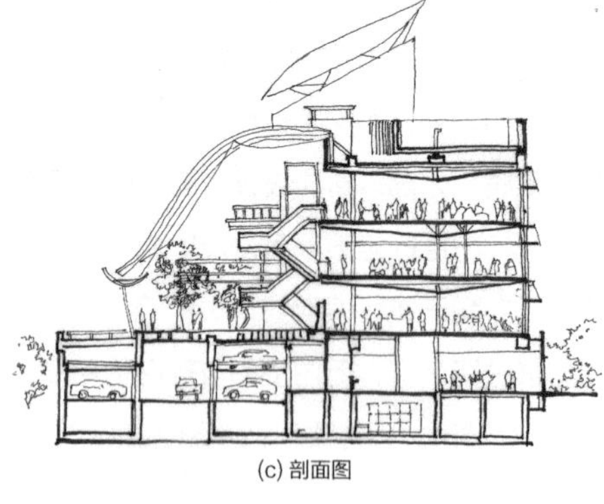

(c) 剖面图

图 8-5 东京煤气公司总部大厦

最后由气窗排出，如图 8-5[1] 所示。

在剖面设计时，可以根据空气动力学的原理，利用热压力，造成气流运动，形成通风，并采用上小下大的空间形成（图 8-6a），促进空气流动速度。形成拔风，适合炎热的夏季。

在寒冷地区，尤其是严寒的冬季，需要尽可能多地吸纳阳光，除了南向开大玻璃窗外，剖面设计可以采用上大下小的空间形式（图 8-6b），让上部空间敞开，阳光直射进入室内，当然也要兼顾考虑设置夏季遮阳的棚架。

剖面的设计自然也关系到建筑的外部造型。建筑造型也同样能在节能上发挥它的有益作用。出于建筑节能的考虑，创造的建筑造型可能与传统造型有很大的区别，有时甚至难以被人接受，立面出现很多拔风“烟囱”的造型要素，但是，它是生态理性的产物，也能造成特殊的美感，而不是追求“奇”“怪”“异”的结果。很多情况下，它反而创造了极具特点的建筑造型，下面以两个实例说明。

（1）英国伦敦市政厅

市政厅位于伦敦泰晤士河南岸一个显著的位置，与著名的伦敦历史性地标伦敦桥毗邻，建筑采用钢结构，2002 年夏季建成投入使用。它占地约 5.25 公顷，建筑有效使用面积 17000m^2，可容纳 440 人工作，设有 250 座的礼堂。建筑顶层有

1 周浩明，张晓东 . 生态建筑 [M]. 南京：东南大学出版社，2002：83-85.

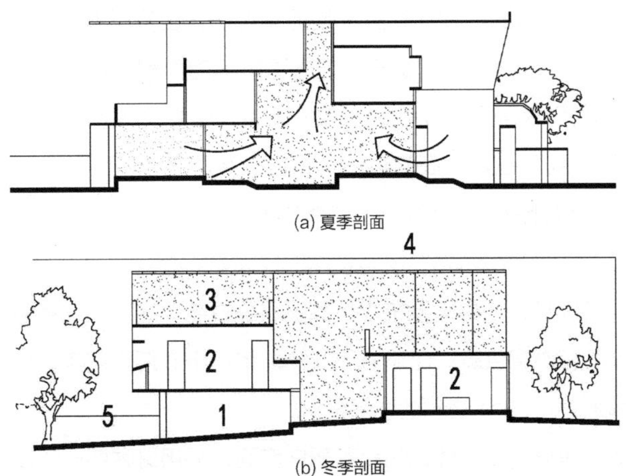

(a) 夏季剖面

(b) 冬季剖面

1- 起居室 2- 卧室 3- 露天平台 4- 遮阳花架 5- 花园

图 8-6 夏季剖面与冬季剖面

一个能灵活适应各种活动需要的开放场所——“伦敦的客厅”，它可以用于举办展览和各种公共活动，可同时容纳200余位客人。该开放场所设于顶层，获有最佳观景视野，为观光伦敦城市风光提供了良好的平台。

伦敦市政厅被当地人称为“玻璃蛋”，因为其建筑造型就像一块鹅卵石。建筑采用比较独特的体型（图8-7）[1]，没有常规意义上的建筑正立面和背面。大厅建筑高约50米，共

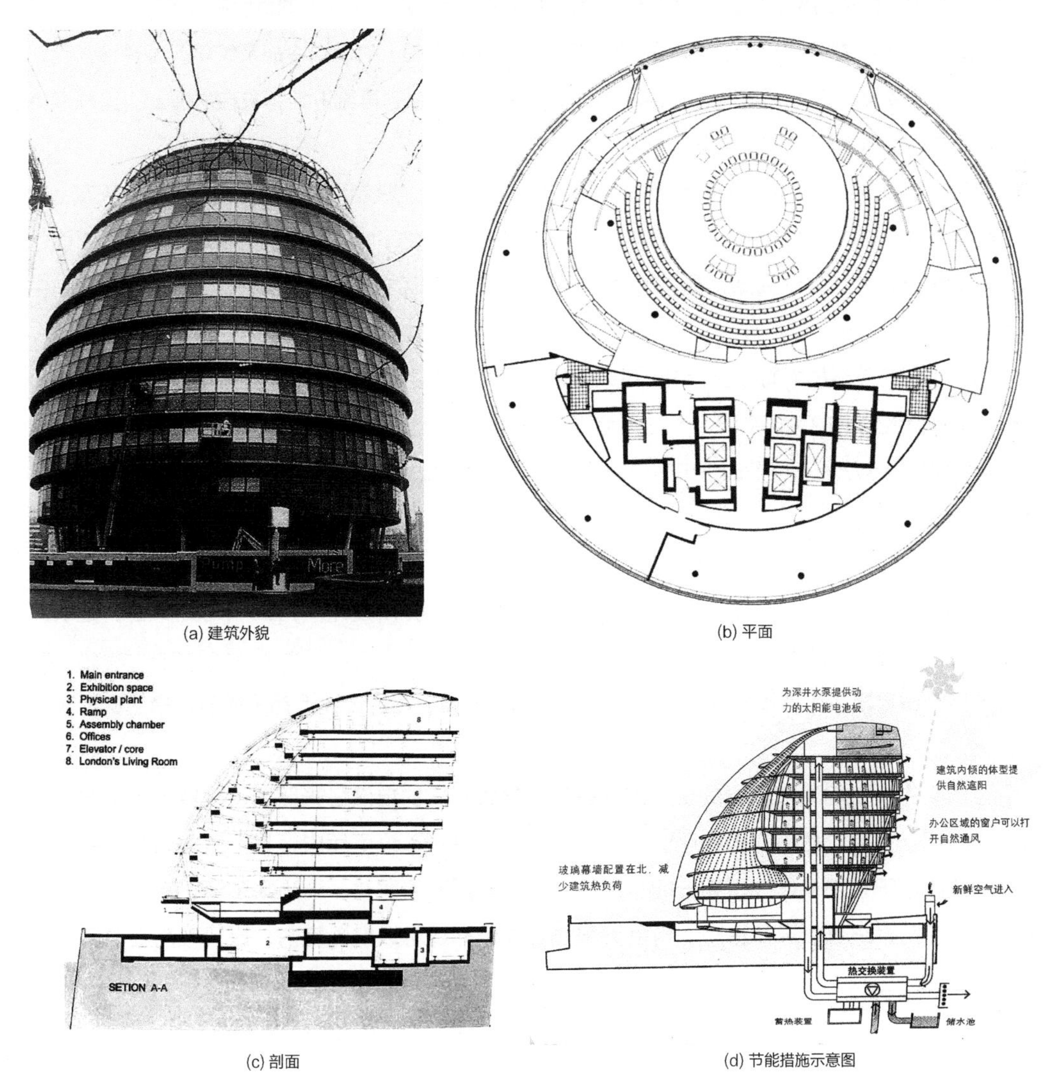

(a) 建筑外貌

(b) 平面

(c) 剖面

(d) 节能措施示意图

图 8-7 伦敦市政厅

1 周伟超译 . Fosterand Partners 诺曼・福斯特及其合作者 [M]. 北京：中国电力出版社，2008.

10 层。它的建筑造型是一个变形的球体。但这种特殊的形体造型不是随意得来，也不是追求“奇特异”而做造型，它是通过科学计算和验证来尽量缩小建筑暴露在阳光直射下的面积，以期能减少夏季太阳热的吸收和冬季内部的热损耗，从而获得最优能源利用效率。设计过程中采用了实验模型，通过对气体的阳光照射规律的分析，得到了建筑表面的热量分布图。实验表明：建筑物外表面积的减少可以促进能源效率的最大化，经过计算，这个类似于球体的形状比同体积的长方体，表面积减少 25%。

建筑是自然采光，所有办公室的窗户都可以打开。供暖系统由计算机系统控制，这一系统将通过传感器收集室内各关键点的温度等数据，然后协调供暖；建筑内部的热量将在中心汇集起来，加以循环利用。建筑设计通过这些措施以最大限度地减少不必要的能耗。

该大厦设计还采用了一系列主动和被动的遮光装置。建筑物斜着朝向南面，采用这种朝向可以在保证内部空间自然通风和换气的同时，巧妙地使楼顶成为重要的遮光装置之一。建筑物朝南倾斜，各层逐层外挑，外挑的大小也经计算确定，刚好能自然地遮挡夏季最强烈的直射阳光。

建筑冷却系统充分利用了温度较低的地下水，通过管道向上输送到冷却系统中，循环冷却后，一部分送到卫生间、厨房、花园等处供冲洗、灌溉使用，其余则再流进地下被自然冷却。这样避免了在夏季使用空调消耗大量的电能。

其通风系统的进气口和出气口都经过热交换机以减少能耗。其制冷和供暖系统是固定在天花上的空心梁上，空心梁中流动的是伦敦地下 427 英尺（130m）的地下水，凉爽的地下水用于制冷，而冬季的水温也足以满足室内的取暖需要。仅此一项就可以降低 75% 的能耗。另外，大厦还设计配套有中水收集系统。

通过上述各节能技术的综合应用，可以保证建筑并不需要常规的冷气设备，同时，在比较寒冷的季节也不需要额外的供暖系统。通过实验可以证明这些措施的有效性；大楼的供暖和冷却系统的能源消耗仅相当于配备有典型的中央空调系统的相同规模办公大楼的四分之一，是真正意义上的“节能建筑”。

（2）德国国会大厦改建工程

德国政府迁都柏林后，国会大厦得以改建，由福斯特事务所设计，1999 年改建竣工，建筑面积 61116m^2（图 8-8）[1]。

该大厦设计坚持可持续发展理念，无论在采光、通风、冷暖设计上都采取节能措施实行节能设计。

自然采光：使用穹顶主要的出发点就是创建最大限度的自然日光照明，以减少人工照明对电力的消耗。穹顶下悬吊的锥体反射体就是将自然光漫射入议事厅内，其上有太阳跟踪装置以及可调整的遮阳系统，在提供充分的、柔和的自然光照明的同时，防止太阳辐射热增加室内的热负荷。遮阳系统可以调节移动，当需要阳光时太阳光线可以射入室内，夏天不需要时则可以把阳光挡住。

1 ［西班牙］帕高·阿森西奥 . Ecological Architecture 生态建筑 [M]. 候正华，宋晔皓，译 . 南京：江苏科学技术出版社，2001：94-100.

(a) 外貌

(b) 悬吊的锥体

(c) 内景

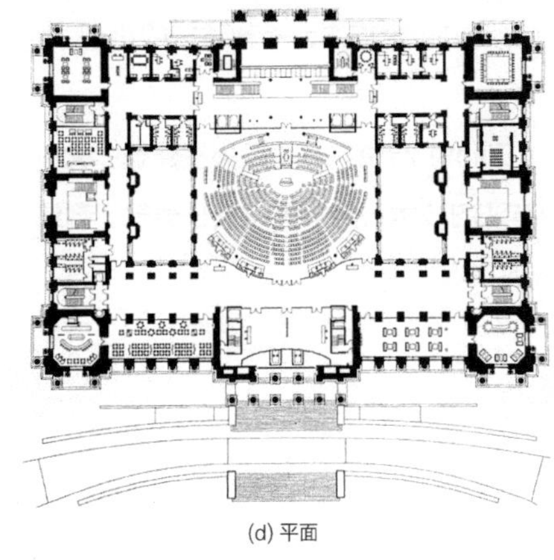

(d) 平面

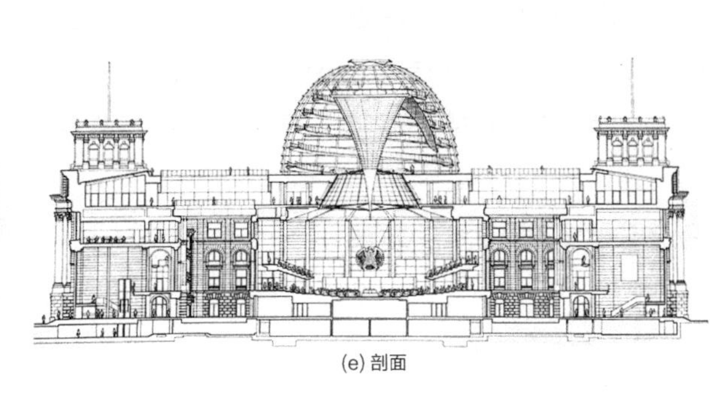

(e) 剖面

图 8-8 德国国会大厦

穹顶下造型奇特的锥体体内设置了通风管道，吸走室内的热空气，并通过热量转换器将其中的热量吸收。这一锥体可以使新鲜空气进入室内后缓慢地扩散到室内各个角落，然后变热、上升、排出。

节能：柏林在夏天非常热，而在冬天则非常寒冷。要为这座容纳 5000 多人的大厦供暖和降温都将消耗大量的能源，并产生惊人的污染。

大厦不使用石油、煤炭等不可再生的能源，而是使用菜籽油来作为热能工厂的燃料，这些油料可以是花生油、葵花籽油或者葡萄籽油，可以被理解成是物质化了的太阳能。大大减少了二氧化碳的排放量（据估计，比起使用石油或煤炭提供同等的能量，每年可以减少约 440t 二氧化碳的产生）。

屋顶上安装 100 余块太阳能电池板，用来给通风辅助装置和百叶驱动装置提供电能。在高峰时期，这一太阳能电池组能产生约 40kW 的电力，配合菜籽油发电系统等，总共可以减少 70% 的二氧化碳排放量。

利用电源：大厦自备的热能工厂所提供的能量在满足日常供暖和降温需要后，剩余的热量将被用来加热从深达 300m 的地下蓄水层中抽出的地下水，然后再送到地层中存储，以这种手段来利用多余的热量。绝热性能良好的地层能有效地防止这些热水的热损失。冬季，热水用来为住宅供暖；夏季，热水则用来驱动制冷设备，以提供冷却水。底层中的冷水，在炎热的天气则可抽取来作为天花板冷却系统中的冷却剂使用。

德国国会大厦最大限度地使用自然光、自然通风和自然空调系统；自己供应自己所需的能量，并将能源和其他生活消耗降至最低。可以说，它是一座真正的节能建筑，“一个完全可持续的、对环境负责的、完全无污染的公共建筑”。

8.2 太阳能建筑

8.2.1 太阳能技术与建造的发展

在历史上，建筑的每一项发展都依赖于技术的进步。人类遭遇生态环境危机严重挑战的时代，促进了绿色生态技术的发展，进而推动着当代建筑的发展，太阳能技术的开发、发展及其技术水平的提高，可以说是太阳能建筑这种新类型建筑产生的原动力。太阳能建筑作为一种特定的类型，它的发展就是建立在太阳能技术完善的基础上。

太阳能技术直接应用于建筑主要有两类途径，正如略特（Elliot）所说：一类是关于建筑“材料”（Material）的，包括所有与建筑材料的相关结构形式和结构方法的技术；另一类是关于建筑“系统”（System）的，包括所有与建筑特定的功能或服务系统相关的技术[1]。

8.2.2 太阳能技术的发展

1）太阳能定义

根据《现代汉语词典》解释，太阳所发出的辐射能，是太阳上的氢原子核进行聚合反应所产生的。太阳能是地球上光和热的源泉。由此可见，广义的太阳能不仅仅包括直接投射到地球表面上的太阳辐射能，而且包括水力能、风能、海洋温差能、波浪能和生物质能以及部分潮汐能等间接的太阳能，还包括绿色植物的光合作用所固定下来的生物质能。现在广泛使用的石油、煤炭、天然气等，都是在远古时代由太阳能转换而来的。目前我们所说的太阳能，实为通常定义的到达地球表面的太阳能辐射能，即狭义的太阳能。

地球轨道上的平均太阳辐射强度为 1367km/m^2，地球赤道的周长为 40000km，地球表面从而可计算出地球获得的能量可达 173000TW。在海平面上的标准峰值强度为 1kW/m^2，地球表面某一点 24h 的年平均辐射强度为 0.20kW/m^2, 相当于有 102000TW 的能量[2]。太阳辐射大气层后，约有 30% 被大气分子和灰尘反射回宇宙空间，约 23% 被大气吸收。此外，由于地球表面的陆地面积仅占 21%，加上陆地上的高山峻岭、荒芜沙漠、茂密森林以及江河湖泊等地理环境等因素，真正达到人类经常居住和生活地区的太阳能只有地球大气上界的太阳能的 5% ~ 6%。但太阳照射到地球上的能量每秒就相当于 500 万吨煤的能量，人类依赖这些能量维持生存，其中包括所有其他形式的可再生能源（地热能资源除外）。

2）太阳能利用

人类利用太阳能已有 3000 多年历史，而将太阳能作为一种能源使用是从 300 年前开始的。自 20 世纪 70 年代能源危机以来，人们才真正认识到并将太阳能源作为未来新能源的主导方向而充分发展太阳能事业。综合人类利用太阳能的历史过程，大致可分为以下几个阶段：

1 张利 . 从 CAAD 到 Cyberspace[M]. 南京：东南大学出版社，2002.
2 李中生 . 太阳能物理学 [M]. 北京：首都师范大学出版社，1996.

（1）自发阶段（公元前～公元 17 世纪）

自古以来，人们就懂得充分利用太阳能光和热。无论宫殿、庙宇还是住宅，都尽可能朝南布置，以增加有效采光得热面。这些自发利用太阳能的传统建筑可以说就是最原始的太阳房，这是利用太阳能的低级阶段。

（2）实验阶段（公元 17 世纪～公元 20 世纪初）

1615 年法国工程师所罗门·德·考克斯（Solomon de Cox）发明了由太阳能加热空气而驱动的抽水机，这应该是人类将太阳能作为能源和动力的开始。1870~1914 年太阳能技术发展达到第一次高潮。法国数学家奥古斯丁·孟谢（Augustin Monchot）发明了太阳能采集器、太阳能马达、太阳能灶和太阳能蒸馏器。此后，世界上又研制出一些太阳能动力设备，1878 年法国又研发出太阳能印刷机。这一阶段太阳能利用研究的重点是动力装置，价格昂贵，实用价值小，多为个人实验研究。

（3）低潮阶段（1920 ～ 1973 年）

在这 50 多年中，由于石化燃料的大量开采和第二次世界大战及战后各国着力于重建工作，太阳能研究开发工作陷于低谷。此阶段太阳能利用成本大、效率低，太阳能技术没有重大突破，难以与廉价的石化能源相互竞争。因此，石油仍然是世界能源体系的主角。

早在 1933 年，美国芝加哥的柯克兄弟就发明了太阳房，利用收集太阳能来解决住宅的采暖供热问题，同时采用密封的双层玻璃来减少冬季室内散热量。经过几十年的试验研究，太阳能技术发展迅速，设计水平不断提高，技术日益完善。美国、日本等国在建筑设计和热工计算程序方面已有了成熟经验。现有许多从事太阳能产品生产的公司，用于太阳房建设的种种材料、构件甚至成品房屋已达到商业水平。

（4）全面开发阶段（1973 年至今）

1973 年 10 月的中东战争使全球性的能源危机全面爆发，各国政府重新认识到利用太阳能是减少石化能源使用的有效措施，纷纷投入大量人力、物力、财力，再次兴起研究开发太阳能的热潮。研究的主要方向是太阳能热水利用、太阳能热发电、太阳能光伏发电及太阳能建筑等。

1990 年代，联合国确立了可持续发展的战略，并且把环境保护与生态发展正式提上世界发展的日程。此后，太阳能成为新能源的代表，它的利用引起了世界各国的普遍重视，太阳能事业蓬勃发展。

8.2.3 太阳能及其利用

太阳能是地球的生命之源。对人类来说，它是取之不尽、用之不竭的长久能源。它对环境没有或很少污染。太阳能是人类可利用的最丰富的能源。据估计，在过去漫长的 11 亿年中，太阳能只消耗了它本身能量的 2%，今后数十亿年太阳能也不会发生明显的变化。所以太阳能可以作为人类使用的永久性的能源。太阳每秒给予地球的能量，相当于全世界能耗量的几万倍。太阳照在地面 15 分钟的能量，就足够全世界用一年[1]。这可看出，太阳是人类取之不尽的能源宝库。因此，开发和利用丰

1 赵斌，许洪华 . 可再生能源发电 [J]. 太阳能 2001（03）：2-5.

富的、广阔的太阳能，成为人类现在的首选策略。太阳能作为人类一种可利用的永久能源，它对实现可持续发展战略具有常规能源所不可比拟的优点：

1）就地取材，方便快捷

太阳能到处都有，既不需要开采和挖掘，也不需要运输。处于南北纬 50° ~ 60° 以内的区位，都有丰富的太阳能可以利用。使用太阳能源，只需开始时投资一定代价，安装太阳能收集利用装置，只要有阳光，能源就会不断产生。而且在使用期间，除了很少的维修费用外，不再需要其他资金投入。

2）清洁无污染

太阳能在使用时不会产生污染，不会排放出任何对环境有不良影响的物质，是一种清洁的能源。当然，在大量使用太阳能之后，会使环境的温度稍有升高，但是，这种少量的升温不会对环境产生不良影响。

3）不增加热荷载

使用太阳能，对地球不会增加热荷载，这是太阳能一个突出的优点。我们利用太阳能做功，虽然最终有部分转变为热能，但是如果不利用它做功的话，它最终也要化为热能。利用太阳能绝不仅仅在于节约常规石化能源，更大的意义在于对环境和生态的保护，减少对常规能源的消耗，延缓和减轻不断增加的温室气体过量排放对人类生存环境可能带来的种种危害。所以从节能和环保的角度考虑，使用太阳能的意义更为深远。

8.2.4 太阳能建筑

一般而言，每一个建筑都或多或少地受到太阳的辐射。但如未经特殊设计，建筑在获取、利用太阳能方面，往往都达不到太阳能利用的最佳状态。只有那些经过良好的设计、达到优化利用太阳能的建筑，才可被称为“太阳能建筑”。也就是说，太阳能建筑是利用太阳能提供各种建筑运作所需要能源的建筑，即将太阳能应用于建筑中的采光、采暖、热水、通风、降温、发电等技术，与建筑设计有机结合，做到太阳能利用与建筑设计一体化。太阳能建筑的历史可以追溯到 19 世纪初期英国贵族住宅中的玻璃温室花房。而真正具有科学研究意义的太阳能住宅则诞生于 20 世纪 30 年代，美国麻省理工学院建造了第一座太阳能试验建筑，称为“一号太阳房”，它已具备了太阳能建筑必备的三要素：太阳能收集、传送和储存（图 8-9）[1]。

太阳能建筑和节能建筑、生态建筑是相互关联的。它们有共同之处，但内涵也各有区别。节能建筑这一概念是随着 1970 年代全球性能源危机而产生和被普遍重视的。它主要是通过改善建筑的围护结构保温隔热的特性，增强建筑物的自然通风、使用遮阳设施等技术手段来实现节能（石化燃料）的。同时，它也包括利用太阳能及其他可持续的能源，如风能、水能、地热等；生态建筑范围更广，它是立足于将节约能源和保护环境这两大问题结合起来，所关注的不仅包括不可再生的能源和再生的洁净能源的节约，还涉及节约资源（土地、材料、水等）、减少废弃物污染（空气污染、水污染、垃圾污染等）以及材料的可降解和循环使用等。

1 ［英］史蒂文·维·索克莱．太阳能与建筑 [M]．陈成木，顾馥保，译．北京：中国建筑工业出版社，1983: 115.

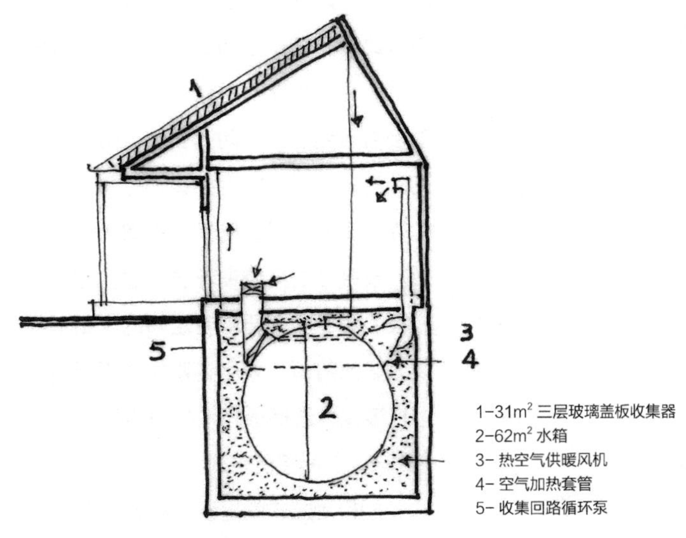

图 8-9 美国麻省理工学院“一号太阳房”

8.2.5 太阳能建筑设计技术

8.2.5.1 被动式太阳能利用技术

太阳能利用是一种独具魅力并且创造建筑所需能源的一种科学方式，而且它能广泛地适应各种建筑物。在建筑设计中按照各种情况巧妙地应用它，可以形成各种独特的建筑形式。下面我们按其技术分类，分别探讨被动式太阳能利用技术和主动式太阳能利用技术在建设中的应用。

被动式太阳能利用包括利用热力差形成自然通风、自然采光和采暖，其中采暖是被动式太阳能利用的主要形式。被动式太阳能采暖最基本的原理就是通过建筑物南向的集热面，吸收太阳能，从而加热室内的空气和物体，通过建筑设计的手段，使建筑物最有效地吸收和利用这部分能量，使其在冬季能集取、保持、贮存、分布太阳热能，从而解决建筑采暖问题；同时，在夏季又能遮蔽太阳辐射，散逸室内热量，从而使建筑降温。

1）自然采暖

通常可以把被动式太阳能自然采暖分为三种方式：直接受益式、间接受益式、隔热受益式。

（1）直接受益式

直接受益式是将太阳能直接辐射到建筑内部的方法（图 8-10），加热室温，是被动式太阳能采暖最简单的方法。这种方法要求设计者在设计前期的场地规划阶段，搜集当地的气候、地质、土壤、水文等资料，以期在规划中能因地制宜地处理道路的走向、建筑物的体型、建筑物朝向及植被的

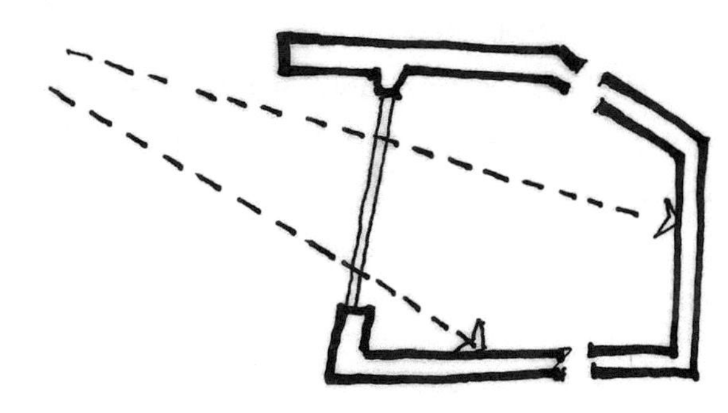

图 8-10 直接受益式

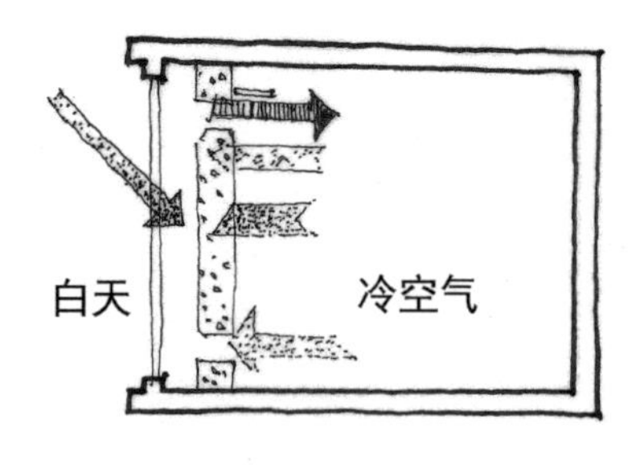

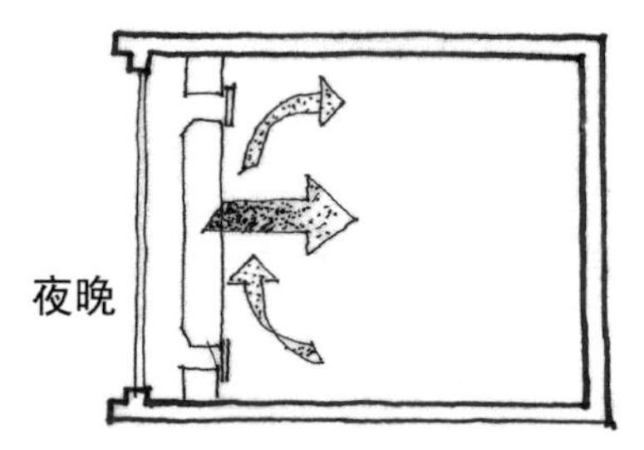

图 8-11 集热蓄热墙方式

配置等，以获取最佳的太阳能受益。一般在总体规划中，通过比较多的东西向交通道路以争取较多的南北向采光的建筑布局。在建筑单体设计中，运用南向的玻璃窗使太阳直接射入到室内。因此要争取最大的朝南面和开设最大的南向窗；同时在室内要设计贮热体（材质重的墙体），以贮存最多的热量供晚间室内散热时使用，不致气温下降过快。直接受益系统设计要点是：当建筑物需要太阳照射的时候（如冬季）要能有足够的太阳辐射热，在建筑物不需要太阳照射时，要尽量避免太阳辐射；此外，还要适当地选择玻璃，选择透光系数和热阻系数合适的玻璃。

（2）间接受益式

间接受益式就是设计蓄热载体（如蓄热墙、蓄热池等），使其接收的太阳能分不同时间导入建筑内部的方法（图 8-11[1]），即在南向设计垂直集热、蓄热墙吸收穿过玻璃采光面的阳光，通过传导、辐射及对流，把热量送到室内。墙的外表面涂成黑色或某种深色，以便有效地吸收阳光。

（3）隔热受益式

这是在其他地方获取太阳能，通过控制导入室内的方法，见图 8-12。例如，在建筑物的外侧，设计一个日光室，其围护界面全部或部分由玻璃等透光材料构成，与房间之间的公共墙上开有门、窗等孔洞。日光室得到阳光照射被加热，其内部温度始终高于外环境温度。所以，既可以在白天通过对流，获得经门、窗供给房间的太阳热能，又可在夜间作为缓冲区，减少房间热损失。在其他部分获取太阳能，并根据不同需要通过控制与室内进行热交换，相对而言，技术最为复杂，也最能自由地调控室内的温度。

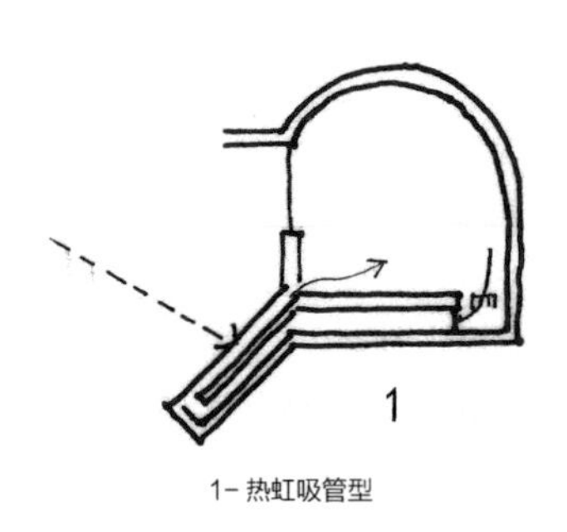

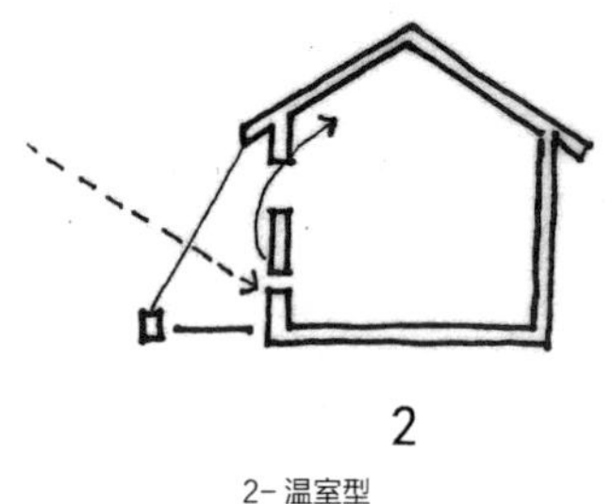

图 8-12 隔热受益式

2）自然降温

被动式太阳能自然降温也有三种方式，即：直接除热法、间接除热法和隔离除热法。

（1）直接除热法

直接除热法即以自然通风、植被等手段除去室内热量的方法，见图 8-13。其方法多种多样，有穿堂风式自然通风型、诱导通风型、活动壁型、室内蓄池型、活动屋顶型、植物蒸发作用型及烟囱或风塔型。

1 王万江 . 试论被动式太阳房的发展 [J]. 新疆工学院学报，19 卷 1998（2）.

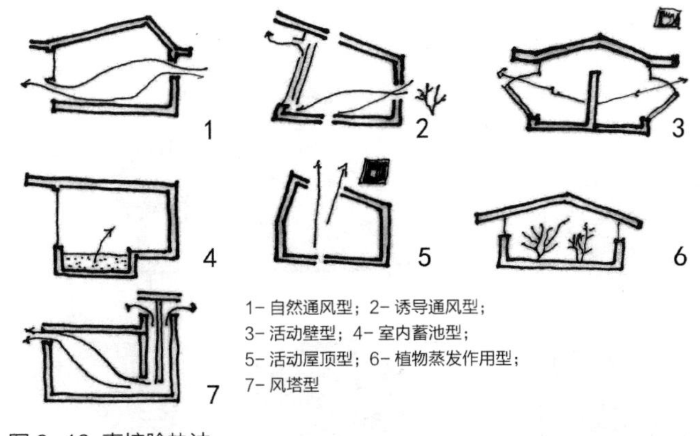

图 8-13 直接除热法

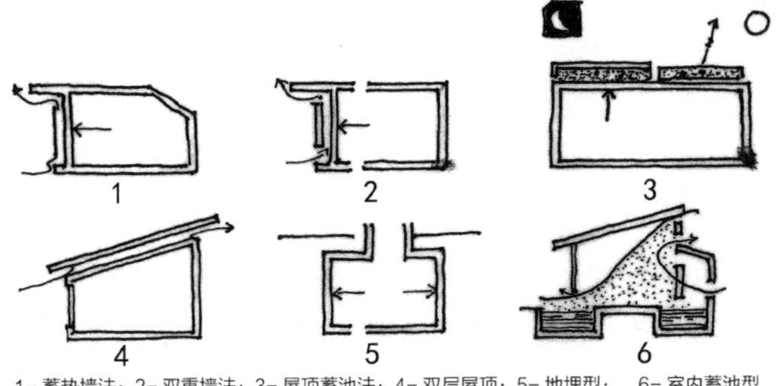

图 8-14 间接除热法

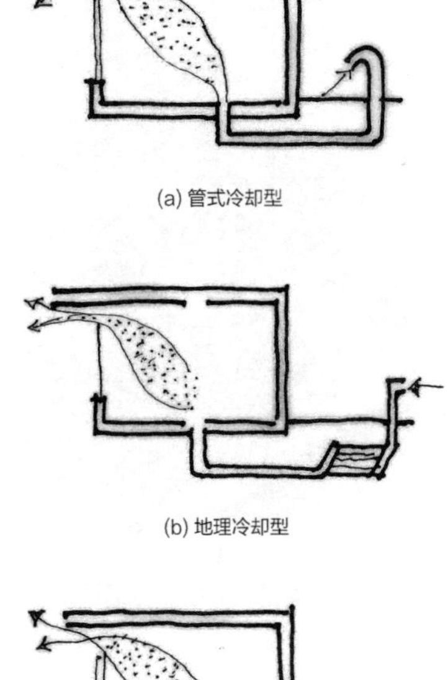

图 8-15 隔离除热型示意图

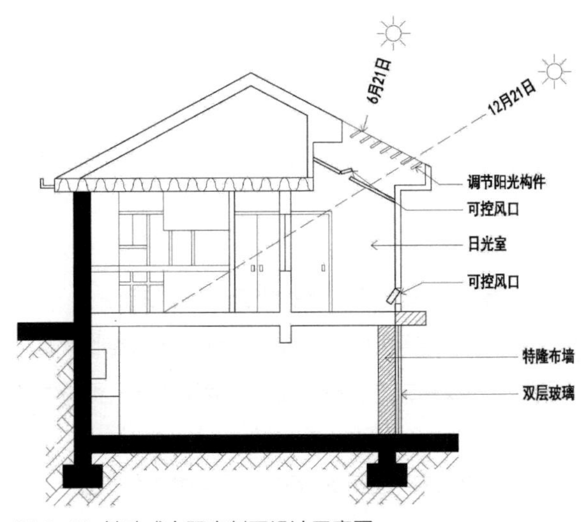

图 8-16 被动式太阳房剖面设计示意图

（2）间接除热法

间接除热法就是不使热量进入室内，从而达到降温的方法，见图 8-14。它也有各种设计方法，为蓄热墙法、双重墙法、屋顶蓄池法、双层屋顶、地埋型及室内蓄池型等方式。

（3）隔离除热法

隔离除热法就是通过设计一定的装置来降低室内温度的方法，见图 8-15。它也有多种方式，如管式冷却型、地理冷却型和蓄池冷却型等。

被动式太阳能设计的各种方法在建筑设计中往往是综合运用的。在总体设计中要创造有利于利用太阳能的建筑布局方式和景观设计，为建筑提供足够的自然通风——每个房间至少有两面窗户，以利用直接除热法；其次，南立面和日光间均需设有固定遮阳百叶，用来遮挡不必要的阳光，以利运用间接除热法；此外，日光室的上部和下部都要设置可调节的通风口，以利运用隔离除热法，见图 8-16。

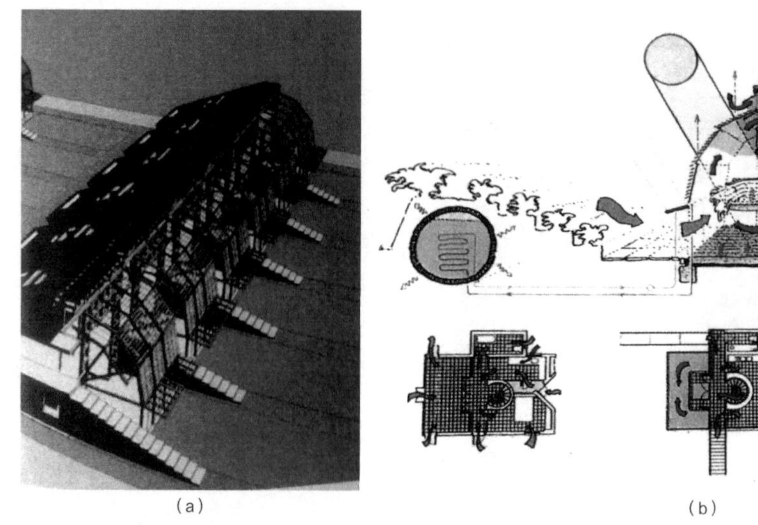

(a)　　　　　　　　　　(b)

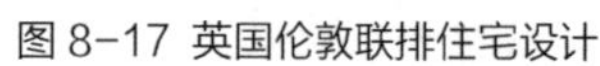

图 8-17 英国伦敦联排住宅设计

采用多种方法的综合设计，可为建筑带来最佳的太阳能利用效率，见图 8-17[1]，为英国伦敦一组联排住宅的设计。建筑师为每户住宅都设计了一个三层高的多功能阳光室，室内设计有被动式太阳能系统。它综合运用了上述自然采暖和自然降温的被动式太阳能设计方法，根据实际情况随时加以控制室内的采光、通风、遮阳以及植物的灌溉。建成使用后，建筑的能耗为 67kW・h/m^2，被动式太阳能系统可以提供 23kWh/m^2。[2] 另外，建筑师还在建筑外部设计了一套太阳能热交换系统，夏季，它在不耗电力的情况下，就可起到降低室温作用；在冬季则可为室内提供补偿热量。

8.2.5.2 被动式太阳能建筑设计原理及设计要素

1）被动式太阳能建筑设计原理

被动式太阳能建筑的工作原理是利用一系列的物理规律作用的结果。这些效应主要包括：温室效应、烟囱效应和半圆顶效应的蓄热效应。温室效应、半圆顶效应是被动式太阳房收集太阳能的工作原理。

温室效应是指在一个限定的空间收集太阳能的热量；太阳房的设计就是基于温室效应。

半圆顶效应是指将一个四分之一圆形结构南向布置，这样可以在寒冷的季节作为太阳能收集器，而在温暖的季节形成最大面积的太阳阴影区。它是一种被动式“能量机器”，运作状况只和如何摆放有关，因为太阳的运转轨迹是恒久不变的。

烟囱效应是被动式太阳房传递热能的工作原理，是指热空气上升时，可以引导收集热空气的系统，它可辅助自然通风系统，促进空气的自然流动。

蓄热效应是被动式太阳房储存热量的工作原理，是指具有一定质量的物体在周围环境温度高于自身温度时可容纳热量，而当周围环境温度低于自身温度时释放热量，利用这一储存与释放热量的效应来创造舒适的温度环境。

---

1 T・Herzog. Solar Energy in Architecture and Urban Planning[M].Prestel Pub, 1996.
2 段进阳 .

太阳能建筑构成三要素是太阳能的收集、传送和储存。因此，太阳能建筑设计必须充分考虑这三个基本要素，并将它们进行合理的布局，选择合适的材料，做好相应的结构和构造。

2）被动式太阳能建筑设计原则

被动式太阳能建筑设计关键是要取得采暖和降温的效果，要坚持以下原则。

（1）南向要设计有足够面积的玻璃集热面（玻璃不一定直接与建筑室内相通），以适当限度地获取太阳能，即要设计收集太阳能的载体。

（2）建筑物具有非常有效的绝热外围护结构，包括南向墙体，门窗和屋顶，同样也包括地面底层的绝热围护。

（3）室内合理地布置贮热体，且分布于主要采暖房间。

（4）被动式太阳房的外围护结构应具有最大的热阻，室内要有足够的重质材料，如砖、石、混凝土，以保持房屋有良好的蓄热性能。

（5）坚持太阳能与建筑一体化设计。

3）被动式太阳能建筑设计策略

被动式太阳能建筑设计关系着建筑布局、建筑朝向、收集载体、热量贮存及遮阳五个方面，以下分别讨论。

（1）建筑布局

建筑布局关系着建筑物的方位和朝向，建筑朝向是建筑设计首先要考虑的一个基本问题。所以，建筑布局应把主要使用房间（人们长时间停留，温度要求较高的房间），如住宅中的起居室、餐室、书房及卧室等布置在利用太阳能较直接的南侧暖区；一些次要房间（人们停留时间短，温度要求较低的房间），如厕所、厨房、储藏室、楼梯间等布置在北侧温度低的区域。建筑物内要有良好的自然通风，夏季南面窗户吸收的热量不会超过正面气温较热的区域 10%。通过使用这一策略，较少使用的房间为其他采暖的房间提供了一个热缓冲空间。建筑北面墙开窗不多不大，相对南墙要封闭一些，只要满足自然采光和通风就可以了。

（2）朝向

典型的被动式太阳能建筑都是面朝南向，以收集太阳光。屋顶向适合太阳能收集方向倾斜；南向立面长于东西向立面。建筑南面开设大窗，使建筑物在需要采暖的季节太阳光和太阳辐射的热能能很好地透进建筑物。在夏天，屋檐、伸挑的部分将提供对太阳的充分防护。建筑在规划布局中偏南 20° 以内，太阳能的利用仅减少 5%。在冬季，当天空晴朗，太阳高度角较低的时候，太阳辐射主要落在南向的垂直墙面上。由于随着玻璃与阳光之间入射角度的增加，反射量也随之增加。阳光在正午时辐射最强，而在这之前或之后的几个小时则锐减。下午的阳光更容易储存，以备夜晚使用。在冬季采暖时，太阳光至关重要，邻近建筑物的树木不能遮挡它。建筑南面开窗面积至少是南墙面的 20%，不超过 60%，这是因为当窗户面积超过 60% 时，通过特大的窗扇的能量损失将超过从额外的阳光中获得的能量，除非安装高效玻璃窗。由于南窗面积大，应配置保温窗帘，并要求窗扇的密封性能良好，以减少通过窗的热损失。窗户应该设置遮阳板，以遮挡夏季阳光进入室内。

（3）收集载体

当太阳能是通过太阳房、花房或温室、日光室甚至一个玻璃入口获取的，需要储存和转化成

图 8-18 上海世博会太阳能利用样板房

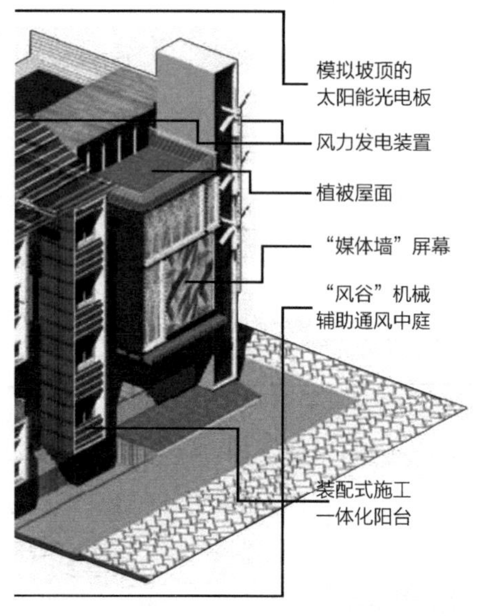

图 8-19 沪上生态家

主要建筑能源时，它们就是收集太阳能的载体，这就是间接受益被动式太阳能设计。图 8-18 为上海世博会太阳能利用样板房，图 8-19 为绿色的沪上生态家，二者南墙和屋顶都是吸收太阳热量转为电能的太阳能板。绿化墙起到对隔热保温的效果。空间设计充分让空气流通，最大程度免去空调的消耗。为了获得最好的结果，玻璃必须是高效和高质量的，最好使用具有高太阳能受热程度的玻璃窗。在夏天或达到最高温度后，如果建筑顶部没有倾斜玻璃面接收太阳能，建筑结构中应有一个适当的吸热墙，它可能是一种石料或混凝土地板，或一堵石墙在阳光房和主要房间之间，按照这些规划，可以减少能量的损失，隔热墙越有效，这个能量损耗就越小。在实际设计时，阳光房后的墙体一般将其外表涂成黑色，以增加太阳能的吸收率。但这些可能影响美观，特别是大面积使用时对人们心理上会造成压抑感，不利于太阳房的推广。这时，就可根据实际情况，尝试使用别的颜色与黑色或其他颜色搭配使用，丰富建筑立面，虽然会牺牲部分太阳能的吸收，却能营造出活泼宜人的建筑环境。为了有效地吸收太阳能，吸热表面可选用吸收率高、反射率低的涂料，以减少高温吸热表面的长波辐射热的损失。

（4）热量储存

太阳辐射通过建筑内墙表面吸收而产生热效应，建筑物外墙吸收热量一部分流向外界散失，一部分则通过墙体传导而向室内辐射。对太阳能建筑来讲，能量的贮存和能量收集、传送等环节一样重要。如果没有某种能很好地保持热能的材料在建筑物内正确定位安装，一座太阳能建筑中的被动式装置将不会使房主获益。蓄热墙就是一种热量贮存设施，蓄热墙表面的大小应该按照南向玻璃面积的比例使用，通过这种方式建筑将会有剩余的热量贮存于其中，待白天过后温度降下来，它将贮存的热量逐渐地释放出来，供晚上需要。

蓄热墙需要热传导性能好的材料，如天然石料、地砖和厚的内墙（例如砂石或石灰石等组成的内墙）能帮助平衡室内的温度。这类材料吸收来自太阳辐射的热量缓慢，变热也慢，但能在太阳下山后会保持长久的热量，结果，这样的空间环境会更有利于人体健康而且更舒适。

如果没有使用蓄热材料，周围房间很难获得令人舒适的室内温度。为了避免太阳能建筑变得过热，建筑物需要适当隔热的外围护体系，为了房间降温，夜晚需要通过开窗通风使表面降温，带走储存的热量。

天然石料、地板砖或其他类型的陶砖地板具有较好的传热性能，这解释了为何即使房间是温暖的，但接触地面的脚还会感到冷，因此它们通常都要结合地下供暖系统使用。木料不能有效地储存热量，完全用木材建造太阳房是不妥的，结合采用石料及其他合适的材料才是最佳的。

（5）防止光辐射系统——遮阳系统

太阳能建筑必须增大南向日光房的集热面积以争取最佳的太阳能利用，但夏天，却要防止太阳光的辐射，所以必须同时要考虑设计合适的遮阳设施，而且最好是可自动调节的。精心设计的遮阳设施，可以高效率地控制调节太阳光和太阳辐射热。被动式阳光房在夏季时，往往需要利用遮阳窗或先进的自动控制的百叶遮阳系统，遮挡住夏季的直射阳光，而将柔和的漫反射光线引向室内。由于一年中的不同季节，一日中的不同时刻，以及天空中云量的瞬息变化，针对不同的太阳高度角和不同状况，调整遮阳系统的遮阳效果，可达到保持室内热环境的最佳状态。在集热墙、玻璃和砖墙之间安装可调节百叶窗，这可起到冬季减少热损失和夏季防热的作用。同理，在窗内设置的遮阳装置，在夏天，白天用来遮阳遮挡直射光，减少热辐射，晚上拉开以利于凉气的引入；冬季则相反，白天拉开以让阳光射入室内，晚上拉上，以防止热量向外散失。

最佳遮阳装置系统的形成和尺寸应根据太阳高度角来确定，夏天太阳高度角大，遮阳系统要能遮挡阳光，冬天太阳高度角小，要保证阳光可直接照射进入室内。遮阳装置设于室外其效果要优于装置于室内。以悬挂的遮阳百叶为例，当采用外遮阳时约有 30% 的热量进入室内，而如果采用内遮阳的装置，进入室内的热量将增加到 60%。

8.2.6 太阳能建筑设计主动式太阳能利用技术

主动式太阳能建筑设计是以太阳能光电板、集热器、管道、散热器、风机或泵以及贮热装置等组成强制循环太阳能采暖系统，或是由上述设备与吸收式制冷机组成太阳能空调系统的设计方案，见图 8-20[1]。

主动式太阳能利用设计使人处于主动地位，使系统控制与调节变得方便、灵活，同时能够更加有效地利用太阳能。但是，这种设计一次性投资高、技术复杂、维持、管理工作量大，通常还要消耗一定量的常规能源，因此推广应用较缓慢。

采用主动式太阳能利用系统的建筑设计，首先要了解各种主动式集热系统及产生电的光伏太阳能系统之间的区别，只有当建筑师了解了各种太阳能系统装置及各种循环系统的性能后，才能充分发挥其潜力。从整体去把握太阳能系统与建筑之间的关系，协调各个工种的设计，在协调的过程中达到最优的结果。现将各种主动式太阳能利用系统介绍如下。

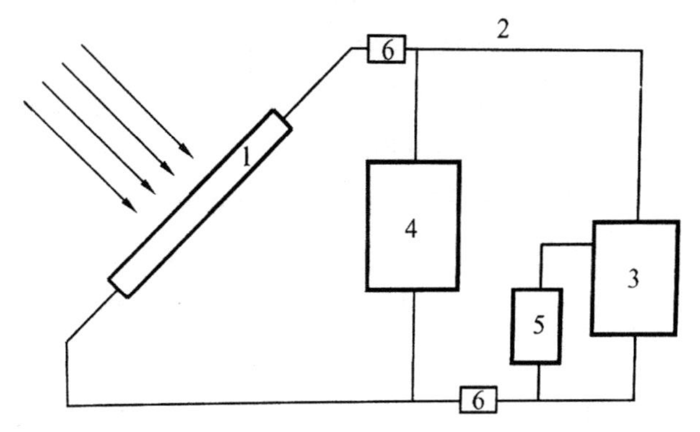

1- 太阳能集热器；2- 供热管道；3- 散热设备；
4- 贮热器；5- 辅助热源；6- 风机或泵

图 8-20 主动式太阳能系统示意图

1 王崇杰，薛一冰 . 太阳能建筑设计 [M]. 北京：中国建筑工业出版社，2007：40.

1）太阳能热水系统

太阳能热水系统是利用太阳能把水加热的装置，这是目前在我国实际应用最多、技术最成熟的太阳能利用体系。太阳能热水器一般由集热器、储热装置、循环管路和辅助装置组成。按照太阳能热水系统运行方式可分为自然循环系统（图 8-21）[1]、强制循环系统（图 8-22）和直流式系统（图 8-23）三种，自然循环系统热水由上循环管进入水箱的上部，同时水箱底部的冷水由下循环管进入集热器，形成循环流动；强制循环系统水是靠泵来循环的，系统中装有控制装置，控制水泵的开关系统布置灵活，适用于大型热水系统；直流式系统是在自然循环和强制循环基础上发展而来的。在集热器出口处装有电接点温度计，控制电磁阀开关，将达到预定温度的热水顶出热水器，使其流入蓄水箱。

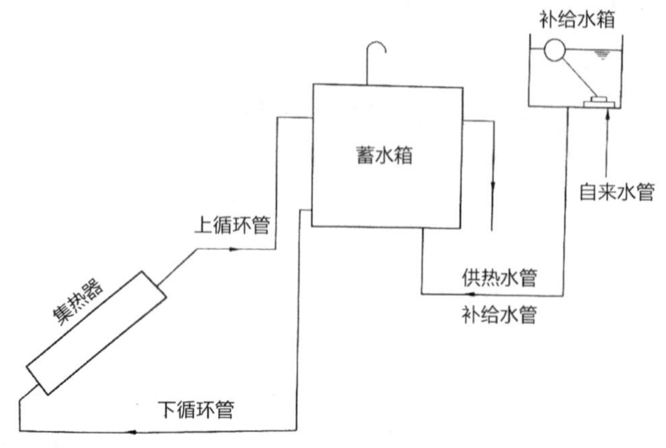

图 8-21 自然循环式太阳能热水系统

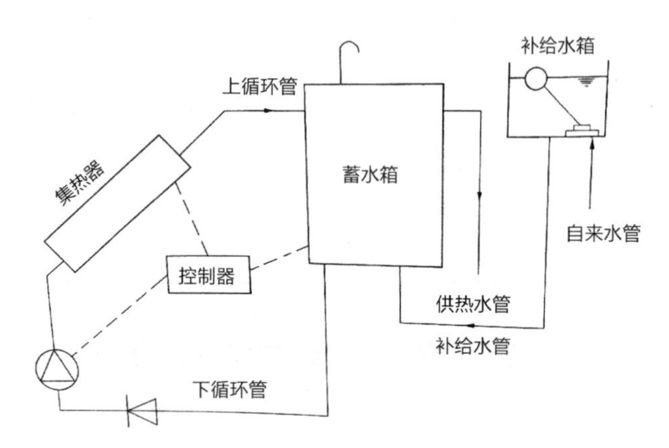

图 8-22 强制循环式热水系统图

集热器是热水器关键部件，它的作用是吸收太阳辐射并向载热工质（载热体）传送热量。集热器根据收集太阳辐射的透光面积（A）和吸收太阳辐射的吸收面积（$A_\circ$）之比的不同，可分为平板集热器（$A=A_\circ$）和聚光集热（$A>A_\circ$）。平板热水器因其结构简单，安装方便，成本较低而被普遍采用。

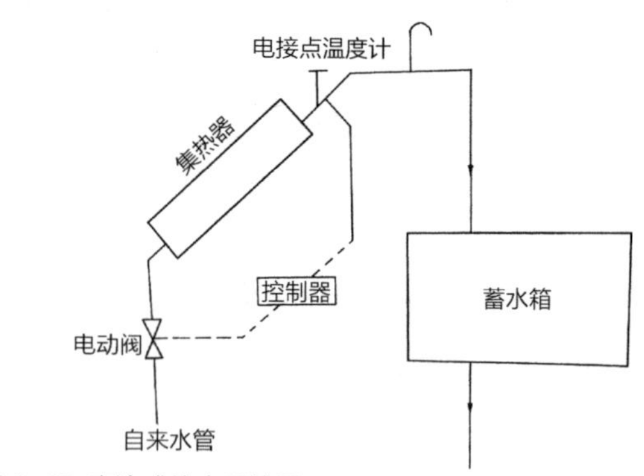

图 8-23 直流式热水系统图

热水器系统有分户系统和集中供热系统两种，结构有水箱与集热器二者一体的和分体的两种结构。分体结构为太阳能热水器与建筑结构一体化设计提供了可能。太阳能集热器可作为装饰性天窗与斜屋面一体化，水箱就至于夹层或阁楼里。分体式结构，可以结合建筑物的南墙接收太阳能，热管集热器放置在自家的南阳台外或挂在窗间墙上，水箱挂在南阳台侧墙上，分户使用，它能彻底解决高层建筑屋顶面积不足而无法利用太阳能的缺陷。

1 王崇杰，薛一冰 . 太阳能建筑设计 [M]. 北京：中国建筑工业出版社，2007：97-98.

2）太阳能采暖系统

主动式太阳能采暖系统包括集热器、蓄热器、管道、风机、水泵等设备，主动地收集、储存和输配太阳能。对于主动式太阳能供暖系统，首先应考虑采用热媒温度尽可能低的采暖方式，所以地板辐射采暖最适宜于太阳能供暖。太阳能供暖系统可以用空气，也可以用水作为热媒，两者各有利弊。但综合比较，太阳能供热系统热水集热器为佳。

太阳能供暖系统宜采取区域供暖系统，它可与季节性储热结合，从而可将太阳能供热率大大提高。

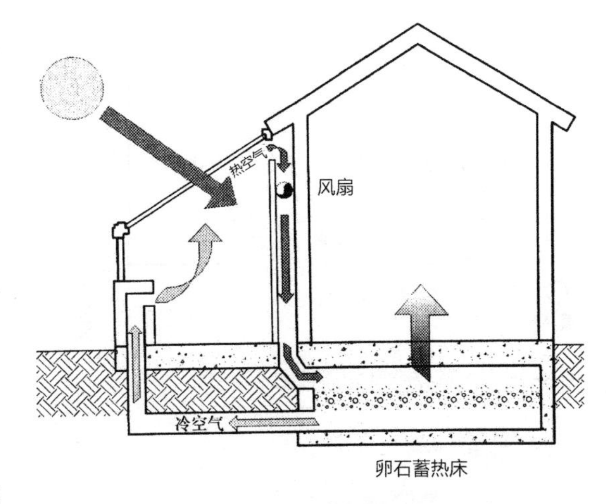

图 8-24 主被动相结合太阳能空调系统

太阳能采暖系统有热风集热式供暖系统、热水集热式地板辐射采暖兼生活热水供应系统及太阳能空调系统三种。

（1）空气集热式：热风集热式供暖系统是用空气做媒介，也可称为“太阳能空气采暖”，空气加热后容易导热，空气是一种不活跃的热导体。收集器置于屋顶，热空气通过导管传送到地板，类似于北方的“热炕”，用于地暖；它是常被设计采用的一种方式。

太阳能空气采暖，根据是否利用机械的方式获取太阳能，无需机械设备的太阳能空气采暖称为被动式太阳能采暖、设计；反之，则称为主动式太阳能采暖设计，被动式太阳能技术投资低、效果好，能节约大量的化石能源。通常采用主、被动相结合的方式，见图 8-24[1]，利用风扇将阳光间的暖空气送入室内。

（2）热水集热式：太阳能热水采暖是以太阳能为热源，通过集热器吸收太阳能，以水为热媒，进行采暖的技术。传统的供热方式都是散热器采暖，暖气片布置在房间墙边，这种方式室内温度不均匀，供热效率低，热气对流有二次污染，暖气片布置影响房间使用和美观；如今采用太阳能地板辐射采暖方式，它有不少优点：舒适性好，适用范围广，可分室计量，卫生条件好，高效节能，不占房间面积，使用寿命长，一般在 50 年以上，故如今被广泛采用。

热水集热式地板辐射采暖兼生活热水供应系统是将太阳能集热器放置在屋顶上。系统有集热循环水泵、辅助蓄热水箱、供热水箱、采暖循环水泵等装置，热媒水通过盘管向房间散出热量，循环加热使用，见图 8-25。

太阳能空调系统可以兼有供暖、供冷功能，也可以只有供冷功能。在有丰富的浅层地下水资源的地区，可利用太阳能、地热能热水供暖空调系统。

（3）太阳能光电系统

太阳能光电系统，全称为太阳能光伏发电系统，英文名 Photovoltaic，因此简称 PV 系统。太阳光发电就是无需通过热过程直接将光能转变为电能的发电方式，它包括光伏发电、光化学发电、光感应发电和光生物发电，光伏发电是利用 PV 系统将太阳的辐射能光子通过半导体物质转变为电

1 王崇杰，薛一冰等 . 太阳能建筑设计 [M]. 北京：中国建筑工业出版社，2007：25.

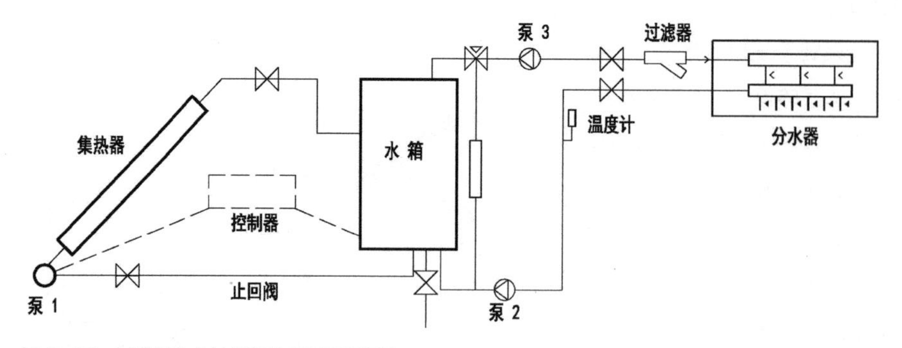

图 8-25 太阳能热水地板辐射采暖系统图

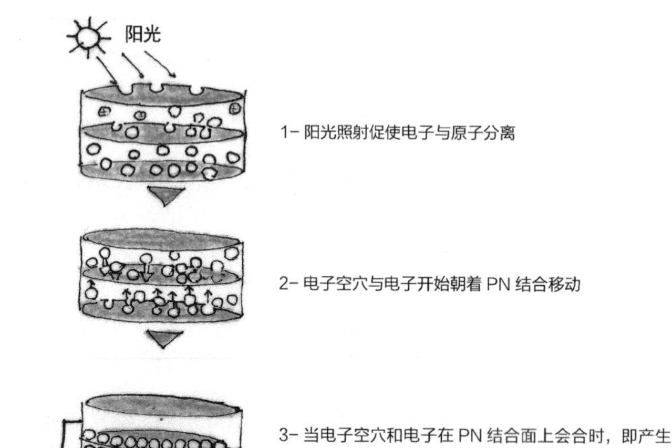

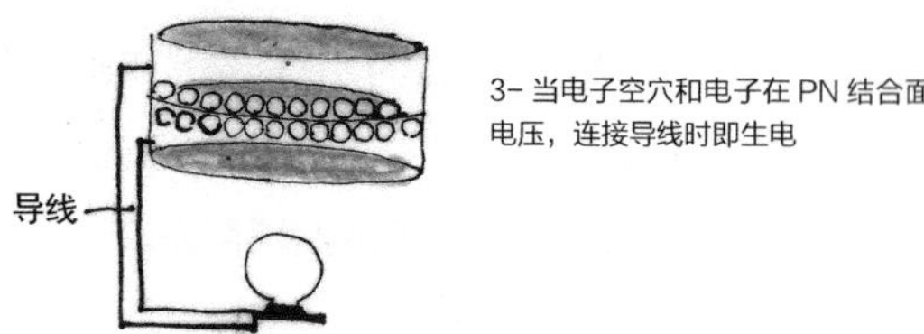

图 8-26 光生伏打效应示意图

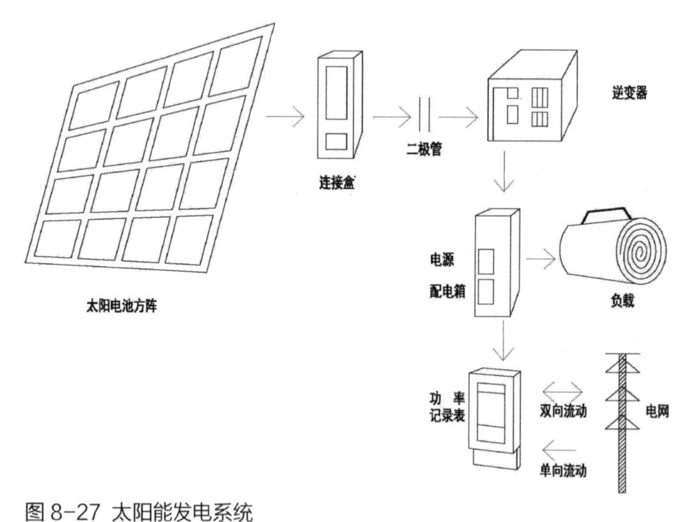

图 8-27 太阳能发电系统

能的系统（图 8-26）[1]。实质上，它是利用太阳能电池组件将太阳能转变为电能，并存储到蓄电池作为供电来源。白天，太阳能电池组件接收太阳能，输出电能，向蓄电池充电；夜间，蓄电池输出电能向家庭供电。若把 PV 系统与公用电网相连，则称为并网系统，见图 8-27[2]。

光伏发电是当今太阳光发电的主流，它无需能源供应、无环境污染、无噪声，几乎不需要维护；它与建筑物完全结合，可以发电又能作为建筑物件的一部分，使物质资源充分利用，发挥多种功能，有利于降低建筑建设费用。

PV 系统也可与太阳能热能应用系统结合，应用于同一建筑，有利于积极主动地解决建筑耗能问题。这类建筑采用太阳能采集模块，把太阳能转化为电能的同时，保留普通太阳能系统供热、供暖的功能，可完全满足建筑自身的能源需要，而且还可能产生过剩能源（并网后供其他用户使用）。这样“零能耗”“能源过剩”建筑就可能产生。

1 王崇杰，薛一冰等 . 太阳能建筑设计 [M]. 北京：中国建筑工业出版社，2007：126.
2 同上，128.

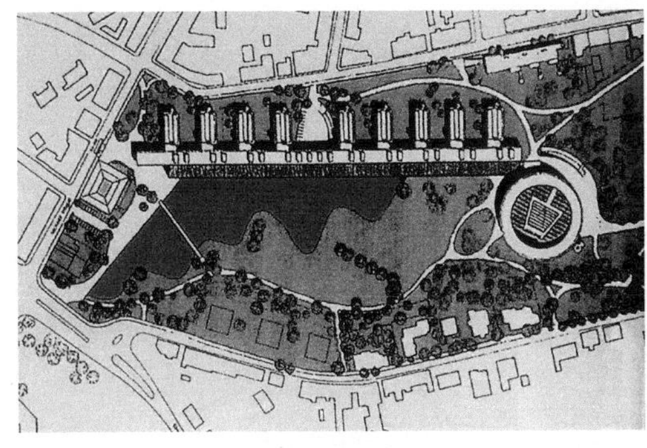

(a) 总平面

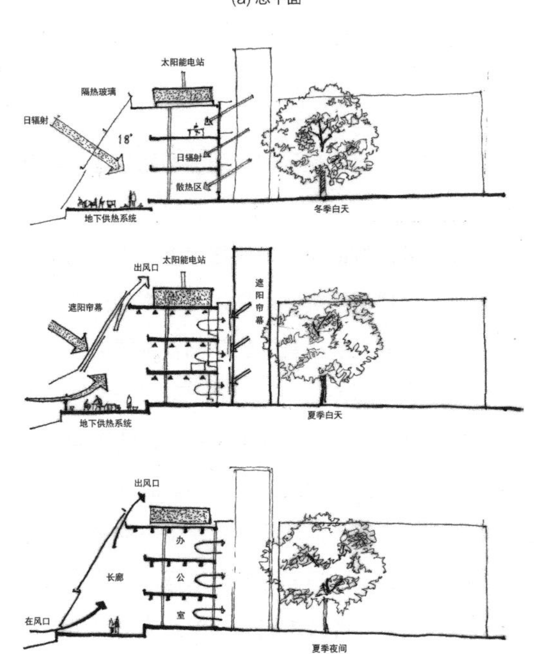

(b) 剖面

(c) 室内

图 8-28 盖尔森基兴日光能科技园

例如，德国盖尔森基兴日光能科技园是欧洲最大的工业园，它致力于创造一种完全不同于传统科技园的工作环境，在屋顶上设置了全世界最大的太阳能发电站，可提供 40 个四口之家的用电，在整个运行寿命中可以大大减少 CO_2 的排放量。该工业园的建筑设计，充分考虑了当地的气候条件因素，主导风从西侧过来，有利于自然通风的形成。长廊西侧由计算机控制的窗帘作为遮阳的设施，防止西晒。长廊西侧的玻璃幕墙可以通过机械装置开启，就像大型推拉窗一样，不同的开启方式可以使冬天或夏天形成不同的通风模式，见图 8-28[1]。

综上所述，主动式太阳能利用系统可提供建筑所需的各种能源，其中光伏发电系统可提供建筑所需要的所有能源，包括冬季采暖、夏天空调用电能、家庭电能、洗浴用热能以及厨房用热能和电能；太阳能热水系统可提供洗浴用的热能和厨房用的热能；太阳能供暖系统可提供冬季采暖、洗浴用的热能以及厨房用热能和电能；太阳能空调可提供冬季采暖、夏季空调用电能和洗浴用热能，合理采用主动式太阳能利用系统，有利于建筑的可持续发展。

8.2.7 太阳能建筑一体化

1）应用阻力

太阳能热水器在我国应用的初期，很多新建住宅小区是不允许用热水器的，因为它放在屋顶上，影响建筑形象，规划部门也不同意。20 世纪 90 年代，南京月牙湖花园住宅区的设计就经过这一经历。这个小区是南京第一个小康住宅示范工程，曾得到 10 个奖项，但是由于建设方缺乏“节能”和“生态”的概念和意识，

1 周浩明，张晓东 . 生态建筑——面向外来的建筑 [M]. 南京：东南大学出版社，2002：126-127.

（a）某总部大楼

（b）某办公楼

图 8-29 拔风烟囱在立面上的表现

开发商不同意使用热水器，认为屋顶上放置热水器装置不好看，这就是当时太阳能利用与建筑美观的矛盾，造成了一些遗憾。

事实也是这样，应用于建筑的技术，始终是脱离不了形式问题的。开始时技术性的物质构件可能与建筑形式语言尚不能沟通，彼此陌生，达不到与建筑形式协调与统一，被认为它影响甚至破坏了建筑美的形象——应该说，这是常规的建筑形象。但是技术的发展毕竟为建筑的发展提供了新的可能和根据，包括建筑形式的发展。当技术走向成熟，完成其物质使命的同时，也可以升华为建筑美的一个新的重要的元素，进而产生新的建筑形式美。建筑技术的美，促使创造新的建筑形象，这个新形象不是追求形式“奇”“特”的结果，而是现代的、技术内在美的外在表现。纵观建筑艺术的发展史，古罗马时的大穹顶，哥特时期的飞扶壁，中国古代建筑中的斗栱，都是由一种技术手段为建筑利用的，逐步发展成为建筑新形式美的一个重要元素，由技术层面走向艺术层面，从而成为人们欣赏、喜爱的建筑艺术形象。与其他技术影响建筑一样，太阳能技术当其成熟完成其物质使命后也可升华为建筑美，成为建筑新形式美的重要部分，进而使太阳能技术从技术和美学两个方面融入到建筑设计中。太阳能利用是一种独具魅力并且创造建筑所需能源的先进的技术方式，而且它能广泛地适应各类型建筑物。在建筑设计中按照各种情况巧妙地应用它、设计它，可以产生各种独特的建筑形式，大大丰富建筑形式新的建筑语言。图 8-29[1] 所示的两例，都把增进自然通风的拔风烟囱在建筑立面上表现出来了，也是很美的。

2）太阳能建筑一体化内涵

太阳能与建筑一体化就是将太阳能利用的系统，如太阳能热水系统、太阳能采暖系统及太阳能光电系统（PV 系统）作为建筑设计的一种新体系纳入建筑设计领域，实现与建筑设计同步设计、同步施工、同步验收及同步运营，从而实现二者的完美结合，达到太阳能建筑一体化的目标，既能做到建筑节能，又能增加建筑的美感。

3）太阳能建筑一体化途径

太阳能利用与建筑一体化需要建筑与太阳能两个行业的设计者、研究者、生产者和安装者的共同

1 周浩民，张晓东 . 生态建筑——面向外来的建筑 [M]. 南京：东南大学出版社，2002：92，99.

图 8-30 太阳能热水器与建筑屋面一体化

图 8-31 美国芝加哥太阳能大厦

合作，为二者一体化相向创造结合的条件。太阳能利用系统已成为 21 世纪建筑物不可缺少的功能要素，它是 21 世纪可持续发展建筑的不可缺失的必然构成要素。那么，它存在的形式就构成了建筑的整体的一部分，因此，我们建筑师对太阳能利用于建筑要进行积极的探索，在设计可持续发展建筑时，要从传统、常规的建筑思维中，增加“太阳能利用技术性思维”。从科学技术的角度出发，捕捉太阳能利用技术与建筑功能、建筑结构、建筑构造、建筑设备及建筑造型的内在联系，寻求太阳能利用技术与建筑形式美的融合，将工业技术及高度复杂的“软技术”以建筑造型艺术的形式表现出来，新技术与艺术的结合，体现当代机器美学的特点。太阳能热水器应用于建筑在我国较早，现在很多住宅楼、教学楼将太阳能热水器与向阳的坡屋面结合起来,建筑屋顶就像是温室一样，形成了一道新的城市风景线（图 8-30）。如住宅楼、教学楼应用太阳能热水系统，将它置于坡屋面上，与南面屋面结合，达到了太阳能技术与建筑艺术的结合。不仅如此，它还能节省屋顶的保温材料，有利于节约成本。

一些建筑师也将太阳能 PV 系统装置与建筑有机结合，成为建筑构成的一部分，作为新技术来表现，设计了一些个性化的富有特点的建筑形象。在此可介绍一二，供参考。

（1）美国芝加哥太阳能大厦（Chicago Solar Tower）

该大厦由佐卡佐拉（Zokazola Architects）建筑设计公司设计，建于“风之城”——芝加哥。该大厦外立面装置有多个圆形太阳能收集器，可全天候跟踪太阳的方向旋转，固定在跟踪装置上的太阳能电池板发电量增加 40%，甚至太阳能电池板在遭到风压时还能将它转换为清洁能源。该大厦创建了高层建筑的新形象，它已开工建设，但因经济低迷拖累了竣工日程（图 8-31）[1]。

（2）中国“日月坛微排大厦”

这座名为“中国日月坛微排大厦”的太阳能大厦，建于山东省德州开发区内，总建筑面积 75000m^2，集展示、科研、办公、会议、培训、宾馆等功能为一体，采用全球首创太阳能热水供

1 北极星太阳能光伏网 . http://www.aaart .com.cn/cn/cailiao, 2013.3.26

图 8-32 中国德州“日月坛微排大厦”

图 8-33 上海世博会中国馆

应、采暖、制冷、光伏发电等与建筑结合技术，是目前世界上最大的集太阳能光、热、光伏、建筑节能于一体的高层公共建筑，可称为“中国太阳谷”。它是目前全球最大的世界级可再生能源研发检测中心、低碳生态人居示范中心、世界级可再生能源培训中心等九大中心所在地（图 8-32[1]）。

“日月坛微排大厦”在建筑设计中融入了先进的绿色设计理念，整个建筑处处渗透着节能环保的构思。

日月坛微排大厦是 2010 年第四届世界太阳能大会的主会场。它把太阳能综合利用技术与建筑节能技术相结合，突破了普通建筑常规能源消耗巨大的瓶颈，综合应用了多项太阳能新技术，如吊顶辐射采暖制冷、光伏发电、光电遮阳、游泳池节水、雨水收集、中水处理、滞水层跨季节蓄能等技术，将多项节能技术的应用发挥到了极致。

日月坛微排大厦的设计灵感源于释放光辉和热量恩泽万物的太阳及中国古代的计时工具“日晷”，寓意能源替代不断前进及时间的紧迫感。

（3）上海世博会广泛地应用了各种太阳能技术利用系统，如中国馆 60.6m 观景平台四周挑檐的中央部分采用双面透光中空玻璃单晶硅组件，每边 88 块，共 352 块，铺设面积约 1000m^2，使太阳能电池组件成为整体建筑中不可分割的建筑构件和建筑材料，实现了太阳能技术与建筑一体化（图 8-33）[1]。

此外，上海世博会主题馆也是太阳能建筑一体化的实例。该建筑 291m × 220m 的巨大屋面为太阳能光伏发电系统的规模化应用提供了天然的场地条件。工程采用光伏建筑一体化设计，结合菱形屋面造型结构，建设太阳能光伏发电系统，重点展示了太阳能光伏发电系统的规模化应用和建筑一体化的设计理念，如图 8-34[1] 所示。

1 北极星太阳能光伏网 . http://www.aaart . com. cn/cn/cailiao, 2013.3.26

图 8-34 上海世博会主题馆

从上述案例可以看出，太阳能技术的进步是推动太阳能建筑发展的直接动力。所以，对太阳能建筑表现形式的探索不能完全与技术分离，先进的太阳能技术既是解决问题的工具，又是时代感的象征。太阳能建筑的设计不能仅从形式、风格样式出发，还要从技术出发。当今和未来的建筑，科学技术含量一定会不断提高。建筑的科学性也在不断增强，建筑将是科学、技术、人文、艺术的大综合。

8.3 生物气候建筑

8.3.1 生物气候建筑的兴起

人、自然、建筑三者关系是人类历史进程中一个永恒的话题。在自然对人们影响以及建筑与自然的关系中，气候是最基本、最关键的要素。即在人和建筑所面临的各种自然环境要素中，气候要素起着主导作用。人类的发展进化就是一个不断适应自然和改造自然的过程，其中一个重要的因素就是大自然气候条件的差异，对不同区域人种的培育及对不同区域的建筑特征的形成产生着极为重要的影响，可以说是气候造就了建筑，建筑是人类适应自然气候的产物，即建筑因气候而产生，建筑也因气候而发展。

因此，可以明了，建筑产生的首要目的是源于对自然环境中不利因素的防护：包括气候（灾害）、异族与野兽等，而气候要素是主导的要素，现代建筑学将建筑对气候的适应归纳为两个方面："用"与"防"的结合。建筑的产生就是源于对不利气候的"防"的开始。勒·柯布西耶（Le Corbusier）曾就建筑的目的论述道："一所住宅，是一个防热、防冷、防雨、防贼、防冒失鬼的掩蔽体，是光线和阳光的接收器。"所以，设计著名伦敦船楼的英国建筑师拉尔夫·厄斯金（Ralph Ergkin，1914—1987）就说："若没有气候问题，人类也就不需要建筑了。"

可知，人类的建筑活动始终是为防不利的气候条件，为自身创造生存与生活空间外壳而开展的，所以人类从没有停止过对气候、对建筑形成与发展的研究。早在公元前 32 年，在维特鲁威所著的《建筑十书》中，第六节开篇就是《建筑与气候》，历史上传统建筑对气候问题都是认真对待的，都表现在建筑设计和建造中。世界各地的民居就是人类在与自然气候的长期防范抗衡过程中对住居形态不断优化的结果。自古以来，这些生长于不同气候风土上的传统民居，就表达出高超的建筑智慧，创建了适应不同地区特定气候环境的“遮体”，这是各地传统民居形态差异所导致的。

在现代建筑设计中，常规的设计也将气候因素——采光、通风等作为设计的基本的要求，现代主义建筑同样表现出对自然环境与地域的充分尊重，并使之成为现代主义建筑设计理性的一个基点。为什么 20 世纪下半叶又特别重新提示了建筑与气候的关系问题？国际建筑师协会主席路易斯 · 考克斯（Lewis Cox）2009 年在世界建筑日（10 月 5 日）发表书面讲话时说：“今年建筑日的主题是以建筑师的能力应对全球危机。当今世界正经历着前所未有的环境危机、气候危机、金融危机和社会危机，这促使我们对一系列的问题进行紧急反思，并找到全新的解决办法。”

这个“全新的解决办法”意味着什么？这种“全新的办法”绝不是“权宜之计”的办法，而是一个全新的革命性的适应低碳经济时代的建筑发展的新方式、新道路及一条可持续发展的建筑道路。

进入 1960 年代，随着绿色运动、生态运动的兴起，建筑界开始全面理性地审视、反思建筑与气候的关系。发端于欧美国家的生态建筑研究就将地球气候与建筑的关系作为重点关注。英国建筑师 G · 勃罗德彭特在其所著《建筑设计与人文科学》一书中论述了人文学科与建筑设计的内在关系，阐述了一些新兴学科对建筑设计方法的促进，并总结了四类建筑设计方法。其中实效性设计是最原始的方法，它就是在满足人的需要和如何适应自然环境之间寻找实效的方法。气候因素是促使人建房屋的主要因素，适应气候建房是最原始的理念，无论是原始的穴居、巢居、还是进入文明时代各地域的民宅都表现出建筑适应地域气候要求的特征。古今中外，都是如此。只是到了工业革命以后，随着建筑材料和建筑技术的发展进步，人可以按照自身的需要，依据现代的技术，创造舒适的所谓恒温恒湿的人工热环境，而逐渐忽视气候因素的作用在建筑设计中的重要性，走上了迷信空调、机械通风的道路，造成了大量能源的消耗。20 世纪 70 年代初，由于世界石油危机和环境危机，促使人们重新认识到建筑结合气候设计的重要性，开始引入气候建筑研究。最突出的是 1963 年 V · 奥戈雅（Vicler Olgyay）的《设计结合气候：建筑地方主义的生物气候研究》（*Design with climate: Bioclimatic Approach to Architectural Regionalism*）一书，首次系统地将设计与气候，地域和人体生物舒适感受结合起来，提出生物气候设计原则，即通过建筑设计、构造措施来控制一些气候因素对建筑及使用者不利的影响，标志着生物气候地方主义理论的确立。在此背景下，很多建筑师都在进行积极的探索，建筑的气候性能（Characteristics）问题引起了人们前所未有的高度关注，各种针对气候利用的新观念，新技术应运而生，生物气候建筑也就随即问世。

8.3.2 生物气候建筑设计理论与实践

生物气候学（Bioclimale）是研究气候条件与生物生存之关系的学科。生物气候建筑（Bioclimatic Architecture）：在一定条件下，创造使人产生生物舒适性的建筑，即创造像生物一样适应气候变化的建筑。其目标是通过设计控制气候，创造低能耗、高舒适度的建筑。具体就是当建筑室内需要热量时，使室外热量能传入室内，不需要时，能拒绝室外热量传入室内；尽量保持室内热源热量，同时也能很快排出室内热源热量，达到室内“气候平衡”。

生物气候地方主义设计理论主要是把满足生物气候地方主义设计理念与人体的生物舒适感觉作为建筑设计的出发点。以往的常规设计虽然也关注环境要素，但都是一味孤立地以人为中心强调创造人工舒适气候，与自然气候抗衡，以“防”的手段避开不利的自然环境的影响。而生物气候学建筑设计就是要转向追求人工气候与自然气候的和谐共生，将建筑对气候的“利用”作为设计追求的目标，使建筑设计进入一个更高的层次和一个崭新的阶段。生物气候地方主义设计理论注重研究建筑形态与地域气候以及人体生物感觉之间的关系，认为建筑设计应该遵循：气候→生物（舒适）→技术→建筑的过程。生物气候学建筑的理论基础在于本土化建筑，遵循建筑所处的具体环境特点，使建筑运营低成本、低能耗，又最舒适、健康。生物气候学建筑具备生物体的有机特性，能不断地自我调节，不像普通建筑那样依赖于机电系统。它在没有复杂的人工设备的情况下，既要利用自然的气候因素，还能适应气候特点，适应自然界每时、每刻、每季都会发生的温度、日照、光线和风力的变化，还要能够适应建筑物内人流密度、空间分隔和服务要求等变化——它们就是要通过建筑“外皮”的不断调节来满足使用者舒适、健康而又节省能耗的要求。建筑“外皮”调节的基本方法是建筑外墙面有些部分必须能自如开闭（≥ 1/4），大部分区域能自然采光（≥ 1/3），并且 1/3 要能自我调节。因此外围护墙结构必须是多功能的，将窗户、百叶、墙身及遮阳、雨篷等组合成一体，发挥透光、遮阳、蓄热及通风等多重作用，它对于节约能耗有着关键作用。

生物气候学设计理论另一个设计出发点就是追求在设计中尽可能运用低能耗的被动式技术与当地气候条件相结合，尽量利用气候中的有益要素，从而在降低常规设计传统能耗的同时，提高空间环境的舒适度。尽管生物气候学设计并不能完全代替建筑中的设备与系统，更不能免除能量的输入，但如果建筑中考虑了生物气候学设计，就可以全面调动外界气候中的有益要素，把一年中不需要耗能设备的时间延长，即使在使用这些设备的情况下，也会降低传统能耗。

在生物气候建筑的探索实践中，重点是探索建筑如何适应气候？建筑如何利用气候来进行设计，以达到建筑空间环境舒适而又节约能耗的目标。

印度属于干热气候地区，印度建筑师查尔斯·柯里亚（Charles Correa）提出了“开敞空间”（Open To Sky Space）和“管式住宅”（Tube House）两个新观念，都是为了解决建筑的遮阳和通风。“开敞空间”就是有意创造有阴影的室外或半室外的灰空间，以适应印度干热气候，为市民创建体感舒适的城市公共活动场地。由柯氏设计的圣雄甘地纪念馆（建于 1958 ~ 1963 年），实质上就是由一组严谨有序的空间场组成，它就是传承了存在于印度德里等地伊斯兰清真寺中大面积水体化的开敞空间（图 8-35[1]）。在这里由绿荫和沥沥的池泉创造了宜人的小气候，前章提到的“管式住宅”是把烟囱拔风原理应用于剖面设计中。在低层高密度的住宅群中，它既可创造小型化的阴影户外空间，又有效地解决了室内空气流通的问题，并产生了直接反映气候特征的建筑形象。虽然在建筑实践上他应用了现代的材料和构造技术，

图 8-35 印度圣雄甘地纪念馆

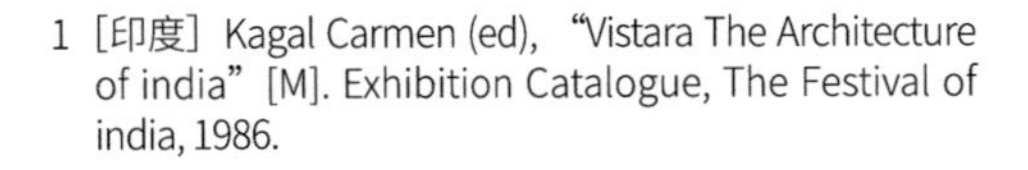

1 ［印度］Kagal Carmen (ed), “Vistara The Architecture of india” [M]. Exhibition Catalogue, The Festival of india, 1986.

但其本质和印度历史上的地域技术如出一辙。在当今环境气候危机挑战面前，他寻找到一种继承文脉的理性思路，应用生物气候学理念来进行建筑设计，而不是符号的借取。柯氏认为，在热带气候条件下，空间本身就像钢筋水泥一样，也是一种资源。建筑的概念决不能只由结构和功能来决定，还必须尊重气候，他甚至提出了“形式追随气候”（Form Follows Climatic）的理念。

图 8-36 新加坡展览塔楼

近年来，马来西亚建筑师杨经文（Ken Yeang）对热带气候地区高层建筑的生物气候学设计研究成就举世瞩目，他运用生物气候学原理，在高层建筑设计中引入热缓冲层等设计理念，通过设置空中绿网，凹入的过渡空间、屋顶遮阳隔片等手法，以此尝试在施加节能手段的同时，建构舒适微气候，创造了既带有热带地域色彩又充满现代人文气息的建筑形象，并缓解了炎热气候对室内舒适环境的不利影响，节省了大量的能耗。其代表作就是吉隆坡梅拉纳（Menara）商厦和新加坡展览塔楼（图 8-36[1]）。

新加坡展览塔楼设计插入凹进的平台空间和向室内开敞的空中庭园；出挑的遮阳板和斜坡通道通向各楼层，以实现摩天大楼竖向空间的自然过渡；选用最适宜的植物重建了原有的生态系统，绿色植物沿坡道攀升，跨越纵向空间，使大楼上下都披上绿装。

大厅通过植物调节气候，通过活动的遮阳板和主导风向平行的风墙把凉风引入空中庭园和室内空间，而使空调使用降低至最小程度。太阳能光电系统的使用减少了电耗。

杨经文在高层建筑设计上结合热带气候，尝试节能，充分利用气候自然要素，建构建筑室内的微气候。他就称之为生物气候学（Bioclimatic），具体设计可分解如下：

（1）将电梯、卫生间等服务空间布置在建筑物外层，减小太阳对中部空间的热辐射；

（2）高层建筑表面绿化或在中部引入绿化开敞空间，减轻高层建筑的热岛；

（3）设置不同凹入深度的过度空间来塑造阴影空间（灰空间），并使遮阳与绿化相结合；

（4）采用“二层皮”（Double-skin）的外墙，形成复合空间或空气间层，这一技术在热带和寒带都有理想的保温隔热作用；

（5）在屋顶设置遮阳隔片，其角度根据不同时段和季节而变化，结合屋顶花园（游泳池）改善热工；

（6）外墙设计遮阳，并成为建筑造型的语言；

（7）利用上下贯通的中庭和“二层皮”间的烟囱效应，创造自然通风系统；

（8）外墙水雾喷淋。

杨经文的生物气候学建筑设计主要是在设计中运用被动式低能耗技术与当地气候和气象资料相结合，从而降低能耗，提升室内空间环境的舒适性，从而提高生活质量。其具体的设计是建筑师通

---

1 弗兰姆普敦，张钦楠 . 20 世纪世界建筑精品 1000 件 第 8 卷南亚 [M]. 北京：生活・读书・新知 三联书店，2020：190.

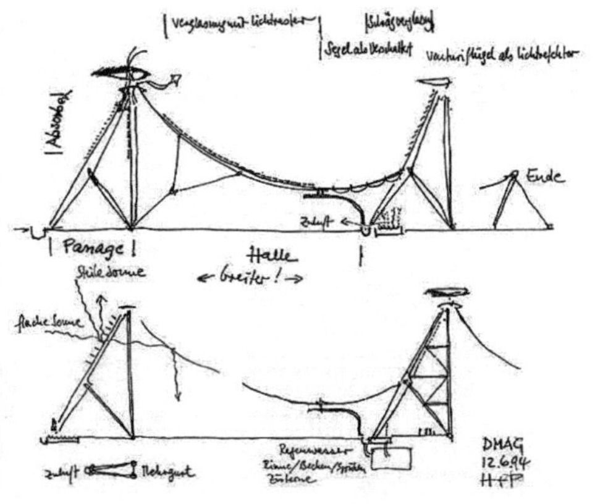

图 8-37 2000 年德国汉诺威博览会 26 号展馆

(a)

(b)

图 8-38 澳大利亚让—马利·特吉巴欧文化中心

过建筑外形的塑造、材料的选择等完成，而不是通过电器设备和系统来完成。

此外，对生物气候学建筑设计的探索在很多国家已完成不少实际作品，如 2000 年德国汉诺威博览会 26 号馆（图 8-37）[1] 及澳大利亚特吉巴欧文化中心等建筑都是建筑适应气候，利用气候进行设计创新之例。

26 号展馆是由托马斯·赫尔佐格为 2000 年世博会设计的“第一件展品”，它的设计体现了这次博览的主题：“人—自然—技术”。巨大展览厅长 200m，宽 116m，布置成三跨。建筑大部分区域都能自然采光，同时又可避免太阳光的直射，明亮但不耀眼，同时也能自然通风。

澳大利亚让—马利·特吉巴欧文化中心（图 8-38）[2] 由伦佐·皮亚诺设计，基于岛上炎热气候的特点，文化中心采用被动式制冷系统，进行风洞实验，每个容器开放性的外壳可将来自海上的风传递到室内。气流通过百叶天窗的开合，进行机械控制，从而改善室内风环境。它用三组“房屋”

1 ［德］ H·M. 纳尔特 . 德国新建筑 NEW BUILDINGS AND PROJECTS ARCHITECTURE IN GERMANY[M]. 大连理工大学出版社，2002：126-127.

2 弗兰姆普敦，张钦楠 .20 世纪世界建筑精品 1000 件 第 10 卷东南亚与大洋洲 [M]. 北京：生活·读书·新知 三联书店，2020：421，424.

形成流通脊梁各向灿烂缤纷的花园开放，它用现代技术延伸了传统形式。此外，这个文化中心的建筑外形设计成开放的圆弧形，以迎合主导风向。

8.3.3 建筑设计与生物气候学

8.3.3.1 气候及其类型特点

地球上的气候根据其受海洋和陆地影响的程度，可分为大陆性气候和海洋性气候两种。由于海洋的调节，冬暖夏凉的气候称为海洋性气候（Oceamic climate）；没有海洋调节，冬冷夏热的气候称为大陆性气候（Continental climate）。全球大陆性气候主要分布在北纬 30° 至北纬 45° 之间的陆地板块东岸，其中以我国东部和美国东部最为典型，我国尤甚。

我国疆域广阔、地形复杂，南北跨越寒带、温带及热带多个气候带，气候分布复杂，类型多样。然而从全局来看，我国大部分地区气候的大陆度数值都很高，包括濒临海洋的东部沿海地区，由于冬季气流由陆入海，因此即使我国东部沿海地区也并未受到海洋的太大影响。冬季内陆风又十分强大，控制时间也长，而来自海洋的夏季风控制时间不过 2 ~ 4 个月，从而导致我国这些沿海地区也属于大陆性气候。因此我国成为全球气候大陆度最高的地区之一。

我国气候有三大特点：一是冬冷夏热，此现象十分明显，范围广泛，从华北到江南都是此状；二是季风气候（Monsoon），即全年主导风向呈季节性变化，我国大部分地区夏季主导风向盛行东南风和南风，而冬季盛行西北风；三是雨热同季，夏季同时也是雨季，全年的降水主要集中在夏季。雨热同季对人体的舒适感有一定的负面影响，使人感到闷热。这在我国长江中下游流域地区表现得尤为明显。在建筑上也会得到明显的表现，以下分述。

8.3.3.2 气候对建筑的影响

1）气候因素对于建筑选址方位的影响

气候对建筑的影响也与其对人体的影响一样，主要影响的气候因素是温度、湿度、光照、降水、风速、风压等。这些因素综合对建筑的影响首先就表现在对建筑选址的影响。在选址上，常年流行的风向和太阳光的辐射首先是必须考虑的因素。它们对建筑的作用既有积极的影响也有消极的影响。选址时就要协调好这些相关的气候因素，使建成的房屋冬暖夏凉。冬季要保障有充足的太阳辐射照入室内，以提高室温，同时要避开冬季的主导风向——西北风；夏季也减少或避开太阳光照辐射进入室内，同时要使建筑迎向夏季主导风向，一般是东南向或南向风。

选址除了考虑气候因素外，也要综合考虑地形地段等地理因素。如果在平原地区，那么整个区域都会有相似的气候条件。在这种情况下，选址自由度较大；如果是处于山地或丘陵地域，海拔的不同以及是否临近水体都会对该区域的气候条件产生影响，从而影响建筑的选址。

对坡地或凹地地带，其不同区域会产生不同层次的气温和气流，较凉爽的空气易向低凹地带或斜坡聚集，对于丘陵地区而言，在山谷的斜坡上一系列冷空气与暖空气小的循环就产生了中间温度带。选址宜选在向阳的南面斜坡地上，前方有水源最为理想，因为南向地夏季迎主导风向（东南或南向），房前有水源，空气经过水面就变得凉爽，吹入室内就感到舒适。因为水体比陆地有更好的热容性，通常靠近水边的地方，冬暖夏凉，昼凉夜暖。这种效应依赖于水体的大小，水体越大，效果越明显。选址于南向山坡，冬季它又因北面靠山，挡住了冬季的主导风向——西北风，因此，这样的选择就充分利用了有利的气候因素——阳光和夏季的主导风，同时又避开了不利的气候因素——冬季主导风西北风。这就为房屋冬暖夏凉创建了有利条件。

与选址问题密切相关的就是方位问题。方位决定了建筑物的朝向，设计时朝向是必须首先考虑的基本问题。维特鲁威在他的《建筑十书》中就指出，良好的方位、朝向是一个城市或其重要建筑的基本原则。因为气候因素中的日照很重要，特别要关注平均辐射热量。为了择优而居，建房时必然要选择在冬季低热时段有充足的太阳热量辐射，而在过热时段（夏季）有较少热量辐射的位置。因为就一般的坡地而言，同等强度的日照南向坡度比水平地区要早到达几周。

一般建筑朝向选择主要关注太阳辐射的大小，希望能在冬季较冷的时段获得较多的太阳辐射，夏季较热的时段获得较少的太阳辐射。这就需要对于建筑所在地区气候因素中的太阳辐射因素进行研究分析，选定最佳方位。在实际情况中，建筑和人处的热环境并不是完全由单一的太阳辐射造成的。热环境的产生、维持和改变还与一段时期内的空气温度的变化以及气流类型有着密切的关系。因此，近些年一些学者提出了“SOL-Air”理论，用以综合分析气候因素对建筑方位朝向选定的影响。将“SOL-Air”概念应用于方位理论是因为人体对热的感受实际上是空气温度与太阳辐射共同作用的结果，为了最大限度地利用太阳辐射，对其热量的考虑就必须加上热对流的效果，使总体的温度测量值趋向舒适。

对于选址还要考虑气候的另一个因素，即降水的因素，建房选址时要避开容易积水、易被水冲刷到的地方，如山谷、凹地。因此，建筑选址一般选在地势高、易排水的地方，如山脊、山背等。

2）气候因素对建筑布局形体的影响

在自然界，外力对于物体形态塑造成的作用显而易见。物种只有调整它们的物质构成，适应内外力作用，协调与自然环境的关系，才能生存下去。有时从物质上讲，形体的信息阐述了造就它的外部环境，有时，外部环境的信息也能解说形体的构成原因。因此，形体的概念最终就是理解塑造它的外力演变的过程，就像形体是外部环境变迁的反应图表一样。

自然界的动物在其生长过程中，会长期受到外部环境变迁的影响，从而产生“基因变异”现象。而植物的生命则更倾向于受热环境的影响。在各种类型气候中，影响植物形态的气候因素与影响建筑形态的气候因素类似。如温度及湿度等，因为植物生命与人类对环境的需求有所类似。图8-39是不同气候带植物的断面及其形态。可以看出寒带、温带和热带植物应对环境的变化而改变开合其外表的方式。在寒带和热带干旱地区的植物外表就有很多相似之处，如植物茎干较肥厚而外表面较小，这是因为它们要抵御过冷或过热的外界环境的缘故。相对而言，温带植物可以随其季节环境的变化而改变外表，热带湿润地区的植物在规模和形式上就更加自由。

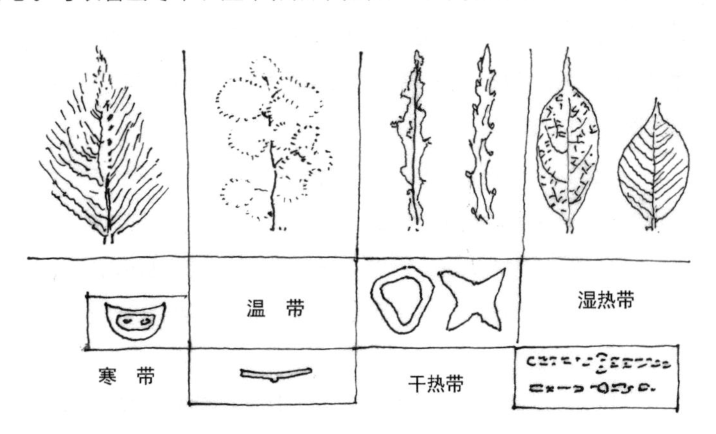

图8-39 不同气候环境下植物茎叶形态

建筑形态的形成也似如植

物，茎叶形态植物也源于环境空气温度和日照辐射的因素。最好的建筑形态应是在建筑特定环境中有着最佳的热工效应。建筑的得热来自建筑内部和外部两个方面，外部热量对建筑的影响是基本的，当室外温度低于人体舒适温度时，建筑需要充分利用外界太阳辐射得热来保持建筑物的室内温度在舒适范围内，当室外温度高于舒适温度时，建筑要采取散热和遮阳等措施，以防避太阳过多的辐射热。

建筑体型与太阳辐射的关系关键是体形系数，即建筑物表面面积与建筑体积之比（*S/V*）。体形系数是决定其热量得失的重要因素。建筑表面面积越大，通过它的热量得失就越多。在干热气候区，尽可能减少体形系数，因为这样可以最大限度地减少得热；在干燥寒冷气候区也应尽可能地减小体形系数，以最大限度地减少热量损失；在热带气候区，则应创造通风系统，在该地区没必要最大限度减少体形系数。

针对不同的气候地域，建筑设计一般都希望寻求一个相对最佳的建筑形体比例，最佳形体的准则是：冬季最少的热量损失、最大的热量获得；夏季最少的热量获得、最佳的通风体系。一般认为方形的建筑形体有最好的冬季阻热，夏季能维持凉爽的热工效应。因为方形建筑体以最小的外表面容纳了最大的内部空间，也就是它有最小的形体系数。其实，这也不是绝对的，它应是一个“弹性之度”。在长江中下游正方形的形体并不是该地区的最佳形体，冬季最佳建筑形体比为 1：1.3，夏季最佳建筑形体比为 1：3，这是因为冬季低温时间和夏季高温时间的比值为 1：3。

建筑物的形体取决于建筑物的空间组织形式。空间组织形式与当地风的因素紧密相关。有时需要采取一些保护性的措施来抵御恶劣的风的作用，而有时又要充分利用自然通风来营造舒适的热环境。垂直于风向的大体量建筑可以改变风向，并产生很长的风影区（在此范围内风速低于遇到障碍物前的一半），其长度相当于建筑高度的 15 倍。这种情况在寒冷区域和炎热的夏季风地区可能是理想的，但在湿热的气候区，需要自然通风时就不再理想。较高的建筑能引起局部气流的运动，这些气流可能产生不利影响，另外也加大了迎风面的冷风渗透。

我国东南沿海广大区域处于台风影响区，这些地区的民居建造在不同程度都适应了台风的影响。台风的基本特征是风力大、来得快、常常风雨交加，台风袭击对房屋破坏力很大。在长期适应自然的过程中，这些地区的人们积累了不少“抗风、防风”的建筑措施，形成了“藏风”“避风”“挡风”及“抗风”“诱风”等不同的对应方式。

“藏风”是这些地区建房选址的首要原则。多采取“坐实向虚”“顺应地形”的策略，往往选址在避风的山坳的开阔地方，利用山体作为抵挡台风的屏障；此外，还充分考虑建筑中环境的茳风条件，利用绿化手段，种植高大的常绿乔木作为防风屏障，它们可调节微气候，降低台风入侵的风速，减轻对房屋的破坏。

“避风”就是在建房时，充分考虑建筑布局、屋顶形式，以减少台风及其带来的强降雨对建筑造成的破坏，达到“避风”目的。

“挡风”是利用院落的围墙，一定程度上阻挡强风对房屋的直接冲击，利用石、砖砌筑的密实的围墙减弱台风的速度，改变风的方向。甚至利用两边凸出的厢房作为左右挡风的屏障，可以缓解强风对主屋的袭击。

“抗风”就是加强房屋的结构强度，加大房屋的“抗风”能力。

考虑到台风对建筑的影响，这些地区的民房体形都很简单，一般呈“一”字型或三合院式型，并且一般不超过2层，它们都是为了有利于“避风”“抗风”。屋顶都采用双面坡，其坡度成为屋顶“避风”“抗风”性能的主要因素，屋面坡度过大，对排水有利，但对抗风不利，一般在25°～30°的双面坡屋面整体的风吸力最小，有利于抗风。

上述传统民居应对台风影响的策略，对今天考虑生物气候学的建筑设计来说仍有较大的参考价值。

3）气候因素对建筑围护结构的影响

建筑作为人类居住环境的庇护所，是通过其自身的外围护结构和材料把人的室内活动空间与外界自然环境分割开来。它是“庇护所”的“过滤器”，对外界有利的气候因素加以利用，对影响建筑室内热环境的不利的气候因素进行防阻。

热量对围护结构体的作用是通过外围热源辐射与热对流的方式，其作用影响室内热环境效果与选择的材料热特性有很大的关系。建筑外围护材料的绝热特性有三种：材料的热吸收和反射率、材料的热阻以及材料的热容。

热量控制首先在于材料的表面的吸收性能和散热特性。在过热的环境下，那种反射比吸收辐射作用更强的，或者容易放出吸收的热量的材料，可以使室内保持低温。

最重要的热量控制方法，就是控制材料的热传递方式。它与建筑材料及外围护结构的构造密切相关。流动的空气导热性能最差，但是静止的空气又是最好的绝热材料，所以最好的隔热体是在外围护体中加入“空气层”，如“双层皮”墙中的空气层或多孔发泡材料、复合空心板等。

此外，热量控制还取决于材料的蓄热能力。材料蓄热能力越大，室内、外温度变化渗透过程越慢。这个“时滞”使热能储藏，待低温时释放，供夜晚使用。材料的“时滞”性能一般与材料的质量密切有关。因此作用效果与材料重量有关，重质结构比轻质结构每日热平衡性能要好。

4）气候因素对建筑造型的影响

气候因素（日照、降水、风、温度、湿度等）对建筑造型的影响也是非常明显的，世界被分为七大类型气候区，各大区由于气候巨大差异，为满足人类活动需要，其建筑形式之间也各有差异，从而也就形成特色各异的建筑。热带地区，热雨交混又潮湿，所以都采用干栏式建筑，亚洲马来群岛，我国的云南、贵州都采取这种形式：上层住人，室居高处，通风凉爽，同时也避免地面潮湿和野兽、蚊虫的侵袭困扰；下层圈养家畜或堆放杂物（图8-40）。热带雨林建筑最大的建筑特点是屋顶坡度大、易于排水；我国古典建筑屋顶的“反宇”做法，也源于气候因素，即对屋面排水的考虑。中欧、北欧的许多中世纪民居，为了减轻积雨的重量和压力，减少冰雪对房屋的破坏，建筑屋顶常设计成尖顶形式，以减少积雨。因为这里冬天时间漫长、降雨量大；气温高的地域，墙面窗户较小或出檐深远，以避免阳光直射；气温低的地方，南向窗户一般较大，以充分获取太阳辐射光，提高室内温度；在寒冷地区建筑北面窗要小甚至不开窗，以保持室内热量少散失，避免冬季寒风侵入；在海洋季风影响大的地区，台风、飓风等灾害天气频繁。因此，建筑都趋低矮平洼，外观简单，少有尖顶等突出部分。

图8-40 干栏式建筑

我国各地民居的形态也都充分体现出不同气候地区建筑气候学的设计，见表 8-1。

我国部分地区民居与气候的对应关系 表 8-1

地区	气候特征	建筑外观特征
北京 平原地区	亚热带 寒冷干燥	平面前堂后寝、中轴对称，布局规整，四合院式 外观与屋顶厚重，宅前院落宽敞 南窗大，北窗小，内部火炕采暖
东北	寒冷地区 寒冷冰冻 日照少	墙体和屋顶厚重，宅前院落宽敞，房屋前后间距大 南墙窗大，内部火炕采暖
中原 黄河 流域	亚寒带地区 寒冷干燥	窑洞民居，建筑内部深厚，构造简单 外观拱圈门窗，凹凸墙面，厚实简朴
长江中下游 江南地区	温带地区 夏热多雨 冬寒冷	建筑通透开朗，院落组合，灵活匀称 外观简朴秀丽，白墙黛瓦，水乡特色
闽粤 南方地区	热带、亚热带地区 湿、热、雨多 台风多	平面外封闭内开敞，结合气候，组织厅堂、天井、廊道相结合的自然通风系统 院落组合，院小而窄，制造阴影
云、川贵 山区	温带、亚热带 夏热多雨 冬冷	结合山地、有台、坡、梭、拖、吊等多种形式 外观坡屋顶，架空，吊楼，干栏式，穿斗式，屋顶出檐大

8.4 生土建筑

8.4.1 “土房子”——生土建筑

“土房子”是我国广大村镇老百姓都比较熟悉的，很多人祖祖辈辈就生活在这些“土房子”中。“土房子”顾名思义就是用泥土作建筑材料，掺和一些石灰和沙子，将它们夯实成墙体，盖上屋顶而建造的房子。有的直接用它承重，搭上木梁，铺上草，避风雨，御雪寒；有的用木料做成梁、柱构架。用“土墙”做围护结构，加上屋顶，成为“土”“木”混合结构。在我国南方很多地区，远古时期，先人就是这样走过来的。而在北方，如黄土高原地区，也是利用“土”来造住屋，通常是人工窑洞，人就住在“土洞穴”中，后人称它为“窑洞”（图 8-41）。有的在山坡陡壁上挖出来，有的在平地上向下挖出“坑”，再向四周挖出洞来，这就叫“地坑院”（图 8-42）。

遍于全国各地的各种各样的“土房子”，不管是建在地上的，还是凿在地下的，人们在现代生活中，对它们都是不屑一顾的。因为它们都在经济不发达的地区，都是穷人们住的房子，人们都把这些“土房子”与贫穷、落后联系在一起。在全世界也是这样，大多数第三世界国家和地区大多数人也住在

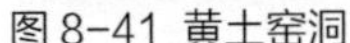
图 8-41 黄土窑洞

图 8-42 地坑院

他们的“土房子”中，“土房子”占着统治地位。但是，工业文明的到来，却给它们带来了巨大的乃至致命的挑战。随着经济发展、技术进步、新材料出现，人的生活水平也越来越高，稍有可能人们就会“弃土求洋”“弃旧图新”，搬出“土房子”，住进现代化建筑材料营建的“洋房子”，使“土房子”逐渐走向边缘化，走向衰败的道路。

物极必反，也正是工业文明的发展，使人们在尽情享受工业文明带来的“洋房”生活时，开始发现工业文明的过度开发，带来了环境的破坏和生态的危机，并从根本上直接威胁着人类的生存和发展。从 20 世纪 70 年代第一次世界石油危机爆发以后，不断带来环境危机、能源危机、气候危机、经济危机乃至社会危机，从而促使各国政府、各行各业都在反思，是什么原因造成了这些危机？最终人们发现，原来是我们追求的工业文明的经济发展方式出了大问题：我们采取了发展与环境对立、人与自然对立的发展模式。建筑业自然也是这样，各项建设都采取高能耗、高污染、高排放和低效率的反自然的建设模式，从而使建筑行业成为能耗的大户、造成污染的大户，使它成为破坏环境，造成大气暖化、生态环境恶化的主要推手之一。因此在反思中，有识人士就看到这些落后的“土房子”的生态价值，想到了“土木工程”中传统的“土”和“木”之功，它们维系着人类生活长达数千年，它们是最节能的、最低排放的，也是最好回归于自然的建筑材料，利用它作为建筑材料对地球、对人类自己都是不会有不利的副作用的。因此，从可持续发展的观念和生态文明的层面去提出发展“生土建筑”的理念，从而使趋于淘汰、衰败的“土房子”又重新唤起世人的关注和重视。提出“生土建筑”说白了，就是重新提出利用“土”作建筑材料，再利用“土”来盖房子——现代的“土房子”——生土建筑。现代生土建筑就是使传统的“土房子”再生。当然，这是再生，不是复制，这是“肯定——否定——再肯定”逻辑辩论的新高度上的再生或复兴，是在生态文明时代、新科技发展的条件下，为适应可持续发展的战略需要而再生。

8.4.2 “土房子”的再生

火种、石器和生土建筑的诞生是人类从原始社会进入文明时代过程中三个里程碑式的事件，人类由游牧走向定居，结束了漫长的穴居、巢居生活，为了遮风避雨，求个栖身之地，首先想到利用的材料就是身边的易找到材料，如“土”和“木”（或竹或石），开始用它们营建房子，开创了“土木工程”的先河。

在人类文明的进化史上，“土房子”在工业文明来到之前占有重要的地位；只是进入工业文明后，它受到现代工业化的挑战，人类开始用现代材料，如钢铁，水泥等盖房子，土房子开始走向衰败，逐渐被“洋房子”代替。今天，随着环境恶化，适应可持续发展战略的需要，生土建筑有望由原来的从兴旺到衰败再走向兴旺，由“土房子”——“洋房子”走向再生的土房子——现代生土建筑这是历史的必然。

早在1952年，澳大利亚建筑师乔治·米德尔顿就向澳大利亚政府呈交了一份报告——《生土墙建设报告》，率先提出重新利用“土”作建筑材料，致使澳大利亚生土建筑较早开始发展。

1998年联合国教科文组织专门成立了“生土建筑、文化与可持续发展分部”。联合五大洲有关研究机构，全力推动全球生土建筑领域的研究与推广。从此，一些发达国家率先开始了生土建筑的研究与实践。从而使得生土别墅、生土医院及生土学校等建筑不断出现。

为什么走向衰败的“土房子”又要“卷土重来”呢？为什么原来不发达的第三世界国家和地区采用的用土做建筑材料营造房子的古老建造方式，令现在先进的经济发达的第一世界国家也主张要用它来盖房子呢？这里有着深刻的历史原因和现实的需要。

1）它是一种有悠久历史且辉煌的建造方式

首先“土房子”有悠久的辉煌历史。“土房子”是人类最早的住屋雏形，是人类进入文明时代的一个里程碑式的标志。在我国，距今7000年前的遗址中就发现了半地穴或房址；大约4000年前，就出现了用夯土建造的村庄和土城墙；我国新疆吐鲁番市高昌区亚尔乡以西多公里处的亚尔乃孜沟的交河故城，距今也有2000多年的历史，是目前世界上最大、最古老、保存最完好的生土建筑城市遗迹。现存的建筑遗址有36万m^2，除了民居外，还有寺院、官署、作坊等建筑，它们都是由夯土版筑而成。它是世界上最大、最古老的生土建筑城市（图8-43[1]）。

2）它是一种最广泛，最普遍采用的一种住屋建设方式

“土房子”不仅是最早的住屋形式，也是最广泛、最普遍采用的住屋形式。我国幅员广阔，民族众多。无论是长江流域还是黄河流域广大地区，先人们都用“土”来盖房子，如黄土高原的窑洞、福建的土楼、庄寨，新疆的穹顶土坯房，甘南藏族的生土雕楼以及云南白族的土坯坊等，都是采用

(a) 故城遗址鸟瞰

(b) 官府宅院内景

图8-43 新疆交河故城遗址

1 交河故城丨两河相交处，黄昏傍交河 新疆旅游攻略，2020.11.17.

图 8-44 英国德文郡 1539 年建的草泥房

图 8-45 突尼斯马特马塔地坑庭院

原始的"土"建筑。今天，我国黄土高原 60 多万 km^2 范围内，大多数乡村居民仍然居住在各种窑洞或坑院等生土建筑中。2010 ~ 2012 年，住房和城乡建设部开展全国农房普查发现，在 12 个省份平均超过 20% 的人口居住在生土建筑中，在甘肃、云南及西藏等省部分地区该比例甚至超过 60%[1]。

图 8-46 西班牙格兰纳达干谷窑洞人家

放眼世界，"土房子"不仅在我国有悠久的历史，在全世界也是如此。非洲的"泥屋"[当地人称为"杜根"（Dogon）]，印第安人的土坯房、印度的民居、也门的土坯住宅楼等，都是用泥土盖的房子。可以说"土房子"几乎遍布全球，每个历史时期，每片土地上都有用"泥土"建造的生土建筑的存在。英国乡村住宅在 13 世纪就有草泥黏土建筑（图 8-44[2]）；位于非洲北部突尼斯南部撒哈拉大沙漠边缘地区，白柏尔（Berber）人就住在洞穴或地下地坑式住屋中（图 8-45[3]）；欧洲西班牙南部吉普赛人大多数也住在依山开挖的窑洞中，16 世纪开始就形成了窑洞村落（图 8-46[4]）；土耳其的"蜂窝泥房"是他们的一种民居形式，距今已有 3000 余年历史。它是用土坯砖砌筑成墙，锥形、锥顶上留有通气孔，以通风采光，降低室温（图 8-47[5]）。也门早在公元前 1000 多年就建造了多层的土坯楼房（图 8-48）；更早的是伊朗，约 6000 多年前建成的巴姆古城堡所有的建筑都是用黏土坯砖建成的（图 8-49[6]），堪称历史上最早最宏大的生土建筑城。这些"土房子"很多还沿用至今。据联合国 21 世纪初调查统计，全球仍有 20 亿以上人口居住在各种形式的生土建筑中。印度至今仍有 58% 的人口居住在各种形式的生土建筑中。

---

1 穆均 . 生土营建传统的改良、更新与传承 [J]. 建筑学报，2016（4）.
2 王晓华 . 生土建筑的生命机制 [M]. 北京：中国建筑工业出版社，2010.
3 同上，146.
4 同上，148.
5 同上，153.
6 同上，153.

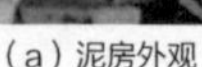
（a）泥房外观

（b）泥房室内

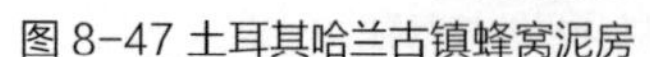
图 8-47 土耳其哈兰古镇蜂窝泥房

图 8-48 也门的多层土楼

图 8-49 伊朗巴姆古城堡

3）它是一种最有生命力的原生态建筑

“泥土房子”或“窑洞”“地坑院”或“土楼”，在国内外都沿袭了上千年，今天地球上仍然有 30% 左右的人口继续使用着它们，这充分说明：昔日的“泥土建筑”（今日称生土建筑），它有着巨大的生命力，它是一种深深地扎根于世界各地的自然环境和人文环境中，真正做到了人造环境与自然和谐共生共存、人与自然和谐共存，达到天人合一境界的建筑。它顺应自然，利用自然，很少破坏自然，对自然不产生有害物质；它取自于自然，最后能回归于自然；它在建筑过程中和运营过程中都是零耗的或低能耗的建筑；它能在不破坏自然的条件下，为人创建可适于生存和生活的空间环境。事实证明：它是一种真正的原生态建筑，是一种有生命力的建筑模式，因而也必将成为可持续发展的一种建筑形式。

8.4.3 生土及生土建筑特性

生土建筑的生命力在于其固有的特性，这些特性是其他现代建筑材料无可比拟的。

1）“土”的天然性

生土就是普通泥土，未进行特殊的加工，未进行焙烧等的原生泥土。“土”来自于大地，来自天然，陆地上到处都是，就地可取；从土壤学的观点看，土壤是有生命的自然体。它是生物的乐园，是自然界最复杂的生态系统之一，也是自然界最丰富的生物资源。土壤中大量生物的存在，使土壤具有明显的呼吸作用，存在着旺盛的物质和能量的新陈代谢；土壤结构疏散、多孔，能为生物提供水分、养分和空气条件，它可以通过过滤将某些有毒的化学物质和病原生物体无害化；利用这种天然材料建造房子，它自然对人体健康是无害的，没有污染的建筑也就是今天所要求的健康建筑；这种材料地球陆地上到处都有，是地球五大洲都共有的材料，并且是较为丰富的取之不尽的自然资源，人人都可以利用，代价很低，基本上没有能耗。因此，它也是很公平的；同时，它可以就地取材，不需要长途运输，自然也就不消耗能源。

天然的材料是有机的生命体。建筑是天地之间的人造物，工业文明时代的现代建筑被称为“居住的机器”，完全与自然隔离甚至反自然的独立的“机制体”，仅考虑发挥其功能为人创建舒适的空间环境，而不考虑与周围环境的协调。而进入生态文明的今天，人类也应该把建筑作为一个有生命有机体进行设计、建设。它需要与大自然环境生存相协调、相联系，不能与自然隔绝而营建“人造环境”，而要将人工环境的建筑与自然环境融为一体，要上与天、下与地相适应。人造环境的建筑不仅要为人的生活舒适服务，而且也不能因此而“害天伤地”。今天的可持续发展的建筑不仅是节能的，而且也应是生态的、能与自然环境及社会协调的。大地比任何人工环境都重要，人的生命、生活一定要着地气，用泥土作材料建房子就提供了人与自然接触的机会。

2）“土”的“本土性”

“土”指泥土、土壤、田地。土与地是互为一体的，没有土就没有地，反之，没有地，也就没有土。故统称为“土地”。

生土建筑用的材料——“土”，一般都是本地的土。用本地的土在当地营建房屋，自然它们都具有“本土性”的特色。

“本土性”就是这种建筑材料——“土”的基本属性。它是当地土生土长的，故称为本土的，或当地的。这一特性是任何现代建筑材料无法比拟的。这一特性具有重要的生态价值与文化意义。

“本土性”首先的语意就是“本地的”或“当地的”。这种材料因是本地的，所以就可以就地取材，使用本地材料（如土）建房，就不需要异地运输，因而可以节约运费，节约能源；又因它是天然的产物，也就不需要任何原材料或工艺被生产，只需开挖，且可不用机械设备，只需简易加工就可夯土筑墙或覆盖屋面，无需多少成本。可以说，“土”是一种最经济、最节约能源、最易加工营建和最易得到的天然建筑材料。“土的本土性”就表明了一个普遍的建筑原则：就地取材。“土”就成为最易实现“就地取材”这一原则的最佳建筑材料，因为只要有地，就可以就地去得到它。

从文化层面来看，“本土性”就是指本土特质、本土精神和本体意识。它们就是由地域、文化习俗经过时间积累，共同作用，相互影响而形成的共同的地区性的特征。表现在建筑上就是乡土建筑或地域建筑文化。生土建筑用本地的“土”盖起来的“土房子”，它是当地群体共享的建筑方式，也是一种和当地环境相呼应的、表达地域特色的、因地制宜的建筑方式。这种本土性的建筑方式是对当地自然环境和社会环境的限制所做出的有效反应，而且是民间自发建筑的，它自然是本土性建筑，就最具有“本土性”的特质，是地道的土生土长的乡土建筑。《世界乡土建筑百科全书》中指出了乡土建筑的许多特征，其中首当其冲的第一个特征就是“本土的”（Indigenous）。因此，可以说“本土性”是乡土建筑最基本的内涵。

本土建筑（乡土建筑）既是一个物质实体，也记载着一种文化历程。它是当地居民自发自行设计建设，它与当地的资源、自然条件、社会文脉、生产方式、生活方式等息息相关，是当地资源、社会经济发展状态、宗教信仰、生活习俗、家庭观念、邻里关系、文化活动等的物化，是土生土长的、切切实实的文化积淀。“土房子”是在其发展的历程中本土精神和本土文化的外表显现。

“本土化”在整体上讲它有共同性。每个地域都有它自己特有的“本土性”，但各个地域之间却有着差异性，不同的地区因自然条件、地理环境和社会经济发展的差异而有不同地域的本土性。这种差异的多样性就共同构成了中华民族文化的浑厚深远、有源有流、千姿百态、仪态万千的景象。

俗话说：“一方水土一方人”，是说由于人长期在一个比较固定的地区生活，他们的生长和生活都是适应那里的环境的，都带有那里的“土气”。在不同地域环境生长的人，他们在外表、习俗和性格上都存在明显的区别。我国南方人和北方人的差别并不亚于欧洲南部地中海人和欧洲北部的日耳曼人的差别。同样的，建筑也是这样，也可以说“一方水土一方房”。因为人与万物（包括建筑）都是同居于一片土地上的生命伙伴。当地人与建筑都是在同一气候节奏下、同一地理环境中异体同息，二者的命运是相辅相成的。半个多世纪以前，我在中小学的地理课上，就听老师说，贵州是“天无三日晴，地无三尺平，人无三分银”，这是对从前贵州地区自然状况和社会状况最简洁的表述。因为贵州地处我国西南腹地，素有“八山一水一分田”之说，是全国唯一没有平原支撑的省份。高山、山地、丘陵和盆地就是它地貌的四种类型。境内属亚热带湿润季风气候，四季分明，春暖风和，雨量充沛，雨热同季。阴天多，日照少，是世界上岩溶地貌发育最典型的地区之一，有绚丽多彩的喀斯特景观。由于山多海拔高，交通不发达，因而造成以前经济发展滞后的局面。受大气环流及山势地形影响，贵州气候呈多样性，“一山分四季，十里不同天”，在这样的自然环境中，孕生的人和建筑都具有它本土的特征，体现着“一份乡土一份情”。“地无三尺平”决定了贵州的民居必然要适应山地；“天无三日晴”决定了居住模式应选择架空而楼居，以解决防潮、通风以及避开山地虫害及野兽的袭击。在山区因势而建，建筑布局灵活多变，并且都采用坡屋面的干阑式吊脚楼。村落的总体布局密度相对较大，大部分建在山脊上，建筑依地形高低差产生高低错落的层次变化，勾勒出优美的大自然的天际轮廓线。如图 8-50 所示为黔东南地区民族村落。

图 8-50 黔东南地区民族村落

3）“土”与“生土建筑”的适应性

“土”本身是自然的生命体，它不但是生物的乐园，也是育生万物的母体。而且土建结构也具有有机生命体的特征，具有物质和能量的新陈代谢，能够与外部环境进行能量交换，与环境相融合，而不失自己天然的本性，可以持续发挥它的“协调”作用。“土”，它广泛地被世界各地采用，就是由于它是本地天然的产品，与当地的自然环境相适应，用它作材料建造的“土房子”，也自然保持了它天然的本性，同样使其土建体与环境相适应，这种与环境的相适应是它天然的本性。

不仅如此，作为“土”或“土建筑”也容易与其他物质共存相融，发挥各自的特长，共同完成建筑的使命。就在传统的土房子民居中，我们发现它与石头、木材、竹子甚至秸秆、草等都能有机地结合。如福建永泰的很多庄寨，卵石砌墙做基座或在其上夯土墙，做围护结构，而用木材做骨架，有的内隔墙就是用竹编织的竹片做墙体，两面用草泥抹平，它们相互结合，和谐共存，共建一个有机结构体（图8-51）；此外，就是现代工业大生产的材料，为钢铁、水泥、玻璃等，生土建筑也都能与之适应，相互结合使用，并且与它们的结合不仅不影响它天然的本性，而且能通过使用工业技术改善和提高它的强度和耐久性，从而大大增强和扩大它的适应性。

在传统建筑的营建方式中，土房子的“夯土”技术是最容易与现代建筑科技结合的一种技术。“土”的包容性大，可塑性也大，在土体结构中可以采用多种材料掺和，如砖、水泥、钢筋等，使夯土墙本身的强度大大增加，而且外表也可通过高技术处理，做成仿石、仿木的纹理和肌理；并且也可有不同的颜色。建筑作为一个有机生命体，我们就应该使建筑重新回归自然，回归与天、地、人和万物有机的联系，“土”和“土建筑”为其“回归”创造了一个有利的天然条件。

不仅如此，“土”与“生土建筑”都还具有呼吸作用。泥土对室内湿度的中和、吸附和解吸附都有着非同一般的优势。泥土中所含的多种微量元素有利于人体健康，长期居住有利于抑制人体呼吸、心血管及妇科等疾病；“土”除了“呼吸”功能外，还有“储存能量”的功能，储能量在40%～100%。此外，土的温度波动小，其温度波动幅度比普通房间少5℃～6℃，因而具有良好的保温隔热性能。在生土建筑内，人们就会容易避开室外的恶劣气候，避开冷霜渗透或热浪的袭击。人们对空气、温度、湿度等气候因素的需要是满足自身生理机能的舒适的需要，达到“宜居”生活所需要的微气候条件。这样就有利于为人创造较为舒适的微气候环境，有利于使建筑与人体的生理和心理的需要相适应，能使人静心、安神，避开污浊空气和喧杂噪声的干扰，使其成为对人体不但无害而且有利的健康建筑。所以说，“土”及“生土建筑”具有良好的适应性，不仅易与自然适应，也易适应人的舒适的需要。这种适应能力就是生土建筑生态价值的所在，也是生土建筑生命力的所在。

4）“土”的可持续性

“土”作为建筑材料的天然性、本地性和适应性认识以后，自然得出的结论是持续性，即“土”作为建筑材料具有可持续性，作为用“土”营

图8-51 福建永泰庄寨生土建筑

建的生土建筑也必然具有可持续性。

俗语说："百年的砖，千年的土。"说明土建的房子耐久性比砖还要强，因袭几千年的"土城墙""土房子"的历史就足以证明它的耐久性了。也说明它比砖混结构还要耐久。今天国家规定钢筋混凝土的建筑一般也就要求 50 年，少数重要建筑达 100 年。用土来建必将大大增强建筑的耐久性。

"土"的可持续性还根于它的天然性，它作为建筑材料，可以保障持久的供应，而不破坏环境；一旦拆除，还可再回自然，可再利用；此外，它又是本地的，方便可取，成本低廉，能耗少。所有这些都符合今日可持续发展思想的要求。因此，作为可持续发展建筑应用这种可持续的材料，"土"是最佳的一个选择，它为发展可持续的生土建筑奠定了坚实、持久的物质基础。

8.4.4 生土建筑的发展及其未来

1）新的发展机遇

生土建筑在国内外都是一种民间共创共享的古老的建筑营建方式。在进入生态文明时代的今天，各行各业的发展都在推崇生态文明，寻其可持续发展之路，建筑行业也在寻求低碳经济时代的低碳建筑之路；加之，全球经济一体化这一不可阻挡的历史潮流也在冲击着各地区的本土文化，现代建筑的国际化，导致了城市走向"千城一面"，建筑走向"千篇一律"的乱象，它反过来促使人们再次认识到保护和发展本土文化的重要性。在这一时代背景下，它为"生土建筑"的复兴提供了新的发展机遇和新的广阔的发展空间。因为它能就地取材，并且成本低廉、施工简便、节约能耗，建造的建筑冬暖夏凉、隔声环保、舒适健康，是宜居的好的建造方式。但是它也有不足之处，即土壤筑墙，潮湿易损，力学性能薄弱，抗弯、抗剪及抗震弱。这正是"生土建筑"发展面临的技术问题。尽管如此，从人居环境可持续发展的观念，从生态文明层面重新审视生土建筑，都是很有必要的，"生土"应是最有发展前景的绿色建筑材料之一，它具有巨大的生态应用潜力。

2）生土建筑的发展

自 1970 年代第一次全球能源危机开始，欧美发达国家就开始重新关注生土建筑，并开始进入系统的研究，针对泥土力学性能的弱点，对生土材料改良的科学机理及其关键技术开展研究。很多国家或地区还都制定了生土建筑设计和建设的规范和标准，从而提出了科学选用合格土质用于夯土墙及土坯砖结构，从而保障生土建筑质量，发挥生土建筑的功能优势。

法国是最早开展现代生土材料和建造技术研究的国家之一。18 世纪前，生土建筑就是简单地将湿土列入木模内人工夯实。后来法国工程师发现在法国境内利用水泥、土、砂石搅拌成塑性体，通过机械泵送的方法将它浇注入模，在模内放入钢筋，使这塑性体与钢筋共同形成建筑整体，大大增强了它的抗震性，又保持土环保节能的本色，是现代生土建筑由原始状态走向科学的标志。1994 年，联合国教科文组织生土建筑分部的执行构体——位于法国格勒诺布尔市的"国际生土建筑研究和应用中心"（CRATerre-ENSAG），出版了《生土建造综合指导》（*Earth Construction A Comprehensive Guide*），2009 年又出版了《生土建造》（*Batir en terre*）。这两本书成为现代生土建筑设计和建造技术研究所依据的重要理论基础。

德国生土建筑研究特别重视其质量保证体系的制定与执行，使生土建筑的设计计算，生土建筑评价等问题实行规范化，极大促进了德国生土建筑质量的提高。图 8-52 是建于柏林的“和解教堂”，2000 年 11 月建成，它是德国第一个用生土材料建成的教堂，也是德国一个多世纪以来第一个用生土建造的建筑 [1]。

建筑师赫尔佐格和德梅隆在瑞士劳芬设计建设了一个欧洲最大的夯土墙建筑。它是一个草药中心，长 100m，高约 11m，外墙用夯土预制块（土壤加固化剂做成）砌成，非常坚实，是一种不怕水的夯土墙（图 8-53）。

(a) 外观

(b) 内景

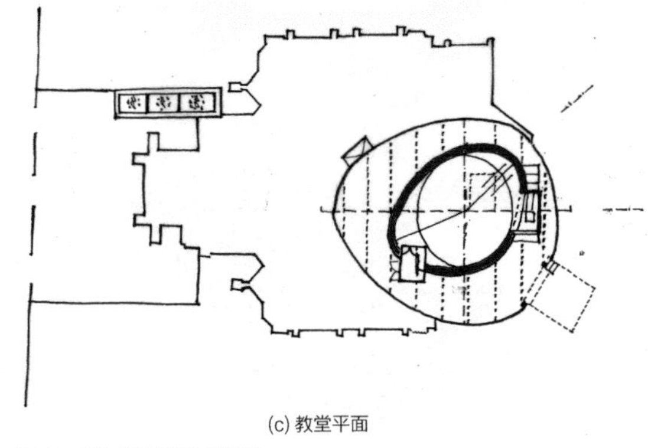

(c) 教堂平面

图 8-52 德国和解教堂

(a) 夯土墙

(b) 夯土预制块

(c) 吊装

图 8-53 瑞士劳芬草药中心

1 William N. Morgan . Earth Architecture[M].University Press of Floride, 2008.

图 8-54 亚利桑那生土别墅

美国在现代生土建筑材料及建造技术方面也制定了具有法律权威的规范，对土质、生土构件的制作、生土建筑构造、生土墙的高厚比及防渗水措施等都制定了明确的要求。在新墨西哥州、亚利桑那州，甚至于地震频发的加利福尼亚地区，传统的夯土技术经过改良，再利用手工机械，已走向市场化和半工业化，甚至于热衷以生土做主要建筑材料建造豪宅、别墅。图 8-54 为亚利桑那生土别墅。美国在 1991 年还制定了《新墨西哥州土坯和夯土建筑规范》(*New Mexico Adobe and Rammed Earth Building-Code*)。

澳大利亚、新西兰也是生土建筑应用最广泛的发达国家。2002 年澳大利亚出版了《澳大利亚生土建筑手册》（*The Australian Earth Building Handbook*）；新西兰也先后制定了三个生土建筑标准，编号为 NZS 4297-4298，1998。该标准对土坯、夯土及加筋土墙的设计都制定了具体的标准和要求。

在亚洲，日本是多发地震的岛国，对生土结构抗震研究特别重视，应用日本传统的建筑抗震轻巧设计原则，在生土夯墙时，内放一些荆条，形成泥巴墙，它重量轻，受地震力较小，荆条具有较好的延性，能起到消解地震能量的作用。

印度在生土建筑研究中，研究出一系列的以高强度土坯砖（CSEB）系统为基础的生土建造技术。该系统以石灰或水泥作为改性掺和材料，使土坯砖的耐久性和力学性能得到了质的提升。结合钢筋和少量水泥粘结剂的使用，增强了房屋的整体抗震性能，其结构的整体性甚至超过砖混结构。它可建 6 层，跨度能达 10.35m（图 8-55），广泛应用于普通住宅、学校、办公楼、工厂、活动中心等公共建筑，其造价平均仅为砖混结构房屋的 80.85%，仅材料加工一项便节约了常规砌体建筑 75% 的能耗和排放。[1]

综上所述，生土建筑在国外的研究已达到了设计有依据、土质选择有标准、质量保障有据可循的科学化的阶段，从而从根本上改变了古老土房子建造纯凭经验、口授心传的原始状态。

图 8-55 印度生土建筑

1 www.archcy.com/focus/r. 建筑畅言网 .

我国现代生土建筑研究始于 1980 年代，兰州开始进行生土建筑研究，发起成立中国建筑学会生土建筑分会，并在兰州白塔山后山揖峰岭坡上，因地制宜，利用陡峭沟壑建起了 50 孔新式窑洞民居，面积达 1500m^2，造价仅为市区楼房的 1/3。

但是，这个新式窑洞民居基本上是仿传统窑居新建的，真正开始对传统窑居进行科学研究的首推的应是西安建筑科技大学建筑学院以周若祁、刘加平、王竹教授为首的“黄土高原绿色窑洞民居建筑研究”团队。他们从 1996 年开始，对黄土高原传统窑居居住区特有的“绿色”建筑经验定量化，结合现代绿色建筑的原理和方法，通过运用适宜的建筑节能技术、自然通风技术、天然采光技术、太阳能建筑技术、地热利用技术等绿色建筑技术，研究创作适合于黄土高原地区人居环境可持续发展的新型绿色窑居建筑，探讨传统窑居建筑的现代化再生的方法，他们选定陕西延安枣园做绿色窑居住区示范基地，并于 2003 年 12 月全部建成（图 8-56）。该示范工程建筑用地 20 亩，规划住户 170 ~ 200 户，人口为 650 ~ 800 人，户均建筑面积 150m^2；新窑居采取错位窑居、多层窑居。均能自然采光，自然通风；采用主动式与被动式太阳能采暖，采暖节能率达 60%。这是一份我国生土建筑进行科学化和技术化研究的先声。新世纪以来，这所学校一批年轻

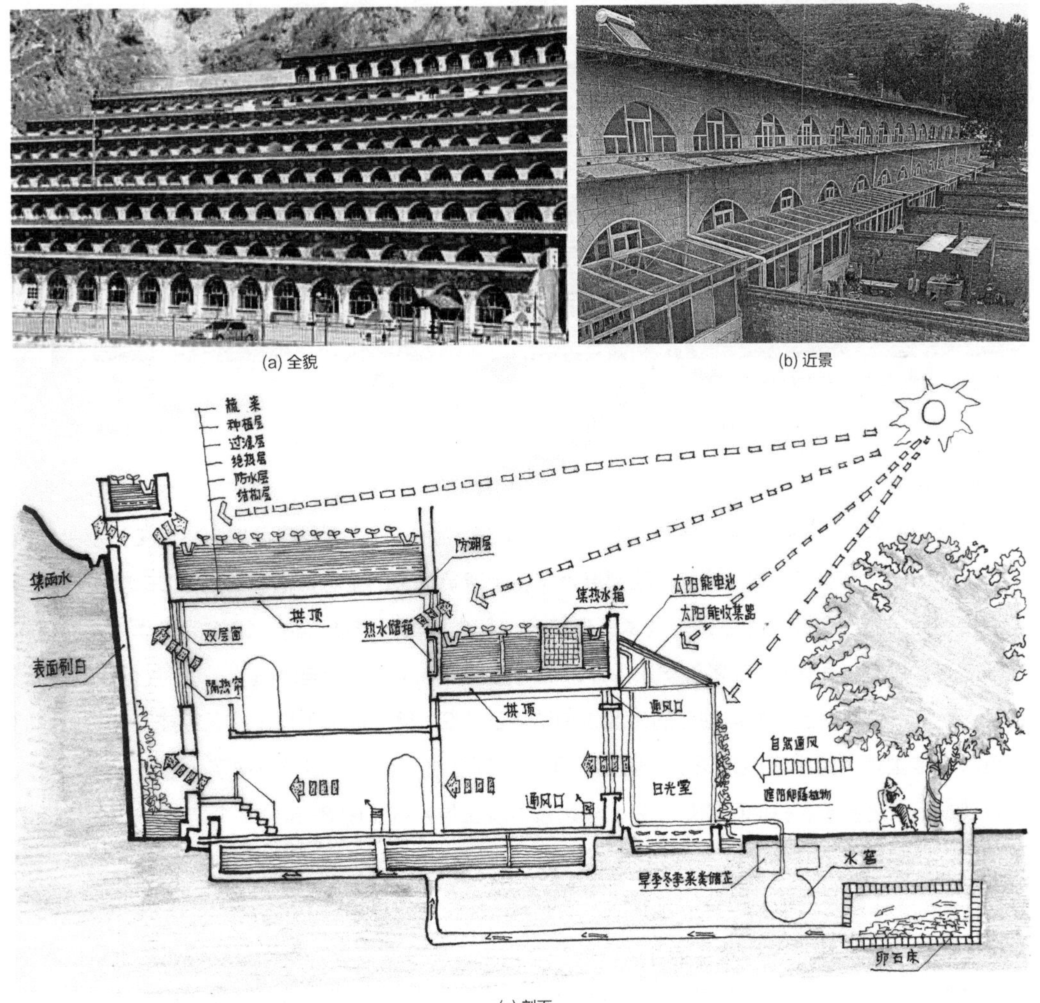

(a) 全貌

(b) 近景

(c) 剖面

图 8-56 延安枣园绿色窑居示范区

(a) 全貌

(b) 校园

(c) 教室

图 8-57 甘肃庆阳地区毛寺生态实验小学

图 8-58 震后农宅重建工程

图 8-59 甘肃会宁丁家沟现代夯土示范农宅

的老师又对现代生土建造技术与我国农村房屋建设进行了深入研究，并完成了多项生土建筑工程，如甘肃庆阳地区设计兴建的毛寺生态实验小学（图 8-57）及甘肃岷县震后农宅重建工程都采用他们研究的现代夯土建造技术，这些工程都展现了生土建筑优良的生态价值。如毛寺生态实验小学，利用当地自然资源和改良土坯砌筑技术兴建校舍。在当地气温最低可达 -12℃的冬季，无需任何采暖措施，只靠一间教室 40 多位学生人体散热（相当于 3200W 的电暖气），便可达到适宜的舒适度，而其造价仅为当地同样性能的砖混结构费用的 1/2，且全部施工均由村民完成。此后，他们又首次将法国现代夯土建造理论引入我国，通过大量基础实验，已初步形成了一套基于本地材料和常规设备，适合于农村地区的现代夯土建造技术及工具系统（图 8-58）。它与传统夯土建造技术相比，具有明显的特点：能科学选择、配量夯土材料，以提高其可夯实性能；以气动或电动夯锤代替传统人工用手夯锤，已获得充分的夯击能量；使用坚固且安装、拆卸便利的夯实模板系统，以适应多种设计建造需要。以此为基础，结合结构设计体系的改良，我国首座现代夯土示范农宅于 2012 年 7 月在甘肃会宁县丁家沟建成（图 8-59）。建成后它传承了传统夯土建筑保温节能的优势，其结构安全性和墙体耐久性能则有极大的提升。由于现代夯土技术可就地取材，施工简便，

图 8-60 使用土壤固化剂砌筑的生土建筑

图 8-61 巴黎联合国教科文组织地下办公楼

造价低廉，其造价仅为当地砖混建筑的 2/3[1]，且具有热工性能好，可降解再生，加工过程低能耗、无污染等优点，受到世人认同，主体土铸的房屋，经振动台测试，达到 8.5 级的地震高防裂度。

在我国对生土和生土建筑研究已逐渐开展，为了解决泥土受潮损坏的问题，已研究出一种不怕水的土壤固化剂，利用土壤固化剂砌筑的夯土墙其优点是：强度高，不怕水，不开裂，耐冻融，不易老化。它将为现代生土建筑发展提供新的物质基础。图 8-60 为采用土壤固化剂砌筑的现代生土建筑。

3）生土建筑发展前景及其应用

基于人类对生态危机、环境污染和能源危机及对资源缺乏的关注，在未来人类可持续发展的人居环境建设中，生土建筑将会从被遗忘、被淘汰的趋于衰败的道路中 “卷土重来”，有望成为未来可持续发展建筑中一个新的生力军，发挥“老兵新传”的作用。它应得到广泛的发展，尤其在广泛的美丽乡村建设中，在充满水泥混凝土建筑的时代逐渐能让现代生土建筑占有一席之地，使它成为可持续发展建筑的一个分支。作者认为，生土建筑有望在以下几个方面得到发展与应用。

（1）地下建筑

地下建筑在未来的城市建设中应有较大的发展，除了地下交通空间（地铁）开发外，城市公共服务空间、商业空间乃至居住空间也应有新的发展。交通空间转入地下建设已被世人共识，但居住空间于地下尚有偏见。从节约土地、改善人居环境、适应生态危机的挑战层面来思考，地下住所也应该得到一定的发展，因为地下住所有其潜在的优越性和巨大的生态价值。对气候的防御特别安全、可靠，它不受恶劣气候的影响，可以防御极端气候，如极冷、极热、台风、风暴和龙卷风等影响，不受气候波动，可提供室内恒温，为人生活创建舒适的条件；无论是干旱还是寒冷的极地都能调和气候，创造舒适、温和的微气候。此外，它可保持生存的安全，在很冷的地区，若采暖电力中断，地下住所也能保护居民，少受寒冷地侵袭，何况地下住所在国内外，在历史上或现代都有不少经典之例证。

此外，地下建筑能节约土地，如将地上和地下结合来利用土地，不仅有利于现代交通组织，减轻交通对人生活的干扰，这种土地利用方式还可促进相互联系和增进社会交往；地下建筑节能，可减少空调和采暖能耗 80% 以上。

由于地下建筑潜在的优越性，国内外大型商业建筑、办公楼及居住区都有建在地下的。建在法国巴黎的联合国教科文组织的办公楼中最后建设的第四座建筑，它就是围绕着六个天井院建的，见图 8-61，

1 穆均，周铁钢．现代夯土建造技术．在乡建中的本土化研究与示范 [J]. 建筑学报，2016（6）．

它就像我国陕西岷县地坑院。日本是个岛国，土地资源匮乏，为节约用地，开发地下空间，大力发展地下购物中心，全国有 12 个“商业城”，也称“奇卡城”，其中有一个“奇卡城”就有 250 余家商店。

21 世纪将是城市地下空间开发利用的世纪。我国随着城市化进程的发展，未来日益增长的城市人口无论是对城市交通的需求，还是对城市环境的需求，都与开发、利用地下空间息息相关。地下空间的开发利用，无疑是实现可持续的人居环境建设的一条有力、有利、有效的途径。国内地下空间开发利用起步较晚，目前上海、北京、广州、深圳等特大城市地下空间包括地下商业街的开发已成一定规模。南京起步更晚，但自 2005 年南京市政府出台了《南京地下空间开发利用总体规划》，提出了串联地下空间的概念，依据地下有轨交通的建设，对新街口等六大重点区域地下空间进行整合。新街口地下商业空间开始开发建设，它已成为目前南京市规模最大的开发利用最好的新街口地下商业街。地下空间建筑面积已达 40 万 m^2，采用“T”形三层空间布局方式，结合地铁 1、2 号线建设，将周边各家商场的地下层的地铁商业街连成一体，构成了一个包括美食、日常用品、服饰、文化、婚纱摄影、通信、美容等各种形态的活跃的消费空间（图 8-62）。

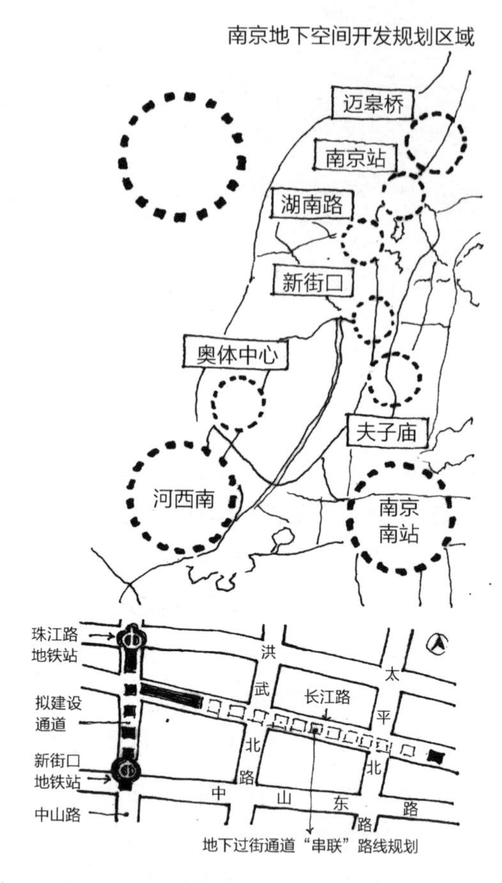

图 8-62 南京市新街口地下空间开发利用

（2）现代生土建筑

在重新认识传统“土房子”的基础上，针对生土材料自身强度和抗水侵蚀能力弱的缺点，通过现代科学技术对生土加以改性，作为绿色建筑材料，发展现代生土建筑是大有可为的。因为生土建筑能就地取材，造价低廉、技术简单、保温隔热性能优越，拆除后还可做肥料，回归土地，这种本能的生态优势是其他任何材料无法代替的，它正符合今天可持续发展的要求，我们要通过不断发展的科技手段使其走向现代化。

现代生土建筑在现代人居环境建设中，无论在城市或乡村，都可有广阔的发展空间，特别是在新农村建设中，农民住房一般是层数不多，尺度不大，应用传统的“土木结构”就可以建造，而且可以自己动手，采用 DIY 的方式建造的，村民互帮互助，在自己动手建造的过程中，增进友谊。这种方式不仅是我国农村传统的建造方式，而且也符合当今提倡的“公众参与”的原则。欧美很多发达国家的人们用生土自建自己的别墅、住宅。

有幸的事是，在我国江西省安吉有一个人做了一个“种房梦”，在梦中指望房子像竹子一样从地里生长出来。十年后，他的梦就实现了。在安吉县城附近剑山村，在银色芦苇和翠竹的掩映下，一幢木构骨架、坡屋面的两层楼、黄色土墙的房子展现在人们的面前。设计者自己“在空地上挖掘

(a) 外观

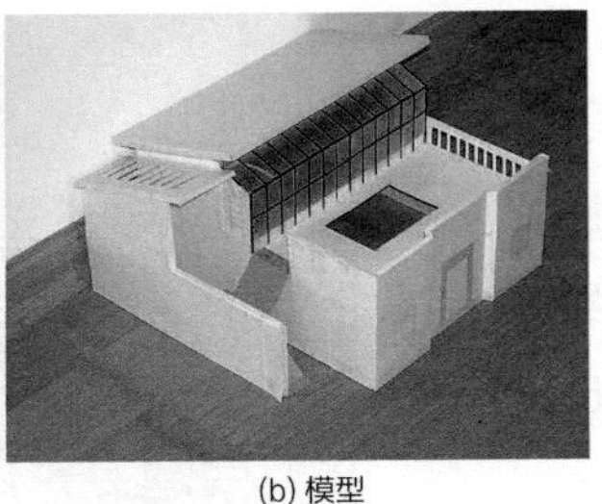

(b) 模型

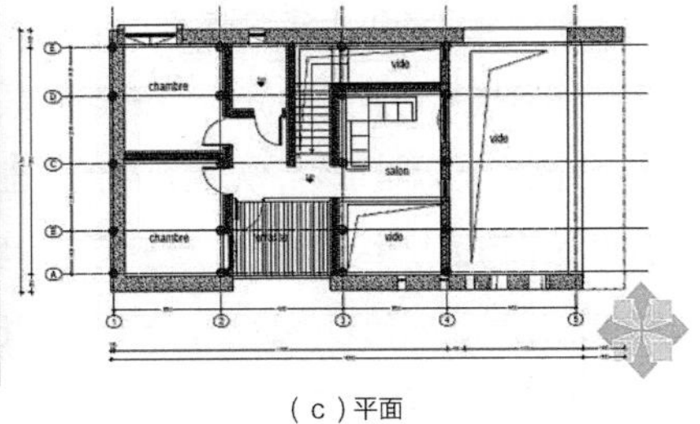

(c) 平面

图 8-63 “种房梦”的安吉生土房

泥土”，到处“收集一些看来没有多大用处的米糠、糯米等东西”，而这幢房子就是用它们夯墙建造起来的，没有用现代的钢筋和水泥材料。这位“傻子”向人介绍说：墙基是门前的卵石，房屋外墙就是脚下的生土，掺 20% 的黄泥、5% 的石灰，用模板夯实。四根主梁是速生杉木，一层地面是当地的石板，二层的楼板和屋顶也是杉木板，两层屋顶之间用粽叶、谷壳、芦花等做隔热材料。可以说这幢房子的主要材料都来自我们脚下的土地。所以当你不需要它的时候，你推倒它，它依然是你脚下土地，就像庄稼一样。这就是地地道道的“生土建筑”，地地道道的现代版中国“没有建筑师”的建筑。这位可敬的设计者比我们建筑师来讲要高明得多，伟大得多！他就是任卫中先生。这位自称“不是建筑学家”的先生对建筑内涵的理解要比我们一些“建筑专家”认识要深刻得多；对未来建筑发展的思考也比我们一些专家、学者要深刻得多。他的思维深度和探索实践的精神和能力也比我们高楼深院的“学者们”“专家们”高明得多！他说：“感到我的房子是有生命的，因为它们会呼吸，好比一株植物。”“凡是土里长出来的，植物就应该会呼吸，种出来的房子当然也会呼吸。房子呼吸着空气，空气滋润着房子”。这不就是现代国际建筑大师赖特的有机建筑论吗？大师告诉我们：“人类所有的价值都是赋予生命的，而非剥夺生命，只有当人类因循大自然来建造所有的房子，构筑自己的社会，塑造自己的生活。”按照赖特《有机建筑理论》，他认为建筑的各个部分应该如同植物一样自然生长出来。任卫中先生的思想与这位国际大师的建筑理念是多么的一脉相承！不仅如此，任先生的建筑思想也反映了建筑回归天地的“天人合一”的中国哲学观念。中国古代文明信奉天为父，地为母，天地化生已成万物（这包括建筑）的生命原型理念。

这个自发的生土建筑实验它也展示了这种方式完全可以在我国农村住房建设中广泛的推广应用，正像任卫中先生想象的：“有一天在中国的乡村中有一群这样的建筑”[1]（图 8-63）。

现代生土建筑主要是使用生土建造建筑围护墙体。在低层建筑中可以直接利用土夯实筑墙；如果用于多层或高层建筑那就需要将生土制作成土坯砖或生土预制砌块或生土预制墙板与框架结构结合使用。它仅作为围护结构填充体，而非承重物件。

过去半个世纪，欧美发达国家对传统生土材料及其建造技术的改良和现代化应用，进行了大量的基础研究，取得了丰富的研究成果，有效克服了传统生土建筑在防水、耐久和抗震方面的缺陷，形成了一系列具有广泛应用价值的现代土基材料优化及应用理论体系。其应用实践表现出两种发展趋势：

1 任卫中 . 安吉生土建筑实验——《一个被“专家”枪毙的房子》. ABBS 建筑论坛 Com.cn.2010 年 12 月 16 日 .

①适宜性的生土建造技术

适宜技术特点是造价低、安全耐久、便于人力营建，可就地取材，无需复杂的工业加工，这种技术可谓是乡土型，应用于第三世界国家和欠发达地区农村较为合适，如印度、巴西、埃及等国家应用较为广泛。

②现代高科技型生土建造技术

这种生土建造技术应用高科技手段，充分强化和发掘新型生土材料的环保节能特性和全新多元的材料，作为生态建筑技术与现代建筑设计体系有机结合，全面提升建筑环境综合效能，并且应用于学校、医院、教堂等各种现代居住和公共建筑中。这种生土建造技术可谓城市型的，应用于发达国家或城市中。

（3）覆土建筑

覆土建筑是建在地面上的，用土壤或岩石部分（为屋顶）或者全部遮掩。这种覆土建筑降低了建筑内部受外部气候环境的影响，有利于微气候的稳定，提高了室内热舒适度，大大降低采暖式空调的能耗，这时屋顶可以充分利用，作为绿地、农地或广场，有利于节能。覆土建筑把地面当作保温层，有效地保护极端温度、风、雨，极端天气事件对建筑的影响。

图 8-64[1] 为美国 San Francisco 南部山上的豪宅，距太平洋 10 英里（16km），海洋风很大，豪宅设计结合地形设计成覆土住宅，屋顶上覆土绿化。

图 8-65[2] 为 2015 年米兰世博会越南场馆。这个“梦想展厅”采用退台式，屋顶覆土绿化，层层退台，它融合了越南在梯田上耕种水稻的传统农耕文化。

这种覆土建筑最简单也最普通的就是屋顶绿化建筑。据统计在 2015 年世博会上，80% 以上的场馆都做了屋顶绿化，或墙面绿化，有

(a) 全景

(b) 内院

(c) 剖面

图 8-64 美国覆土豪宅

图 8-65 2015 年米兰世博会越南场馆

1 Michael J. Crosbie. Green Architecture A Guide To Sustainable design[M].Rockport Publishers Massachasetts, 1994.
2 引自“筑龙图库”.

图 8-66 代尔夫特理工大学图书馆

图 8-67 首尔梨花女子大学

名的屋顶覆土建筑如荷兰代尔夫特理工大学图书馆（图 8-67）、韩国首尔梨花女子大学（图 8-68）。这种屋顶覆土建筑能降低热岛效应，减少建筑物屋顶的辐射量，降低噪声，净化空气。植物能吸收二氧化硫等有害气体，吸附灰尘；隔热防水，延长屋顶保护层的寿命，日照能调节微气候，涵养水土，增加空气湿度，还能节约能耗。这些受到欢迎的草坡屋顶，夏天成为师生们畅谈的最佳场所，冬季成为滑雪爱好者的天堂。

我国已开始重视这种屋顶覆土建筑的建造，图 8-68 为吉林某工程实例。这类建筑设计时统筹考虑绿化设计，以满足屋顶花园对屋顶承重能力的要求，设计时还要尽量使较重的部位（如亭、花架、山石等）设计在梁柱上方的位置。

图 8-68 吉林某工程屋顶覆土建筑

屋顶覆土建筑逐渐成为我国城市建筑较常态的形式，大中小城市都可见到这样的案例。图 8-69 是建学建筑与工程设计所有限公司总建筑师鲍冈先生为安徽省六安市城市规划展览馆工程应用屋顶覆土建筑之例。

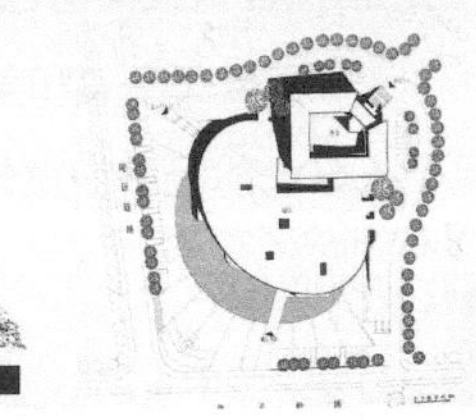

图 8-69 六安市城市规划展览馆

这种屋顶覆土建筑设计时要特别重视屋顶的构造设计，以保障植被良好的生长和屋面构造的安全。图 8-70 为此类屋顶构造必须考虑设置的构造体系。

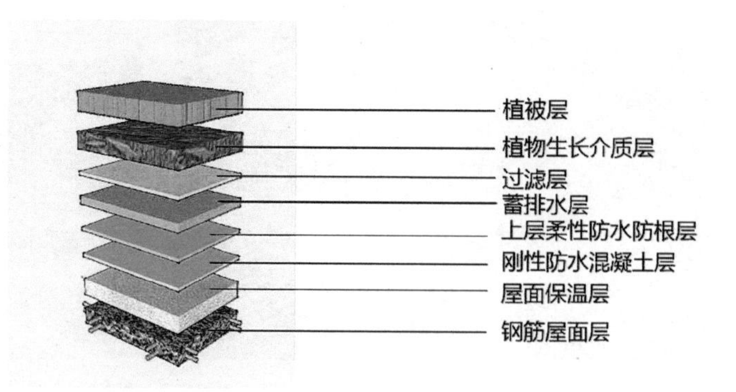

图 8-70 屋顶覆土建筑屋顶构造体系

8.5 自然建筑

8.5.1 自然建筑及其复兴

自然建筑就是利用天然的材料和简易的建造方法建造的建筑，它区别于当今利用工业化的方式生产的建筑材料建造的建筑。

其实，人类从定居后居住的最原始的建筑——遮蔽体，都是先人就地取材，利用当地的天然材料，土、石、竹、木等搭造适合自家居住的最简单最原始的人造“生存环境”。如中国的“巢居”“窑洞”，以及欧美国家流行的夯实泥土建筑等，它们就是原始的自然建筑。今天，人类进入 21 世纪，这是经历了 20 世纪工业化时代洗礼后，经过反思要创建一个新的时代，这个新时代应该是一个以生态学为指导原则的时代，是回归自然、重新重视大自然、重视和珍惜自然资源的时代。在工业化时代，自然界的有机物质被切割、分解成碎片，然后再被重新组装成为一个全新的机器产品。人们的观念开始从机器工业世界向生态世界、自然世界转变。人们喜欢吃原生态的食品，城市人到农村吃“农家乐”，住乡间小木屋、窑洞、土房，过田园的生活。建筑自然也是这样，人们开始寻求一种真正利用天然的材料和传统的技术来建造房屋的方式，对于工业建材造价高又污染环境，建造的房子看起来都一样，也不好看的情况，感到不满，转而喜欢选择非工业手段生产的天然建筑材料。因而就催生了现代自然建筑的复兴，产生了现代的自然建筑（Natural Building）。

现代自然建筑于 20 世纪末，起源于北美，“现在北美有一种神秘而难以言喻的力量正在成长并渐渐广为人知，这就是自然建筑”[1]。自然建筑在美国也在复苏，目前在美国就出现了许多各种各样的泥土建筑或稻草盖的房子。因为美国人越来越认识到，过于依赖工业化的技术，过于相信科技能最终解决一切问题，这种观念会导致人类与自然的脱离；人们也渐渐地体会到，过度消费资源的生活方式，最终将导致人类生存环境的破坏；因此，现在自然建筑在美国已不再仅仅是一种现象，而成为一项运动——21 世纪之初非常引人注目的运动。自然建筑在南美和美国都是从住宅开始采用非工业建造技术为开端和代表的。因为住宅，除了是个人最大的经济投资外，还是我们的家——

1 ［美］琳恩·伊丽莎白，卡萨德勒·亚当斯．新乡土建筑——当代天然建造方法 Alternative Construction Contemporary Natual Building Methods[M]. 吴春苑，译．北京：机械工业出版社，2005.

图 8-71 美国加得福利亚农场农作物纤维块住宅

图 8-72 美国俄亥俄州莫布市袋装泥土圆顶蜂窝式住宅

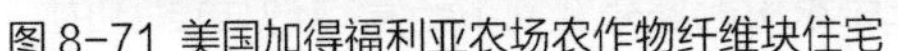

我们自身的象征，也是人们最大的情感投资所在。对于家的追求是人们一个共同的梦想，所以自然建筑首先也是主要用于住宅。过去是穷人用，现在富人也喜欢用它，乃至成为一种“新时尚”。（图 8-71、图 8-72[1]）

8.5.2 自然建筑的优势

自然建筑沿用至今，在被工业化体系挤压的今天，又展现出它的生机，说明这种自然建筑体系有它独特的优势，正是这种优势，才使得这种已有几千年历史的建筑文化繁衍至今，并将连续繁衍下去。

首先，自然建筑是人类为了生存而最易建造的人工“生存环境”，而且是在世界各地都能就地取材、因地制宜的一种建造体系，这种类型的建筑也是人人住得起的建筑，凭借自身的双手劳动就能建造的建筑体系，所以它具有巨大的生命力，广为世界各地人们采用。

此外，这种自然建筑使用的建筑材料，没有污染，不破坏自然环境，能提供健康、宜居，又不昂贵的人造环境。它适应当地水土和气候条件，住者可感受阳光、微风和四季的变化，使人、建筑与周围环境融为一体。不像工业化时代的建筑、普遍依赖机械通风、人工照明和机械空调设施，使用它们需要消耗大量能源，又排放大量 CO_2，造成空气污染，破坏生态环境。在可持续发展思想提出以后，人们开始重新认识“工业手段以外”建造方式的优越性，自然建筑的理念就被越来越多的有识人士青睐，逐渐被广泛地传播和应用。伴随着可持续发展思想深入人心，自然建筑的“自然”“绿色”的价值将会越来越被重视。人们期待的舒适、健康又便宜的人造居住环境，最好的办法就是想方设法与自然融为一体，与自然环境共生共存，而不是破坏我们赖以生存的生态环境和自然生态系统。可以说，自然建筑是一条可持续发展的建筑之路。

自然建筑的再兴起，也回应了人们审美观的变化和人们审美的新要求，人们开始从欣赏、享受工业时代的机器美、工业美转向手工艺美、自然美。自然建筑就浸透着这种自然美的审美观，天然

1 [美] 琳恩・伊丽莎白，卡萨德勒・亚当斯. 新乡土建筑——当代天然建造方法 [M]. 吴春苑，译. 北京：机械工业出版社，2005.

图 8-73 贵州安顺鲍家屯石板屋顶

材料保留着它天然的状态，看起来就是舒服又自然，这种美才是真、善、美。贵州安顺鲍家屯石板房，屋顶的屋面材料不是工业化生产的机器产品——水泥或金属板面，而是一种天然石灰岩片，就地取材，厚薄相对均匀，盖在屋面上既能防雨，又经久耐用，石板一块一块码接，构成浑然一体的整个屋面，站在鲍家屯碉堡高处向下一看，好似鱼鳞闪闪，波光粼粼，鳞次栉比，真是别具一格的天然的风景线（图 8-73），它充分体现了自然美的自然性，也体现了自然美的奇特和秀丽。

自然建筑的回归与复兴从历史的角度证明它是可持续的发展的。它已伴随人类文明历史几千年，未来也将是人类期盼的在自然和人造环境之间取得平衡的一种建造方式。当代的自然建筑将自然元素与精巧的新技术结合起来，创造能珍惜能源、善用资源，而且可以循环利用的生活环境。把天然材料和生态环境引入建筑中，使住宅和社区的设计建设与自然结合。在人工和天然环境中寻找一种“和平共处”的建筑之路。

自然建筑从几千年前原始的自然建筑走向当今的现代自然建筑，在哲学上也证明事物发展是螺旋形的，自然建筑的自然性的核心没有变，但它与现代科技的结合，又把自然建筑推向了新的高度，适应了新时代的需要。

8.5.3 自然建筑的特点

自然建筑是采用非工业手段建造的建筑，它具有自身的特点，主要包括以下几方面：

1）材料

自然建筑使用的建筑材料是地方性的天然材料，如土、石、竹、木等，或者是以天然材料为主，用工业材料作“配角”，这种“工业材料”主要是火山灰、粉煤灰、水泥等，大部分火山灰可以从土壤中直接开采（如果当地有的话），但是最广泛的火山灰还是来自工业废料，包括从燃烧煤的烟囱中收集的残渣、炼钢炉中的残渣、硅金属工业中的废弃排放物，甚至包括稻子加工后的稻壳。

天然材料中最普遍使用的是土壤。土壤到处都有，所以自然的土房子世界各国都有，但是，不是任何地方的土壤都是建房子的好材料，如星球表面的有机层土壤就不是建房子的好材料。因为，世界各地土壤层厚度不一，土壤的物理和化学成分也各不相同，关键就看土壤中微粒的大小，黏土微粒细小，被人们认为是最好的土质材料。

在现代，石灰尘、粉煤灰尘、沥青，特别是水泥，通常被作为自然材料的粘结剂，配以适当的比例，这些添加剂可以让任何一种土壤变成适宜用来建造房屋的土质材料。

除了土壤作自然建造材料外，石、竹、木以及农作物的废弃物——稻草、秸秆都是可用来建造房子的材料，可以因地制宜，就地取材，建造住房。我国陕西的窑洞、贵州的石板房、浙江安吉的竹屋、非洲乌拉圭的秸秆建筑（图8-74[1]）以及南非传统的茅屋等都是因地制宜，应用当地的土、石、竹、秸秆及茅草等材料建造的房屋。

图8-74 非洲乌拉圭巴尔内阿里奥——巴耶纳角的住宅

自然建筑中，竹子作为建筑材料也是比较普遍的，因为竹子的生长速度比普通树木快得多，好的硬木花旗松从幼苗到成材需要100年以上的时间，竹子一般只需要3～6年，成熟期最多也就10年。此外，竹子的强度和重量比高，竹子中间空，外层纤维坚固，但又有柔性，这些就是它利于用作建筑材料的优势。几千年来，竹子一直是国内外一种常用的建筑材料，它可以用作支撑框架体系，也可作为建筑物的填充体系，可以做屋顶、楼层，也可做内外墙体、门窗，还可做家具及陈设装饰，但是竹房竹楼一般是临时性的较多，其使用寿命与其所处的地域气候条件相关。没有经过防腐处理的竹屋，在热带雨林中，其寿命仅是3～5年，最多不超过15年，但在有的地方，即使竹子使用时未加防腐处理，也能用几十年，日本传统农家住宅中竹子天花板、框架，有的也沿用了上百年。东南大学仲德崑教授为吉安禁山古窑陈列馆设计就采用了原竹建造（图8-75）。

（a）陈列馆鸟瞰

（b）陈列馆内景

图8-75 吉安禁山古窑陈列馆

自然建筑由于其建造材料和建造方法都出自当地，故它自然与当地的气候、资源和人的生活方式及当地文化相适应，沿用传承至今。历史证明自然建筑传统的建造方式是实用的、有效的、可持续的，也是健康的。所以，当代自然建筑的复兴，不仅将促进可持续发展建筑的发展，而且也将促进地域性建筑文化的繁荣和发展，促进当代建筑文化多元化的发展。在经济全球化的今天，建筑趋同的今天，地域建筑文化的价值将会越来越被珍惜，自然建筑将变得越来越丰富多彩。

2）建筑体系

自然建筑的建筑体系基本有两种，一是承重墙体系，多半为各种各类的土坯建筑，它采用厚实

1 ［德］赫尔诺特·明克 弗里德曼·马尔克．秸秆建筑 Building with STRAW[M]. 刘婷婷，余自若，杨雷，译．北京：中国建筑工业出版社，2007.

图 8-76 美国亚利桑那州陶器艺术家雪莉·泰森科特的袋装泥土住宅

的墙体、拱形门窗和穹顶的圆屋顶，不用任何梁和柱，如图 8-76 所示 [1]。

承重墙体可以用土和石两种天然材料，在盛产木材的地方，也有用原木作承重墙体。

另一种体系就是梁柱框架体系和填充体系的结合体，梁柱框架体系由木或竹作建造材料，包括屋顶和楼层结构，内外墙作填充体，利用土、竹、秸秆、稻草及芦苇等天然材料作建造材料。

3）充分利用自然要素

自然建筑都是充分甚至完全利用未经工业加工的天然材料来建造的，把“自然”作为建造的准则，不仅利用自然的物资材料，如土、石、木、竹等，而且充分利用自然的阳光、气流（风）、水及地域自然的气候条件、自然的地质和地形，因地制宜进行建造，以创建一个能享受自然阳光和自然通风，能避寒保暖的宜居的人造环境，不采用任何工业材料和工业手段来建造。

就以“光”为例，自然光在建筑周围有三种——阳光、反射光和散射光。建筑向阳的一面可以直接获取太阳光线，地面和周围物体则会制造反射光，太阳光在大气中的散射可以使建筑物的避阳面也能获得均匀的太阳散射光。三种自然光都应该而且都能够在建筑中应用，南向光是能量的来源之一，更应该好好利用，所以一般建筑都应以南北向布置为宜，因为南向光不仅可使建筑获得照明，而且冬季可以暖房；北光均匀柔和，没有眩目光，一些建筑空间就适宜采用这种自然光线，如画室、书房、手术室等。

自然建筑就是要结合自然设计，利用自然要素，顺应气候设计，最大限度地把光设计好，甚至运用反射原理，将“南光北调”，把阳光照射到建筑物北面的房间，甚至将日光通过科技手段引入室内暗室和地下室中。如南京玻璃纤维研究院第三研究所研发的“采集太阳光的光纤照明系统”就可达到这一目的（图 8-77、图 8-78）。

4）建筑的自然调节

自然建筑利用自然要素获取比较舒适的自然照明和自然通风，关键在于顺应自然、利用自然要素来设计。通过利用周围环境的能量获得舒适、愉悦又健康的建筑环境。这需要建造者和设计者的创造力。让建筑通过自然调节达到被动式供暖、制冷和通风，使其不需要依赖机械系统，也不需要

---

1 [美] 琳恩·伊丽莎白，卡萨德勒·亚当斯．新乡土建筑——当代天然建造方法 [M]. 吴春苑，译．北京：机械工业出版社，2005.

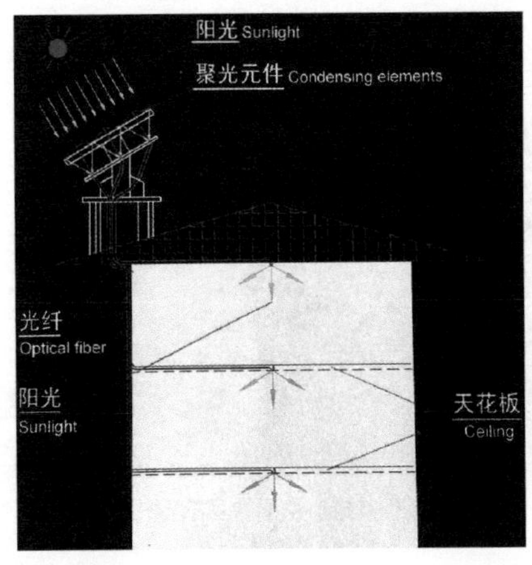

图 8-77 光纤照明系统示意图

图 8-78 光纤照明系统应用实例

消耗工业生产的能量，这就需要通过与周围环境相适应的建筑全局体系的设计得到。

自然建筑的设计目标就是要将建筑的各部分组织成一个多功能的整体。例如墙，无论作为承重体系的墙体，还是作为围护结构中的填充墙体，它同时都是隔热、蓄热的载体，还能挡风、避雨、吸收或反射阳光。设计时要用其利，避其弊，精心设计它们的位置、大小，通过自然调节系统使建筑物的光、热环境得到最优化的配置。

中外历史上的古建筑，大部分的取暖、制冷、照明和通风都是被动式的，尽管那时期的建筑舒适标准与当代大不相同。我国各地民居采取院落式的布局方式，就是适应当地气候条件、日照条件，而创造出的自然采光和自然通风的方式，它们证明了人类有能力将地域自然条件融于建筑建造中，将建筑使用功能、当地材料、建造技术及文化、艺术结合到自然建筑中。

5）公众的参与

传统的自然建筑开始都是居住者自己动手根据自己的需要，选择合适的位置、材料，决定建造的规模大小而建造的。

随着工业文明的发展，这种建造状态逐渐改变，大多数建筑工程交由工匠或施工队来完成；后来又发展到建筑活动由专业建筑师来设计，由承包商负责建造，居住者被排斥于建设过程之外；当今的建筑活动则发展到由各领域的专家、学者、当权者、投资者及使用者共同来研究完成，形成了学科交叉的建造局面，这种学科交叉的运作方式，可以使设计、建造过程中每个参与者的构想、意见受到尊重，可以使建筑建造得更完善、更经济、更有效益。但是，当代的自然建筑还是要鼓励自助互建，或在社区的帮助下建造房屋，这种传统的自建互助的建造方式确实能满足更多人的需要，在农村农宅建设中应该给予鼓励和支持。

8.5.4 自然建筑的现实意义

自然建筑，即使用自然材料和传统建造方法建造的建筑，在今天来讲它完全适应可持续发展时代要求，是一条值得推荐的可持续发展的建筑之路。

特别在今天，我国政府提出“乡村振兴战略”，坚持农业、农村优先发展，按照产业兴旺、生态宜居、乡风文明、治理有效、生活富裕的总要求，加快推进农业农村现代化。2018 年 9 月 26 日，我国政府正式发布了《乡村振兴战略规划（2019—2023 年）》（简称《规划》）。《规划》提出，到 2020 年，乡村振兴的制度框架和政策体系基本形成，各地区各部门乡村振兴的思想举措得以确立，全面建成小康社会的目标如期实现；到 2035 年，乡村振兴取得决定性的进展，农业农村现代化基本实现；到 2050 年，乡村全面振兴，农业强、农村美、农民富全面实现。

图 8-79 一个城不像城、乡不像乡的农村新面貌

乡村振兴战略将乡村发展提到了前所未有的国家战略高度，加快推进农业农村现代化，让农业成为有奔头的产业，让农民成为有吸引力的职业，让农村成为安居乐业的美丽家园。显而易见，乡村将成为我国未来发展的新的战略空间，这也必将促使产生新的业态和新的建筑空间形态，也必然为自然建筑的复兴和发展繁荣提供更广阔的空间，自然建筑真的遇到了千载难逢的好时机。自然建筑原生于农村，新时代再回归复兴为农村发展服务，这是顺理成章的事，这是理所当然的，也可说是“自然的”。

但是，如何建设美丽乡村，用什么模式来建设美丽乡村？这是值得严肃认真慎重研究的。“乡村振兴战略”，加快推进农业农村现代化是必须的、正确的，但是千万别把美丽乡村“城市化”，让农民都住上“高楼大厦”，美丽乡村需要现代化，但绝对不能要“城市化”，也不能要“国际化”。我们近些年一些先行者推行在农村建设“特色小镇”，我看有的是把国外小镇搬到中国来了，有的美丽乡村建造了城市型的成排成坊的高楼大厦（图 8-79），有的把钢筋混凝土、“玻璃盒子”搬到了乡下，这样下去，乡不成乡，村不成村，这样的“美丽乡村”建设最后不会是美丽的，也不符合“乡村振兴战略”的要求。振兴的乡村人居环境应该是“生态宜居”“乡风文明”的“安居乐业的美丽家园”，要人与自然和谐共生，因地制宜的建设美丽乡村的人居环境，不要把 “城市病”的城市化建设元素带到乡村来，“美丽乡村”不要城市化，而要“田园化”。所以美丽的乡村的房屋不宜推行钢筋混凝土式的全工业手段的建设模式，而应鼓励推行以天然材料为主体的非完全工业手段建造房屋的模式，这就是“自然建筑”建造的模式，自然建筑应该是美丽乡村建设中的主体。

在美丽乡村建设中鼓励推行当代的自然建筑，不仅可以因地制宜，使用当地的自然资源，就地取材，节省运费，节约能源，减少污染，利于创建人与自然共生共存的和谐环境，同时可以复兴、发展和繁荣我国地域的建筑文化，促进地域文化的多元化、丰富化，而是可以鼓励公众大力参与，鼓励自建互助的传统建造模式，把散流在外地打工的有手艺的农民（木工、瓦工等）吸引回家，建设自己 的家园。这样的家园，将是田园式家园、田园式社区，这种乡土建筑也能给邻里文化带来活力，应用本土的建筑材料和建筑工艺，也能刺激和带动当地经济的发展。这样建造的乡土人居环境对自然环境和生存在其中的各种生物及其后代，不会有任何负面的影响。

早在 20 世纪 50 年代末，法国政府为了保护自然环境，更好地建设乡镇，推动本地经济发展，开展了建设“鲜花小镇”的竞选活动，鼓励和推行用花草园艺来美化乡镇面貌，以吸引更多的游客，“鲜

图8-80 法国东部伊瓦尔小镇的石头建筑

图8-81 法国东部伊瓦尔“四朵花”小镇——“石头村”外貌

花小镇”分为4等级。分别为“一朵花”“两朵花”“三朵花”“四朵花”，最高荣誉的四朵花小镇就是最美乡村的典范。法国共建有3200多座“一朵花”和“两朵花”小镇，1006座“三朵花”小镇，共有227座市镇获得“4朵花”美丽市镇的荣誉。如历史悠久的湖畔明珠——伊瓦尔小镇，位于法国东部，列为“四朵花”小镇之首，被誉为“法国最美的村庄”，小镇上很多建筑都是天然石头建造的“自然建筑”，成为“最美的村庄”的“名片”，该村又称“石头村”，见图8-80、图8-81[1]。

图8-82 屋顶尖尖的“木筋屋”外貌

国外的乡村振兴建设起步早于我们半个多世纪，他们的经验值得借鉴。从英美和韩国经验来看，他们在进行乡村规划和建设时，都普遍从当地自然环境、资源禀赋、经济水平和人文历史出发，并都尊重农民主体地位，明确农民为乡村建设主体，鼓励公众大力参与，注重地方特色，保护和利用优秀的传统文化、民间文化及非物质文化遗产等，所以他们的乡村建筑都各有特色，有“石头房”“石头村”，也有屋顶尖尖、颜色明丽、木材搭建的“木筋屋”（图8-82），还有“草泥屋”……这些其实都是当代的“自然建筑”。所以在我国推行的“美丽乡村”建设中，“特色小镇”建设中乃至各类各样的建筑中，要鼓励和推行“自然建筑”。作为主管者、投资者、设计者等各类参与“振兴乡村战略”的人们，要改变观念，认识到自然建筑建设的意义，不要以为这是“向后看”，是“倒退”。《自然建筑运动》的作者，琳恩·伊丽莎白（Lynne Elizabeth）在文中写道：“自然建筑所涉及的方面远比材料和装配墙体要深刻和广泛得多。它实际上可以说是内涵丰富的道德规范，甚至是一种世界观，持这种观念的人不仅认为地球是神圣的，而是有生命的。自然建筑的倡导者们关心的是什么才是健康的人工环境，怎样建造房屋对地球造成的影响和破坏才最小，以及人工环境怎样才能变得和自然界的生物圈一样生气勃勃。”作为设计者——建筑师要自觉地把天然材料和生态环境融入建筑中，把建筑引向可持续发展之路，这也是我们的社会责任。

1 图8-80至图8-82引自《田园志》《落入凡间的美丽小镇，在鲜花丛中细品时光静好》文中插图.

图 8-83 贵州鲍家屯“水碾房”——石板房外貌

因此我们应该加深对自然建筑的认知，从而影响和改变我们的设计思路和决策。

基于这样的认知，本书作者在贵州也尝试过设计和建造这样的“自然建筑”——贵州安顺鲍家屯的“石板房”——卓越亭和贵州黔东南州剑河县“木头房”，以下简介之。

1）鲍家屯“卓越亭”

鲍家屯位于贵州省安顺市西秀区，是一个汉族鲍氏古村寨，始建于600多年前，其先进的“都江堰”式水利工程，即鲍家屯大坝河水利系统，至今仍在正常运行，“旱能灌，洪能排”，继续发挥作用，按原始修复的“水碾房”（图 8-83）照样能为民使用。为此，2011 年荣获联合国教科文组织颁发的亚太遗产保护卓越奖（一等奖）。该村为此特决定新建一座亭子，以资纪念，也作为一景点，供开展乡村旅游之用。鲍氏族史研究会推荐我设计，因为这是鲍家之事，不容推辞，欣然接受。

开始设计时我就去了贵州，考察了安顺一带的屯堡村寨，发现这里屯堡建筑非常有地方特色。石板路、石头墙、青石瓦给我留下极其深刻的印象。我开始琢磨起来，要建的亭子建在哪里、什么形式、用什么材料等等问题。我和村子上的人一道踏勘地形场地，确定建亭地点后，重点就是亭子的设计。亭子设计的主题是思源。开始设计时就称“思源亭”，它采用双重檐，亭子的平面下部为八角形，上部为正方形，寓意鲍氏宗亲分布四面八方，又从四面八方归来。鲍家屯水利工程流向四面八方，惠及四面八方。思源亭水上平台采用“井”字形平面形式，寓意“吃水不忘打井人”，以表现“思源”的主题。采用“井”字形的平台形式，创造了 8 处半围合的静态空间，设置圆石桌、石板座，供游客休息（图 8-84、图 8-85）。

为了遵循地域建筑设计原则，与鲍家屯传统建筑融合，亭子的建造采用了当地天然的建筑材料和传统的建造工艺，亭子全部采用石头建造，石头柱、石头梁、石板屋面，并且特请当地几位老石匠承建这个工程，他们全是按传统的石加工工艺和构造方法建造的。该工程除了水上平台是用钢筋混凝土建造外，平台上的栏杆都是天然石造的，包括石桌、石座。可以说，这就是当代“自然建筑”的一次实践。虽然规模小，但这完全符合自然建筑原则。该亭建成后，成为鲍家屯旅游区的一个新景点（图 8-86、图 8-87）。

2）黔东南苗族侗族自治州剑河县木头房

贵州黔东南地区，多为山高坡陡，交通不便，当地侗族和苗族人民发挥他们的智慧，因地制宜，

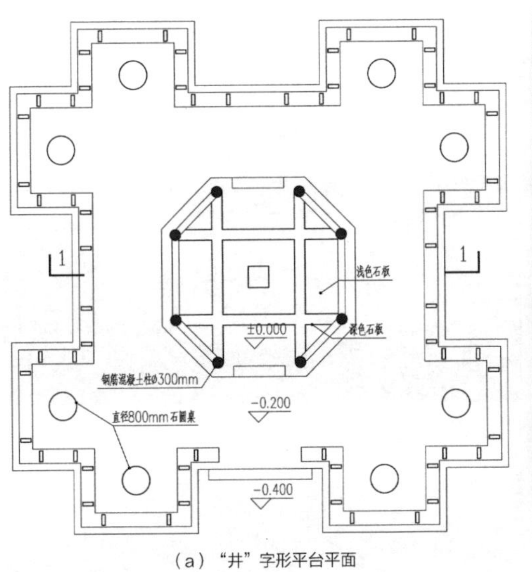

（a）“井”字形平台平面

（b）鸟瞰

图 8-84 卓越亭

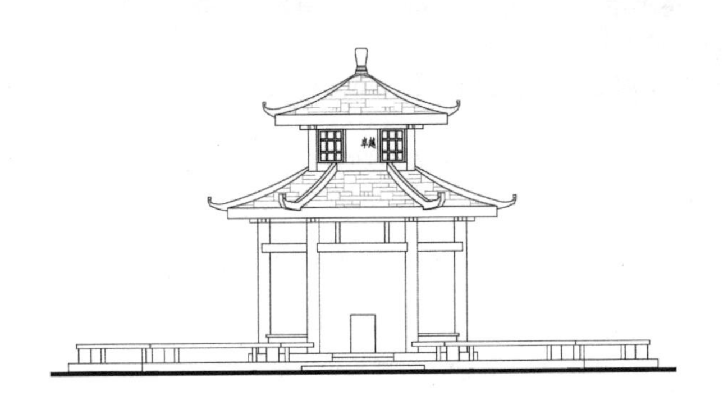

思源亭立面图 1:100

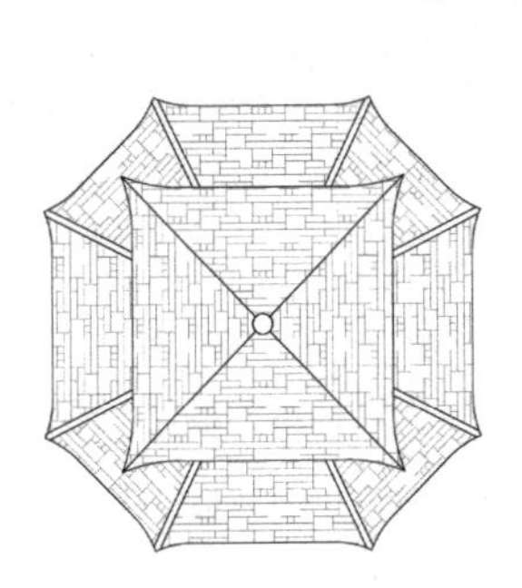

屋顶平面图 1:100

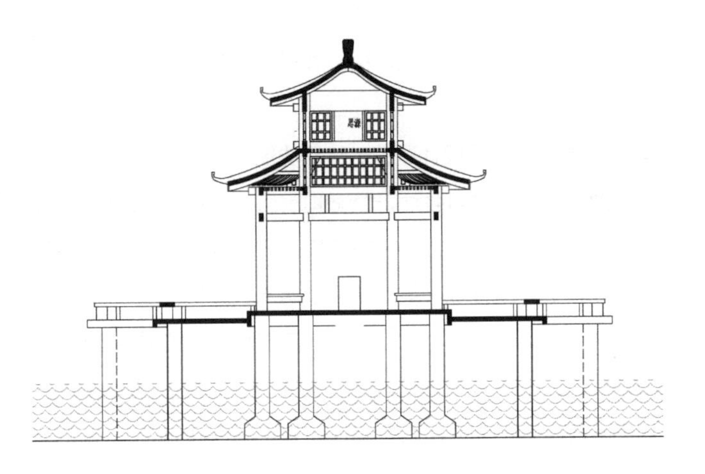

思源亭1-1剖面图 1:100

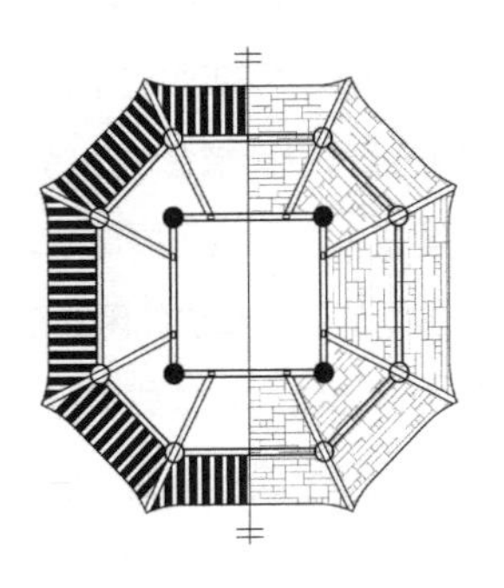

思源亭上层平面图 1:100

图 8-85 卓越亭平面、立面、剖面图

图 8-86 卓越亭远景

图 8-87 卓越亭近景

图 8-88 气韵恢宏的古苗寨

图 8-89 建成后的外貌

就地取材，建造他们的家园。当地广布石灰岩，土层松散，不适合建造建筑材料，于是他们就利用当地现有的森林资源取材，沿着山坡，递增而建。2016 年，贵州省林业厅公布，黔东南州森林覆盖率为 66.68%，剑河县为 70%。故从古至今，当地都取木建房，并且也不耗一钉一铆，用精致工艺，建造了古朴典雅、气韵恢宏的古苗寨（图 8-88）。由于黔东南地区地处亚热带，气候湿润，雨季明显，降水较多，故采用“干栏式”“吊脚式”的形式。目前当地有 6000 余幢传统木头房，急需修缮、保护、利用和开发。2015 年，我们接受委托，开展了黔东南侗族苗族传统木构房的研究，适应现今的需要，结合现代的新技术，进行了“黔东南侗族、苗族传统木构集成样板房”的设计和建造，采用了当代自然建筑的理念指导设计和建造。

该样板房设计结合地方特点，吸取当地建筑元素而设计建造。建筑功能设计为农民住房，可兼做家庭客栈，为今后开展旅游之用。房屋为两层，一层有客厅、卧室和厨房、卫生间，二层有 4 间带有卫生间的客房和供休闲的空间。建筑采用当地天然可再生木材为建筑的骨架材料，应用工、农、林废弃物，如秸秆制作成板材作围护墙体和楼板、屋面板，具有防火、防水、隔热和隔声功能，实行产业化的房屋建造方式，设计标准化，构件模数化，生产工厂化和施工装配化。建成造型吸取当地传统建筑元素，塑造侗族建筑特色，底层架空，仿干栏式建造，防潮透风，随形就势，屋前有凹廊，进门有门槛，二层四角有吊脚楼，阳台有美人靠，屋面为曲线双坡小青瓦。建筑采用榫卯构造，不用钉，不用铆，由当地木工，瓦工师傅建造。由于建筑构件都是在工厂制造，包括大梁、木柱、木门窗及多功能的木质复合板，运到工地现场，实施装配，一个多月就将此房建成，受到当地人们喜爱，这也是当代自然建筑的一次探索实践（图 8-89 ~ 图 8-93）。

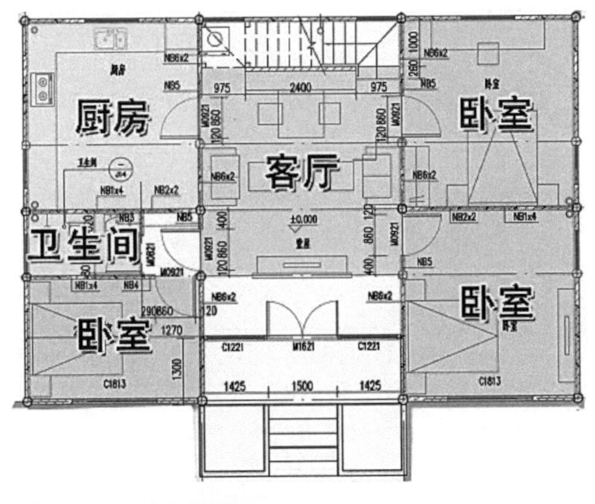

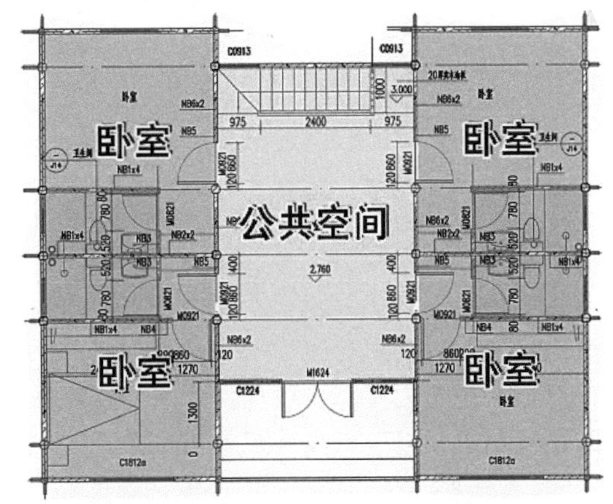

图8-90 建筑平立剖图

图8-91 施工过程图片

图8-92 建筑细部

图8-93 室内照片

第9章 可持续发展建筑的支撑体系

实现可持续发展的建筑需要一个能适应可持续发展的支撑体系，这个支撑体系必须在反思传统常态的支撑体系基础上，对其进行合理选择、积极优化和创新，在此基础上探索建立新的支撑体系，这个支撑体系要包括以下三个子体系，即：

（1）物质支撑体系

（2）技术支撑体系

（3）设计支撑体系

以下分述之。

9.1 可持续发展的物质支撑体系

建筑是由物质材料营建的，因此，物质材料是最基本的，也是最重要的支撑体系。物质支撑体系包括两个方面，即材料和设备，这些都是硬件性的支撑体系。

9.1.1 材料选用可持续原则

建筑的营建需要使用大量的各种材料，在建成后的运营过程中，还需要不断的维修、更新，这也需要消耗一定的材料；在建筑寿命结束时，将老建筑拆除，又会产生很多废材料。据世界观察有关报告称，建筑施工每年要消耗全世界使用的粗石、碎石、沙子的 40%，原木的 25%；建筑每年还需消耗全世界能源的 40%，消耗水资源 16%；在全世界 30% 的新建和维修的建筑物中还会产生有害于人体健康的室内空气；在营建和维修过程中会产生大量的建筑垃圾，它几乎与城市垃圾一样的多……据此可知，材料对节约能源、保护环境和人体健康有多么密切的关联。它直接关系着建筑的可持续性。

从可持续发展的思想角度出发，为了有利于建筑节能，保护环境，对人体健康不会有负面影响，材料的选用必须关注它是否有利于上述要求，因此要求材料应有以下之特性：

——材料的内含能量

——材料的耐久性

——材料的可回收性

——材料的健康性

建筑材料的内含能量主要指在材料开采、运输、制造、装配以及施工等过程中所消耗的能量。因此，降低建筑材料的内含能量对节约能源、节约资源、节约成本具有重要的意义，因此，它是建筑可持续发展的重要因素之一。

其次，就是材料的耐久性，只有耐久的材料才具有可持续利用的可持续性；也只有耐久的材料，才具有可回收的价值。因为回收就可以再利用循环使用，循环使用就有利于建筑实行循环经济，促进创建在资源回收和循环再利用基础上的建筑发展新模式。从而使材料资源使用减量化、再利用及资源化再循环，这样有利于做到建筑生产的低消耗、低排入及高效——最终实现可持续的目标。

此外，就要求材料具有健康性，对人体对环境不产生任何负面、有害的影响，因此要求材料必须是清洁的材料、清洁的能源，不产生任何的污染。

9.1.2 建筑材料分类

作为营造建筑所用的材料基本有两大类，即天然材料和人造材料。天然材料就是生存于自然界中，来自植物、动物和矿物，不改变材料本身性质、通过简单的加工就可直接使用的材料，如建筑营建用的土、石、砂及竹、草、木材等。它们在生长和生存过程中不消耗人工能源，建筑内含量低，尤其是能就地取材、直接使用，不需要长途运输，也就节约了能耗。人造材料是天然材料经过人为的化学方法或聚合作用加工而制成的材料，其特质与原料不同，如塑料、玻璃和钢铁、水泥等。这些人工生产，而且可以工业化大量生产，可以改善和提高原自然材料的性能。但是，它们的建筑内含能量高，因为它们在加工生产过程中，能耗大、污染严重。目前，水泥、钢铁等材料都是高能耗、高污染产业，而且是过剩产业。水泥生产不仅要开山采石，破坏地形地貌，而且和钢材生产一样，都需要上千度的高温加工，大量的能源被消耗，同时还大量排出废水、废气和废固体物，污染环境，且耐久性也不高。我国工业建筑寿命短，与英美相比，寿龄不到它们同类材料的一半。百年耐久性材料太少，同时它们与环境相容性较差，装修材料甲醛等有害人体健康的气体含量超标，植物不能在人造材料环境生长，相容性差。

从建筑可持续思想考虑，天然材料自然要优于人工材料。因为这样能节能、环保。不论是结构性材料，非结构性填充材料，或是装饰性材料在选用它们时，都要尽量选用天然材料，对节能、环保和对人体健康都是有利的。

9.1.3 材料选择

1）木、竹

木材是天然材料中应用于建筑最早、最广泛、最普遍的材料。自有人类文明史以来，木材就成为人类生存不可或缺的天然资源，木材在国内外都成为最主要的建筑材料之一，在工业革命前都占有着重要的地位。我国传统建筑文化，无论是宫廷建筑还是民宅都是以木构建筑为核心体系。今日保留下来的、建于明清时期的故宫木构建筑群，建于辽代的山西应县木塔等都是木构建筑的典范。在欧洲木结构也是其主要使用的结构体系之一。甚至很多古老的教堂也是木结构的；在北美，200多年前移民过去的欧洲殖民者也仿欧洲使用木材建房，路易斯安那州首批殖民者建造的木构住宅至今仍在使用。木材因其材料易于获得，可以就地取材，加工简单方便，人力即可操作，施工周期短，又能抵御不同自然侵害，致使木结构在国内外很早就被广泛采用。

然而，伴随近现代工业革命的发生和发展，钢铁、水泥的大量生产，它大大地冲击着木结构的使用。加之，现代建筑大空间，高层化和综合性的新要求，传统木结构及传统的木结构技术也难以满足其建造要求，加之木材的匮乏，使木材在建筑中的应用走向衰没。特别是在我国，由于一段时期的乱砍滥伐，森林遭到大面积破坏，致使木结构在我国近代应用很少，传统木结构建筑文化因而也受到极大冲击。

但是，从20世纪70年代开始，随着人们对环境生态危机的深刻反思，生态文明和人文关怀的思想逐渐受到重视，人们开始更多地关注建筑的生态和建筑的可持续发展。木材作为天然生产、材料内含量低，加工简单，能消耗低，可再生、易降解，再次得到人们的重视。首先在欧美发达国家对木材的研究和利用非常投入，在新技术的支撑下，木材在建筑的应用范围和应用方式都获得了巨大的发展。作为今日建筑四大材料——钢筋、水泥、塑料和木材——中唯一可再生利用的材料，它以其稳定耐久性强、天然无污染的优质特性再次被世人关注。它除了传统木结构的性能和美学价值外，今天它作为可持续生产的资源，是其他人造材料无法比拟的，无论是使用建造之前的材料生产过程，或是建成后使用中的环保效应，还是老建筑最后拆除材料后回收再利用等方面，木材都是绝佳的绿色环保材料，其生产和使用皆对环境无负面影响。对降低建筑综合能耗、保护自然环境及实现可持续发展有其突出的优越性。因此，要大力提倡使用木材作为建筑材料，发展木结构建筑，这是一条真正的切实可行的可持续发展的建筑之路，它应成为我国建筑发展的一个新趋向。

当然，要做到有效利用木材资源，一定要接受历史的教训，不能乱砍滥伐，或只伐不植。一定要保持森林自身可持续的生长，这就要实行可持续管理的森林生产。在一些发达国家用于家具、门窗和专用木制机械的木料一般从热带的第三世界国家进口，这些热带丛林的木材生产，由于缺乏可持续的管理而遭到破坏，从而对全球的生态环境造成不良影响。在我国，木材的乱砍滥伐曾是造成水土流失，洪涝和风沙灾害的直接原因。因此，生产木材的森林必须实行可持续的管理，保持森林生长的自我平衡。其次木材的使用应该高效利用，对劣质木材，体形小的树木和生长快速利用率低的树木品种，可以用于人工木制品，如积小成大做成胶合木，做成工字梁，定向纤维板，层压纤维板，胶合夹心板，空腹木梁和桁架；从旧建筑拆除下来的木构件通过清洁、分类和再加工，可以重新利用。

天然的结构性材料，除了木材以外，竹子的利用也在逐渐被世人重视。作为一种天然的建筑材料，它具有成本低，建造快，易运输的优点，以天然材料建造的廉价建筑，自然也是美丽的。这些以天然材料建造的建筑，在其建造、使用和拆除的全生命周期，它对自然环境造成的伤害将是最低的，也是最美的，图9-1[1]为墨西哥古纳瓦卡（Cuernavaca,Mexico），附近的一座植物花园里，建造的一座山顶餐厅，项目名称为“jardines-de Mexia”，建筑面积4500m^2，建于2011年，巨大的平面屋顶由蘑菇竹支撑而起。160根竹材构成了一根蘑菇形竹柱，单柱所承托的屋顶面积超过36m^2，其形类似于尖卷的感觉，以展现墨西哥竹建筑的独特魅力，它是由越南建筑事务所Vo Trong Nghia Architect（简称VTN）设计的。

图9-1 墨西哥的竹建筑——一座山顶餐厅

1 世界最美建筑．金宝地产．2018.01.23.

2）水泥——混凝土

生产水泥要开山采石，无疑要破坏自然环境，而且生产水泥需要大量能量，把普通水泥制成混凝土也需要大量的能量，而且会产生大量的一氧化碳；城市中混凝土森林又造热岛效应，恶化城市环境；而且，混凝土建筑老化后拆除，95% 以上是难以回收再利用，它们都变成了建筑垃圾；即使现在有的把它机械粉碎再做混凝土或制砖的骨料，但也要消耗大量的能量，在加工中又会产生灰尘、污染空气。因此，从可持续发展的建筑考量，水泥不是最理想的建筑材料。如果，一定要混凝土结构性材料，那就必须对传统的水泥混凝土作更新改造，发展新型混凝土材料。例如：我国有的地区采用粉煤灰尘混凝土替代常规混凝土，粉煤灰尘是燃煤发电厂产生的废料，它可以替代常规混凝土中 30% 的普通水泥；有的采用再循环骨料或轻质骨料替代部分水泥或石料制作混凝土，再循环骨料包括粉碎的房屋拆除后的混凝土构件、砖或其他废砖石，或者粉碎的琉璃；轻质混凝土由膨胀的煤材料（如浮石和煤渣）代替部分石骨料构成的。这些新型混凝土材料将有利于建筑可持续发展，应有着广阔的发展前景。

3）砖石制品和陶瓷

燃烧的传统黏土砖因为耗能和破坏环境，它的使用已受到限制。新的砖石制品在建筑中应用越来越普遍，这些砖制品就是用普通水泥、黏土、玻璃、煤渣等按照不同类型的标准加上轻质骨料制成。大多数砖制品可用硅酸盐水泥、沙子和石灰尘制成的砂浆砌筑，这种砖制品产生的污染成分很少，能有效地或循环利用资源。例如采用膨胀的骨料（如浮石）制成轻质砌块，可减轻重量并增加保温隔热效果，减少能耗；也可选择有用的废料和再循环的材料（如阴沟泥和粉煤灰），加工制作成砖或块状制品。但对粉煤灰尘要进行测试，以防有害的物质影响人体健康。这些新型砖制品基本上是作为建筑框架结构的墙体填充材料，而不能像传统黏土砖可以作承重墙体。

陶瓷是最耐久的饰品材料，而且污染物排放量也极低。它们不吸附气体，易于清洁，而且耐磨。虽然价格和安装费用较高，但其寿命周期费用都是所有饰面材料中最低，因为它们寿命很长，需要的维护很少，要合理地利用资源可以选择本地或本地区生产的陶瓷，可以减少运输费。

4）金属——钢材

钢材是建筑物中最常用的金属材料，其优点是它可以再循环利用，而且边角料也有使用价值。钢材强度大，作为结构性材料被广泛使用，尤其是高层建筑和大跨度厅堂建筑中应用更广。其缺点是生产过程中耗能大，产生的三废对环境负面影响大。除钢材外，铝材也是建筑中被应用的大户，它是建筑中最有自循环价值的金属材料。金属材料制品一般对室内空气不会造成污染。

5）塑料

大部分塑料是由“不可再生”的石油或天然气原材料制成。它们在生产过程中要用到有毒的可能有危险的物质。塑料有时被用在建筑的围护结构中，但更多的是用于室内饰面和家具。大多数塑料是可再循环的，但是目前再循环率并不高，因为有各种各样的塑料在使用，用后很难将它们分开。有些塑料如纯聚氯乙烯（PVC），如果设计时使它容易拆除，那它就容易在建筑中被重新利用；添加剂，镀膜和着色都会使再循环使用变得困难，在使用塑料制品时，要考虑不合格产品对室内空气造成的不良影响。

6）保温防潮材料

保温是提高建筑能效的一个重要因素，其重要性取决于气候。采用较高性能的材料可以获取高质量的保温，而且是经济的。选择保温材料，一方面要关注它的保温性能，另一方面就是要关注它是否是有效利用资源及是否有利于健康。绝热材料的品种很多，按材质分，可分为无机绝热材料、有机绝热材料和金属绝热材料三种。按形态分，可分为纤维状、微孔状、发泡状和层状等四种。

外墙和屋面材料的选择对建筑的寿命很重要。对于可持续建筑来讲，这些材料应该耐久、可再循环，并要适合当地气候和使用条件。一般适用外墙和屋面材料有金属板——铝板，它耐热且可再循环；高质的沥青瓦和玻璃纤维瓦也是比较耐久的，有些还可再循环使用。

总之，在设计选择各种材料时，一定要关注材料的生态特征，即：它们生产的能耗，使用的寿命，拆除时是否可以自然降解，是否可以重复再回收循环使用；拆除时产生垃圾的数量；施工时对水的需求量（如混凝土、砖用水量大）；施工及拆除时是否有噪声产生，以及是否有有害健康的放射性气体等。一般来讲，天然可生长的材料（Renewable Materials）生态特性是比较好的，它们在加工、运输和施工过程中能耗最少；对环境的破坏最小；保温性能好；可回收，可重复循环利用；自重轻，可生长，可采用低技术加工建造。

可生长材料包括木（乔木，灌木）、竹、草、芦苇及纸。在森林资源丰富的国家，木材是应该优先使用的建筑材料，如在欧洲，木材产量已超过砍伐量，即供应大于需求，能可持续地应用；纸是由木材与草等可生产的材料加工而成，它可以回收并能循环使用，具有发展的前景。如纸纤维保温材料和隔声层至少含有 70% 的废纸，它们呈松散的填充物状。甚至结构外壳可以用人们看过的板纸压缩制成。

这种材料不仅利于再循环使用，而且还有利于增强保温和吸声性能。选择材料除了关注可再生性外，还要关注材料生态特性的另一方面，即材料的可循环利用性。在这方面，木结构和金属结构有它们的优越性，如金属结构其性能优越，可工厂化生产，制造周期短，施工时较少产生噪声和尘土，省水，可循环使用，空间适应性好。其缺点是生产时能耗较高，其中铝材生产过程中耗能最高，其次是钢、玻璃和混凝土，木材自然是耗能最低。但是，铝、钢都可再循环使用，而且边角料也可发挥它们高效率。铝合金回收回炉能耗仅为制造能耗的 10%，且减少 95% 的空气污染。按现状分析，铝合金仅循环使用就可满足全世界的需求。我国每年生产水泥 5 亿吨，占世界总量的 1/3，除了大量耗能外，每年还排放 CO_2 万亿吨！从可持续发展角度看，今后要少用混凝土结构，要提倡多用钢结构、轻钢结构和木结构乃至竹结构。

但在建筑选用材料时，也要避免一些误区，建材是否是生态的，需要用系统的、历史的眼光辩证地看待，不是“新的”就是“好的”。新的建筑材料的确可能体现了最新技术成果，但不一定就是好的，非洲的复土建筑和中国南方的土楼，它们不是“新的”，但它们都是很好的生态建筑模式。

有的简单认为“天然的”就是“生态的”，这也不确切。在材料选用上，各国各地要因地制宜。在欧洲，德国劳动力成本高，钢和玻璃材料施工速度快，可循环利用，施工能耗低，因此，可以算是生态材料；瑞士等国家绿化程度高，种植量大于砍伐量，因此，使用木材这种天然材料有利于生态环境，而对于森林覆盖率低的国家和地区来讲，木材虽然天然，但却并不利于生态。

还有的认为“绿色的”就是“无污染的”，这也过于绝对了。有些绿色材料虽然用于建筑中能够很好地创造健康的室内外环境，但它们到后期难以降解，从而容易产生环境损害（如黏土陶料混凝土）或是生产时需要消耗大量的能源并不能回收利用（如塑钢门窗）。从材料的整个生命周期来看，都不能说是好的生态材料。

7）新型的生态建材

在可持续发展建筑中建筑材料的使用对于整个建筑起着至关重要的作用，一般来讲，目前的生态建筑设计领域常采用的生态建筑材料有以下几种：

（1）TIM 透明绝缘材料

TIM 的透明绝热材料（Transparent Insulation material）是一种透明的隔热材料，通常将其与建筑复合成为透明隔热墙（TIW），从而减少因对流造成的热量损失。在冬季它不仅能最大程度吸收太阳热量，还能阻止室内热量的散失。而在夏季，透明隔热墙中 2mm 厚的空腔又可促进空气流通，配合 TIM 的反射性能，使室内温度适宜，真正做到冬暖夏凉。使用 TIM 透明绝热材料，每平方米的建筑每年可节约能耗 200kW · h。

（2）复合保温玻璃

玻璃保温技术经历了几个发展阶段，复合保温玻璃是低辐射——热反射中空玻璃，它具有双重保温性能，在欧洲被广泛应用。

（3）太阳能光电材料

太阳能光电材料是将太阳能电池与建筑材料复合而成的新型建材。它们不仅能吸收太阳能，还以其转换为电能，支持建筑内部用电，有些甚至还能将多余电输入电网。

8）具有潜力的新型建筑材料

（1）可持续的新型建筑材料——纸

纸是我国古代四大发明之一，造纸术是我国劳动人民长期经验的积累和智慧的结晶。纸的发明大大促进了中华文化的传播与发展，纸在建筑上的应用也早已有之，如石膏纸板、柏油纸、壁纸等，但其强度、刚度还是防水性能等都不能与现代新建筑用纸相比。现代建筑纸除了植物纤维纸之外，还有高分子化合物等，如有耐磨的应用于复合地板的“耐磨纸”，高科技的“纸钢”，又称“金属纤维纸”，其强度和钢材相当；它可制成板材或冲压成槽型、波状和各种异型材；还有各种性能的壁纸，如暖气壁纸、吸湿壁纸、防雷壁纸、杀虫壁纸、吸味壁纸及报火警壁纸、防窃听壁纸等等。但还较少用纸做建筑结构材料。用纸作材料，最常见的可能是产品包装，不过用它于建筑与家居早在 20 世纪 40 年代就开始了。最早的硬纸建筑建于 1944 年，用的是 25mm 厚的瓦楞硬纸板，最经典的硬纸板家居是 1972 年美国建筑师弗兰克 · 盖里（Frank Gehry）设计的 Wiggle Side Chair。这个创新性的材料后来被命名为“Edge Board”，还做成了一个热销家具系统“Easy Edges”（图 9-2[1]）。纸应用于建造房子，开始也只是临时性建筑。1990 年代开始，日本建筑师就将它用于抗震救灾房，将硬纸板称为“evolved wood”（进化板木材），发现它优点多，环保、抗震、易于生产、绝缘、保暖、便于运输、可循环使用、价格便宜，形状、结构、色彩也可灵活调整。用纸建不仅可以减小建筑的重量，加快施工速度，而且建筑拆除后，纸可以重复利用，对节约资源、保护环境都有好处。为可持续发展的人居环境建设提供了一种新的建造模式。

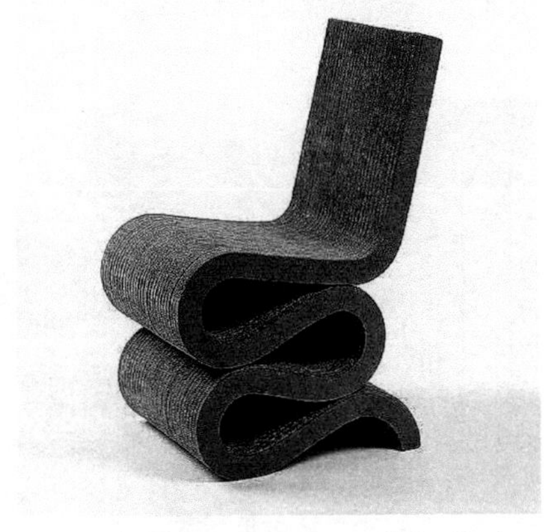

图 9-2 纸质家具——Wiggce Side Chair

1 ［美］芭芭拉 • 伊森伯格（BARBARA ISENBERG）. 建筑家弗兰克 • 盖里 [M]. 苏枫雅，译 . 北京：中信出版社，2013：226.

图 9-3 台湾南投县埔里镇纸质教堂

图 9-4 汉诺威世博会的日本馆

应用纸作建筑材料建造房子是完全可能的。我们可以用“纸钢”制作成“纸筒”，用“纸筒”做成柱，承受竖向荷载；用纸做成“纸箱”，用纸箱作为墙体或楼板、屋面板（采用密梁时）。柱子由纸筒做，由它作为竖向支撑结构，如图 9-3[1]，为建于台湾南投县埔里镇的一个“纸质教堂”（Paper Dome）（1995 年建造），所有的柱子都是纸管做的。该教堂应用较低成本的玻璃纤维板，构筑长廊形的外墙；内部用 58 根长 5m、管径 33cm，厚 1.5cm 的纸管，构建了一个可容纳 80 个座位的椭圆形空间，它是由日本板茂建筑师设计的；它与外墙之间形成一道回廊；纸可以做成拱结构或类似三维网格结构，如日本在汉诺威世博会上的日本馆（图 9-4[2]），纸筒的受压能力强，将纸筒做成拱结构能充分发挥其受力的优势。

“天生我才必有用”，人与物都是如此，人尽其才，物尽其用，每一种材料都有其用武之地。日本建筑师坂茂以其高度的社会责任感和潜心的研究，在日本 3・11 大地震后，他立刻向灾区送去了建筑材料——不是钢材，也不是木料，而是建筑中并不常见的纸板，为灾民雪中送炭的搭建了“纸管屋”，为他们提供“人人都可以建造的临时居所”。他采用管径 108mm、厚 4mm 的纸管，并用自粘防水海绵填满它们之间的空隙，解决了墙体防水问题。同时，薄膜材料制成的双层屋顶为夏天提供了良好的通风，保证了使用的舒适。

由于纸屋极易就地取材，成本低廉，建造简单，全球到处可用，2008 年我国发生 5・12 汶川大地震，他还为成都华林小学设计了过渡校舍，使用的主要建材就是纸管，见图 9-5。

图 9-5 成都华林小学纸板房校舍（穆均博士提供）

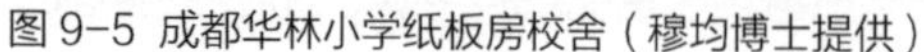

1 冰沁于心 . 台湾：《不可思议的纸教堂》. 新浪博客 . 颜描锦 . 2014.08.14.
2 纸建筑师——坂茂 PPT 课件，2019-11-26. 侯登楼 .

图 9-6 法国南部韦尔蓬 · 迪加尔“纸筒桥”

图 9-7 法国蓬皮杜中心新馆

纸板房不仅能够为灾民提供居所，还可为社区的公共活动提供空间。

以纸作为建筑的主要材料，是一种新颖的创意，使人获得了返璞归真的领悟，启发人们发挥它作为建材的潜力。2007 年坂茂在法国建造了一座“纸筒桥”，见图 9-6[1]，亲自走上去验证，曾说：“纸其实也可以变得永久、坚韧和耐用”。现代科技发展，已研发可生产的“纸钢”，用它制成“纸管”或“纸箱”，前者可作为建筑的梁、柱承重结构，后者可以作为墙体或作为楼板、屋面板。我们相信，混凝土建筑或许“坚不可摧”，但“纸建筑也一定能万古流芳”。图 9-7[1] 为位于法国梅斯市（Mets）东部的法国蓬皮杜中心新馆（梅斯馆）。它始建于 2006 年，2010 年 5 月正式开放，被誉称为“阳光大帅哥”，其“草帽”型屋盖，美感十足，其设计灵感似源于中国的编织草帽。它也由板茂建筑设计事务所设计，屋顶为木结构。

坂茂的“纸建筑”研究与实践表现出他高度的社会责任感。坂茂于 2014 年获得普利兹克建筑奖，美国《时代》周刊誉他为“21 世纪最具创意的建筑师之一”，也被人们誉为“人道主义建筑师”。

虽然纸板建筑多见于救灾应急建筑或公共建筑，不过现在，它的创新应用也受到世人越来越多的关注——其经济性和可持续性。荷兰阿姆斯特丹的一家建筑工作室 Fiction Factory，研究出一套由硬纸板组件灵活定制的“小纸屋”，仅需一天就可以搭建出一个温馨宽敞的住屋、办公室或活动场所。这个纸屋的名字叫“Wikkel House”，意即“层层包裹”的房屋（Wrap House）。它的核心原理就是“模块化”——像拼装一个积木小火车一样，把单位重量为500kg长、宽、高为4.6m × 1.2m × 3.5m的环形组件，层层嵌套在一起。构件模块化便于运输，而且房屋大小可以伸缩调节，参见图 9-8[1]、图 9-9。这种纸房子据说它至少可住 50 年，最多可达 100 年，耐用度是传统建材的 3 倍。

（2）可持续的新型建筑材料——秸秆及秸秆建筑（Straw Building）

秸秆——是成熟农作物茎叶（穗）部分的总称，通常指水稻、小麦、玉米、棉花、油菜、甘蔗和其他农作物收割后的剩余部分。它是一种具有多用途的可再生的生物资源。

秸秆建筑——利用秸秆作为主要材料，通过挤压、平压或横压等方法制成建材，并用于建造建筑物。

1 纸建筑师——坂茂 PPT 课件，2019-11-26. 侯登楼 .

图 9-8 纸屋——Wikkel House

秸秆应用于建筑在我国已有悠久的历史，它也是与泥土、木、竹一样最早应用于建筑的可再生的建筑材料，如历史上农村的“泥草房”，用秸秆做房屋的围护结构——墙体和屋顶。只是到了近代，现代工业生产的建筑材料的发展，它渐渐退出了历史舞台。但随着生态文明的兴起，它又逐渐被世人所关注。

秸秆建筑从 20 世纪 90 年代开始，就经历了蓬勃发展的时期。秸秆建造技术在一个世纪前发源于北美。当时美国出现秸秆压制技术，1884 年在内布拉加斯州建成了第一幢秸秆建筑（图 9-10[1]）。这时的秸秆建筑，在建造中都没有采用木质或其他结构作为其承重材料，而是直接利用秸秆支撑屋面。

1980 年以后，美国既有将秸秆直接用于承重的结构形式，也出现了木结构作房屋支撑结构，用秸秆砖作墙体填充体。1991 年美国颁布了《新墨西哥州秸秆建筑》，这是美国首部正式的秸秆建筑规范。1993 年首次关于秸秆建筑的国际会议召开，同年，《最后的秸秆——秸秆建筑杂志》（The Last Straw_The Journal of Straw Bale Construction）创刊（图 9-11[1]）。许多欧洲国家也开始了秸秆建筑的研究与实践。从 1989 到 1995 年，欧洲建造了大约 40 幢秸秆建筑，而到了 2001 年共修建了 400 座，数量激增。1998 年，澳大利亚修建了一座秸秆承重的秸秆建筑，它是一个 250m^2 的葡萄酒酿造厂，墙高 4.5m，由 220 块尺寸为 90cm × 90cm × 240cm 的大型秸秆砖砌筑，秸秆砖重为 225kg，在装载机的帮助下，三天修建而成（图 9-12[1]），它是当时最大的一座秸秆建筑之一。

1 ［德］赫尔诺特·明克，弗里德曼·马尔克 . 秸秆建筑 Building with STRAW[M]. 刘婷婷，余自若，杨雷，译 . 北京：中国建筑工业出版社，2007.

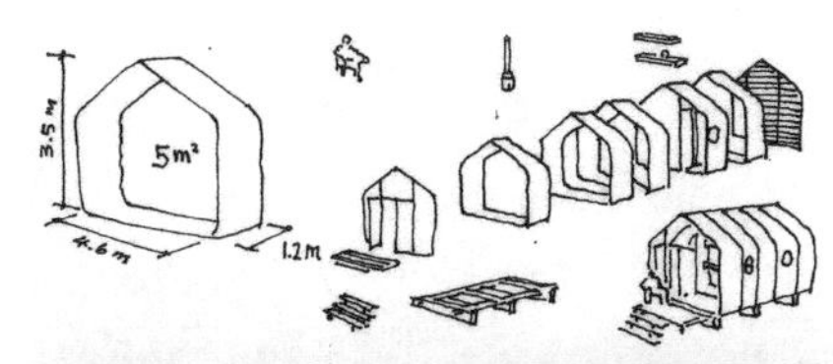

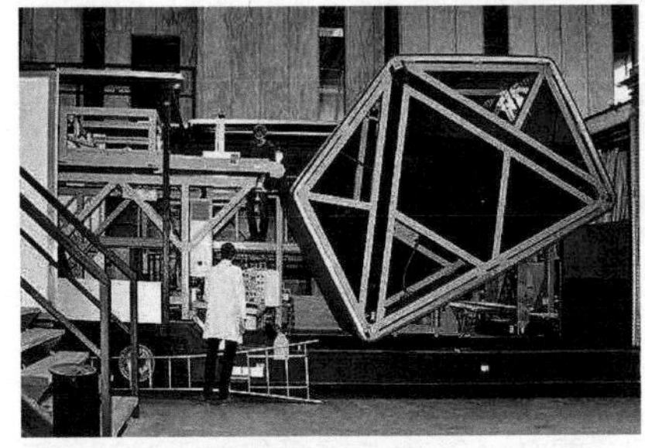

图 9-9 模块化纸屋

图 9-10 美国第一幢秸秆建筑

图 9-11 第一本秸秆建筑杂志

图 9-12 澳大利亚第一幢秸秆建筑葡萄酒厂

利用秸秆作为建筑材料，用其建房的优点是：

（1）环保——它源于农作物的废料，避免废弃物因燃烧等对环境造成的污染，是可再生的可持续供给的资源；

（2）经济——变废为宝，就地取材，加工成本低，建造技术简便，人人可参与建造。

（3）节能——秸秆材料加工耗能低，耗电 0.142kW/m^2，耗水 1.5L/ m^2，在使用时节能效率高。

（4）保温隔热——秸秆隔热房屋可以达到节能建筑标准，即年耗能不大于 15kW · h/ m^2。

（5）隔声——秸秆隔声性能优越，隔音效果是普通建材的 5 倍。

（6）抗震——秸秆房抗震性能好，秸秆砖能有一定的蠕动，起消震、缓冲作用。

（7）寿命——秸秆建筑寿命长，与一般人担心它易腐烂相反，美国最早的秸秆建筑已有 100 多年，目前仍可居住。科学证明，秸秆含硅量较高，其腐烂速度极其缓慢。

（8）防火、防水、防虫——秸秆经特殊处理后，能防火、防水、防腐和防虫。

由于秸秆的生态性能优势，它在未来的可持续发展的人居环境建设中也将会开拓一种新型的建筑模式，除了建造一层、二层的住宅外，它也可以建造厂房或社区公共活动用房；它除了秸秆砖自承重结构形式建造外，采用竹、木、轻钢作骨架，采用秸秆砖、各类秸秆复合板做围护结构（墙

图 9-13 英国爱尔兰两层承重式住宅

图 9-14 德国第一幢获得规划许可的秸秆建筑

体或楼面板、屋面板）的混合结构方式会有更大的发展空间。图 9-13[1] 为英国爱尔兰于 2000 年建造的两层承重式住宅，也是螺旋屋，它是欧洲最先允许建造的承重秸秆砖建筑之一，也是欧洲最早获得建造许可证的双层秸秆砖建筑；图 9-14[1] 为德国第一幢获得规划许可的秸秆建筑，它建于 1999 年。

9.2 可持续发展建筑的技术支撑体系

9.2.1 技术支撑体系

在技术层面上，为实现可持续发展建筑理念与实践的统一，必然涉及大量具体的知识和技术。可持续发展建筑要求相关学科专业的大力支持，它们的发展与进步在很大程度上取决于相关学科的发展情况，仅仅依靠建筑师、规划师，仅仅依靠建筑学的知识和技术是无法实现建筑可持续发展理论与实践相结合这一目的的，只有各学科与建筑交融，协调发展才能为可持续发展建筑的实施创造良好的物质条件。

可持续发展技术体系从很早就得到重视，1985 年国际建协第十五次大会上，马来西亚建筑师杨经文（K.yeang）提出“生态设计……要尽量全面地确保对生态系统和生物圈内的不可再生资源产生最小的消极影响，或者产生最大的有益影响”。

在 1999 年国际建协第 20 届世界建筑师大会上，《北京宪章》中指出：“充分发挥技术对人类社会文明进步应有的促进作用，这就成为我们在新世纪的重要任务……我们要因地制宜、采取多层次的技术结构，综合利用高新技术（High Technology）、中间技术（Intermediate Technology）、适宜技术（appropriate Technology）、传统技术（traditional technology），

1 [德] 赫尔诺特・明克，弗里德曼・马尔克 . 秸秆建筑 Building with STRAW[M]. 刘婷婷，余自若，杨雷，译 . 北京：中国建筑工业出版社，2007.

解决人居环境建设问题”。

宪章还指出：“从技术的复杂性来看，低技术（low-tech）、轻技术（light-tech）、高技术（high-tech）各不相同，并且差别很大，因此每一个设计项目都必须选择合适的技术路线，寻求具体的、整合的途径，亦即要根据各地自身的建设条件，对多种技术加以利用、继承、发展和创新”。

因此，为了建筑的可持续发展，建筑师要重视高新技术的开拓对建筑学发展的作用，要提高建筑学的科技含金量，积极而有选择性地把国际、国内的先进技术和本地区的实践相结合，推动此时此地建筑技术的进步。如果建筑师认识到人类面临的生态挑战，在自己的工程设计中，创造性地运用先进的技术，满足了建筑适用、经济、绿色、美观的要求，那么，这样的建筑就必将是可持续发展的。

9.2.2 可持续发展的建筑技术基本方案

可持续发展的建筑究竟采取什么样的技术才能够不破坏环境，又有利于自身的可持续发展？这取决于建筑师自身的素质和技术的完善程度。目前，可以直接应用的技术很多，然而无论使用何种技术，可持续发展的建筑设计都不能偏离其设计原则——系统性、开放性、持续性和协调性，而可持续发展的建筑设计大致可以有两种技术方案可供选用：

1）高精尖技术

在建筑创作时，利用高精尖技术，实现技术的持续发展与利用。在欧洲英、法、德等国，高技派建筑风格在新的商业及文化建筑中占到了相当大的比重，而且随着时间的推移，高技派的高技术已经从建筑的表皮深入到建筑的内部，包括能源技术、信息技术在内的多种新技术被融合到其中，切实地改进了人们工作及生活环境的质量。利用高技术手段获得建筑的低能耗运转、物质和能量的循环利用及减少环境的污染是当前可持续发展建筑创作的前沿阵地。例如，利用一些专业分析软件（如能源分析软件，日照分析软件）进行系统能源消耗分析及建筑物日照分析。

1993～1995年建设的德国盖茨总部楼（图9-15[1]），应用了环境友好的技术，就是将当代最先进技术——太阳能和人工智能，使其成为绿色建筑的典型范例。设计中建筑师将建筑看作一个可以呼吸、新陈代谢、进行能量交换的系统。该大楼外围护结构采用了双层玻璃，其控制系统利用人工智能，采用模糊逻辑，250个传感器提供诸如风向、风速、温度、湿度、光强等各项参数。信息处理网络负责处理大量的数据并控制上千个微气候调节装置（如百叶、通风瓣制暖和制冷系统等），这一控制系统可以控制眩光、收集太阳能，进行热能循环利用等等。

(a) 外观

(b) 内景

图9-15 德国盖茨总部楼

1 世界建筑.1998年01期.

(a) 立面外观

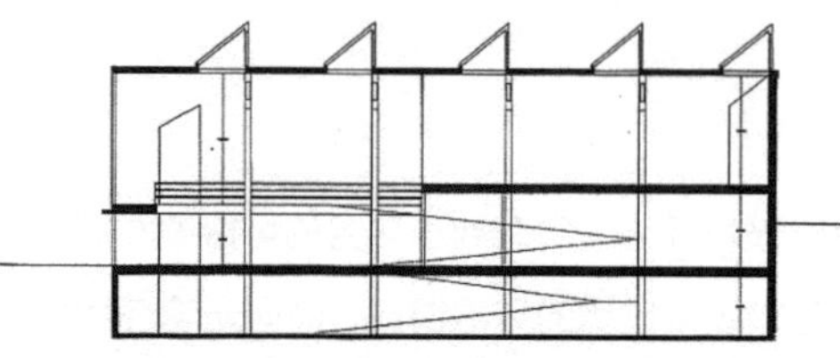

(b) 剖面

(c) 室内内景

图 9-16 庞培法布拉图书馆

该楼外层玻璃固定（底部和顶部玻璃可以开启），两层玻璃间距60cm，内置可调反热、吸热片和通风瓣，内部空气可以对流，冬季只将底部向阳的通风叶片打开，利用吸热片将新鲜空气预热后在双层玻璃内对流，保持室温（阳面和阴面）平衡，再通过热交换器和热泵循环进行热回收。该大厦设计没有采用大量蓄热体，而是通过大面积玻璃以充分利用日能采光、供热和制冷、通风，建筑本身被看作是一个可呼吸的有机生命体，外围护结构似如人体的皮肤，不仅起到保护作用，而且还可起到室内外交换和新陈代谢的作用。

又如西班牙马塔罗的庞培法布拉图书馆。它是以生态理论为基础建设的职业高校生态图书馆，在建筑物的立面和屋顶上均安装上太阳能光电板（均为 $0.3m^2$ 大小），立面采用玻璃幕墙体系，在幕墙内配置了通风腔和太阳能电池板。在屋顶上安装了斜坡顶的北向天窗。该系统可全部或部分解决图书馆所需的电能和热能。屋顶上的天窗成排布置，彼此间距大，避免相互遮挡；幕墙上电动板不能被任何悬挑构件遮挡，并且出于安全起见，幕墙离地面不少于 3m。立面的表皮起着吸收热量的作用，被称为能生产能量的立面（图 9-16[1]）。

2）地域技术

在建筑创作中利用地域技术，结合地域气候条件，使用天然建筑材料，采用传统节能方式，传统构造技术和地域技术，使建筑实现低成本、高效率和低环境影响。在每一个国家产业技术的革新、接受与推广都是一个缓慢的过程，建筑技术尤显突出。在当今多种技术并存的时代，世界上区域差异显著的时代，我们究竟采用何种技术来实现建筑的可持续发展，需要我们冷静地分析。由于国家间甚至一个国家的不同地区间因环境不同，经济实力不同，科技和文化发展不平衡等因素的影响，一种技术或设备对一个地区非常合适，是一种“绿色技术”；然而对另一些地区而言，也许就不那么适合，甚至还会影响当地的生态环境。就拿前文所讨论的“盖茨中心”总部来说，缺少了德国那样发达的信息技术，智能技术，计算机辅助设计等技术的支持，缺少了德国的高精尖的建筑

1 ［西班牙］帕高・阿森西奥．生态建筑．Ecological Architecture[M]. 侯正华，宋晔皓，译．南京：江苏科学技术出版社，2000.

材料做后盾，人们是建造不出“盖茨中心”总部这样的“绿色建筑”的。因此，应当根据地区具体情况和环境特征，因地制宜地采取多层次的，最适用的技术结构模式来发展具备可持续特征的建筑。

9.2.3 可利用的可持续发展的建筑技术

在科技发展的今天，单纯从建筑设计层面考虑建筑可持续发展问题显然不够的，建筑以外各领域技术成果对实现真正意义的“可持续建筑”有着重要意义。可用于可持续建筑的技术因素主要包括新能源技术、水资源收集技术、废水处理技术和新材料技术等，下面分析简述之。

1）新能源利用

用于可持续建筑的新能源主要是太阳能、风能、地热能和生物能等可再生资源。建筑设计可根据自身所在地域条件选用适合的能源。

（1）可持续建筑的太阳能利用技术

太阳能是永不枯竭的干净能源，我国的太阳能资源十分丰富，占国土面积 2/3 以上地区的日照时数大于 2200 小时，特别是北方采暖区的冬季，由于日照充足，气候干燥，利用太阳能的条件得天独厚。

单位时间内投射在单位面积上的太阳能热量称之为太阳辐射量。冬季在建筑中利用太阳能主要依靠垂直墙面上接收的太阳辐射量。冬季太阳高度角低，光线相对于南墙面的入射角小，直射阳光可透过窗户直接进入建筑物内，而且辐射量也比地面上要大。

根据我国 20 年气象资料统计，北方采暖区南向垂直面上的冬季（当年 11 月至次年 3 月）太阳总辐射量为每平方米 1300 ~ 3300MJ；长江中下游地区南向垂直面上的冬季（当年 12 月至次年 2 月）太阳总辐射量为每平方米 600 ~ 900MJ，分别相当于 44 ~ 113kg 标准煤的发热量。也就是说，北京采暖区一间带有 $5m^2$ 南向玻璃窗的 $20m^2$ 建筑面积的房间，如能将从窗户进入的太阳能全部利用的话，可以节省冬季采暖用标准煤约 176 ~ 452kg，即每一万平方米建筑可节省采暖用标准煤约 88 ~ 226t。

更重要的是太阳能不会污染环境，充分利用太阳能可减轻北方许多城市因冬季采暖而造成的严重烟尘污染，改善大气环境质量。充分利用太阳能，还是解决长期困扰我国长江中下游地区冬季房间温度过低问题的有效途径。在我国无锡市和马鞍山市建成的被动式太阳能节能住宅，冬季室温可以比当地普通住宅提高 5℃。

对于教学楼等许多在白天使用的建筑，利用太阳能的优越性就更大。华北、西北、东北南部地区农村建成的太阳能采暖中、小学校舍，不设常规采暖措施，房间平均温度可达 12℃。

太阳能利用技术由于具有节约常规能源、减轻环境污染和提高房间的热舒适度三大优点，冬天应当利用好太阳热能。

太阳能利用有被动式太阳能设计和主动式太阳能设计。被动式太阳能设计的基本思想是使日光、热空气仅在有益时进入建筑，其目的是控制阳光和空气于适当的时间进入建筑以及储存和分配热空气和冷空气以备需要。被动式太阳能采暖技术的基本原理是“温室效应”，即玻璃（或其他透光材料）具有可透过“短波太阳辐射”而不透过长波红外辐射的特殊性质。因此被动式太阳能暖房不需要另外设置系统设备，其设计可以选择稍许或几乎不追加投资的条件下完成，具有较好的经济性。

主动式太阳能设计是以太阳能光电板、集加热、管道、散热和风机或泵以及贮热装置等组成强制循环太阳能采暖系统，或是由上述设备与吸收式制冷机组成太阳能空调系统的设计方法。主动式太阳能设计使人处于主动地位，使系统控制和调节变得方便、灵活，同时能够更加有效地利用太阳能。

（2）可持续发展建筑中风能的利用

风能是太阳能的一种转换形式，地球受到的太阳能约有 20% 被转化为风能。风能是一个巨大的潜在的能源库，如果风能中有 1% 被利用，就可以满足人类对能量的全部要求。风能在建筑中的应用主要包括降温、干燥、促进室内气流流通和提供电能等方面。可持续发展建筑设计中风能利用也大体分为主动式和被动式利用两种。

A. 被动式风能利用设计

被动式风能设计包括自然通风和诱导通风两种方式，它是一种不使用任何常规能源并达到自然降温的设计方法。

a. 自然通风

自然通风的获得与诸多因素相关。首先，在场地规划设计阶段，建筑物方位、朝向，建筑物形状、形体组合方式以及景园特点等都是改变自然风的流向与分布的重要因素；其次，在建筑设计阶段，往往可以通过对建筑物朝向、体形、开洞位置和大小等因素的设计以及空气动力学原理在建筑设计中的应用，获得最优化的自然通风方式。例如马来西亚建筑师杨经文设计的一座 21 层的办公楼，充分考虑了高层建筑中的自然通风，他在高层建筑中设置“风墙”和“空气锁”，获得很好的自然通风效果，该建筑可能是高层建筑中第一个利用自然通风来创造室内健康环境的高层建筑。

坐落德国柏林波茨坦广场的三幢由罗杰斯设计的奔驰公司办公楼，以其低能耗的设计赢得了人们广泛的关注。每幢建筑都力图最大限度地利用太阳能、自然通风和自然采光，以建造一种舒适的、低能耗的、生态型的建筑环境（图 9-17）。该楼设计为了争取最大的采光量和利用自然通风，在建筑的东南方向设计了一个巨大的开口，其宽度由下至上逐渐增加，转角的圆柱体尽

(a) 外观

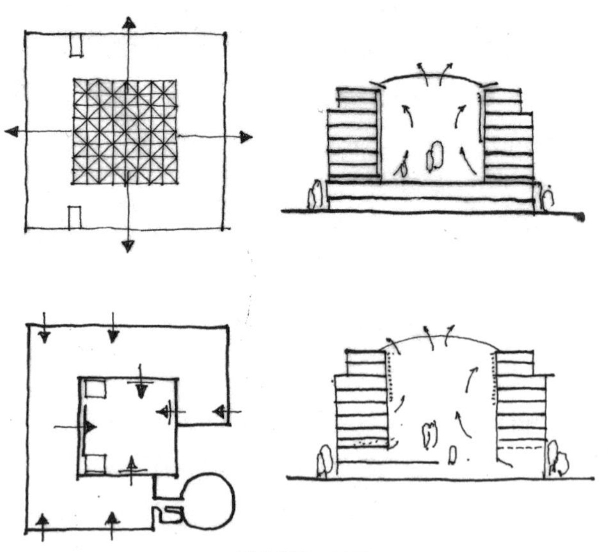

(b) 自然通风示意图

图 9-17 德国柏林奔驰办公楼

量的通透，以保证阳光可以直达中庭的深处。

该建筑下层为商业用房，上部为办公。在两者之间设计有一个空气夹层，它调节了空气流动的规律，加上办公室可灵活开启的窗户和部分开敞的屋顶，使中庭形成了有效的“风管效应”式的自然通风系统，从而改变了中庭的小气候。据资料显示，罗杰斯设计的这座办公楼要比目前柏林大部分经典办公建筑更为经济，人工照明减少 15% 能耗，热耗降低了 30%，二氧化碳排入量减少 35%。

b. 诱导通风

在室内没有风的时候，建筑物中设置拔风“烟囱”，利用“烟囱”效应来诱发通风。这种通风形式被称为“诱导通风”。诱导通风往往是因为自然通风方式中采用了“望楼”“风斗”等形式而被诱发的。

c. 风塔结构

风塔利用常规的夏季风，首先使空气降温，然后使空气循环流动通过建筑物，从而使室内变得凉爽。这类似一端插入地下室、另一端伸出屋顶的烟囱，在一天内风的状况控制着风塔的运行。白天无风时，塔墙吸收太阳热能，使塔顶空气变热，因热空气比重小，其顶部空气压力减小，从而产生向上的气流。建筑物内的空气通过风塔被徐徐抽出，同时凉爽的室外空气被引入建筑物；有风时，空气则由上下压入烟囱进入建筑物，室内空气则由门窗排出。图 9-18[1] 为英国 BRE 的未来办公楼，

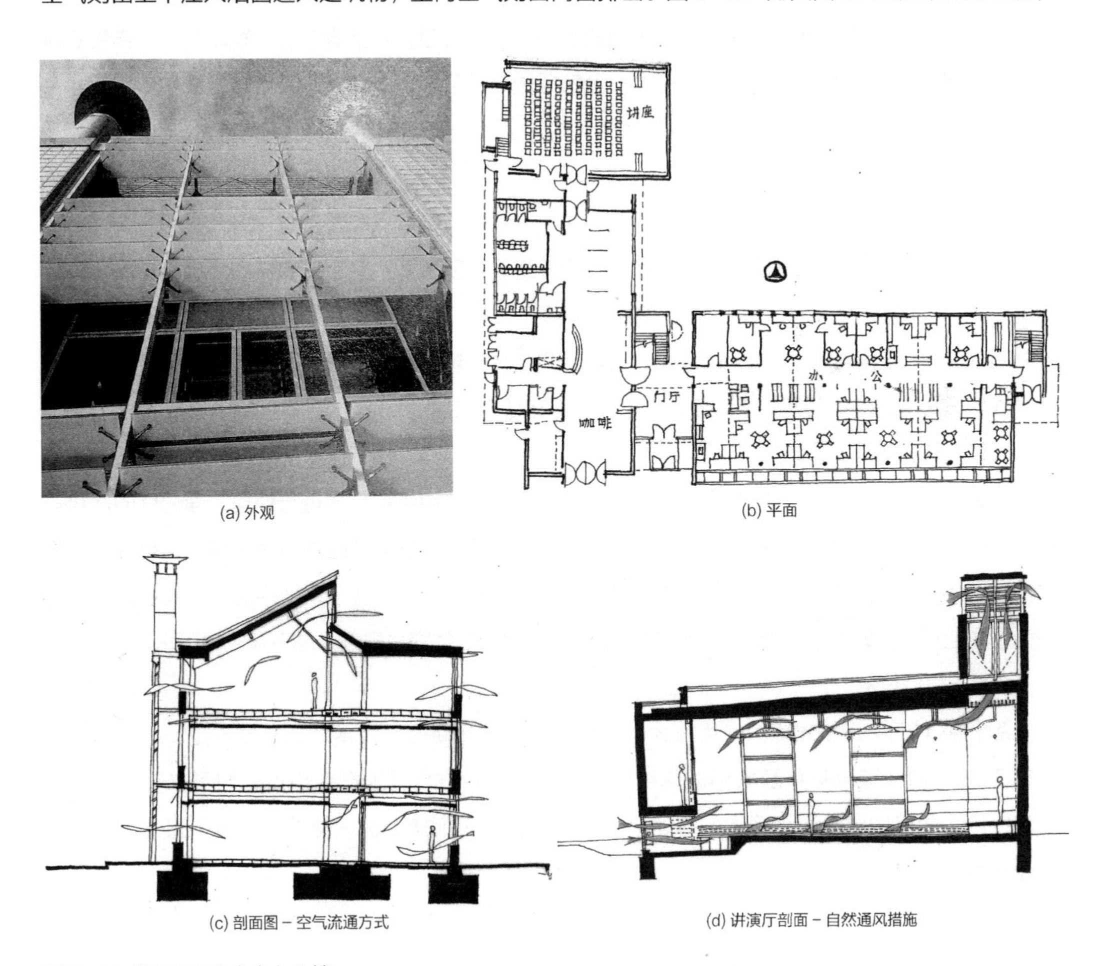

(a) 外观

(b) 平面

(c) 剖面图 – 空气流通方式

(d) 讲演厅剖面 – 自然通风措施

图 9-18 英国 BRE 未来办公楼

1 周浩民，张晓东 . 生态建筑——面向未来的建筑 [M]. 南京：东南大学出版社，2002：97-99.

该办公楼采用最尖端的节能技术，代表了英国在能量使用方面的最高水平。办公楼主体设计为三层，办公部分为东西向，内含开放式的单间式两种类型办公室，另有讲演厅。建筑的外表面采用隔热性优良的材料，正立面有一半窗户，可以开启，并装有双层密封玻璃，南面双层玻璃内还装有电动玻璃百页，以作遮阳。波形楼板上另覆面板，两层板之间设有旋转管道等服务设施，并留有大面积的低阻力空隙，利于空气流动。办公楼正南面有 5 个通风口，并装有玻璃，益于采光，通风口有低速风扇，可以在炎热或无风时帮助通风；新鲜空气由高窗提供。

d. 双墙结构

双墙结构是利用室内外的空气温度差而导致其空气压力差的存在。双墙内的热空气在被排出的同时将室内热空气吸入引起空气的对流，形成自然通风。实际上它是风塔结构的变体，它们的工作原理基本相同。

B. 主导式风能设计

应用于建筑领域的主动式风能设计是一种以风力机、调速、调向和刹车的控制和调节装置，以及贮能等装置构成风力能源系统的设计方法，这种方法可以减少使用或根本不使用常规能源。

（3）可持续建筑设计中物质能及其他能源的利用

生物质能指太阳能通过光合作用以生物的形态储存的能量，包括农、林、牧以及水生作物资源等含的能量。作为能源资源利用的生物质一般包括林产品下脚料、薪柴、农作物秸秆和皮壳、水生植物以及作为沼气资源的人畜粪便和城市生活、生产过程的一些废弃物。

2）水资源处理技术

（1）雨水收集技术

水资源收集净化技术主要指雨水收集及利用系统。在我国雨水几乎没有被收集利用，而在国外很多城市，雨水都是必须收集利用的。例如在德国生态村，几乎所有住宅的屋檐下，都安装有水落檐沟和水落管，把雨水有组织地收集起来，加以利用。收集起来的雨水用途很广，可以用来冲洗厕所，浇灌绿地，洗车，冲洗道路，还可放入渗水池，补充地下水。

（2）废水处理技术

废水处理再利用是节水的重要技术措施。对生活污水采用生物技术进行处理，净化后的水可再利用。在德国不少生态村都采用生物技术处理，净化效果好，且十分经济。净化后的水可作为生态村的景观用水，绕村缓缓流入村里的渗水池，渗水池的土壤下面是沙子，沙子层下面是小砾石，并在池中种植芦苇，处理后的污水在此再由沙土和芦苇根须自然净化后渗入地下补充地下水。

3）新材料技术

新材料对于可持续建筑的作用巨大。目前已出现很多新材料技术，正在被试验、推广。如前述的 TIM 材料、玻璃材料及太阳能光电材料等。这三种材料有很多优点，它们可以获取更多的阳光，产生更多的能量，还不会影响建筑的美观，同时它们集装饰、保温、发电、采光等多种功能于一身。

4）广义生态建筑技术

广义生态建筑技术是在传统建筑基础上发展起来的一门交叉学科。它以生物学方法为平台，综合运用建筑物理、材料科学、建筑设计、气候学、系统工程、数字化技术、协同学等学科知识，同时积极吸收现代高新技术所形成的一门建筑系统工程技术。它能使建筑物具备环境保护、低能耗、高效率，给人提供一种舒适、健康、贴近自然的工作和生活环境，同时具有前瞻性。2005年，日本国际博览会长久手会场，展馆外墙有长150m高12m巨大绿化壁。绿色植物大量吸收空气中二氧化碳及有害气体，供给健康新鲜氧气，夏季馆内气温降低，减少空调负荷，都使生活环境明显改善，见图9-19。

图9-19 日本长久手馆外墙绿化生态技术

它与传统建筑技术不同的是生态建筑技术更加强调高效、低耗；高技术、低污染；高附加值，低运行费；以人为主，贴近自然，环境友善，舒适健康，它为人们创造一种协调、平衡的人工生态系统，提供更具有可持续发展的建筑生态技术。

广义生态建筑技术也是综合的建筑技术，它是多元技术集成应用建筑设计中，一个典型的实例如英国伦敦格林威治半岛上森斯伯瑞英国大型连锁超市，它建于1999年，建筑面积5000m^2。这个超市的设计最大限度地利用自然采光，除了提供自然通风的功能外，建筑屋顶朝北的高窗，覆盖了25%的零售面积。高窗设计了智能化的可调控的遮光和通风，用来调节室内照明和通风率。这种传统的以自然采光为背景的策略，不但可以大幅度地降低用电量，而且有利于提高舒适度；室外空气通过地下层引入室内，由于利用地热，其温度在冬季高于室外温度，在夏季却低于室外温湿度。建筑的两侧用5m高的土坡覆盖，不但缩小了建筑的尺度，丰富了景观，增加了绿化率，而且为建筑提供了优良的保温隔热；建筑前的广场上矗立着装有风车和太阳能板的桅杆，风力和太阳能发电用于夜间霓虹灯照明；在建筑背面的场地上规划了自然湿地景观，收集地面和屋顶的雨水，通过生态芦苇池的原理，净化池水，用于动物栖息，灌溉庭园，冲洗卫生间；在建筑材料使用上，格林威治店也是尽可能地使用内含能低的材料，比如，超市门厅的地板是用废弃轮胎制成，卫生间的墙壁是用回收的塑料瓶材料制成，参见图9-20。

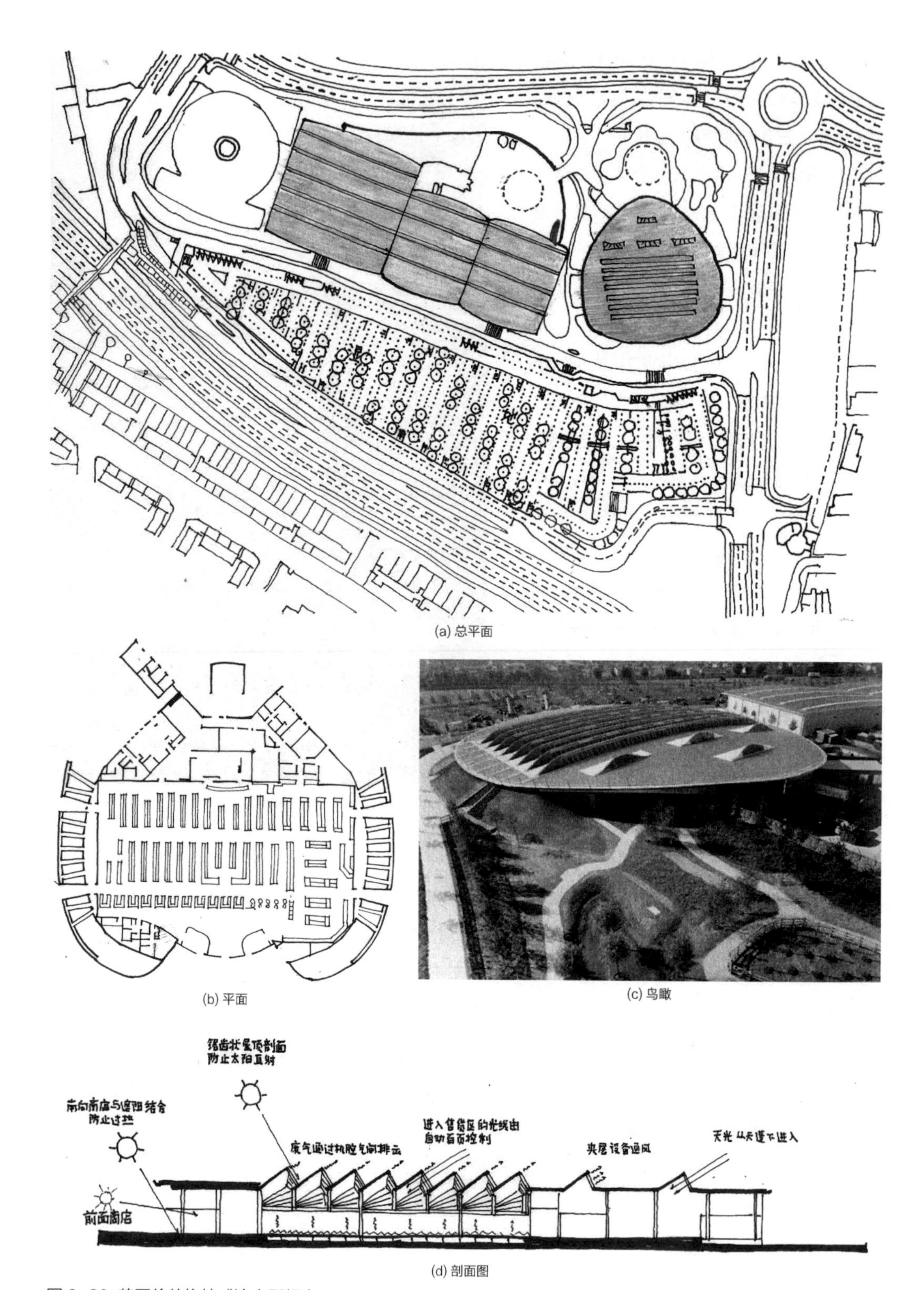

(a) 总平面

(b) 平面

(c) 鸟瞰

(d) 剖面图

图 9-20 英国伦敦格林威治大型超市

(e) 风车与太阳能发电

(f) 芦苇池净化雨水

(g) 室内自然采光

(h) 两侧覆土

图 9-20 英国伦敦格林威治大型超市[1]

9.3 可持续发展建筑的设计支撑体系

9.3.1 可持续发展与开放建筑的关系

本书讨论的可持续发展建筑是表明 21 世纪建筑发展的要求应是可持续的。在我国台湾地区称之为“永续建筑”。我们也称它为“长效建筑”或“可持续发展建筑”。在此之前也有称“生态建筑”或“绿色建筑”。绿色建筑是指在建筑生命周期（由建材生产到建筑物规划、设计、施工、使用、管理，直到最终拆除的一系列过程）中，消耗最少的地球资源，使用最少的能源及产生最少的废弃物的建筑。生态建筑是尽可能利用建筑物当地的环境特色和相关的自然因子（比如阳光、空气、水流等），使用符合人类居住、并且降低各种不利于人身心健康的任何环境因素作用，同时尽可能不破坏当地环境因子的循环，并尽可能确保当地生态体系健全运作。绿色建筑和生态建筑都是针对生态环境的恶化，能源危机及资源的匮乏等就建筑而提出的对策。可持续发展的思想也是应对 20 世纪下半叶环境危机、生态危机、能源危机、资源危机等的挑战而提出的人类社会发展的新战略。可持续发展建筑也是适应这个新战略而产生的。它包含了绿色建筑和生态建筑的内涵，但是可持续发展

1 郝林 /HAO Lin. 未来超市的绿色独白——森斯伯瑞士英国格林威治店评析 [J]. 英国可持续建筑 /SASTAINABLE ARCHITECTURE IV THE UK.

建筑不仅包含环境层面、自然生态层面的要求，它还包含有社会层面和经济层面的要求，即包括“生产”“生活”和“生态”三“生”持续发展的要求，而且在自然、经济、社会各个方面都要能做到“可持续发展”。即可持续发展建筑要有利于促进生产发展、生活富裕和生态良好，有利于促进经济、社会和生态环境的和谐发展，这对建筑是一个新的挑战，对建筑规划设计也同样是这样。除了前面所述的建立新的物质支撑体和技术支撑体系外，同样，也要建立一个新的设计支撑体系，探索一种新的设计模式，以适应建筑可持续发展的要求。

开放建筑是一个开放的体系，具有系统性、开放性、协调性和持续性的特征。正因如此，“开放建筑”就是一种新的设计模式，我认为它就是“可持续发展建筑”的一种最佳的一个设计支撑体系，为什么这样说呢？因为：

1）可持续发展是一种新的发展模式，它是全面的、多元的、协调的发展模式，即是自然的、社会的、经济的统一协调的发展模式，是以人为本、人与自然协调发展的模式，开放建筑的哲学思想就是建筑要适应人的需要，而不是要人去适应建筑。这个核心的建筑思想就体现了开放建筑真正是以人为本，以人的需要为核心的规划设计建设思想。我们的科学发展观也是以人为核心的，开放建筑也自然体现了建筑的科学发展观。

2）可持续发展思想有三个原则，即公平性、可持续性和共同性的原则。开放建筑则能较好地体现和实现这三个原则。因为开放建筑理论提倡公众参与，提倡设计决策的开放，提倡设计过程的开放及建设过程的开放，这就为实现公平性的原则建立了一个公共的、公正的和公开的平台。

开放建筑实行层级设计理念，开放建筑设计基本上同时至少要考虑三个层级的设计，如总体设计、建筑单体设计（支撑体设计、填充体设计）室内设计等，每一个层级设计都分为公共领域和私有领域，这为实现共同性原则提供了切实可行的途径。

此外，开放建筑采用动态的设计方法，建筑空间追求弹性空间最大化，创造了空间使用最大的灵活性、包容性和适应性，为“Reuse”创造了最大的可能性。因此开放建筑为建筑可持续利用，也就是为永续、长效的使用，创造了最佳的条件。

开放建筑采取动态设计方式，实行公众参与、二次设计及二次建设的方式。因此，它有这样的条件，可以满足可持续发展的上述这些要求。因为使用者参与二次设计和建设，就避免了建成后因不适合他的需要，再拆除进行二次装修时资源的浪费，达到减少资源（材料和能源）的消耗同时也为“Reuse”创造了条件，可以延长建筑的使用寿命。

采取开放建筑设计模式，建筑师设计建筑时，重点是设计支撑体及其组合方式，即设计基本单元及其组合。发展基本单元，这就可以提供建筑的多样性及可选择性。当用户购房时，可选择适合的单元，再做调整，以适应客户的特殊需求。这不但可减少开发商的先期投资，也可使购房者满意，能得到一个定制式的居住环境。

此外，我们正处于信息时代，一个开放的时代，“变”是这个时代的主旋律，它已表现于我们社会生活的方方面面，深深地影响我们的生产方式和生活方式。并且这种“变”是变得越来越多，越来越快，越来越频繁。特别是在中国，这 30 多年社会的变化可谓天翻地覆；自然环境也在变，但是或许变得对人类越来越不利，现在正在唤醒人类努力使其从恶化向好的方向转变；科学技术，产业形态，生产方式，生活方式都在转变。总之，物质世界，精神世界，包括我们的价值观念都在变。“变”

是客观存在，不可避免的。整个社会就是一个动态的，不断变革的社会。支撑社会发展的各个要素及其体系必然也要随之变革动态发展。所以建筑也要适应动态社会发展的要求，适应因时间的推移，因人需要的改变而改变。水因势而变，人因思而变，我们的建筑也应因人的不断变革的需要而改变。我们提倡的开放建筑就是因人的动态需求而构想的一种新的建筑建造与设计模式，它也是适应今日动态的信息社会要求而产生的一种新型的建筑设计模式和建造模式。

100 多年来，我们的建筑都遵循着国际式的现代主义的建筑模式，遵循着机械的“功能主义”的建筑理论，形式要追随功能，把功能作为建筑设计的基础。在建筑环境的建设中，都是先确定建筑的功能及功能活动所需要的空间形态和大小，然后将建筑的物质要素——柱、梁、墙、板及各类管线等组合、串联成建筑的形体来容纳它的一种工作方式。一份“设计任务书”通常被看作是客户所下的空间需要的“清单”，也是设计者设计的依据。这个“清单”视一切都是很确定的、合理的，但事实不是永远这样。按照这种理论和方法设计建造的建筑物，可以说，其结果是没有一个建筑物是依照原先设计计划——设计任务书实现的，都要进行这样或那样的改变、改造才最后使用的。因为，社会和组织的变迁，技术进步的发展，使用者想法的改变等都显示出，按照原先固定的章程式、僵化的项目任务书来设计、建设，这样的建筑设计和建造模式已不适应动态社会新形势的“变化不如计划快”的要求。今天的建筑经常会要求作内部更新或再利用，建筑使用过程的动态性和不确定性已经是常态化了。它就要求有一种适应这种“动态性”和“不确定性”的新的设计和建造方式。开放建筑设计模式的“灵活性”“可变性”就以最佳的方式适应了这种时代的要求。

9.3.2 开放建筑基本理念

开放建筑的理念正式形成于 20 世纪 60 年代，源于欧洲荷兰，源于社会住宅的建设。第二次世界大战时期，欧洲很多城市遭到破坏，之后，20 世纪 50 年代末，欧洲被战争破坏的城市大规模的重建住宅，住宅建成后却遭到社会质疑：怎么建成的社会住宅都是千篇一律的！很多人不满意。追究原因何在？此时，大多数人（包括专业人士）认为这是因为大规模的社会住宅建设采用了工业化、标准化的建设方式，导致建成的住宅千篇一律。但是，另有以约翰 · 哈布瑞根教授为首的少数专业人士不同意这个说法，他们认为：社会住宅需要采用工业化、标准化的方式进行建设，因为它面广量大，今后仍然需要这样！他们认为造成千篇一律的问题不在于采用工业化的建设方式，而是在于社会住宅建设过程中排除了住户的参与。因此，解决千篇一律的问题就是创建一种让住户参与自己家建设的建设新模式。因此，他们提出了开放住宅（Open House）的建设理论。1969 年约翰 · 哈布瑞肯（J.N.Habraken）教授出版了一本书，名为《骨架——大量性住宅的选择》（*Support——An Alternative To Mass Housing*）。不久，荷兰几位建筑师众筹资金，开办了一个建筑师研究会（STICHTING ARCHITECTEN RESEARCH），全名简称为“SAR”，专门从事“骨架体”的研究。1965 年，哈布瑞肯教授在荷兰建筑师协会上首次提出了将住宅设计和建造分为两个部分——支架体（Support）与填充体（Detachable Unites）的设想。

SAR 理论包括两方面内容，一是它的支撑体和可分体概念。把“基本建筑”与“装修系统”分开；一个是实现这个概念的设计方法。前者是一种信念，认为人要求对其环境发生作用是其生活要求的一部分；另一方面，人强烈而习惯地要求与周围的人彼此联系，共同活动，分享其环境。把建筑分为“骨架体”和“填充体”的同时，也自然把建筑分为“公共领域”和“私有领域”两个部分。这就为公众参与住宅建设创造了条件。骨架体属公共领域，填充体属私有领域。

1981年我作为公派出国的访问学者，到美国麻省理工学院（MIT）建筑系进修工作一年，那时哈布瑞肯教授还在该校任教，之前，他曾任建筑系系主任，我有幸与他一道商讨“SAR”的一些问题。我曾向他请教，SAR理论——把住宅分为骨架体和可分体两部分——不仅适合于住宅建筑，它也同样可以适合于任何一类的建筑，甚至适合于城市规划与设计。哈布瑞肯教授也同意我提出的这一观点。因此，我回国后，一方面积极推行“支撑体住宅”的研究，另一方面，把这一理论应用于各种类型的建筑设计中，即开始“开放建筑”（Open Building）的研究，使我的建筑研究From“Support Housing”To“Open Building”，并于1990年代初成立了“东南大学开放建筑研究与发展中心”（Center of Open Building Research and Development，COBRD）。从此，我接触到的所有建筑项目的规划与设计（包括住宅）都按照开放建筑的理念去设计，去探索。

开放建筑的理念除了把建筑分为“支撑体”和“填充体”之外，那就是重视建筑环境建设中的“层级”观念。“支撑体”和“填充体”二者都是相对独立的设计领域，但是，它们属于两个不同的设计层级，无疑“支撑体”是属于“上一设计层级”，而“填充体”则属于“下一设计层级”。二者有上下系统的关联，但各自有自己的设计对象、设计元素、设计规则和设计目标。建筑师设计支撑体时，不必设计任何特定的套型平面，只需做出框架式的单元平面，并构想某些可能的布局方式；而另一些从事一下设计层级的建筑师，则需在上一层级设计的“框架”内，为特定的使用者设计定制的套型平面，将各类空间要素和物质要素进行具体的平面安排，这样上下两个设计层级的关系都可以延伸。如建筑设计以上的层级就是群体设计（工程项目总体设计）、社区设计及都市设计，或称城市设计，都市设计师决定道路网、街道与广场的布局，建筑师则将一个个建筑物设计填充于街道网围成的各种功能地块内，它们是两位或两批设计师在上下不同的设计层级工作；同样，建筑设计层级的下一个层级就是室内设计，家具的陈设，在房间内自由地安排家具。可以说建筑环境设计包括以下几个层级，如图9-21所示。

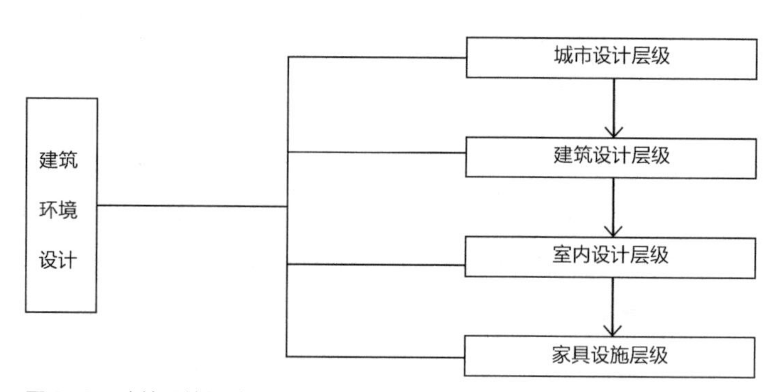

图9-21 建筑环境设计层级图

上述每一个设计层级本身又包含着不同的设计层级，如城市设计包含城市空间结构与功能地块两个系统。空间结构体系是城市设计的骨架体系，功能地块体系它是填充体系。无疑，空间结构骨架体系是上一设计层级，而功能地块的填充体系列是下一设计层级。上一层级的改变必然要影响下一层级的设计，而下一层级的变化不能影响上一层级的设计。

开放建筑是一种系统化的建筑模式，每一个层级就是一个系统，每一个层级下还有不同的子系统，如填充系统下有隔墙、门窗、管线等子系统，这些子系统即属不同的设计层级。开放建筑系统的原则是，要尽量使各子系统独立，如果这些子系统越能彼此独立，建筑的可变性、适应性就越强，改变也就容易，在改变的过程中就不会影响其他的子系统。例如，热水和采暖系统原采用集中式改为个别式，这就有利于维修，便于更换；同样隔墙系统、门窗系统做到产品标准化、模块化、装配化了，它们也就可以彼此替换，也就更促进多样化了。

在本书前面已述，开放建筑理念的核心思想就是 4 个“For”，即：

Building For People

Building For Change

Building For Future

Building For Sustainability

首先是“Building For People”即建筑要为人着想，为人能舒适使用，满足使用者的个性化要求，包括物质层面和精神层面的要求，为人所建，做到“定制化”的生产。

其次是 Building For Change，即建筑要能“变”，要冲破国际式建筑所遵循的机械论的功能主义理论的束缚，把建筑机能僵化的潮流扭转过来，使建筑“活”起来，使它能与时俱进，让建筑不仅仅是“凝固的音乐”，更是一个“流动的诗篇”，使建筑能因时而变，因人而变，因天而变，因社会变化和科技发展而变。

Building For Future 就是主张一切规划和设计项目，除了考虑传统的三维空间要素外，一定要将“时间”作为第四设计要素在规划设计中得到充分的重视。项目是现在做的，但是必须放眼未来，不仅要考虑现时人的需要，还要为后继人满足其需要而不设置障碍；即不仅要考虑这代人怎么用，也要为下代人因需要而要改变的可能性或同一代人中不同时间不同人的不同的要求而改变。

Building For Sustainability，即开放建筑最终的目的是可持续发展，让建筑能持续地为人使用，具有长效机制。在全生命周期中能高效的、低能耗的又舒适健康的为人使用，并对环境不造成任何不利的影响。

4 个“For”相互是关联的。“Building For People”即建筑为人，是四个理念中最核心的理念，也就是建筑的目的。坚信建筑要以人为核心，是为适应人的需求而设计建设的，要建筑能适应人的需要，而不是要人来适应建筑；Building For Change 是建筑要适应动态社会发展的需要，适应动态社会生产方式和生活方式变化的需要，适应不同时期、不同人的需要，它是实现目的的手段，是开放建筑设计的策略；“Building For Future”就反映了开放建筑的时空观念，不仅考虑三维的建筑空间设计，还要把时间作为设计的基本要素之一，即要考虑未来建筑发展变化而产生新的功能的需要；最后第四个“For”反映了开放建筑的最终目标就是要使建筑成为能可持续发展的建筑。真正的能适应动态社会的“长效建筑”。前三个“For” 就为后一个“For”提供了保障。

综上所述，开放建筑就是一个多层级的开放系统，是一个活的、有机的、有生命的、多系统的空间开放的综合体。它就像自然环境中一个生命体一样，是能够新陈代谢的。在自然界中，任何自然环境中的有机生命体在其面临环境变化的时候都有一个共同的特点，即它们都保持具有一个开放性特征。这种开放性的特征是一切有机生命体在其生存过程中，它与环境协调、交流的基础，是一个有机生命体适应环境的变化、保持可持续的生命活力的保障。开放建筑的开放性就使它能像有机生命体一样，能够自己调节不断适应外界环境的变化，包括社会环境和自然环境的变化，从而可以实现可持续发展的目标。

开放建筑是一个开放的建筑体系，使用者可以参与设计和建造过程。因此也可以说：开放建筑是真正的公众建筑，真正的民主建筑，真正能体现建筑公开、公正的和民主的精神。所以也可说开放建筑就是一种“民主建筑”。

9.3.3 开放建筑开放体系的建构

开放建筑就是一个开放的体系，它包括五个方面的子体系，即：

开放的空间体系

开放的物质体系

开放的决策体系

开放的建造体系

开放的投资体系

以下就这五个子系统分别论述之。

1）开放的空间体系

任何建筑，不论是住宅、办公楼、还是剧院、体育馆也好，它们都是由两个基本要素构成 ，一个是物质要素，一个就是空间要素。物质要素比如说：房屋柱、梁及结构墙体、门窗、天花、楼板、水、电、冷暖设备……，空间要素如门厅、走道、办公室、会议室、卫生间及楼梯间、电梯间、设备间等。前者是建筑的物质手段，后者是建筑的目的，它们是真正供人使用的。我们建筑师的工作就是如何合理使用各种物质要素，创建人所需要的各种各样的不同用途的空间，它要好用、舒适、安全、好看、美观，还要经济、健康、绿色。

一切建筑，甚至是一切人造环境都包括物质要素和空间要素，如果进一步向下深入分析，可以发现这两类要素还有一个共同的特征，就是它们都是由两部分构成的，一是可变要素，另一个就是不变要素。以物质要素来讲，它有一部分物质要素在建筑建成使用后，是不会变的，也是不能变的，如建筑物结构性的要素，如承重性的墙体、柱及梁、板等，它必须是耐久的、长寿的、长效的、不能变的；另一类物质要素则是可变的，也要求可变，如门、窗、隔墙等这是都属于可变的物质要素，它们没有承重的作用，多半为分隔空间所用。这个可变的物质要素，经常会被要求更新、改动。它的寿命可以短一些，如十年、十五年或二十年。这种要求变动的频率正在加快；宾馆装修过去 7 ~ 8 年更新一次，现在已提到 4 ~ 5 年就要更新了。因此，物质要素就可分为可变的物质要素和不可变的物质要素两种。前者是构成填充体系的要素，而后者就是构成支撑体体系的要素（图 9-22）。

同样，空间要素也由两种要素构成，一个是不变的空间要素，一个是可变的空间要素。那么哪些空间是属于不变空间？哪些空间是可变的呢？我们通过进一步分析就可找到一些规律。从建筑空间来讲，建筑设计原理告诉我们，建筑物空间可以分为三类空间，一类是建筑物基本使用空间，比如说办公楼建筑的各类办公室，学校建筑中的教室，宾馆建筑中的客房等这些基本房间，就属于基本使用空间，它们是被服务的空间；一类是服务性空间，或称为辅助使用空间，如卫生间、设备间

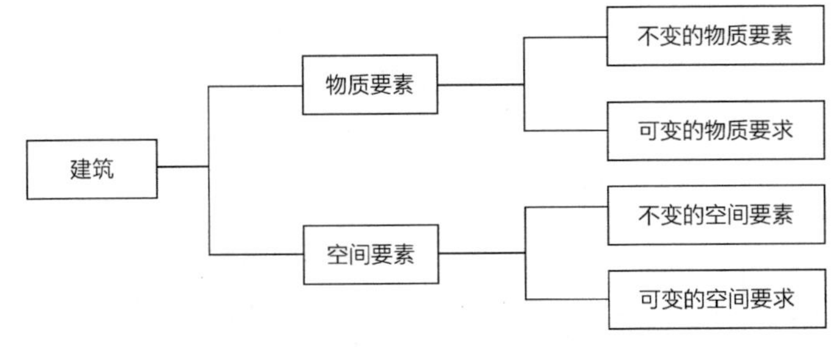

图 9-22 开放建筑体系分解图

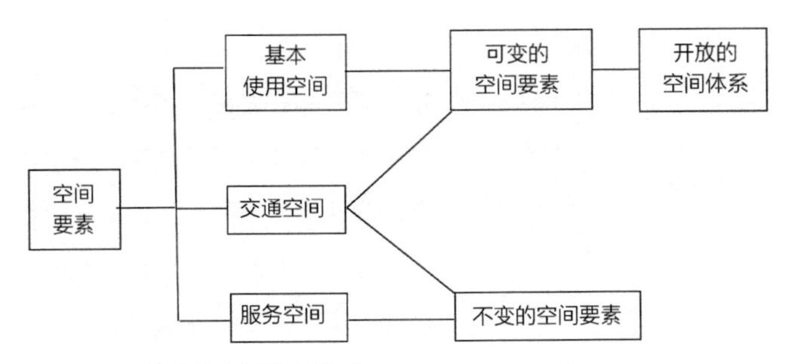

图 9-23 开放建筑空间体系构成

及相应的辅助服务空间等；另一类是交通空间，即被服务空间和服务空间彼此联系的空间，就是交通空间，如走廊、门厅、楼梯间及电梯厅等。这三类空间中，基本使用空间一般是要变的，它属于可变的空间；服务空间或辅助使用空间基本上是不变的或很少变的，因为它们常与各类固定的管道、设备相连；交通空间则有两种，一种是垂直交通空间，如电梯间、疏散楼梯间及主要楼梯间，这些空间一般是不能变的，仅一些局部使用或观赏性楼梯有时是可变的；另一类是水平交通空间，如门厅、过厅、走道等，入口门厅布置在什么地方一般是不变的，但是其他的走道空间，过厅空间有时是会变的，这些可变的空间就构成了一个开放的空间体系，它是一个弹性空间体系，具有可变性，灵活性和适应性及可增长性，参见图 9-23。

2）开放的物质体系

物质要素体系也分为四种，即

结构性的物质要素体系

围护性的物质要素体系

设备性的物质要素体系

装饰性的物质要素体系

结构性的物质要素体系包括承重墙体、框架梁柱，屋顶楼盖等，它们是不变的物质要素；

围护性物质要素体系包括建筑物内外填充墙体，隔墙门窗、顶棚等构件，它们是可变的物质要素；

设备性物质要素体系包括各种设备及各类管线，它们一部分是不变的物质要素，如机械设备，主干管线，一部分是可变的，如支线管道，以保证它们都能方便接通到需要它们的地方。

装饰性的物质要素体系包括活动性的分隔空间体，各类墙面、天花、地面的装饰材料等，它们都是可变的。开放的物质体系如图 9-24 所示，图中可变的物质要素就构成了开放的物质体系。

上述开放的空间体系和开放的物质体系，二者共同构成了一个开放建筑设计和建造体系。

将不变的空间体系和不变的物质体系两者相组合，就创建成基本的骨架支撑体方案，我们称之为“基本方案”或“母体方案”；用户将可变的填充体根据需要填入“基本方案”中即可得到具体的可使用的平面布局方案，我们称之为“子方案”。在“基本方案”中根据使用者不同的需求，填入不同的可变物质要素——填充体，就可获得不同的“子方案”。从而使开放建筑“设计”可创造

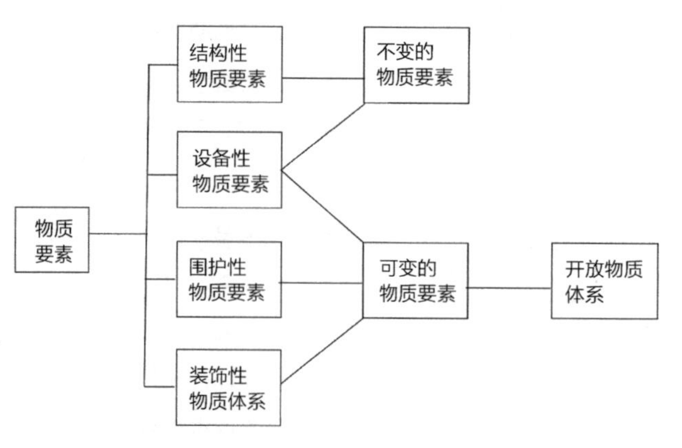

图 9-24 开放的物质体系构成

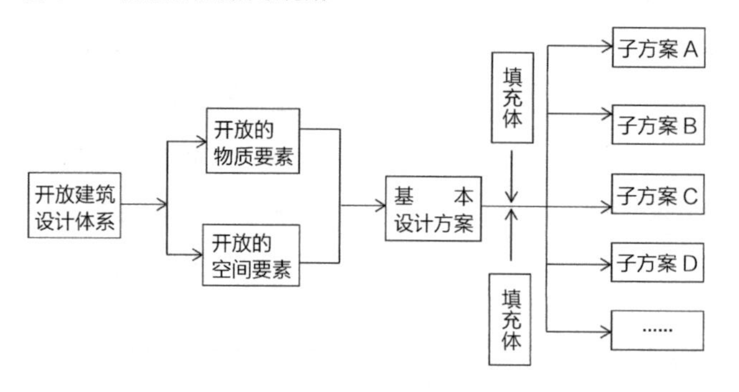

图 9-25 开放建筑的设计体系

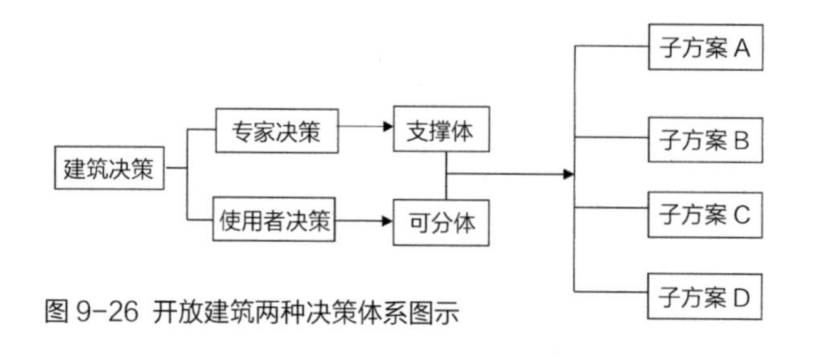

图 9-26 开放建筑两种决策体系图示

使用者能参与设计和建造的途径，从而可以获得多样化的效果，能适应动态社会多样化的需要，见图 9-25。

3）开放的决策体系

现在很多建筑设计在设计过程中都是建筑师单方面的构思设想，缺少与使用者的沟通，更谈不上使用者的参与，一切都由专家决策，领导与开发商认可批准，使用者被排斥在建设过程之外。开放建筑理念认为环境是人生活的一个组成部分，人们对此塑造有很大的积极性。因此，提出建筑设计和建造都要为使用者着想，要为使用者参与建筑设计和建造过程创造条件，故而提出了两种决策体系，建筑不能只由专家说的算，不能只有一个专家决策体系，而要增加一个使用者决策体系，使用者必须有参与决策权。因此，设计决策权力要实行再分配。如何分配呢？哪一部分是专家决策？哪一部分是使用者决策呢？这就需要创立一种新的设计和建设模式。我们把建筑物分为两个部分，建立支撑体和填充体及开放的物质体系和开放的空间体系，这就为实现两个决策体系创造了很好的条件。专家决策应是上一层次的设计领域，即不变的物质要素和不变的空间要素的设计决策，即属于支撑体设计的决策，也就是支撑体的建筑“空壳子”。使用者则在专家决策的支撑体体系的前提下，在这个“空壳子”里面进行再设计，即利用可变的物质要素和可变的空间要素在支撑体的骨架内，按照自己的心愿选择可分体，进行设计、建造自己的生活、工作和休息环境，如图 9-26 所示。

4）开放的建造体系

根据上面所述，不变的物质体系和不变的空间体系都是专家决策，并且按此来实施建设，即支撑体的空壳子都是按建筑师、工程师们的设计的建筑施工图来施工。可变的物质体系与可变的空间体系，属于使用者决策的范畴，可以由使用者组织实施，即实行第二阶段的设计和施工建设。第一阶段，即完成不变部分的骨架支撑体“空壳子”的建造，这是不动产，是真正的房地产；在使用者选定的单元“空壳子”内，使用者选用各类可分体——这是工业产品，也是真正的工业消费品——进行第二阶段设计和施工建设，最后建成使用者需要的建筑空间环境。这是一个开放的建造体系，你可以自己动手，实行“DIY”，你也可以委托装饰公司给你建造，也可委托原来的施工单位给你施工，

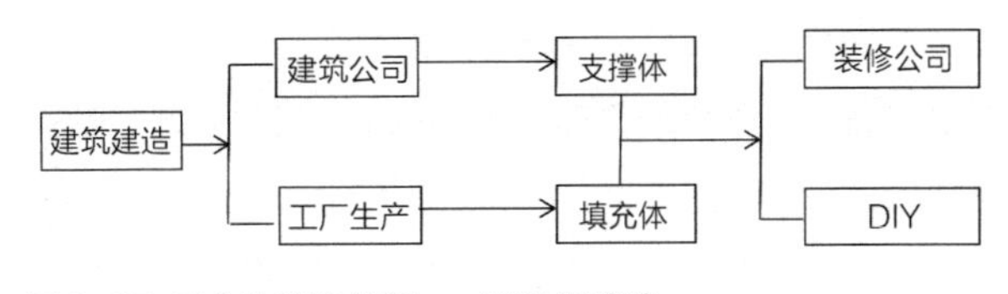

图 9-27 开放的建造体系——两阶段建造

但都是按照你自己的心愿来建造的。如果我们的填充体都能工业化、标准化或模块化的生产，成为有多样化的可选择的商品，那么我们的使用者就可像瑞典“宜家”家具那样，自己去安装，这就是一个开放的建造体系，见图 9-27。

现在，我们国家有些人主张我们城市住宅建设推行“一次性地精装修到位”，以避免新住宅区建设以后不断有人装修，不断有建筑垃圾，不断有施工噪声，造成新建小区长时期不整洁、不安静、不安全。为了解决这样的问题，就要以行政手段推行一次性的精装修到位，这是很值得认真研究的。“变”是客观规律，也是动态社会的特点，而且随着信息社会的发展，“变”的频率将越来越快，“变”的范围将越来越大，强制住宅建设要精装修一次性到位，是和客观规律背道而驰的！因为“变”是不可避免的，我们建筑寿命起码应是 50 ~ 70 年，乃至 100 年，今后要可持续发展，建筑寿命要达到 100 年、200 年，甚至更长久。在这么长时间不变吗？更何况，每个住户都有自己的要求，居住环境不应该千篇一律，住户按自己的心愿进行二阶段设计和建设，这是他们的权利，住户建设自己家的积极性应得到保护，其权利不应该被剥夺！要解决上述问题，不是采取行政手段，强制要求一次性精装修到位；而是要探求新的解决方法，这种强制性的一次装修到位的方式，它只为开发商创造利润最大化开辟了新的途径，却完全把住户排斥在住宅建设过程之外了！这是穿新鞋走老路！其实，关键在于“可分体”的生产如何做到生产标准化、模块化、装配化，使其成为相互配套的协调的系列的产品和商品，就像“家具”“设备”（电视机、电冰箱、洗衣机等）工业品一样，可以方便选购，便于安装，而且便于更换，可以自行安装，也可委托卖家来安装。这样，可以进行清洁装修，安静装修，争取把对小区的环境的影响减少到最低程度。

推行“一次性装修到位”，从长时间来看是行不通的。因为“装修”本身就是“可变”的，要把它变为“不变”的要素是不可能的，完全违反事物的本质。要解决现行装修带来的问题，关键就在于推行装修产品的工厂化生产、商品化经营、装配化的施工，这样使装修工程走上清洁生产、文明生产的路子。这样也促使建筑完全走上建筑工业化、装配化的道路。

5）开放的投资体系

住宅建设投资也有三种渠道：

政府投资

开发商投资

使用者投资

改革开放以前，我国城市住宅是实行国家（单位）“全包”的办法，即“包投资”“包建设”“包分配”及“包管理”，自然也包括包设计一整套福利房的建设模式。住宅建设的投资渠道就是国家投资。住房改革实行商品化以后，打开了房地产市场，开发商投资渠道兴起，也带动了使用者的住宅建设投资，从而形成了住宅建设的三种投资渠道。

住宅建设包括公共领域和私有领域，它包括不同层级的建设。住宅及住宅区建设是城市建设的重要内容，关系到很多城市公共基础设施的建设，如城市道路，各类城市市政管网工程的建设。这类工程建设一般应由政府来投资，负责将这些道路及各类管网都要建成通到拟开发的基地边；开发基地内的规划的道路及各类管网就由开发商来投资建设；此外，住宅建设的“支撑体”部分，它有公共领域的属性，也由投资商或开发商来投资；建成后投入市场，再由开发商卖给购房者，购买的是支撑体，即不动产，支撑体内的可分体的建设则由住户（房主）来投资，参见图 9-28。

综上所述，五种开放体系就构成了开放建筑的设计模式。图 9-29，即为开放建筑设计模式之图解。

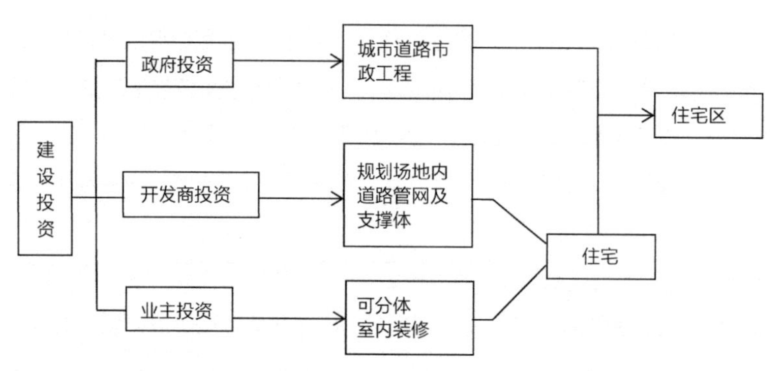

图 9-28 住宅建设开放的投资系统

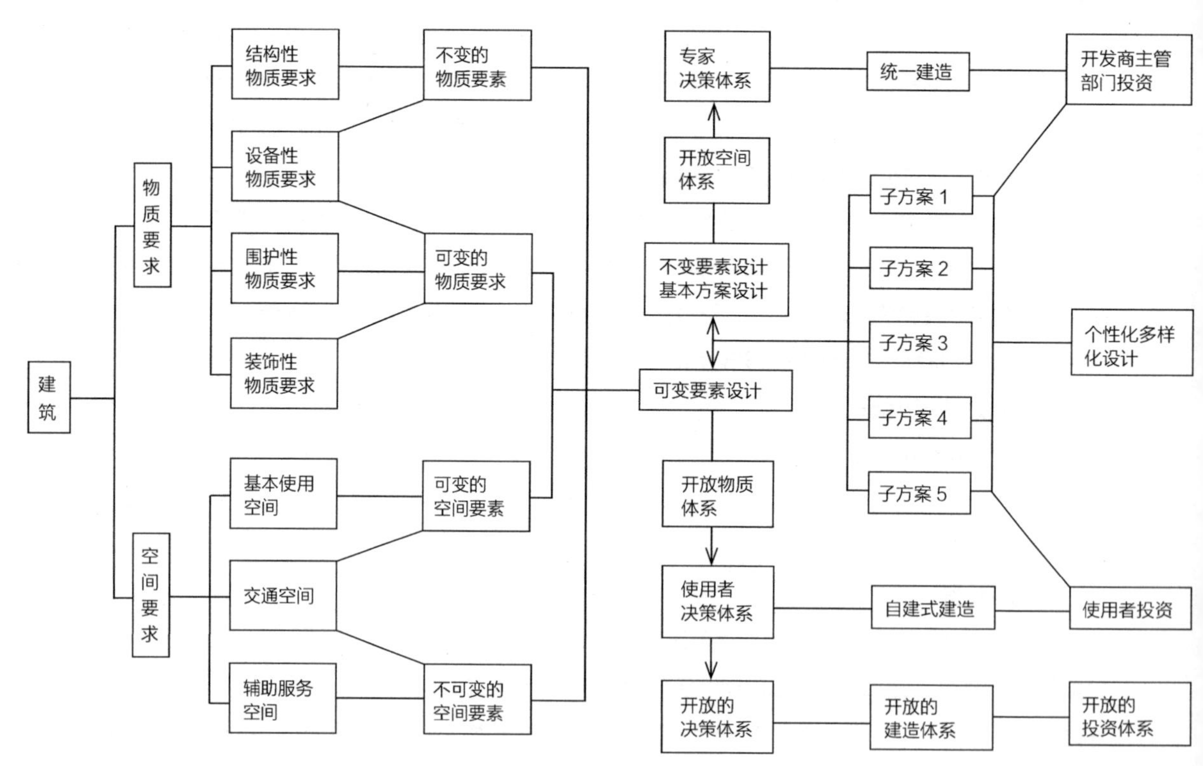

图 9-29 开放建筑设计模式图解

9.3.4 开放建筑设计思维策略

在 9.3.2 节中，论述了开放建筑的基本理念。为了在设计中能真正实现这些理念，有必要介绍一下开放建筑的设计思维策略和方法，因为它与传统的设计是不完全一样的，传统的建筑设计都是终极性设计，重视设计的结果，成为“凝固”的产品，而开放建筑设计则更加重视“过程”，重视过程中的变化和适应变化的设计，它是非终极性的设计。因此设计时关注和思维的角度是不完全一样的。这里介绍的开放建筑设计思维策略就是为了我们的设计能真正实现开放建筑的设计理念，让我们设计的建筑是可持续的。

1）层级思维策略

开放建筑是用层级思维来分析问题并进行设计的，实行的是梯度决策。设计一幢单体建筑，不仅要考虑这幢建筑物本身层面的问题，我们还必须考虑上一设计层级整体的情况（包括要求、条件及限定），乃至更上一层级的情况，而且还要考虑下一设计层级的设计问题，考虑怎么有利于下一层级设计的诸多可能性。建筑环境层级中每一个层级都有其相对的独立性，但上下设计层级彼此又是相互关联的：上一层级设计直接影响下一层级的设计，上一层级设计对下一层级设计有约束，但要为它提供最大的灵活性，为它创造最大的设计可能性，更多的包容性和更多的适应性。这个比凝固的一次性的设计要困难得多。

2）“变”与“不变”的思维策略

开放建筑设计采用“变”与“不变”的设计策略。正如前面所说，开放建筑设计把建筑物的物质要素和空间要素都分为“可变的”和“不变的”两种。我们建筑师设计，首先就是设计不变的物质要素和不变的空间要素，即设计支撑体，为使用者参与设计创造方便有利条件；可变的物质要素和可变的空间要素留给业主自己决策，按他们自己的心愿来设计、建设。

其实，“变”与“不变”是物质世界两种相对的存在方式。有一部分是相对不变的，有一部分是变的。但是不变中有变，变中也有不变的，这是辩证的统一。开放建筑中不变部分和可变部分两者是互补性的，一方面它们是互相区别，各有自己的特征，另一方面两者又是互补的，相互依赖而不可分的，从而构成一个完整的统一体。

3）动态的思维策略

开放建筑设计不追求终极性的设计产品，认为设计成果不是一成不变的。不能像我们传统建筑师观念那样，这一个工程设计作为自己永恒不变的纪念碑式的作品来设计，开放建筑不认同这样的设计。开放建筑设计必须设计成一个可变的体系，即要创造一个开放的建筑体系，不仅内部空间可以因功能的改变而改变，就是建筑的外观立面也是可以改变的，不能像传统建筑那样的美学观念，把它设计成“凝固的音乐”。它可以像“变色龙”那样，根据需要而改变它的外观面貌。今天，可持续发展建筑，包括生态建筑或绿色建筑设计都推崇建筑的“Skin”（外皮）的设计，采用墙外有墙的“双重墙”的设计，其最外面的一道墙就是可变的，它为建筑外观的“变”创造了可操作的条件。开放建筑提倡动态设计策略，就是为满足当代不同使用者，也为下一代不同的需求提供可变的、具有灵活性、适应性的设计。这就是为了适应动态社会发展的变化，为了建筑能够可持续发展。开放建筑采用动态设计策略，就是创造不动产的建筑与动态社会互动的设计策略。

今天建筑有两大特性，建筑功能使用的不确定性，它因时、因人、因事而改变，这是常态化，不可避免；二是设计成果（如设计方案）没有唯一性，其设计成果没有绝对的好，一定会是多解的，它会因人、因时、因事而变化。传统的设计思维是静态的、凝固的，其设计成果是终极性的。这种思维模式造成的设计成果是不能适应这“两性”的要求，只有开放建筑采用动态思维的模式，才能适应“不确定性”和“非唯一性”的时代要求。

4）四维时空思维策略

开放建筑设计理论中有一条是“Building For Future”。为此，开放建筑设计就要坚持四维的设计策略，真正把时间要素作为我们设计的一个基本要素并贯穿于设计的全过程。因为随着时间的推移，建筑需要适应历时性的要求，这种历时性的要求是不确定的。不论是社会生活方式，人的观念的变化，还是社会生产力的发展而带来的物质条件的变化，建成的建筑物都应能通过“更新”“新陈代谢”来适应这些新变化的要求。因此，把时间要素作为设计的基本要素之一，就要求建筑能够与时俱进而“可改变”，即“Building For Change”。

由于历时性的需要是不可测的、不确定的，为了未来的使用者的再设计能有可变的空间，那么开放建筑建构的“支撑体”空间，它应具有最大的灵活性、弹性和包容性，这个空间我们称之为“空壳子”，也可称为“万能空间”，它能以不变应万变。后来开发商把它俗称为“毛坯房”。这种“毛坯房”——“空壳子”（万能空间）可让使用者根据时空变化的情况，按照自己的心愿再重新进行创作，这就是四维的空间。我们不可能考虑到未来到底怎么用，因此，提出以不变应万变，在不变的支撑体空间（万能空间）内，能满足可变的不同要求。为了适应新的要求，免不了要进行某些“更新”或让其“新陈代谢”，不仅建筑空间要有包容性、灵活性，而且建筑构造系统也要能有相应的对策，以方便拆除、安装。这就要求将机能和寿命长短不同的构件分开建构；保持各类构件的独立，避免相互穿越；机械性的构造接头取代化学性的接头以及寿命较短的构件构造位置应提供方便的可及性等。

5）弹性空间思维策略

弹性空间设计策略与上述四维空间设计策略是一致的要求，建筑师设计，一定要把建筑内部空间形态具有最大的弹性。因为生活形态是随着动态社会发展变化的，这种动态特征就反映了人与建筑的关系也是动态变化的，建筑与人的关系也不是一成不变的。我们建筑师是设计者，他与他设计的建筑的关系仅停留在设计阶段和建设阶段，作为有社会责任的建筑师还应考虑这房子今后会怎么用，尽管他不可能知道今后该房子具体会怎么用，但是考虑到这一点是应该的，他要为今后可能的用途提供可改变的可能性，并为它创造方便的条件。建筑师对他设计的这幢建筑的控制权仅仅停留在设计阶段和建设阶段，但它对建筑全寿命过程是有绝对影响力，建成后建筑的控制权是转交给使用者的。因此，设计成弹性空间，创造以不变应万变的空间模式，应是最佳的方式，把这个弹性空间交给使用者让他们自己去创造。

弹性空间的创造，依赖于结构工程师的支持与帮助，即依赖于结构形式的选择和柱网（开间和进深）大小的合理确定，一般来讲，跨度大、开间大，提供的空间弹性就大，使用的弹性也就越大，反之则然。当然，也要合理、经济。最佳的开间大小就是要寻找各类使用功能单位细胞所要的大小尺度的公约数。如图书馆建筑阅览室两排阅览桌中到中的距离为 2500 ~ 3000mm，两排书架的中至中距离为 1250 ~ 1500mm，那么适合它们的开间范围是 5000 ~ 9000mm 之间，如果考虑地下车库，那又要将一个停车位需要的尺度综合一起考虑。一个车位最小需要 2400mm。从经济角度出发，最好为 3 个车位或 3 个以上车位联排，加上柱子本身的大小尺寸，而柱子的大小又与建筑物的层数、层高和开间跨度大小相关。因此，需要统筹各类要求。如果按 3 个联排车位设计，那么柱子开间最宜选为 7800 ~ 9000mm，这样它可以满足停车、阅览室和书库布置的要求，做到经济、合理，具有弹性，其大小就决定于建筑物的层数和柱子的大小。这样的开间也适宜做办公室、会议室，甚至宾馆客房。

6）公众参与的思维策略

开放建筑采用两种设计决策体系，其中使用者决策体系就为公众参与铺设了可行之道。开辟了这条途径，让使用者从策划、设计到建造都能够参与，并可按照使用者的心愿来设计和建造。开放建筑不仅把设计权实行再分配，把一部分决策权交给使用者，而且要为使用者参与创造方便的条件。建筑师要走出高楼深院，多与使用者交流沟通，要为“再设计”提供咨询，甚至与使用者合作，共同与使用者一起进行二次设计。开放建筑建成后，最好设计师要提供像产品说明书一样，提供房屋使用说明书。

这种公众参与的设计策略，对可持续发展建筑来讲，尤为重要。它对实现可持续发展的三原则——共同性、公平性和持续性——有着特别重要的意义。它是实现这三项原则的重要保障。

9.3.5 开放建筑建构体系

为创建可持续发展的开放建筑建构体系，经过数十年的研究和实践，比较理想的开放建筑建构体系如图 9-30 所示。

轻型——采用轻质高强材料，减轻建筑自重，既可节省材料，方便施工，又有利于抗震。

框板——采用框架结构和“板体”来建造房屋，即用柱—梁—板作为建造房屋的三个最基本的建筑构件来建造开放建筑的“支撑体”。

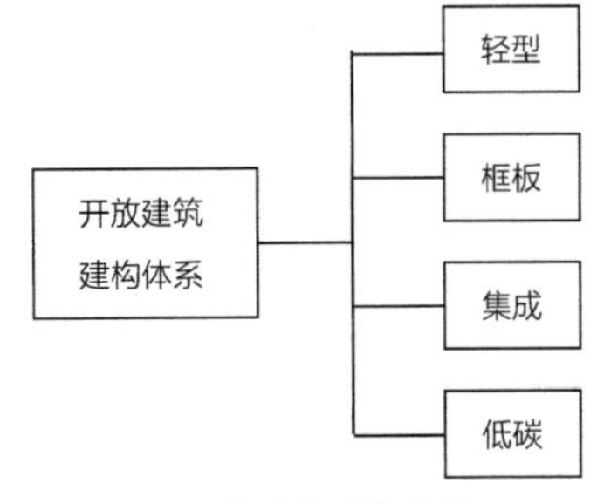

图 9-30 开放建筑建构体系

集成——主张所有的建筑构件都在工厂生产，产品实行标准化、模块化、装配化。所有建筑构件不论是建造“支撑体”的物质构件，还是“填充体”的物质构件，都要在工厂完成生产后，运到建筑施工现场，在现场进行安装，这样可以实现清洁生产和文明生产，这样的施工工地不产生污染，也不会产生建筑垃圾和噪声。

低碳、绿色——开放建筑建构体系主张尽量采用自然建筑材料，如可再生的林木、竹或工农业的废弃物（如秸秆等）作为建筑的原料；采用冷加工的生产工艺，加工生产建筑构件。结构性建筑材料在低层建筑中可以木结构、竹结构或轻钢作结构骨料；多层建筑可用木材或轻钢或钢材作框架梁柱；高层建筑则用型钢作框架骨料。尽量少用或不用钢筋混凝土这种能耗高、污染大的建筑材料，采用木材和钢材做结构性的骨材，它们都能循环再利用，从而也达到节能减排的要求，更符合可持续发展原则。当然，对于高层建筑来讲，也不是绝对排斥使用钢筋混凝土结构，但必须要尽量减少能耗和污染。

按照开放建筑建构体系，我们在贵州省黔东南民族自治区剑河县设计和建造了一幢试验建筑，并都遵循可持续建筑理念进行设计和建造。房子的功能是居家兼做家庭客栈，以适应贵州旅游事业的发展和扩展就业人员的需求。

该幢小楼为三开间，两层带阁楼，建筑面积 200 余平方米。该建筑坐落在当地侗族和苗族居住地区，所以采用当地传统民居形式，采用传统的木构建筑，按照“轻型、框板、集成、绿色和低碳”的开放建筑建构体系，支撑体骨架部分，即梁、柱、板三大基本构件，填充体的隔墙、围护结构的墙板、门窗等都采用天然的木质材料，并实用设计标准化，构件模块化，生产工厂化和施工装配化。这些物质构件都在江苏苏州工厂生产制造，集中运到工地，现场安装。从挖基槽到建成交工仅花了不到一个月的时间。施工时全为人工安装，没有留下垃圾，也无噪声，无污染，梁、柱采用天然杉木，屋面板、楼面板和内外墙板均采用自行研制的木构复合多功能空心板，该板内设木骨架，两面为木质人造板，内置秸秆板，构成复合空心板，它可做内、外墙板，也做楼板和屋面板，而且具有较好的保温、隔热性能，建成实测，外墙板 100mm 厚，其隔热性能达到 360mm 的普通砖墙效果（参见图 8-90 ~图 8-93）。

这是一个小小的建筑实践，但它体现了“我们倡导的“轻型—框板—集成—绿色—低碳”的开放建筑完整的结构体系。它虽然体量小，不显眼，建在贵州少数民族的居住地，称不上什么大工程、重要工程，也不会吸引眼球，看不出它的价值。但是，这是一个探索性的建筑实践，它是工程实践，更是一种未来新建筑的探索！小中见大，未来的建筑一定是走向开放的建筑，一定是走向可持续的建筑、绿色建筑、低碳建筑，这个小小的建筑实践，就是在探索未来建筑的方向，我国面广量大的建筑建造，如果都能遵循这种体系去设计去建设，那么，我国的建筑行业对在国家的节能减排，保护生态环境的事业中就将作出巨大的贡献！在世界解决气候问题上，在建筑行业里，可以拿出中国的建筑方案，中国可持续的建筑方案！

参考文献

中文文献

[1] 胡涛，陈同斌 . 中国可持续发展研究——从概念到行动 [M]. 北京：中国环境科学出版社，1995.

[2] 张坤民 . 可持续发展论 [M]. 北京：中国环境科学出版社，1997.

[3] 吴家正，尤建新 . 可持续发展导论 [M]. 上海：同济大学出版社，1998.

[4] [美] 雷切尔 · 卡逊 . 寂静的春天 [M]. 李长生，译 . 长春：吉林人民出版社，1997.

[5] 王放 . 中国城市化与可持续发展 [M]. 北京：科学出版社，2000.

[6] 吴良镛 . 人居环境科学导论 [M]. 北京：中国建筑工业出版社，2001.

[7] 夏云，夏葵，施燕 . 生态与可持续发展 [M]. 北京：中国建筑工业出版社，2006.

[8] 王维 . 人与自然可持续发展 [M]. 北京：首都师范大学出版社，1999.

[9] 吴良镛 . 建筑 · 城市 · 人居环境 [M]. 石家庄：河北教育出版社，2003.

[10] 陈明，罗家国，赵永红，等 . 刘政 主审 . 可持续发展概论 [M]. 北京：冶金工业出版社，2008.

[11] 路甬祥，欧阳志云 . 中国可持续发展总纲第十一卷中国生态建设与可持续发展 [M]. 北京：科学出版社，2007.

[12] 金保升，李大骥，仲兆平 . 可持续发展的环境管理——预防与控制 [C]. 第五届海峡两岸环境保护学术研讨会 . 南京，1998.

[13] 江苏省科委社会发展处 .《中国 21 世纪议程》与可持续发展培训教材 [DZII]. 南京 1996 年 7 月 .

[14] 曾向东，周涛 . 人居环境发展论 [M]. 香港：华星出版社，2002.

[15] 钟茂初 . 可持续发展经济学 [M]. 北京：经济科学出版社，2006.

[16] 马光等 . 环境与可持续发展导论 [M]. 北京：科学出版社，2000.

[17] [美] 罗杰斯 · 贾拉勒 · 博伊德 . 可持续发展导论 [M]. 郝吉明，邢佳，陈莹，译 . 北京：化学工业出版社，2008.

[18] 朱坚强，韩狄明 . 可持续发展概论 [M]. 上海：立信会计出版社，2002.

[19] 叶文虎 . 可持续发展引论 [M]. 北京：高等教育出版社，2001.

[20] 辛向阳，董明，倪健中，等 . 再造中国：中国百年大走势 [M]. 北京：大众文艺出版社，1993.

[21] [美] 德内拉 · 梅多斯，乔根 · 兰德斯，丹尼斯 · 梅多斯 . 增长的极限 [M]. 李涛，王智勇，译 . 北京：机械工业出版社，2015.

[22] 申玉铭，方创琳，毛汉英 . 区域可持续发展的理论与实践 [M]. 北京：中国环境科学出版社，2007.

[23] 刘燕华，李秀彬 . 脆弱生态环境与可持续发展 [M]. 北京：商务印书馆，2007.

[24] 牛文元 . 持续发展导论 [M]. 北京：科学出版社，1994.

[25] [比]伊·普里戈金，[法]伊·斯唐热.从混沌到有序 人与自然的新对话[M].曾庆宏，沈晓锋，译.上海：上海译文出版社，1987.
[26] [以]里埃特·玛格丽丝（Margolis,L），[美]亚历山大·罗宾逊（ALEXANDER ROBINSON）.生命的系统 景观设计材料和技术创新[M].朱强，刘琴海，涂鲜明，译.大连：大连理工大学出版社，2009.
[27] 邹东涛，欧阳日辉.中国改革开放30年（1978-2008）[M].北京：社会科学文献出版社，2008.
[28] 世界银行.1989年世界发展报告[DZII].北京：中国财政经济出版社，1989.
[29] [美]约翰·奈斯比特.大趋势 改变我们生活的十个新方向[M].梅艳，译.姚踪，校.北京：中国社会科学出版社，1984.
[30] 吴良镛.世纪之交的凝思：建筑的未来[M].北京：清华大学出版社，1999.
[31] 联合国人居中心（生境）.城市化的世界[M].沈建国，于立，董立，等，译.北京：中国建筑工业出版社，1999.
[32] 董卫，王建国.可持续发展的城市与建筑设计[M].南京：东南大学出版社，1999.
[33] [英]修马克E·F Schumacher.小即是美[M].李华夏，译.新北市：立绪文化事业有限公司，1973.
[34] [美]刘易斯·芒福德.城市发展史——起源、演变和前景[M].宋俊岭，倪文彦，译.北京：中国建筑工业出版社，2005.
[35] [丹麦]锡·盖尔.人性化的城市[M].欧阳文，徐哲文，译.北京：中国建筑工业出版社，2010.
[36] 黄光宇.山地城市学原理[M].北京：中国建筑工业出版社，2006.
[37] [英]露丝·芬彻，库尔特·艾夫森.城市规划与城市多样性[M].叶齐茂，倪晓晖，译.北京：中国建筑工业出版社，2012.
[38] 罗小未.外国近现代建筑史（第二版）[M].北京：中国建筑工业出版社，2004.
[39] [英]迈克·詹克斯，伊丽莎白·伯顿，凯蒂·威廉姆斯.紧缩城市——一种可持续发展的城市形态[M].周玉鹏，龙洋，楚先锋，译.北京：中国建筑工业出版社，2004.
[40] [英]彼得·霍尔，科林·沃德.社会城市——埃比尼泽·霍华德的遗产[M].黄怡，译.吴志强，校.北京：中国建筑工业出版社，2009.
[41] [英]埃比尼泽·霍华德.明日的田园城市[M].金经元，译.北京：商务印书馆，2017.
[42] 冯奎，闫学东，郑明媚.中国新城新区发展报告：2016[M].北京：企业管理出版社，2016.
[43] [苏]R.T.克拉夫秋克.新城市的形成[M].傅文伟，译.鲍家声，校.北京：中国建筑工业出版，1980.
[44] 黄光宇.山地城市[M].北京：中国建筑工业出版社，2002.
[45] 谢守红.城市社区发展与社区规划[M].北京：中国物资出版社，2008.

[46] 蔡禾 . 社区概论 [M]. 北京：高等教育出版社，2005.
[47] 黎熙元 . 现代社区概念 [M]. 广州：中山大学出版社，1998.
[48] 肖敦余，肖全，于克俭 . 社区规划与设计 [M]. 天津：天津大学出版社，2003.
[49] 朱家瑾，董世永，聂晓晴，张辉 . 居住区规划设计 [M]. 北京：中国建筑工业出版社，2007.
[50] 谢芳 . 美国社区 [M]. 北京：中国社会出版社，2004.
[51] 惠劼 . 城市规划与设计资料汇编（一）[DZII]. 西安城市与建筑研究所 1993 年 7 月 .
[52] 伊恩 · 伦诺克斯 · 麦克哈格 . 芮经伟 译 . 设计结合自然 [M]. 天津：天津大学出版社，2006.
[53] 中国建筑承包公司 . 中国绿色建筑 / 可持续发展建筑 国际研讨会论文集 [DZII]. 北京：中国建筑工业出版社，2001.
[54] 荆其敏 . 覆土建筑 [M]. 天津：天津科技出版社，1998.
[55] 周若祁，等 . 绿色建筑体系与黄土高原基本聚居模式 [M]. 北京：中国建筑工业出版社，2007.
[56] 格拉罕 · 陶尔 . 城市住宅设计 [M]. 吴锦绣，鲍莉，译 . 南京：江苏科学技术出版社，2007.
[57] 王绍周，陈志敏 . 里弄建筑 [M]. 上海：上海科学技术文献出版社，1987.
[58] [德] 狄特富尔特，等 . 人与自然 [M]. 周美琪，译 . 殷叙彝，校 . 北京：生活 · 读书 · 新知　三联书店，1993.
[59] [马] 杨经文 . 摩天大楼，生物气候设计入门 [M]. 施植民，译 . 台湾：木马文化，2004.
[60] 林其标 . 亚热带建筑 气候 · 环境 · 建筑 [M]. 广州：广东科技出版社，1997.
[61] [德] 赫尔诺特 · 明克，弗里德曼 · 马尔克 . 秸秆建筑 [M]. 刘婷婷，余自若，杨雷，译 . 北京：中国建筑工业出版社，2007.
[62] 李晓峰 . 乡土建筑——跨学科研究理论与方法 [M]. 北京：中国建筑工业出版社，2005.
[63] 周浩民，张晓东 . 生态建筑——面向未来的建筑 [M]. 南京：东南大学出版社，2002.
[64] 清华大学建筑学院，清华大学建筑设计研究院 . 建筑设计的生态策略 [M]. 北京：中国计划出版社，2001.
[65] 周曦，李湛东 . 生态设计新论——对生态设计的反思和再认识 [M]. 南京：东南大学出版社，2003.
[66] 刘永健，刘士林 . 现代木结构桥梁 [M]. 北京：人民交通出版社，2012.
[67] 王育林 . 地域性建筑 [M]. 天津：天津大学出版社，2008.
[68] [英] 史蒂文 · 维 · 索克莱 . 太阳能与建筑 [M]. 陈成木，顾馥保，译 . 北京：中国建筑工业出版社，1980.
[69] [美] 亨利 · 亚吉尔 . 城市即人民 [M]. 吴家琦，译 . 武汉：华中科技大学出版社，2016.
[70] [西班牙] 帕高 · 阿森西奥 . 生态建筑 [M]. 侯正华，宋晔皓，译 . 南京：江苏科技出版社，

2001.

[71] 中国建筑学会建筑师分会建筑技术委员会 . 生态城市与绿色建筑 [DZII].2010 增刊 第 13 届全国建筑技术学科学技术研讨会 .

[72] 冯康曾，彭国忠，高海军，等 . 节地 · 节能 · 节水 · 节材——BIM 与绿色建筑 [M]. 北京：中国建筑工业出版社，2015.

[73] 梅洪元，梁静 . 高层建筑与城市 [M]. 北京：中国建筑工业出版社，2009.

[74] [美]琳恩·伊丽莎白，卡萨德勒·亚当斯 . 新乡土建筑——当代天然建造方法 [M]. 吴春苑，译 . 北京：机械工业出版社，2005.

[75] 隈研吾 . 自然的建筑 [M]. 陈菁，译 . 济南：山东人民出版社，2010.

[76] 孙施文 . 现代城市规划理论简介 [M]. 北京：中国建筑工业出版社，2017.

[77] 王崇杰，薛一冰，等 . 太阳能建筑设计 [M]. 北京：中国建筑工业出版社，2009.

[78] 王晓华 . 生土建筑的生命机制 [M]. 北京：中国建筑工业出版社，2010.

[79] 西安建筑科技大学绿色建筑研究中心 . 绿色建筑 [M]. 北京：中国计划出版社，1999.

[80] 林宪德 . 热湿气候的绿色建筑计划——由生态建筑到地球环境 [M]. 台北：詹氏书局，1996.

[81] 《绿色建筑》教材编写组 . 绿色建筑 [M]. 北京：中国计划出版社，2008.

[82] 喜文华，王恒一 . 被动式太阳房的设计与建造 [M]. 北京：化学工业出版社，2007.

[83] 刘致平 . 王其明 增补 . 中国居住建筑简史——城市 · 住宅 · 园林 [M]. 北京：中国建筑工业出版社，2003.

[84] [德]H.M. 纳尔特 . 德国新建筑 [M]. 大连：大连理工大学出版社，2002.

[85] H.H 阿纳森 . 西方现代艺术史——绘画 · 雕塑 · 建筑 [M]. 邹德侬，巴竹，等，译 . 天津：天津人民出版社，1994.

[86] [美]J.O 西蒙兹 . 景观建筑学 [M]. 王济昌，译 . 台北：台湾出版社，1982.

[87] [美] 肯尼斯 · 弗兰姆普敦 . 现代建筑——一部批判的历史 [M]. 张钦楠，译 . 上海：生活—读书—新知三联书店，2004.

[88] 彭一刚 . 传统村镇聚落景观分析 [M]. 北京：中国建筑工业出版社，1992.

外文文献

[1] Michael J. Crosbie. Green Architecture: A Guide to Sustainable Design[M]. Beverly :Rockport Publishers,1995.

[2] Brenda Vale, Robert Vale. Green Architecture: Design for an Energy-Conscious Future[M]. Santa Fe: Bulfinch Press, 1991.

[3] Laura C. Zeiher. Ecology of Architecture: A Complete Guide to Creating an Environmentally Conscious Building[M]. New York: Watson-Guptill Publications, 1996.

[4] Peter Wolf.The Future of the City: New Directions in Urban Planning[M]. New York: Whitney Library of Design / Watson-Guptill / AFA, 1974.

[5] Ivor Richards. Hamzah & Yeang. Ecology of the Sky[M]. Chadstone: Images Publishing， 2001.

[6] James Wines.Green Architecture[M]. Lost Angeles: Taschen America Llc, 2000.

[7] James Steele. Sustainable Architecture: Principles, Paradigms, and Case Studies[M]. New York: McGraw-Hill, 1997.

[8] Richard Rogers. Cities for A Small Planet[M]. New York: Basic Books, 1998.

[9] Thomas Herzog. Solar Energy in Architecture and Urban Planning[M]. Munich: Prestel Publishing, 1996.

[10] John Ormsbee Simonds. Garden Cities 21: Creating a Livable Urban Environment[M]. New York: McGraw-Hill, 1993.

[11] Roger Cunliffe, Santa Raymond. Tomorrow's Office: Creating Effective and Humane Interiors[M]. Cambridge :Taylor & Francis， 1996.